运筹与管理科学丛书 38

最小约束违背优化

戴彧虹　张立卫　著

科学出版社

北　京

内 容 简 介

本书介绍作者近年来提出的最小约束违背优化新方向和相关研究成果,主要内容包括最小约束违背线性锥优化、最小约束违背二次规划、最小约束违背非线性凸优化、一类最小约束违背极小极大优化问题、最小约束违背非凸约束规划和一般度量下的最小约束违背凸优化.

理论方面的进展包括以最小违背平移为工具,延拓了各类凸优化问题的对偶理论,证明了凸问题的可行性等价于对偶问题的有界性;建立了由 Lagrange 函数定义的对偶函数与由平移问题定义的最优值函数间的关系,用对偶函数刻画了平移凸优化问题的对偶问题的解集;证明了如果最小度量的平移集合非空,那么最小约束违背线性锥优化问题的对偶问题具有无界的解集,且负的最小度量的平移是这一对偶问题解集的回收方向.

算法方面的进展包括证明了增广 Lagrange 方法可以求解各种最小约束违背的凸优化问题,生成的平移序列收敛到最小度量的平移,生成的点列满足近似地用增广 Lagrange 函数刻画的最优性条件;对于线性规划、二次凸规划和凸的非线性规划的 l_1-范数最小约束违背优化问题,给出了 l_1-罚函数方法,建立了方法生成的平移向量序列到最小 l_1-范数平移的误差估计;证明了经典的罚函数方法在约束不相容时可以收敛到最小约束违背最优解;研究了非凸的最小约束违背的非线性规划问题的松弛 MPCC 问题的光滑函数方法,证明了由光滑函数方法生成的序列的任何聚点都是 L-稳定点;对于 G-范数最小约束违背凸优化问题,构造了 G-增广 Lagrange 方法,证明了生成的平移序列收敛到最小 G-范数度量的平移,生成的点列满足近似地用 G-增广 Lagrang 函数刻画的最优性条件.

本书可以作为应用数学、计算数学、运筹学与控制论、管理科学与系统科学等相关专业的研究生以及从事最优化理论研究与应用研究的科研人员的参考书.

图书在版编目(CIP)数据

最小约束违背优化/戴彧虹,张立卫著. —北京:科学出版社,2023.12
(运筹与管理科学丛书;38)
ISBN 978-7-03-076565-9

Ⅰ. ①最… Ⅱ. ①戴… ②张… Ⅲ. ①SUMT 算法 Ⅳ. ①O242.23

中国国家版本馆 CIP 数据核字(2023)第 189393 号

责任编辑:李 欣 李香叶 / 责任校对:彭珍珍
责任印制:张 伟 / 封面设计:陈 敬

斜 学 出 版 社 出版
北京东黄城根北街 16 号
邮政编码:100717
http://www.sciencep.com

北京九州迅驰传媒文化有限公司 印刷
科学出版社发行 各地新华书店经销

*

2023 年 12 月第 一 版 开本:720×1000 1/16
2023 年 12 月第一次印刷 印张:20 3/4
字数:416 000

定价:138.00 元
(如有印装质量问题,我社负责调换)

《运筹与管理科学丛书》序

运筹学是运用数学方法来刻画、分析以及求解决策问题的科学. 运筹学的例子在我国古已有之, 春秋战国时期著名军事家孙膑为田忌赛马所设计的排序就是一个很好的代表. 运筹学的重要性同样在很早就被人们所认识, 汉高祖刘邦在称赞张良时就说道: "运筹帷幄之中, 决胜千里之外."

运筹学作为一门学科兴起于第二次世界大战期间, 源于对军事行动的研究. 运筹学的英文名字 Operational Research 诞生于 1937 年. 运筹学发展迅速, 目前已有众多的分支, 如线性规划、非线性规划、整数规划、网络规划、图论、组合优化、非光滑优化、锥优化、多目标规划、动态规划、随机规划、决策分析、排队论、对策论、物流、风险管理等.

我国的运筹学研究始于 20 世纪 50 年代, 经过半个世纪的发展, 运筹学研究队伍已具相当大的规模. 运筹学的理论和方法在国防、经济、金融、工程、管理等许多重要领域有着广泛应用, 运筹学成果的应用也常常能带来巨大的经济和社会效益. 由于在我国经济快速增长的过程中涌现出了大量迫切需要解决的运筹学问题, 因而进一步提高我国运筹学的研究水平、促进运筹学成果的应用和转化、加快运筹学领域优秀青年人才的培养是我们当今面临的十分重要、光荣, 同时也是十分艰巨的任务. 我相信,《运筹与管理科学丛书》能在这些方面有所作为.

《运筹与管理科学丛书》可作为运筹学、管理科学、应用数学、系统科学、计算机科学等有关专业的高校师生、科研人员、工程技术人员的参考书, 同时也可作为相关专业的高年级本科生和研究生的教材或教学参考书. 希望该丛书能越办越好, 为我国运筹学和管理科学的发展做出贡献.

袁亚湘

2007 年 9 月

前　言

　　非线性优化是一门和诸多应用学科密切相关的学科. 工业过程、精密制造、金融工程、交通规划、人工智能、数据科学等各个领域提出了各种类型的优化模型, 比如线性规划、二次规划、线性锥优化、非线性凸约束规划、锥约束凸优化、凸-凹极大极小问题和形式多样的非凸非线性优化问题. 这些具体的优化模型的研究产生了丰富的优化理论与数值方法. 经典的优化理论包括最优性理论和稳定性分析, 数值方法的理论分析主要集中在收敛性和收敛速度的分析. 这些分析往往都基于一个基本的假设, 即问题的可行域是非空的, 或者说约束条件是相容的. 然而, 在复杂系统优化的建模过程中, 约束条件是否相容事先可能并不知道. 建模时所使用的数据的误差亦可能导致约束条件不相容. 如果约束集合是空集, 如何进行分析和求解呢? 少量学者已经开始考虑如何处理这种情况, 他们设计算法并证明算法所产生的迭代点列趋向于约束不可行性度量的稳定点. 而很多实际问题是, 当约束不相容时, 需要求出最小约束违背集合上目标函数的极小点. 这一要求促使作者近年来提出了最小约束违背优化新方向, 并围绕这一问题展开了系统的理论和方法研究. 本书详细论述作者在这一问题理论和方法方面的最新进展.

　　本书主要内容包括最小约束违背的线性锥优化、最小约束违背的二次规划、最小约束违背的非线性凸优化、一类极小极大最小约束违背优化、最小约束违背的非凸非线性规划和一般违背度量下的凸优化.

　　对最小约束违背优化问题的理论与方法的研究, 将促使我们对经典的对偶理论、增广 Lagrange 方法以及罚函数方法等有更加深入完备的理解.

　　两位作者衷心感谢袁亚湘院士多年以来的指导和帮助, 同时感谢刘新为教授提出的宝贵意见, 感谢王嘉妮博士和刁若愉同学对本书初稿的细致检查. 借此机会, 两位作者也特别感谢家人们和朋友们的支持帮助.

　　本书的工作和出版得到国家自然科学基金委创新研究群体项目 "最优化计算方法、理论及其应用"(No.12021001)、"大连市高层次人才创新计划项目" (No.2020RD09) 以及中国科学院先导专项 "自主进化智能" (No.XDA27000000)

的资助, 在此表示感谢.

　　由于作者水平有限, 本书不妥之处在所难免, 欢迎读者批评和指正.

戴彧虹　张立卫

2023 年 8 月

目　　录

符 号 说 明

$\mathbb{R}$	实数集
$\mathbb{C}$	复数集
$\mathbb{H}$	四元数集
$\mathbb{O}$	八元数集
$\mathbb{R}_+$	非负实数集
$\mathbb{R}_-$	非正实数集
$\overline{\mathbb{R}}$	$\mathbb{R} \cup \{-\infty\} \cup \{+\infty\}$, 增广实数集
$\mathbb{R}^n$	n 维欧氏空间
$\mathbb{C}^n$	n 维复欧氏空间
$\mathcal{X}, \mathcal{Y}$	有限维 Hilbert 空间
$\mathcal{X}^*$	空间 $\mathcal{X}$ 的对偶空间
$\mathbb{L}(\mathcal{X}, \mathcal{Y})$	空间 $\mathcal{X}$ 到空间 $\mathcal{Y}$ 的所有连续线性算子空间
$\langle x, y \rangle$	空间 $\mathcal{X}$ 的内积; 如果 $\mathcal{X} = \mathbb{R}^n$, 内积 $\langle x, y \rangle = \sum_{i=1}^n x_i y_i, x, y \in \mathbb{R}^n$
$\|x\|, \|x\|_2$	空间 $\mathcal{X}$ 的范数; 如果 $\mathcal{X} = \mathbb{R}^n$, 欧氏范数 $\|x\|_2 = \sqrt{\sum_{i=1}^n x_i^2}$, 向量 $x \in \mathbb{R}^n$
$\|x\|_1$	$= \sum_{i=1}^n |x_i|$, 向量 $x \in \mathbb{R}^n$ 的 l_1-范数
$\|x\|_\infty$	$= \max_{1 \leqslant i \leqslant n} |x_i|$, 向量 $x \in \mathbb{R}^n$ 的 l_∞-范数
$\mathbf{1}_n$	$\mathbb{R}^n$ 中所有分量均为 1 的向量
$\mathcal{C}^{0,1}(\mathbb{R}^n, \mathbb{R}^m)$	从 $\mathbb{R}^n$ 到 $\mathbb{R}^m$ 的所有局部 Lipschitz 连续映射的空间
$[p]$	$= \{1, 2, \cdots, p\}$
$|J|$	集合 J 的元素个数
$\mathbf{B}(x, r), \mathbf{B}_r(x)$	以 x 为中心, $r > 0$ 为半径的闭球
$\mathbf{B}_{\mathcal{X}}(\mathbf{B})$	$\mathcal{X}$(前文已知空间)中的单位闭球
$\mathcal{N}(x)$	x 的邻域系
$u^k \xrightarrow{p} \bar{u}$	u^k 到 $\bar{u}$ 的 p-可达收敛
$\operatorname{cl} C$	集合 C 的闭包
$\operatorname{con} C$	集合 C 的凸包
$\operatorname{clcon} C$	集合 C 的闭凸包
$\operatorname{int} C$	集合 C 的内部

$\operatorname{rint} C$	集合 C 的相对内部
$\operatorname{bdry} C$	集合 C 的边界
$\operatorname{aff} C$	集合 C 的仿射包
C^∞	集合 C 的地平锥或凸集的回收锥
$d(x,C), d_C(x)$	点 x 到集合 C 的距离
$\mathcal{R}_C(x)$	集合 C 在点 $x \in C$ 处的雷达锥
$T_C(x)$	集合 C 在点 $x \in C$ 处的切锥
$N_C(x)$	集合 C 在点 $x \in C$ 处的法锥
$\widehat{N}_C(x)$	集合 C 在点 $x \in C$ 处的正则法锥
$T_C^2(x,h)$	集合 C 在点 $x \in C$ 处沿方向 h 的外二阶切集
$[x]_+$	$= (\max\{0, x_1\}, \cdots, \max\{0, x_n\})^{\mathrm{T}}$
$[x]_-$	$= (\min\{0, x_1\}, \cdots, \min\{0, x_n\})^{\mathrm{T}}$
$\delta_C(x)$	集合 C 的指示函数
$\delta_C^*(x), \delta^*(x\vert C)$	$\sup_{y \in C}\langle x, y\rangle$，集合 C 的支撑函数
$\Pi_C(x), P_C(x)$	点 x 到集合 C 上的度量投影
K°	锥 K 的极锥
$\operatorname{lin} K$	锥 K 的线空间
$\operatorname{dom} f$	增广实值函数 $f : X \to \overline{\mathbb{R}}$ 的有效域
$\operatorname{gph} f$	函数 f 的图
$\operatorname{epi} f$	函数 f 的上图
$\operatorname{cl} f$	函数 f 的闭包
$\operatorname{con} f$	函数 f 的凸包
$\operatorname{lev}_{\leqslant \alpha} f$	函数 f 的水平集
f^*	函数 f 的共轭函数
f^{**}	函数 f 的双重共轭函数
f_λ	函数 f 的 Moreau 包络
$\operatorname{prox}_{\lambda f}$	函数 f 的邻近映射
$f_1 \square f_2$	函数 f_1 和 f_2 的下卷积
$\lambda \star f$	函数 f 的上图数乘
$\operatorname{dist}(a, C)$	点 a 到集合 C 的距离
$K^\infty(x)$	映射 K 的地平映射
$\partial f(x)$	函数 f 在点 x 处的次微分
$\partial_B f(x)$	函数 f 在点 x 处的 B-次微分
$\partial_c f(x)$	函数 f 在点 x 处的广义梯度

$\mathrm{D}g(x)$	映射 $g : \mathcal{X} \to \mathcal{Y}$ 在 $x \in \mathcal{X}$ 处的导数
$\mathrm{D}^2 g(x)$	映射 $g : \mathcal{X} \to \mathcal{Y}$ 在 $x \in \mathcal{X}$ 处的二阶导数
$\mathrm{D}^2 g(x)(h,h)$	$[\mathrm{D}^2 g(x)h]h$, 对应于 $\mathrm{D}^2 g(x)$ 的二次型
$\mathrm{D}_x g(x,y)$	映射 $g : \mathcal{X} \times \mathcal{Y} \to \mathcal{Z}$ 在 $(x,y) \in \mathcal{X} \times \mathcal{Y}$ 处的偏导数
$\mathrm{D}_{xy}^2 g(x,y)$	映射 $: \mathcal{X} \times \mathcal{Y} \to \mathcal{Z}$ 在 $(x,y) \in \mathcal{X} \times \mathcal{Y}$ 处的二阶偏导数
$\mathcal{J}F(x)$	映射 $F : \mathbb{R}^n \to \mathbb{R}^m$ 在 $x \in \mathbb{R}^n$ 处的 Jacobi 矩阵
$\nabla f(x)$	函数 $f : \mathbb{R}^n \to \mathbb{R}$ 在 $x \in \mathbb{R}^n$ 处的梯度
$\nabla^2 f(x)$	函数 $f : \mathbb{R}^n \to \mathbb{R}$ 在 $x \in \mathbb{R}^n$ 处的 Hesse 矩阵
$f'(x;h)$	函数 f 在 x 处沿 h 的方向导数
$\mathrm{dom}\, S$	集值映射 S 的定义域
$\mathrm{Range}\, S$	集值映射 S 的值域
$\mathrm{gph}\, S$	集值映射 S 的图
S^{-1}	集值映射 S 的逆映射
$\limsup\limits_{k \to +\infty} C^k$	集合列 C^k 的外极限
$\liminf\limits_{k \to +\infty} C^k$	集合列 C^k 的内极限
$\lim\limits_{k \to +\infty} C^k$	集合列 C^k 的极限
$\limsup\limits_{x \to \bar{x}} S(x)$	集值映射 S 在 $\bar{x}$ 处的外极限
$\liminf\limits_{x \to \bar{x}} S(x)$	集值映射 S 在 $\bar{x}$ 处的内极限
$\lim\limits_{x \to \bar{x}} S(x)$	集值映射 S 在 $\bar{x}$ 处的极限
$\mathcal{A}^*$	线性算子 $\mathcal{A}$ 的伴随算子
$\ker \mathcal{A}$	线性算子 $\mathcal{A}$ 的零空间
$\mathrm{Range}\, \mathcal{A}$	线性算子 $\mathcal{A}$ 的值域
$\mathbb{S}^n$	$n \times n$ 对称矩阵构成的线性空间
$\mathbb{S}_+^n (\mathbb{S}_-^n)$	$n \times n$ 正 (负) 半定矩阵构成的锥
$\mathcal{L}_+^n$	$\mathbb{R}^n$ 中的二阶锥
$\mathcal{H}_+^n$	复的 Hermitian 正半定矩阵锥
$\mathcal{Q}_+^n$	四元数 Hermitian 正半定矩阵锥
$\mathcal{O}_+^3$	27-维的 Albert 锥
A^{T}	矩阵 A 的转置
$\mathrm{rank}(A)$	矩阵 A 的秩
$\mathrm{Tr}(A)$	矩阵 A 的迹
$\langle A, B \rangle$	$\mathrm{Tr}(A^{\mathrm{T}}B)$, 矩阵 A, B 的内积

$\|A\|, \|A\|_F$	由内积诱导的矩阵 A 的范数
$\lambda_{\max}(A)$	对称矩阵 A 的最大特征值
$A \succeq 0 \ (A \preceq 0)$	矩阵 $A \in \mathbb{S}^n$ 是正 (负) 半定的
$\mathrm{Diag}(a)$	以向量 a 的分量作为对角元素的对角矩阵
I_n, I	$n \times n$ 单位矩阵, 已知空间中的单位矩阵
$\mathrm{Val}(P)$	最优化问题 (P) 的最优值
$\mathrm{Sol}(P)$	最优化问题 (P) 的最优解集

第 1 章　问题模型与预备知识

本章共两部分: 第一部分介绍最小约束违背优化问题的数学模型, 第二部分介绍本书需要的预备知识.

第一部分提出两个最小约束违背优化模型, 第一个模型基于不可行性度量定义, 第二个模型基于约束的平移定义, 这两种定义被证明是等价的. 基于不可行性度量的最小约束违背模型适用于非凸优化问题的研究. 基于平移问题的最小约束违背模型适用于凸约束优化问题的研究, 因为这样的模型可以自然地使用对偶理论.

第二部分介绍的预备知识涉及很多重要的优化理论.

(1) 增广 Lagrange 方法是求解最小约束违背问题的重要的方法, 这一方法的理论分析依赖于凸函数的 Moreau 包络和邻近映射. 为了介绍 Moreau 包络和邻近映射以及约束平移问题的最优值和最优解性质分析, 本章首先介绍了参数非线性规划相关预备知识.

(2) 最小约束违背凸优化问题研究中的一项重要内容是经典对偶理论的拓展, 涉及不可行问题和无界问题的分析以及优化的无界性的研究, 用到约束集合的地平锥和目标函数的地平函数. 为此需要介绍变分分析中的地平锥、地平函数、地平映射这些概念.

(3) 本书大部分内容侧重各类凸优化问题, 对偶理论是一个重要的工具. 该方面预备知识包含共轭函数、次微分、对偶理论.

(4) 最优性理论当然是必备的预备知识. 我们分凸规划和非凸非线性规划两部分介绍最优性理论, 即凸规划的广义 Slater 条件与 Slater 条件两种情形下的最优性必要条件以及非线性规划的一阶与二阶必要性最优条件和二阶充分性最优条件.

1.1　约束非线性规划简述

为了更好地阐述最小约束违背优化的背景和解概念, 我们简短回顾经典约束非线性规划的解概念、理论和算法.

非线性规划研究多元实值函数在一组等式或不等式的约束条件下的极值问题, 且目标函数和约束条件至少含有一个是未知量的非线性函数. 根据问题特点和对解的要求, 它又可以分为无约束优化、约束优化、凸规划、二次规划、非光滑

优化、全局优化、几何规划、分式规划、稀疏优化等分支. 它是 20 世纪 50 年代
开始形成的一门学科. 1951 年 Kuhn 和 Tucker 发表的关于最优性条件 (后来称
为 Karush-Kuhn-Tucker 条件或 Kuhn-Tucker 条件) 的论文是非线性规划正式诞
生的一个重要标志. 之后提出了可分离规划和二次规划的几种解法, 它们大都是
基于 Dantzig 提出的解线性规划的单纯形法. 50 年代末到 60 年代末出现了以拟
牛顿方法、罚函数方法等为代表的许多解非线性规划问题的有效算法, 70 年代又
提出了 Lagrange 乘子法和 SQP 算法. 非线性规划在工程、管理、经济、科研、军
事等方面也同时得到广泛的应用, 为最优设计提供了有力的工具. 20 世纪 80 年
代以来, 在信赖域法、内点法、无导数方法、稀疏优化、交替方向法等诸多方向取
得了丰硕的成果.

一个约束优化问题含有三个要素: 决策变量、目标函数和约束集合. 设 x 是
决策变量, f 是目标函数, Φ 是约束集合, 约束优化模型可以表示为

$$\begin{aligned}\min \quad & f(x)\\ \text{s.t.} \quad & x \in \Phi.\end{aligned} \tag{1.1}$$

对于约束优化问题 (1.1), 有下述最优解的定义.

定义 1.1   设 $\Phi \neq \varnothing, x^* \in \Phi$.

(1) 称 x^* 为问题 (1.1) 的全局极小点, 如果

$$f(x) \geqslant f(x^*), \quad \forall x \in \Phi;$$

(2) 称 x^* 为问题 (1.1) 的局部极小点, 如果存在 $\delta > 0$ 满足

$$f(x) \geqslant f(x^*), \quad \forall x \in \mathbf{B}_\delta(x^*) \cap \Phi;$$

(3) 称 x^* 为问题 (1.1) 的严格局部极小点, 如果存在 $\delta > 0$ 满足

$$f(x) > f(x^*), \quad \forall x \in \mathbf{B}_\delta(x^*) \cap \Phi, \quad x \neq x^*;$$

(4) 称在点 x^* 处二阶增长条件成立, 如果存在 $\delta > 0$ 和 $\kappa > 0$ 满足

$$f(x) \geqslant f(x^*) + \kappa\|x - x^*\|^2, \quad \forall x \in \mathbf{B}_\delta(x^*) \cap \Phi.$$

问题 (1.1) 被称为一个数学规划问题, 如果约束集合可以表示为一组等式和
不等式的解集:

$$\Phi = \{x \in \mathbb{R}^n : h(x) = 0, \ g(x) \leqslant 0\},$$

其中 $f : \mathbb{R}^n \to \mathbb{R}, h : \mathbb{R}^n \to \mathbb{R}^q$ 与 $g : \mathbb{R}^n \to \mathbb{R}^p$. 此时问题被表示为

$$\min \quad f(x)$$

$$\text{s.t.} \quad h_j(x) = 0, \, j = 1, \cdots, q,$$

$$g_i(x) \leqslant 0, \, i = 1, \cdots, p. \tag{1.2}$$

Karush-Kuhn-Tucker (KKT) 定理是非线性规划的基础理论, 刻画了 x^* 是非线性规划问题 (1.2) 的最优解的一阶必要性条件. 它由 Karush 在 1939 年以及 Kuhn 和 Tucker 在 1951 年先后独立发现. 非线性规划的 KKT 定理涉及一些约束规范. 例如线性无关约束规范和 Mangasarian-Fromovitz 约束规范等. 在这些约束规范下, KKT 条件成立. 关于 Karush-Kuhn-Tucker 定理的阐述几乎是每一部教科书的重要内容, 例如专著 [43]、[66] 与 [67].

定义问题 (1.2) 的 Lagrange 函数 $L : \mathbb{R}^n \times \mathbb{R}^q \times \mathbb{R}^p \to \mathbb{R}$:

$$L(x, \mu, \lambda) = f(x) + \mu^{\mathrm{T}} h(x) + \lambda^{\mathrm{T}} g(x).$$

Karush-Kuhn-Tucker 定理有多种形式的表述, 下面我们给出其中的一种形式, 并将作为预备知识在 1.5.7 节给出证明.

命题 1.1 设 $\bar{x}$ 是非线性规划的局部极小点, 且 f, h, g 在 $\bar{x}$ 附近连续可微, Mangasarian-Fromovitz 约束规范在 $\bar{x}$ 处成立, 那么存在向量 $\mu \in \mathbb{R}^q$ 与 $\lambda \in \mathbb{R}^p$ 满足

$$
\begin{aligned}
&\nabla_x L(\bar{x}, \mu, \lambda) = 0, \\
&h_k(\bar{x}) = 0, \quad k = 1, \cdots, q, \\
&g_j(\bar{x}) \leqslant 0, \quad j = 1, \cdots, p, \\
&\lambda_i g_i(\bar{x}) = 0, \quad \lambda_i \geqslant 0, i = 1, \cdots, p.
\end{aligned}
\tag{1.3}
$$

条件 (1.3) 就是著名的 Karush-Kuhn-Tucker (KKT) 条件. 为了算法分析需要, 对于非凸数学规划问题, 仅有一阶导数表达的 KKT 条件并不足够, 还需二阶必要性最优条件或二阶充分性最优条件. 为此需要临界锥的定义. 关于临界锥的详细阐述, 可参考专著 [44]. 设 (μ, λ) 是满足 (1.3) 的乘子. 在 $\bar{x}$ 处的临界锥, 记为 $C(\bar{x})$, 被定义为

$$C(\bar{x}) = \{d \in \mathbb{R}^n : \mathcal{J}h(\bar{x})d = 0, \nabla g_i(\bar{x})^{\mathrm{T}} d = 0, i \in I_+(\bar{x}), \nabla g_i(\bar{x})^{\mathrm{T}} d \leqslant 0, i \in I_0(\bar{x})\},$$

其中 $I_+(\bar{x}) = \{i \in [p] : g_i(\bar{x}) = 0, \lambda_i > 0\}$ 与 $I_0(\bar{x}) = \{i \in [p] : g_i(\bar{x}) = 0, \lambda_i = 0\}$. 下面我们给出二阶必要性最优条件和二阶充分性最优条件, 它们也出现在经典的教材中.

命题 1.2 设 $\bar{x}$ 是非线性规划的局部极小点, f, h, g 在 $\bar{x}$ 附近是二次连续可微的, 线性无关约束规范在 $\bar{x}$ 处成立, 那么存在唯一的向量 $\mu \in \mathbb{R}^q$ 与 $\lambda \in \mathbb{R}^p$ 满足 (1.3), 且对任何 $d \in C(\bar{x})$,

$$d^{\mathrm{T}} \nabla^2_{xx} L(\bar{x}, \mu, \lambda)^{\mathrm{T}} d \geqslant 0. \tag{1.4}$$

命题 1.3 设 $\bar{x}$ 是非线性规划的一可行点, f, h, g 在 $\bar{x}$ 附近是二次连续可微的, 存在向量 $\mu \in \mathbb{R}^q$ 与 $\lambda \in \mathbb{R}^p$ 满足 (1.3), 且对任何 $d \in C(\bar{x}) \setminus \{0\}$,

$$d^{\mathrm{T}} \nabla^2_{xx} L(\bar{x}, \mu, \lambda)^{\mathrm{T}} d > 0. \tag{1.5}$$

那么在 $\bar{x}$ 处的二阶增长条件成立.

在 1.5.7 节中, 我们会给出相对于命题 1.2 和命题 1.3 更一般的非线性规划问题的二阶必要性最优条件和二阶充分性最优条件.

非线性规划理论的另一个重要方面是稳定性理论. 最早的扰动分析是关于线性规划的灵敏度分析, 由 Manne[42] 在 1953 年发表. 关于最优值方向可微性和方向导数计算的工作可追溯到 Danskin (1967)[20] 的经典著作. Fiacco 与 McCormick[24] 则将经典的隐函数定理用来表示为方程组形式的一阶最优性条件, 得到最优解的可微性性质. 扰动分析方面的开创性工作当属 Robinson 在 20 世纪 70 年代末到 80 年代中期的工作, 他提出了广义方程强正则性的概念, 将隐函数定理推广到广义方程的框架. 他得到了非线性规划最优映射的误差界性质或上 Lipschitz 性质以及 KKT 解映射的强正则性的充分性条件, 见 [48]—[51]. Bonnans 与 Shapiro[6] 建立了一般优化问题的最优性理论和稳定性理论, 包括变量是无穷维的问题、非线性半定规划问题和其他锥约束优化问题.

非线性规划在算法方面的重要进展包括罚函数方法、障碍函数方法、序列二次规划 (SQP) 方法、增广 Lagrange 方法、信赖域方法和内点方法等.

罚函数在发展约束非线性规划求解方法过程中一直扮演着十分重要的角色. 罚函数方法借助罚函数将约束优化问题转化为一系列的无约束最优化问题, 进而用无约束最优化方法求解, 方法简单, 使用方便, 并能用来求解无解的问题. 最早的罚函数是等式约束优化问题二次罚函数, 由 Courant [16] 提出. 它可以表示为

$$P_c(x) = f(x) + \frac{c}{2} h(x)^{\mathrm{T}} h(x).$$

对于非线性规划问题 (1.2), Courant 罚函数为下述形式

$$P_c(x) = f(x) + \frac{c}{2} h(x)^{\mathrm{T}} h(x) + \frac{c}{2} \sum_{i=1}^{p} [g_i(x)]_+^2. \tag{1.6}$$

对于仅含有不等式约束的数学规划问题, 还有一种方法, 就是所谓的障碍函数方法. 实际上线性规划的内点方法本质上就是对数障碍函数方法. 经典的障碍函数有两个: 一个是 Carroll (1961)[9] 的倒数障碍函数

$$B(x, r) = f(x) + r \sum_{j=1}^{p} \frac{1}{-g_j(x)};$$

另一个是 Frisch(1955)[26] 的对数障碍函数

$$B(x, r) = f(x) - r \sum_{j=1}^{p} \log[-g_j(x)].$$

对于罚函数 $P_c(x)$, 随着罚因子趋向于无穷, 罚函数的 Hesse 阵的条件数无限增大, 因而越来越病态, 这给求解无约束优化问题带来了困难. Hestenes 和 Powell 于 1969 年各自独立提出了乘子法. 他们引入了增广 Lagrange 函数, 具有与 Lagrange 函数及罚函数不同的性质. 对于增广 Lagrange 函数, 只要选取足够大的罚因子, 而不必趋向无穷大, 即可得到问题的局部最优解.

序列二次规划 (SQP) 方法是目前被认为求解非凸约束优化问题最有效的方法之一, 它也曾被称为约束拟牛顿法和 Han-Powell-Wilson 方法, 见 [31]、[46] 与 [62]. 在每次迭代中, 它需要求解一个二次规划子问题

$$\begin{aligned} \min \quad & \nabla f(x_k)^{\mathrm{T}} d + \frac{1}{2} d^{\mathrm{T}} B_k d \\ \mathrm{s.t.} \quad & h_i(x_k) + \nabla h_i(x_k)^{\mathrm{T}} d = 0, \quad i = 1, \cdots, q, \\ & g_j(x_k) + \nabla g_j(x_k)^{\mathrm{T}} d \leqslant 0, \quad j = 1, \cdots, p, \end{aligned} \tag{1.7}$$

其中 B_k 是 Lagrange 函数的 Hesse 矩阵或者它的一阶拟牛顿近似矩阵. 理论上, 算法的全局收敛性只需要序列 $\{B_k\}$ 的有界性, 并且在积极约束梯度的零空间正定. 进一步地, 只要在解 x^* 附近满足

$$\lim_{k \to \infty} \frac{\|P_k(B_k - W^*)\|}{\|d_k\|} = 0,$$

其中 P_k 是 x_k 点处的积极约束梯度投影矩阵, d_k 是第 k 次迭代的搜索方向, W^* 是 x^* 处的 Lagrange 函数的 Hesse 矩阵, 则算法还可获得超线性收敛速率.

约束非线性规划的数值方法还有信赖域方法、内点方法以及滤子方法等, 参见 [14]、[25]、[47]、[65] 以及 [66]. 这里恕不赘述.

1.2   最小约束违背优化的背景

通常来说, 对非线性优化问题的研究, 一个基本的假设是优化问题的可行域是非空的. 很多重要的理论研究都在这一假设下进行. 例如 1.1 节提到的最优性理论和稳定性分析, 就需要可行域非空的前提假设. 如果这一假设不成立, 对这样的问题如何进行处理, 就要看研究的角度. 一个角度是从数学建模的实际背景出发, 有很多实际问题很难满足所有的约束条件, 实际需要考虑尽可能满足这些约束前提下的目标函数的最优化, 或者说求解最小约束违背下目标函数的最优化. 另一个角度是对已有约束优化算法进一步思考, 比如对有些算法生成的迭代点列所满足约束程度的分析.

1.2.1   数学建模的角度

这里我们给出几个例子, 用以说明最小约束违背优化问题的丰富来源.

例 1.1   一个典型的例子来自火箭在线轨迹最优控制问题, 需要飞行器着陆点与目标着陆点重合, 同时希望所需燃料最少, 并满足其他的一些约束. 在着陆点无法完全与目标点重合的情形下, 我们希望将实际着陆点与目标着陆点之间的距离最小化, 在此基础上最少化所需燃料. 这就得到了一个具有最小约束违背的优化问题.

例 1.2   另一个例子是通信网络中的用户接入和功率控制联合优化模型. 考虑一个具有 K 个链接的单输入单输出信道. 对 $k, j \in \mathcal{K} := \{1, \cdots, K\}$, 链接 j 的发射端到链接 k 的接收端的频道增益记为 $g_{kj} \geqslant 0$, 噪声功率记为 η_k, 并用 γ_k 表示第 k 个链接的 SINR 目标, $p_k^{\max} > 0$ 为功率预算值. 记 $p = (p_1, \cdots, p_K)^{\mathrm{T}}$ 为传输功率向量, $p^{\max} = (p_1^{\max}, \cdots, p_K^{\max})^{\mathrm{T}}$ 为功率预算向量, 那么第 k 个用户的 SINR 值定义为

$$\mathrm{SINR}_k = \frac{g_{kk}p_k}{\eta_k + \displaystyle\sum_{j \neq k} g_{kj}p_j}.$$

用户接入和功率控制联合优化模型的目的是在满足所有 K 个用户预先设定的 SINR 目标的前提下极小化总的传输功率, 即

$$
\begin{aligned}
\min \quad & \sum_{k \in \mathcal{K}} p_k \\
\text{s.t.} \quad & \mathrm{SINR}_k \geqslant \gamma_k, \ k \in \mathcal{K}, \\
& 0 \leqslant p \leqslant p^{\max}.
\end{aligned}
\tag{1.8}
$$

功率控制问题可能是不可行的, 即并非所有用户都能同时满足其各自的 SINR 需求. 如 [37] 所述, 这一问题可以建模两阶段的优化问题. 第一阶段通过求解下述

优化问题计算基站能够服务的最大指标集 $\mathcal{S}_0 \subseteq \mathcal{K}$.

$$
\begin{aligned}
\max \quad & |\mathcal{S}| \\
\text{s.t.} \quad & \mathrm{SINR}_k \geqslant \gamma_k,\ k \in \mathcal{S},\ \mathcal{S} \subseteq \mathcal{K}, \\
& 0 \leqslant p \leqslant p^{\max}.
\end{aligned} \tag{1.9}
$$

第二阶段再求解下述传输功率极小化问题:

$$
\begin{aligned}
\min \quad & \sum_{k \in \mathcal{S}_0} p_k \\
\text{s.t.} \quad & \mathrm{SINR}_k \geqslant \gamma_k,\ k \in \mathcal{S}_0, \\
& 0 \leqslant p_k \leqslant p_k^{\max},\ k \in \mathcal{S}_0.
\end{aligned} \tag{1.10}
$$

很显然, 问题 (1.9) 不容易求解, 故寻求替代模型成为人们关注的焦点. 文献 [37] 提出了一个单阶段的零范数优化模型, 能够同时达到用户接入和功率控制联合优化的目的, 并设计了有效算法. 从问题 (1.8) 出发, 考虑到链接数的增多可能使问题变得不可行, 建模为最小约束违背优化模型也是一个选择.

例 1.3 还有一个相关的建模问题是经典的投资组合优化问题. 设某个投资机构有资金 $R > 0$, 欲投资在 N 个资产上, 而第 i 个资产的收益率 ξ_i 是一随机变量, 期望收益率是 $\mu_i = \mathbb{E}[\xi_i]$. 记随机向量 $\xi = (\xi_1, \cdots, \xi_N)^{\mathrm{T}}$, $\mu = (\mu_1, \cdots, \mu_N)^{\mathrm{T}}$, 随机向量 ξ 的协方差矩阵是 Σ. 投资机构的目标是在收益不低于 c, 风险 (这里用随机的投资收益的方差来表示) 不超过 r 的前提下使收益最大. 设第 i 个资产上投资的资金数是 x_i, $i = 1, \cdots, N$, 并记 $x = (x_1, \cdots, x_N)^{\mathrm{T}}$. 假设不允许卖空, 则可以建立如下数学模型.

$$
\begin{aligned}
\max \quad & \mu^{\mathrm{T}} x \\
\text{s.t.} \quad & \mu^{\mathrm{T}} x \geqslant c, \\
& x^{\mathrm{T}} \Sigma x \leqslant r, \\
& \sum_{j=1}^{N} x_j \leqslant R, \\
& x \geqslant 0.
\end{aligned} \tag{1.11}
$$

从投资者的角度, 当然希望 c 值越大越好, r 值越小越好, 但若随意取定 c 和 r, 问题 (1.11) 中的四个约束则可能不相容. 为了处理这一问题, 人们可能转而考虑以下三个模型. 第一个模型是在一定的风险水平下极大化收益.

$$\begin{aligned}
\max \quad & \mu^{\mathrm{T}} x \\
\mathrm{s.\,t.} \quad & x^{\mathrm{T}} \Sigma x \leqslant r, \\
& \sum_{j=1}^{N} x_j \leqslant R, \\
& x \geqslant 0.
\end{aligned} \tag{1.12}$$

第二个模型是在一定的收益水平下极小化风险.

$$\begin{aligned}
\min \quad & x^{\mathrm{T}} \Sigma x \\
\mathrm{s.\,t.} \quad & \mu^{\mathrm{T}} x \geqslant c, \\
& \sum_{j=1}^{N} x_j \leqslant R, \\
& x \geqslant 0.
\end{aligned} \tag{1.13}$$

第三个模型是将负的风险与收益的组合极大化.

$$\begin{aligned}
\max \quad & \mu^{\mathrm{T}} x - \alpha \cdot x^{\mathrm{T}} \Sigma x \\
\mathrm{s.\,t.} \quad & \mu^{\mathrm{T}} x \geqslant c, \\
& \sum_{j=1}^{N} x_j \leqslant R, \\
& x \geqslant 0.
\end{aligned} \tag{1.14}$$

一种新的建模方式是在问题 (1.11) 中的最小约束违背点集上求最大期望收益.

$$\begin{aligned}
\max \quad & \mu^{\mathrm{T}} x \\
\mathrm{s.\,t.} \quad & x \in \operatorname{Argmin} \left[\operatorname{dist} \left(\left(\mu^{\mathrm{T}} x' - c, r - x'^{\mathrm{T}} \Sigma x', R - \sum_{j=1}^{N} x'_j, x' \right), \mathbb{R}_{+}^{3+N} \right) \right].
\end{aligned} \tag{1.15}$$

以上最小约束违背优化问题值得研究.

例 1.4 最后一个例子来自机会约束优化问题. 设约束函数是随机函数 $c_i(x, \xi)$, $i = 1, \cdots, m$, 目标函数是 $f(x)$, 机会约束优化问题模型为

$$\begin{aligned}
\max \quad & f(x) \\
\mathrm{s.\,t.} \quad & \operatorname{Prob}\{c_j(x, \xi) \leqslant 0, j = 1, \cdots, m\} \geqslant 1 - \epsilon, \\
& x \in X,
\end{aligned} \tag{1.16}$$

其中 $\epsilon > 0$ 是一个小的正数. 实际上, 决策者希望 $\epsilon > 0$ 越小越好, 因为这意味着不等式约束满足的概率比较大. 如何选取 $\epsilon > 0$ 是一个重要的问题: 选择太大, 约束满足的程度不理想; 选择太小, 问题 (1.16) 的约束集合是空集. 如果决策者希望约束尽可能被满足, 那么一个合理的数学模型为

$$
\begin{aligned}
\max \quad & f(x) \\
\mathrm{s.\,t.} \quad & x \in \mathrm{Argmax}\,[\mathrm{Prob}\{c_j(x',\xi) \leqslant 0, j = 1,\cdots,m\} : x' \in X].
\end{aligned}
\tag{1.17}
$$

问题 (1.17) 在比较宽泛的意义下也属于最小约束违背优化问题, 当然其研究难度比较大.

上述几个例子中都遇到问题的可行集可能是空集的情形. 从数学建模的角度, 如何处理约束不相容的优化问题是不可回避. 处理这类问题的一个自然的方式是将约束优化问题拓广为在最小约束违背的点集上最优化目标函数. 当问题的可行域非空时, 最小约束违背点集与约束优化的可行域是重合的, 因此拓广的约束优化模型与原始问题相同.

1.2.2 算法分析的角度

1.2.1 小节从建模的角度阐述了建立最小约束违背优化模型的重要价值. 接下来, 一个自然的问题就是如何从理论和算法两个方面研究这类新型的优化模型. 文献调查表明, 在可行域是空集或约束是不相容的情况下, 以往工作探讨的往往都是约束不可行性的诊断问题.

对于非线性规划问题 (即仅含有等式约束和不等式约束的优化问题), 学者提出了不可行稳定点的概念. 该不可行稳定点是指约束条件在某一不可行性度量下的稳定点. 常用的不可行稳定点有下述两种, 它们分别基于 l_1-范数度量 v_1 和 l_2-范数平方度量 v_2:

$$
v_1(x) = \sum_{i=1}^{q} |h_i(x)| + \sum_{j=1}^{p} [g_j(x)]_+, \quad v_2(x) = \frac{1}{2}\left[\sum_{i=1}^{q} (h_i(x))^2 + \sum_{j=1}^{p} [g_j(x)]_+^2\right].
$$

定义 1.2 [7,8] 称 $\bar{x}$ 是 l_1-范数度量的问题 (1.2) 的不可行稳定点, 如果 $v_1(\bar{x}) > 0$, 且

$$
0 \in \partial v_1(\bar{x}),
$$

其中 $\partial v_1(\bar{x})$ 是 v_1 在 $\bar{x}$ 处的 Clarke 意义下的次微分.

定义 1.3 [17] 称 $\bar{x}$ 是 l_2-范数平方度量的问题 (1.2) 的不可行稳定点, 如果 $v_2(\bar{x}) > 0$, 且

$$
\sum_{j=1}^{q} h_j(\bar{x})\nabla h_j(\bar{x}) + \sum_{i=1}^{p} [g_i(\bar{x})]_+\nabla g_i(\bar{x}) = 0.
$$

对于非线性规划问题, 学者们已经提出几个数值算法用于求解不可行稳定点. 以下是作者所知的三个工作.

(1) Byrd, Curtis 与 Nocedal[8] 提出了一个 SQP 算法, 在一组条件下可以保证算法超线性收敛到一个 l_1-范数度量的不可行稳定点.

(2) Burke, Curtis 与 Wang[7] 考虑具有等式和不等式约束的一般非线性规划问题, 证明了他们所提的 SQP 算法可以全局并且快速收敛到 KKT 点, 或者超线性或二次收敛到 l_1-范数度量的不可行稳定点.

(3) Dai, Liu 与 Sun[17] 提出了一个原始-对偶内点方法, 并证明了该内点方法当原始问题可行时, 在一定条件下超线性或二次收敛到问题的 KKT 点; 当问题不可行时, 则超线性或二次收敛到 l_2-范数平方度量的不可行稳定点.

这些算法都是求解约束条件不可行性度量的某个稳定点, 这样的稳定点与问题的目标函数没有任何关系, 因此并不是最小约束违背优化问题的解 (局部极小点或稳定点). 我们很有必要考虑在最小约束违背的点集上极小化目标函数, 并重新审视已有很多经典的数值优化方法, 以同时处理问题可能可行以及可能不可行这两种情形.

首先, 内点方法要求约束集合的内部是非空的 (见 [65]), 即通常的 Slater 条件, 因此不能直接求解最小约束违背优化问题. Slater 条件还保证了对偶问题的最优解集非空有界, 这一性质在原始-对偶内点方法的分析中起着重要的作用.

其次, 对于罚函数方法, 其生成的点列满足目标函数值递增, 约束违背度量值递减, 当约束优化问题可行时, 生成的序列的聚点是可行点 (见 [24]). 一个自然的问题是: 如果约束优化问题是不相容的, 罚函数方法生成的点列是否收敛到最小约束违背优化点? 如果收敛, 收敛到什么度量意义下的最小约束违背优化点? 这些都是值得思考的问题. 对于非多面体锥约束优化问题, 如线性或非线性半定规划问题、线性或非线性二阶锥约束优化问题、线性或非线性非对称矩阵核范数锥约束优化问题等, 如何构建合适的罚函数并分析当可行域是空集时这些最小违背锥约束优化问题的罚函数方法?

再次, 就是著名的增广 Lagrange 方法. 基于增广 Lagrange 函数, Rockafellar[54] 证明了凸优化的鞍点定理, 　　　Rockafellar[55]　　　建立了求解凸优化问题的增广 Lagrange 方法的全局收敛性. 根据 Rockafellar[57], 对不等式约束的凸规划问题, 增广 Lagrange 方法本质上是其对偶问题最优性的极大单调算子的邻近点方法, 而邻近点方法是文献 [56] 给出的求解极大单调算子包含问题的有效方法. 根据 [55] 可知, 对凸的非线性规划问题, 如果问题是可行的, 在一定的条件下, 增广 Lagrange 方法生成的原始向量点列收敛到问题的最优解. 我们要问, 如果问题是不可行的, 增广 Lagrange 方法生成的原始决策向量序列是否收敛到最小约束违背优化点?

最后, 最小约束违背优化问题可以看成有结构的双层优化问题. 如何从双层优化的角度研究最小约束违背优化问题, 亦值得研究.

针对最小约束违背优化问题, 本书将探讨上述算法以及其他一些算法的表现, 并给出基本结果.

1.3 最小约束违背优化模型

考虑如下数学优化模型

$$
\begin{aligned}
\min_{x \in X} \quad & f(x) \\
\text{s.t.} \quad & g(x) \in K,
\end{aligned}
\tag{1.18}
$$

其中 $f : \mathcal{X} \to \mathbb{R}$, $g : \mathcal{X} \to \mathcal{Y}$, $X \subset \mathcal{X}$ 与 $K \subset \mathcal{Y}$ 是非空闭凸集, $\mathcal{X}$ 与 $\mathcal{Y}$ 是有限维的 Hilbert 空间. 用集合 Φ 表示问题 (1.18) 的可行域, 即

$$
\Phi = \{ x \in X : g(x) \in K \}.
$$

本书大部分章节考虑 $X = \mathcal{X}$ 且 $\mathcal{X} = \mathbb{R}^n$ 的情况. 数学优化模型 (1.18) 的最小约束违背优化问题有两种定义方式. 一种基于不可行性度量, 另一种基于平移问题. 下面分别进行介绍.

注记 1.1 问题 (1.18) 可以表达成

$$
\begin{aligned}
\min_{x} \quad & f(x) \\
\text{s.t.} \quad & \overline{g}(x) \in \overline{K},
\end{aligned}
$$

其中

$$
\overline{g}(x) = (x, g(x)), \quad \overline{K} = X \times K.
$$

因此, 不失一般性, 可以考虑 $X = \mathcal{X}$ 的情况.

1.3.1 基于不可行性度量的最小约束违背优化问题

不失一般性, 考虑 $X = \mathcal{X}$ 时的问题 (1.18). 首先给出数学优化问题的约束不可行性度量的定义.

定义 1.4 函数 $\theta : \mathcal{X} \to \mathbb{R}$ 被称为约束 $g(x) \in K$ 的不可行性度量, 如果存在一个递增的连续函数 $\varrho : \mathbb{R}_+ \to \mathbb{R}_+$ 满足 $\varrho(0) = 0$, 使得

$$
\theta(x) = \varrho\left(\text{dist}\,(g(x), K)\right),
$$

其中

$$
\text{dist}\,(g(x), K) = \inf\{\|y - g(x)\| : y \in K\}
$$

是由 $g(x)$ 到 K 在 $\mathcal{Y}$ 的范数 $\|\cdot\|$ 下的距离.

显然, $\theta(x)$ 依赖于函数 $\varrho(\cdot)$ 和范数 $\|\cdot\|$. 不同的函数 ϱ 和范数对应不同的 θ. 根据问题背景, 范数 $\|\cdot\|$ 可以选取为 Hilbert 空间 $\mathcal{Y}$ 的内积引导的范数, 也可以是其他范数.

在上述的不可行性度量下, 引入在具有最小不可行性度量的点集上极小化目标函数 $f(x)$ 的数学模型.

定义 1.5 对于约束 $g(x) \in K$ 的一个不可行性度量 $\theta(x)$, 与 θ 相联系的最小约束违背的极小化目标函数 $f(x)$ 的数学模型定义为

$$\begin{cases} \min & f(x) \\ \text{s.t.} & x \in \underset{z}{\operatorname{Arg\,min}}\ \theta(z). \end{cases} \tag{1.19}$$

显然, 如果可行域 Φ 非空, 那么 $\min_z \theta(z) = 0$, $\underset{z}{\operatorname{Arg\,min}}\ \theta(z) = \Phi$, 问题 (1.19) 恰好就是原始问题 (1.18). 因此, 问题 (1.19) 可视为原始问题 (1.18) 的拓广.

定义 1.5 中并未阐述 $\underset{z}{\operatorname{Arg\,min}}\ \theta(z)$ 的含义, 这需要看具体情况如何约定. 如果 $\theta(z)$ 是凸函数, 显然这一集合就是全局极小点的集合. 然而, 若 $\theta(z)$ 非凸 (比如问题是可行的, 当 Φ 是非凸时就属于该情形), $\underset{z}{\operatorname{Arg\,min}}\ \theta(z)$ 可以理解为局部极小点集, 甚至是稳定点集. 需要说明的是, 如果 $\underset{z}{\operatorname{Arg\,min}}\ \theta(z)$ 是单点集, 我们采用记号 $\underset{z}{\operatorname{arg\,min}}\ \theta(z)$, 以后对于优化问题的解集的记号, 均遵循这一约定.

1.3.2　基于平移的最小约束违背优化问题

对给定的向量 $s \in \mathcal{Y}$, 定义平移问题为

$$\text{P}(s) \quad \begin{cases} \min & f(x) \\ \text{s.t.} & g(x) + s \in K. \end{cases} \tag{1.20}$$

这里称 s 为一平移. 记可行的平移集合为 $\mathcal{S}$, 即

$$\mathcal{S} := \big\{ s \in \mathcal{Y} : \text{存在某一个 } x \in \mathbb{R}^n \text{ 使得 } g(x) + s \in K \big\}. \tag{1.21}$$

显然, 只有对可行的平移 $s \in \mathcal{S}$, 问题 (1.20) 是可行问题. 如果 $0 \in \mathcal{S}$, 那么原始问题 (1.18) 是可行的.

如果 $0 \notin \mathcal{S}$, 那么原始问题 (1.18) 不可行. 此时, 定义最小范数平移集合 $\mathcal{S}_*$ 为 $0 \in \mathcal{Y}$ 到 $\mathcal{S}$ 上的投影, 即

$$\mathcal{S}_* = \operatorname{Argmin}\{\|s\| : s \in \mathcal{S}\}, \tag{1.22}$$

其中 $\|\cdot\|$ 是 $\mathcal{Y}$ 的某一范数.

定义 1.6 如果集合 $\mathcal{S}$ 是闭集, 那么 $\mathcal{S}_*$ 有定义. 此时, 最小约束违背优化模型可以定义为

$$\mathrm{P}(\mathcal{S}_*) \quad \begin{cases} \min & f(x) \\ \mathrm{s.\,t.} & g(x) + s \in K, \\ & s \in \mathcal{S}_*. \end{cases} \tag{1.23}$$

如果 $\mathcal{S}_*$ 是单点集 $\mathcal{S}_* = \{\bar{s}\}$, 那么将问题 $\mathrm{P}(\mathcal{S}_*)$ 简记为 $\mathrm{P}(\bar{s})$.

本书对定义 1.5 与定义 1.6 两个意义下的最小约束违背优化模型均将进行研究. 定义 1.5 的优点是不可行性度量函数 θ 总有定义, 从而问题 (1.19) 总有定义, 而 $\bar{s}$ 仅在 $\mathcal{S}$ 为闭集时才有定义. 另一方面, 如若 $\bar{s}$ 存在, 则可以利用对偶理论的工具对平移问题 (1.23) 进行深入研究.

1.3.3 两种最小约束违背问题的等价性

假设定义 1.4 与定义 1.6 中所用范数相同, 并对于定义 1.6 中定义的 $\mathcal{S}_*$, 定义问题 (1.23) 的可行集合

$$\mathcal{F}_0 = \{(x,s) \in \mathcal{X} \times \mathcal{Y} : g(x) + s \in K, \, s \in \mathcal{S}_*\}. \tag{1.24}$$

如下命题揭示了问题 (1.19) 与问题 (1.23) 的等价性.

命题 1.4 假设定义 1.4 与定义 1.6 中所用范数相同, $\mathcal{S}_* \neq \varnothing$, θ 由定义 1.4 给出, 则

$$\operatorname*{Arg\,min}_{z} \theta(z) = \{x \in \mathcal{X} : \exists s \in \mathcal{S}_*, \, (x,s) \in \mathcal{F}_0\}. \tag{1.25}$$

故最小约束违背优化问题 (1.19) 与最小平移问题 (1.23) 等价.

证明 因 ϱ 是递增函数, 包含关系 $z \in \operatorname*{Arg\,min}_{x} \theta(x)$ 等价于

$$z \in \operatorname*{Arg\,min}_{x} \operatorname{dist}\,(g(x), K) = \operatorname*{Arg\,min}_{x} \left[\inf_{y \in K} \|y - g(x)\| \right].$$

令

$$\bar{s} = \Pi_K(g(z)) - g(z).$$

注意到

$$\inf_{x} \left[\inf_{y \in K} \|y - g(x)\| \right] = \inf_{x} \inf_{s} [\|s\| : g(x) + s \in K],$$

可知

$$\bar{s} \in \mathcal{S}_*,$$

从而得到

$$\operatorname*{Arg\,min}_{z} \theta(z) \subseteq \{x \in \mathcal{X} : \exists s \in \mathcal{S}_*, (x,s) \in \mathcal{F}_0\}.$$

另一方面, 若 $z \in \{x \in \mathcal{X} : \exists s \in \mathcal{S}_*, (x,s) \in \mathcal{F}_0\}$, 则存在 $\bar{s} \in \mathcal{S}_*$, 使得

$$g(z) + \bar{s} \in K.$$

由 $\mathcal{S}_*$ 的定义可知

$$\|\bar{s}\| = \inf_{x,s}\{\|s\| : g(x) + s \in K\}.$$

从而

$$(z, \bar{s}) \in \operatorname*{Arg\,min}_{x,s}\{\|s\| : g(x) + s \in K\}.$$

于是有

$$z \in \operatorname*{Arg\,min}_{x} \inf_{s}\{\|s\| : g(x) + s \in K\},$$

即

$$z \in \operatorname*{Arg\,min}_{x} \operatorname{dist}\left(g(x), K\right).$$

这表明 $z \in \operatorname*{Arg\,min}_{x} \theta(x)$. 由 z 的选取, 即知 $\{x \in \mathcal{X} : \exists s \in \mathcal{S}_*, (x,s) \in \mathcal{F}_0\} \subseteq \operatorname*{Arg\,min}_{z} \theta(z)$. 故最小约束违背优化问题 (1.19) 与最小平移问题 (1.23) 等价.　■

1.4　本书内容介绍

1.5 节将给出后续章节所需预备知识. 这些预备知识中的某些部分也有自身相对完整性, 以方便感兴趣的读者查阅.

第 2 章到第 7 章是本书的主要部分, 分别考虑最小约束违背线性锥优化、最小约束违背二次规划、最小约束违背非线性凸优化、一类最小约束违背极小极大优化问题、最小约束违背非凸约束规划和一般度量下的最小约束违背凸优化.

第 2 章分成两部分, 第一部分侧重有限维空间的线性锥优化的最小约束违背优化问题; 第二部分则侧重线性规划的最小约束违背优化问题. 内容概括如下:

(1) 拓广了线性锥优化的对偶定理. 内容包括: 给出线性锥优化问题解存在的充分条件, 该充分条件也保证基于平移问题的最优值函数在原点处的下半连续性;

证明了有限维空间的线性锥优化的标准对偶定理, 即 Slater 条件成立的充分必要条件是原始问题和对偶问题的最优值相等, 且对偶问题的解集是非空紧致的; 证明了如果原始线性锥优化问题不可行, 最小度量的可行平移集合非空, 且对偶问题可行, 那么对偶问题是无界的.

(2) 基于平移问题研究最小约束违背线性锥优化问题的性质. 内容包括: 建立了由 Lagrange 函数定义的对偶函数与由平移问题定义的最优值函数之间的关系; 用对偶函数刻画了线性平移锥优化问题的对偶问题的解集; 证明了如果最小度量的平移集合非空, 那么最小约束违背线性锥优化问题的对偶问题具有无界的解集, 且负的最小 l_2-范数的平移是这一对偶问题解集的回收方向.

(3) 研究了最小约束违背的线性规划的性质和算法. 内容包括: 对线性规划问题, 用 l_2-范数、l_1-范数以及一般的 σ-度量的最小平移, 证明了原始问题不可行性等价于对偶问题的无界性, 对偶问题不可行性等价于原始问题的无界性; 对线性规划问题, 证明了约束平移问题的最优值函数是平移变量的分片线性凸函数; 对于线性规划的最小 l_1-范数平移优化问题, 给出了 l_1-罚函数方法, 建立了该方法生成的平移向量序列到最小 l_1-范数平移的误差估计.

第 3 章拓广了一般凸二次规划问题的对偶理论, 叙述了严格凸二次规划的对偶方法, 研究了平移问题和增广 Lagrange 函数的性质. 内容概述如下:

(1) 对于一般的凸二次规划问题, 证明了 Wolfe 对偶问题的 Lagrange 对偶是原二次规划问题; 详细介绍了 Goldfarb 与 Idnani 求解严格凸二次规划的对偶算法及其收敛性分析, 证明了该算法在步长取无穷大时, 原问题是不可行的.

(2) 拓广了对偶定理, 并证明结论: 对于凸二次规划问题, 原始问题可行性等价于对偶问题的有界性; 刻画了由 Lagrange 函数定义的对偶函数与由平移问题定义的最优值函数间的关系, 即最优值函数共轭与对偶函数相等, 最优值函数与对偶函数的次微分互为逆映射; 证明了如果最小度量的平移集合非空, 那么最小约束违背二次规划问题的对偶问题具有无界的解集, 且负的最小 l_2-范数的平移是这一对偶问题解集的回收方向.

(3) 研究了增广 Lagrange 函数的性质以及 l_1-罚函数方法的性质. 将由增广 Lagrange 函数定义的对偶函数 θ_r 视为对偶函数的 Moreau 包络, 给出了邻近映射的表达式; 证明了约束平移二次规划问题解的存在性等价于增广 Lagrange 函数子问题解的存在性. 对于凸二次规划的最小 l_1-范数平移优化问题, 给出了 l_1-罚函数方法, 建立了该方法生成的平移向量序列到最小 l_1-范数平移的误差估计.

第 4 章拓广了一般凸优化的对偶理论, 从理论上严格证明了增广 Lagrange 方法可以求解最小约束违背的凸优化问题. 内容概括如下:

(1) 拓广了对偶定理, 并证明结论: 对于一般凸优化问题, 原始问题可行性等价于对偶问题的有界性. 给出对偶函数次微分 $\partial\theta$ 的刻画. 重要的是, 证明了当最优值函数是下半连续时, $s \in \partial \theta(\lambda)$ 等价于平移问题 P(s) 的最优解就是 λ 处的 Lagrange 函数 $l(\cdot, \cdot, \lambda)$ 的极小化问题的最优解, 此时最优值函数与对偶函数的次微分互为逆映射; 证明了最小约束违背的凸优化问题的如下性质: 如果最小 l_2-范数平移的集合非空, 那么最小约束违背凸优化问题的对偶问题具有无界的解集, 且负的最小 l_2-范数平移是这一对偶问题解集的回收方向.

(2) 研究了增广 Lagrange 方法求解最小约束违背凸优化问题的重要性质, 并证明结论: 如果对偶函数在乘子 λ 处取值有限, 那么在 λ 处的增广 Lagrange 函数极小化子问题的解存在; 建立了基于增广 Lagrange 函数表述的最小约束违背凸优化问题的必要性与充分性最优性条件; 证明了增广 Lagrange 方法求解最小约束违背凸优化问题的收敛性质, 即该方法生成的点列满足近似的最优性条件, 生成的平移序列的 l_2-范数是单调递减的, 生成的平移序列收敛到最小 l_2-范数平移, 生成的乘子序列一定是发散的.

(3) 研究了求解最小 l_1-范数约束违背优化问题的罚函数方法. 对于非线性凸规划的 l_1-范数最小约束违背优化问题, 给出了 l_1-罚函数方法, 建立了该方法生成的平移向量序列到最小 l_1-范数平移的误差估计.

第 5 章侧重面向一类本质凸的极小极大优化问题, 研究这类优化的最小约束违背问题性质和求解方法. 内容概括如下:

(1) 给出了对偶定理. 对这类线性锥约束极小极大优化问题, 定义了基于约束平移问题的值函数和基于 Lagrange 函数的对偶函数, 建立了值函数和对偶函数间函数值关系和次微分关系; 基于对偶函数定义了这类线性锥约束极小极大优化问题的对偶问题, 发展了这类约束极小极大优化问题的对偶理论, 包括对偶问题解集的刻画, 零对偶间隙的充分条件等; 证明了如果最小 l_2-范数平移的集合非空, 那么所考虑的最小约束违背极小极大优化问题的对偶问题具有无界的解集, 且负的最小 l_2-范数平移是这一对偶问题解集的回收方向.

(2) 研究了增广 Lagrange 方法求解最小约束违背凸优化问题的重要性质, 并证明结论: 如果对偶函数在乘子 λ 处取值有限, 那么在 λ 处的增广 Lagrange 函数极小极大化子问题解存在; 建立了基于增广 Lagrange 函数表述的这类最小约束违背线性锥约束极小极大优化问题的充分与必要最优性条件; 证明了增广 Lagrange 方法求解这类最小约束违背线性锥约束极小极大优化问题的收敛性质, 即该方法生成的点列满足近似的最优性条件, 平移序列的 l_2-范数是单调递减的, 生成的位移序列收敛到最小 l_2-范数平移, 生成的乘子序列一定是发散的.

第 6 章研究基于不可行性度量的最小约束违背的数学规划问题 (即约束表示为等式和不等式的优化问题), 侧重从互补约束优化模型的角度进行分析. 内容概括如下:

(1) 对约束不相容的非线性规划问题建立了约束违背最小的优化模型. 如果

约束是相容的, 那么模型被简化为原始问题. 当凸的非线性规划问题中的约束不相容时, 该模型被重新表述为 MPCC 问题. 当非线性规划问题中的非凸约束不相容时, 松弛模型也被表述为 MPCC 问题.

(2) 对于凸约束优化问题, 证明了最小约束违背的优化模型的等价 MPCC 模型的 M-稳定性. 重要的是, 依据 Lipschitz 连续优化的最优性理论, 提出了所谓的 L-稳定点的概念. 对于不相容的非凸约束的非线性规划问题, 为松弛后的等价的 MPCC 问题建立了 M-稳定条件和 L-稳定性质.

(3) 构造了光滑的 Fischer-Burmeister 函数方法用于求解凸的最小约束违背的非线性规划问题的等价的 MPCC 问题, 同时构造了非凸的最小约束违背的非线性规划问题的松弛 MPCC 问题. 对这两个 MPCC 问题, 证明了由光滑函数方法生成的序列的任何聚点都是 L-稳定点.

第 7 章研究在一般度量 σ 下的最小约束违背凸优化. 首先研究一般度量 σ 下的最小约束违背凸优化问题的性质和增广 Lagrange 方法, 之后基于 G-共轭函数理论, 研究 G-范数下的最小约束违背凸优化的性质和增广 Lagrange 方法.

(1) 拓广了对偶定理. 基于度量 σ 的最小约束平移, 证明结论: 对于一般凸优化问题, 原始问题可行性等价于对偶问题的有界性, 还等价于基于 σ-增广 Lagrange 函数的 (负) 对偶函数 θ_r 的对偶问题的有界性; 证明了如果最小 σ-平移的集合非空, 那么最小 σ-约束违背凸优化问题的对偶问题具有无界的解集, 且 $-\nabla\sigma(\bar{s})$ 是这一对偶问题解集的回收方向. 同样的结论对 σ-增广对偶问题亦成立.

(2) 研究了以 σ 为增广函数的增广 Lagrange 方法求解最小约束违背凸优化问题的重要性质. 给出 σ 增广对偶函数次微分 $\partial\theta_r$ 的刻画, 尤其证明了 $s \in \partial\theta_r(\lambda)$ 等价于平移问题 $\mathrm{P}_r(s)$ 的最优解就是 λ 处的 σ-增广 Lagrange 函数 $l_r(\cdot, \cdot, \lambda)$ 的极小化问题的最优解; 建立了基于约束平移与度量函数的最优值函数 ν_r 与基于 σ 的对偶函数 θ_r 之间的关系, 包括它们函数值之间的关系以及次微分之间的关系; 建立了基于 σ-增广 Lagrange 函数表述的最小 σ-度量约束违背凸优化问题的充分与必要性最优条件; 证明了 σ-增广 Lagrange 方法求解 σ-最小约束违背凸优化问题的收敛性质, 即该方法生成的点列满足近似的最优性条件, 点列的 σ 值是单调递减的, 生成的乘子序列是发散的, 在某一假设下平移序列收敛到 σ 最小平移.

(3) 对于 G-范数最小约束违背凸优化问题, 为了保证平移序列收敛到 σ 最小平移, 采用 G-共轭函数、修正 σ-增广 Lagrange 函数, 得到的 G-增广 Lagrange 方法, 这一方法和求解 l_2-范数最小约束违背优化问题的标准的增广 Lagrange 方法具有相同的收敛性质.

1.5　预备知识

1.5.1　参数规划的最优值和最优解

为了叙述方便, 选取 $\mathcal{X} = \mathbb{R}^n$, 尽管以下所述结论适用于一般的有限维 Hilbert 空间 $\mathcal{X}$. 对增广实值函数 $f : \mathbb{R}^n \to \overline{\mathbb{R}}$, 考虑如下极小化问题

$$\inf_x f(x).$$

因达到下确界的点就是极小点, 一个自然的问题是上述下确界在什么条件下是可以达到的. 这需要下述水平有界性的定义.

定义 1.7 (水平有界性)　称函数 $f : \mathbb{R}^n \to \overline{\mathbb{R}}$ 下水平有界, 如果对每一 $\alpha \in \mathbb{R}$, 水平集合 $\mathrm{lev}_{\leqslant \alpha} f := \{x \in \mathbb{R}^n : f(x) \leqslant \alpha\}$ 是有界的 (可能是空集).

定理 1.1 (极小点的存在性)　设函数 $f : \mathbb{R}^n \to \overline{\mathbb{R}}$ 是正常的下半连续且下水平有界函数. 则 $\inf f$ 是有限值, 而且解集 $\mathrm{Arg\,min}\, f$ 是非空紧致的.

证明　令 $\bar{\alpha} = \inf f$. 由于 f 是正常的, 有 $\bar{\alpha} < \infty$. 对于 $\alpha \in (\bar{\alpha}, \infty)$, 集合 $\mathrm{lev}_{\leqslant \alpha} f$ 是非空的; 因为 f 是下半连续的, 它是闭集; 由于 f 是水平有界的, 它还是有界的. 因此对 $\alpha \in (\bar{\alpha}, \infty)$, 集合 $\mathrm{lev}_{\leqslant \alpha} f$ 是紧致的. 显然, 对于 $\alpha < \beta$, 有 $\mathrm{lev}_{\leqslant \alpha} f \subseteq \mathrm{lev}_{\leqslant \beta} f$. 因此集合族 $\{\mathrm{lev}_{\leqslant \alpha} f : \alpha \in (\bar{\alpha}, \infty)\}$ 的交集合就是 $\mathrm{lev}_{\leqslant \bar{\alpha}} f = \mathrm{Arg\,min}\, f$, 它是非空紧致的. 因为 f 在任何点处都不取 $-\infty$, 可知 $\bar{\alpha}$ 是有限的. 此时 $\inf f$ 可记为 $\min f$.　■

推论 1.1　如果 $f : \mathbb{R}^n \to \overline{\mathbb{R}}$ 是正常的下半连续函数, 那么它在 $\mathbb{R}^n$ 中的每个有界集上均是下方有界的; 它在任何与 $\mathrm{dom}\, f$ 相交的 $\mathbb{R}^n$ 的紧致集上均能取得极小点.

证明　对任何有界集 $B \subset \mathbb{R}^n$, 定义 g 为

$$g(x) = \begin{cases} f(x), & x \in \mathrm{cl}\, B, \\ \infty, & x \notin \mathrm{cl}\, B, \end{cases}$$

则 g 是下半连续且水平有界的正常函数. 将定理 1.1 应用于函数 g 即得结论.　■

对于函数 $f : \mathbb{R}^n \times \mathbb{R}^m \to \overline{\mathbb{R}}$, 考虑参数规划问题

$$\inf_x f(x, u).$$

如果考虑依赖于参数的极小化问题解的性质, 那么需要一致水平有界性的概念.

定义 1.8 (一致水平有界性)   称函数 $f : \mathbb{R}^n \times \mathbb{R}^m \to \overline{\mathbb{R}}$ 相对于 u 为局部一致且关于变量 x 水平有界, 如果对每一 $\bar{u} \in \mathbb{R}^m$ 与 $\alpha \in \mathbb{R}$, 存在邻域 $V \in \mathcal{N}(\bar{u})$ 与一有界集 $B \subset \mathbb{R}^n$, 满足

$$\{x : f(x, u) \leqslant \alpha\} \subseteq B, \quad \forall u \in V;$$

或等价地, $\{(x, u) : u \in V, f(x, u) \leqslant \alpha\}$ 是 $\mathbb{R}^n \times \mathbb{R}^m$ 中的一有界集.

下面的定理给出关于参数规划的最优值函数与最优解 (集合) 映射连续性的结论. 这一定理在后续的讨论中将发挥重要的作用.

定理 1.2 (参数极小化)   考虑

$$p(u) := \inf_x f(x, u), \quad P(u) := \operatorname*{Arg\,min}_x f(x, u),$$

其中 $f : \mathbb{R}^n \times \mathbb{R}^m \to \overline{\mathbb{R}}$ 是正常的下半连续函数, $f(x, u)$ 是相对于 u 局部一致且关于变量 x 水平有界的, 则下述结论成立.

(a) 函数 p 是 $\mathbb{R}^m$ 上的正常的下半连续函数, 且对每一 $u \in \operatorname{dom} p$, 集合 $P(u)$ 是非空紧致的; 如果 $u \notin \operatorname{dom} p$, 那么 $P(u) = \varnothing$.

(b) 如果 $x^\nu \in P(u^\nu)$, 其中 $u^\nu \to \bar{u} \in \operatorname{dom} p$ 且满足 $p(u^\nu) \to p(\bar{u})$ (例如, p 在 $\bar{u}$ 处相对于包含 $\bar{u}$ 与 u^ν 的集合 U 是连续的情形), 那么序列 $\{x^\nu\}_{\nu \in \mathbf{N}}$ 是有界的, 且它的所有聚点都属于 $P(\bar{u})$.

(c) 如果存在 $\bar{x} \in P(\bar{u})$, 使得 $f(\bar{x}, u)$ 关于 u 在 $\bar{u}$ 处相对于包含 $\bar{u}$ 的集合 U 是连续的, 那么 p 在 $\bar{u}$ 处相对于 U 是连续的.

证明   对每一 $u \in \mathbb{R}^m$, 定义 $f_u(x) = f(x, u)$. 作为 $\mathbb{R}^n$ 上的函数, 或者 $f_u \equiv \infty$, 或者 f_u 是正常的下半连续且水平有界的函数, 因此定理 1.1 可用于极小化函数 f_u. 第一种情况对应于 $p(u) = \infty$, 这对任意 u 都不成立, 原因是 $f \not\equiv \infty$. 因此 $\operatorname{dom} p \neq \varnothing$, 且对任意 $u \in \operatorname{dom} p$, 值 $p(u) = \inf f_u$ 是有限的, 集合 $P(u) = \operatorname{Arg\,min} f_u$ 是非空紧致的. 尤其, $p(u) \leqslant \alpha$ 当且仅当存在某 x 满足 $f(x, u) \leqslant \alpha$. 因此对 $V \subset \mathbb{R}^m$,

$$(\operatorname{lev}_{\leqslant \alpha} p) \cap V = \{(\operatorname{lev}_{\leqslant \alpha} f) \cap (\mathbb{R}^n \times V) \text{ 在映射 } (x, u) \to u \text{ 之下的像}\}.$$

因在连续映射作用下, 紧致集的像还是紧致的, 可知只要 V 使得 $(\operatorname{lev}_{\leqslant \alpha} f) \cap (\mathbb{R}^n \times V)$ 是闭有界集, 则 $(\operatorname{lev}_{\leqslant \alpha} p) \cap V$ 是闭集. 由一致水平有界性假设, 任何 $\bar{u} \in \mathbb{R}^m$ 都有某一邻域 V 满足集合 $(\operatorname{lev}_{\leqslant \alpha} f) \cap (\mathbb{R}^n \times V)$ 是有界的; 如有必要可以将 V 用 $\bar{u}$ 的更小的闭邻域代替, 可得 $(\operatorname{lev}_{\leqslant \alpha} f) \cap (\mathbb{R}^n \times V)$ 也是闭的, 因为 f 是下半连续的. 因此每一 $\bar{u} \in \mathbb{R}^m$ 都有一邻域, 它同 $\operatorname{lev}_{\leqslant \alpha} p$ 的交集是闭的, 所以 $\operatorname{lev}_{\leqslant \alpha} p$ 本身是闭的. 所以可得 p 是下半连续的. 这就证得 (a).

对于 (b), 对任何 $\alpha > p(\bar{u})$, ν 充分大时, $\alpha > p(u^\nu) = f(x^\nu, u^\nu)$. 按定义 1.8 取 V 为 $\bar{u}$ 的一闭邻域, 可得对充分大的 ν, 点 (x^ν, u^ν) 落在紧致集 $(\mathrm{lev}_{\leqslant\alpha} f) \cap (\mathbb{R}^n \times V)$ 中. 因为序列 $\{x^\nu\}_{\nu \in \mathbf{N}}$ 是有界的, 且对任何聚点 $\bar{x}$, 有 $(\bar{x}, \bar{u}) \in \mathrm{lev}_{\leqslant\alpha} f$. 这一包含关系对任何 $\alpha > p(\bar{u})$ 均成立, 因此有 $f(\bar{x}, \bar{u}) \leqslant p(\bar{u})$, 这意味着 $\bar{x} \in P(\bar{u})$.

考虑 (c). 有 $p(u) \leqslant f(\bar{x}, u)$ 对所有的 u 成立, 且 $p(\bar{u}) = f(\bar{x}, \bar{u})$. 函数 $f(\bar{x}, \cdot)$ 在 $\bar{u}$ 处相对于包含 $\bar{u}$ 的集合 U 的上半连续性可推出 p 在 $\bar{u}$ 的上半连续性. 注意到 p 在 $\bar{u}$ 处是下半连续, 所以在此种情况下 p 在 $\bar{u}$ 相对于 U 是连续的. ■

下述命题给出最优值函数 p 的上图的几何表示.

命题 1.5 (上图投影)　对函数 $f : \mathbb{R}^n \times \mathbb{R}^m \to \overline{\mathbb{R}}$, 设 $p(u) = \inf_x f(x, u)$, 集合 E 是 $\mathrm{epi}\, f$ 在投影 $(x, u, \alpha) \mapsto (u, \alpha)$ 下的像. 如果对每一 $u \in \mathrm{dom}\, p$, 解集 $P(u) = \underset{x}{\mathrm{Arg\,min}}\, f(x, u)$ 可取到, 那么 $\mathrm{epi}\, p = E$.

证明　由定理 1.2 和投影的定义得到. ■

定理 1.2(b) 中的 u^k 到 $\bar{u}$ 的收敛是所谓的 p-可达收敛的概念, 见 [58, Page 271], 其定义为

$$u^k \xrightarrow{p} \bar{u} \Longleftrightarrow u^k \to \bar{u} \text{ 满足 } p(u^k) \to p(\bar{u}). \tag{1.26}$$

可以用集值映射的外极限来刻画定理 1.2 (b). 为此给出如下的定义.

定义 1.9 ([58, Page 110])　对集合列 $\{C^k\} \subset \mathbb{R}^n$, 集合列的外极限定义为

$$\limsup_{k \to +\infty} C^k = \left\{ z : \text{存在子序列 } N \subset \mathbf{N}, \exists z^k \in C^k\ \forall k \in N, \text{ 满足 } z^k \xrightarrow{N} z \right\}.$$

定义 1.10 ([58, Page 152])　对集值映射 $S : \mathbb{R}^n \rightrightarrows \mathbb{R}^m$, $\bar{x} \in \mathbb{R}^n$, x 趋于 $\bar{x}$ 时 S 的外极限定义为

$$\limsup_{x \to \bar{x}} S(x) = \bigcup_{x^k \to \bar{x}} \limsup_{k \to +\infty} S(x^k) = \left\{ u : \exists x^k \to \bar{x}, \exists u^k \in S(x^k), \text{ 满足 } u^k \to u \right\}.$$

定理 1.2 (b) 的结论可表述为

$$\limsup_{u \xrightarrow{p} \bar{u}} P(u) = P(\bar{u}).$$

对任何非空闭集, 距离函数与投影映射可以放在定理 1.2 的框架下讨论.

例 1.5 (距离函数与投影)　对任何非空闭集 $C \subset \mathbb{R}^n$, 从 x 到 C 的距离函数 $d_C(x)$ 连续依赖于 x, 由 C 中距离 x 最近的点构成的投影集 $P_C(x)$ 是非空紧致的. 对于 $x^\nu \to \bar{x}$, $w^\nu \in P_C(x^\nu)$, 序列 $\{w^\nu\}_{\nu \in \mathbf{N}}$ 是有界的, 它的所有聚点均在 $P(\bar{x})$ 中.

证明 取 $f(w,x) = \|w - x\| + \delta_C(w)$, 可得

$$d_C(x) = \inf_w f(w,x), \quad P_C(x) = \operatorname{Arg\,min}_w f(w,x),$$

应用定理 1.2 即得结论. ∎

非常重要的是, 罚函数方法的收敛性可以用定理 1.2 得到.

例 1.6 (罚函数方法的收敛性) 考虑下述形式的问题

$$\min_{x \in \mathbb{R}^n} \quad f(x)$$
$$\text{s.t.} \quad F(x) \in D,$$

其中 $f : \mathbb{R}^n \to \overline{\mathbb{R}}$ 是正常的下半连续函数, $F : \mathbb{R}^n \to \mathbb{R}^m$ 连续, $D \subset \mathbb{R}^m$ 是一闭集. 这一问题可通过下述罚函数问题来近似

$$\min_{x \in \mathbb{R}^n} \quad f(x) + \theta(F(x), r),$$

其中参数 $r \in (0, \infty)$, 函数 $\theta : \mathbb{R}^m \times (0, \infty) \to \overline{\mathbb{R}}$ 是下半连续的, 满足当 $r \to \infty$ 时 $-\infty < \theta(u, r) \nearrow \delta_D(u)$. 设存在某一 $\bar{r} \in (0, \infty)$ 充分大, 使得函数 $x \to f(x) + \theta(F(x), \bar{r})$ 的水平集是有界的. 考虑参数序列 $r^\nu \geqslant \bar{r}$ 满足 $r^\nu \to \infty$. 则

(a) 近似问题的最优值收敛到原问题的最优值.

(b) 设 x^ν 是对应于参数 r^ν 的问题的最优解, 则序列 $\{x^\nu\}_{\nu \in \mathbb{N}}$ 有界, 它的任何聚点 $\bar{x}$ 均是原问题的最优解.

证明 置 $\bar{s} = 1/\bar{r}$, 在 $\mathbb{R}^n \times \mathbb{R}$ 上定义 $g(x, s) := f(x) + \tilde{\theta}(F(x), s)$, 其中

$$\tilde{\theta}(u, s) := \begin{cases} \theta(u, 1/s), & s > 0 \text{ 且 } s \leqslant \bar{s}, \\ \delta_D(u), & s = 0, \\ \infty, & s < 0 \text{ 或 } s > \bar{s}. \end{cases}$$

给定的问题等同于极小化问题 $\min\limits_{x \in \mathbb{R}^n} g(x, 0)$, 参数 $r \in [\bar{r}, \infty)$ 的近似问题等同于 $s = 1/r$ 时的参数为 s 的近似问题 $\min\limits_{x \in \mathbb{R}^n} g(x, s)$. 我们的目的是将定理 1.2 用于

$$``p(s) = \inf_{x \in \mathbb{R}^n} g(x, s)" \quad \text{与} \quad ``P(s) = \operatorname{Arg\,min}_{x \in \mathbb{R}^n} g(x, s)".$$

因为 $D \neq \varnothing$, 函数 θ 在 $\mathbb{R}^m \times \mathbb{R}$ 上是正常的、下半连续的. 实际上, 函数 θ 的下半连续性在所有的点 $s \neq 0$ 处是显然的; 在 $s = 0$ 处, 由于 $s \searrow 0$ 时有 $\tilde{\theta}(u, s) \nearrow \tilde{\theta}(u, 0)$, 因而对任何 $\alpha \in \mathbb{R}$, 当 s 在 $(0, 1]$ 中递减时, 集合 $\operatorname{lev}_{\leqslant \alpha} \tilde{\theta}(\cdot, s)$ 是

$\mathbb{R}^m$ 中的递减集合, 水平集对 $s > 0$ 取交即 $\operatorname{lev}_{\leqslant \alpha} \widetilde{\theta}(\cdot, 0)$, 它是闭集, 这就证得 θ 在 $s = 0$ 处是下半连续的. 于是, f 下半连续、F 连续与 D 是闭集这些假设就可保证 g 是下半连续且正常的.

由 $\bar{s}$ 的选择与 $\widetilde{\theta}(u, s)$ 在 $s \in (0, \bar{s}]$ 中的单调性, 可得 g 为相对于 s 局部一致的变量 x 的水平有界函数, 且 p 在 $[0, \bar{s}]$ 上是单调非增的. 由定理 1.2 (a) 可得, 当 $s \searrow 0$ 时, $p(s) \to p(0)$. 定义 $s^\nu := 1/r^\nu$ 可得结论 (a); 由定理 1.2 (b), 可得结论 (b). ∎

参数规划理论的一个重要的应用是著名的 Moreau 包络和邻近映射, 见 [2] 或 [56].

定义 1.11 (Moreau 包络与邻近映射)　对于一正常的下半连续函数 $f : \mathbb{R}^n \to \overline{\mathbb{R}}$ 与参数 $\lambda > 0$, Moreau 包络 f_λ 与邻近映射 $\operatorname{prox}_{\lambda f}$ 分别定义为

$$f_\lambda(x) := \inf_w \left\{ f(w) + \frac{1}{2\lambda} \|w - x\|^2 \right\} \leqslant f(x),$$

$$\operatorname{prox}_{\lambda f}(x) := \operatorname{Arg} \min_w \left\{ f(w) + \frac{1}{2\lambda} \|w - x\|^2 \right\}.$$

如果 f 是指示函数 δ_C, 那么 $\operatorname{prox}_{\lambda f}$ 与投影映射 P_C 重合, f_λ 为 $1/(2\lambda) d_C^2$, 其中 d_C 是距离函数.

定义 1.12 ([58, Definition 1.23])(邻近有界性)　称函数 $f : \mathbb{R}^n \to \overline{\mathbb{R}}$ 是邻近有界的 (prox-bounded), 如果存在 $\lambda > 0$ 满足 $f_\lambda(x) > -\infty$ 对某一 $x \in \mathbb{R}^n$ 成立. 所有这样的 λ 的上确界 λ_f 被称为 f 的邻近阈值.

练习 1.1 (邻近有界性的刻画)　对一正常的下半连续函数 $f : \mathbb{R}^n \to \overline{\mathbb{R}}$, 下述性质是等价的:

(a) f 是邻近有界的;

(b) 存在二次函数 (或线性函数) q, 使得 $f \geqslant q$ 成立;

(c) 存在 $r \in \mathbb{R}$, 使得 $f + \frac{1}{2} r \| \cdot \|^2$ 在 $\mathbb{R}^n$ 上下方有界;

(d) $\liminf\limits_{\|x\| \to \infty} f(x) / \|x\|^2 > -\infty$.

事实上, 如果 r_f 是满足 (c) 的所有 r 的下确界, 那么 (d) 中极限是 $-\frac{1}{2} r_f$, f 的邻近阈值是 $\lambda_f = 1/\max\{0, r_f\}$ (约定 "$1/0 = \infty$"). 尤其, 如果 f 下方有界, 即 $\inf f > -\infty$, 那么 f 是邻近有界的, 阈值为 $\lambda_f = \infty$.

定理 1.3 ([58, Theorem 1.25])(邻近性质)　设 $f : \mathbb{R}^n \to \overline{\mathbb{R}}$ 是一正常的下半连续的邻近有界函数, 邻近阈值为 $\lambda_f > 0$. 则对任何 $\lambda \in (0, \lambda_f)$, 集合 $\operatorname{prox}_{\lambda f}(x)$

是非空紧致的, 值 $f_\lambda(x)$ 是有限的, 它连续依赖于 (λ, x), 满足

$$\text{对任何 } x, \text{ 当 } \lambda \searrow 0 \text{ 时有 } f_\lambda(x) \nearrow f(x).$$

事实上, 当 $x^\nu \to \bar{x}$, $\lambda^\nu \in (0, \lambda_f)$, $\lambda^\nu \searrow 0$ 且满足 $\{\|x^\nu - \bar{x}\|/\lambda^\nu\}_{\nu \in \mathbf{N}}$ 时, $f_{\lambda^\nu}(x^\nu) \to f(\bar{x})$.

进一步, 当 $x^\nu \to \bar{x}$, $\lambda^\nu \to \lambda \in (0, \lambda_f)$ 时, 如果 $w^\nu \in \operatorname{prox}_{\lambda^\nu f}(x^\nu)$, $x^\nu \to \bar{x}$, $\lambda^\nu \to \lambda \in (0, \lambda_f)$, 那么序列 $\{w^\nu\}_{\nu \in \mathbf{N}}$ 是有界的, 且这一序列的所有聚点均属于 $\operatorname{prox}_{\lambda f}(\bar{x})$.

证明 固定 $\lambda_0 \in (0, \lambda_f)$, 将定理 1.2 用于极小化问题 $\min\limits_w h(w, x, \lambda)$, 其中 $h(w, x, \lambda) = f(w) + h_0(w, x, \lambda)$,

$$h_0(w, x, \lambda) := \begin{cases} 1/(2\lambda)\|w - x\|^2, & \lambda \in (0, \lambda_0], \\ 0, & \lambda = 0 \text{ 与 } w = x, \\ \infty, & \text{否则}. \end{cases}$$

函数 h_0 是下半连续的, 事实上, 当 $\lambda > 0$ 时, h_0 在集合

$$\{(w, x, \lambda) : \|w - x\| \leqslant \mu\lambda, 0 \leqslant \lambda \leqslant \lambda_0\}$$

上是连续的, 其中 $\mu > 0$. 因此 h 是正常且下半连续的. 下面验证 $h(w, x, \lambda)$ 是相对于 (x, λ) 局部一致的且关于变量 w 的水平有界函数. 倘非如此, 则存在 $(x^\nu, \lambda^\nu) \to (\bar{x}, \lambda)$ 满足 $\|w^\nu\| \to \infty$, 有 $h(w^\nu, x^\nu, \lambda^\nu) \leqslant \bar{\alpha} < \infty$. 对充分大的 ν, 有 $w^\nu \neq x^\nu$, $\lambda^\nu \in (0, \lambda_0]$ 与 $f(w^\nu) + 1/(2\lambda^\nu)\|w^\nu - x^\nu\|^2 \leqslant \bar{\alpha}$. 由 λ_0 的选取, 根据 λ_f 的定义, 存在 $\lambda_1 > \lambda_0$ 与 $\beta \in \mathbb{R}$ 满足 $f(w) \geqslant -1/(2\lambda_1)\|w\|^2 + \beta$. 则有不等式 $-(1/2\lambda_1)\|w^\nu\|^2 + 1/(2\lambda_0)\|w^\nu - x^\nu\|^2 \leqslant \bar{\alpha} - \beta$. 把这一不等式两边同时除以 $\|w^\nu\|^2$ 并取 $\nu \to \infty$ 时的极限, 有 $-1/(2\lambda_1) + 1/(2\lambda_0) \leqslant 0$, 得到矛盾. ∎

易证与下半连续邻近正则的函数 f 相联系的, 在定义 1.11 给出的 Moreau 包络 f_λ 满足当 $\lambda \searrow 0$ 时, $f_\lambda \xrightarrow{\text{e}} f$.

定理 1.4 ([58, Theorem 2.26])(凸函数的邻近映射与包络) 设 $f : \mathbb{R}^n \to \overline{\mathbb{R}}$ 是正常且下半连续的凸函数. 则 f 是邻近有界的, 邻近阈值为 ∞. 对每一 $\lambda > 0$, 下述性质成立.

(a) 邻近映射 $\operatorname{prox}_{\lambda f}$ 是单值的且连续的, 即对于 $\bar{\lambda} > 0$, 当 $(\lambda, x) \to (\bar{\lambda}, \bar{x})$ 时, $\operatorname{prox}_{\lambda f}(x) \to \operatorname{prox}_{\bar{\lambda} f}(\bar{x})$.

(b) 包络函数 f_λ 是凸的且连续可微的, 其梯度为

$$\nabla f_\lambda(x) = \frac{1}{\lambda}[x - \operatorname{prox}_{\lambda f}(x)].$$

证明　由定义 1.11, 有 $f_\lambda(x) := \inf\limits_w g_\lambda(x, w)$ 与 $\mathrm{prox}_{\lambda f}(x) := \arg\min\limits_w g_\lambda(x, w)$. 此处,

$$g_\lambda(x, w) := f(w) + \frac{1}{2\lambda}\|w - x\|^2,$$

它在假设下是 (x, w) 的下半连续正常的凸函数, 甚至关于 w 是严格凸的. 如果 f 的邻近阈值是 ∞, 那么 f_λ 与 $\mathrm{prox}_{\lambda f}$ 具有定理 1.3 所述的所有性质, 并且 f_λ 是凸函数, $\mathrm{prox}_{\lambda f}$ 是单值的. 为证明 f 的邻近阈值是 ∞, 只需证明对任意的 $\lambda > 0$, $f_\lambda(0) > -\infty$. 根据定理 1.1, 如果能证明 $g_\lambda(0, \cdot)$ 的水平集是有界的即可. 倘非如此, 则存在 $\alpha \in \mathbb{R}$ 与点列 x^ν 满足 $f(x^\nu) + 1/(2\lambda)\|x^\nu\|^2 \leqslant \alpha$ 与 $1 < \|x^\nu\| \to \infty$. 固定 x_0 满足 $f(x_0) < \infty$. 定义 $\tau^\nu = 1/\|x^\nu\| \in (0, 1)$ 与 $\bar{x}^\nu := (1 - \tau^\nu)x_0 + \tau^\nu x^\nu$, 有 $\tau^\nu \to 0$ 且

$$f(\bar{x}^\nu) \leqslant (1 - \tau^\nu)f(x_0) + \tau^\nu f(x^\nu)$$

$$\leqslant (1 - \tau^\nu)f(x_0) + \tau^\nu \alpha - 1/(2\lambda)\|x^\nu\| \to -\infty.$$

而序列 $\bar{x}^\nu$ 是有界的, 上式与 f 是下半连续与正常的假设是矛盾的. 这证得 (a).

现证 (b). 因已知 $\mathrm{prox}_{\lambda f}$ 是连续的单值映射, 故只需建立梯度映射公式, 便可得到 f_λ 的连续可微性.

考虑点 $\bar{x}$, 令 $\bar{w} = \mathrm{prox}_{\lambda f}(\bar{x})$ 与 $\bar{v} = (\bar{x} - \bar{w})/\lambda$.

下面要证 f_λ 在 $\bar{x}$ 处是可微的, 且 $\nabla f_\lambda(\bar{x}) = \bar{v}$. 若令 $h(u) := f_\lambda(\bar{x} + u) - f_\lambda(\bar{x}) - \langle \bar{v}, u \rangle$, 这等价于证明 h 在 0 处可微, 满足 $\nabla h(0) = 0$. 显然有 $f_\lambda(\bar{x}) = f(\bar{w}) + 1/(2\lambda)\|\bar{w} - \bar{x}\|^2$, $f_\lambda(\bar{x} + u) \leqslant f(\bar{w}) + 1/(2\lambda)\|\bar{w} - (\bar{x} + u)\|^2$, 从而

$$h(u) \leqslant \frac{1}{2\lambda}\|\bar{w} - (\bar{x} + u)\|^2 - \frac{1}{2\lambda}\|\bar{w} - \bar{x}\|^2 - \frac{1}{\lambda}\langle \bar{x} - \bar{w}, +u \rangle = \frac{1}{2\lambda}\|u\|^2.$$

函数 h 的凸性可由 f_λ 的凸性得到, 因此有 $\frac{1}{2}h(u) + \frac{1}{2}h(-u) \geqslant h\left(\frac{1}{2}u + \frac{1}{2}(-u)\right) = h(0) = 0$. 由此不等式可得

$$h(u) \geqslant -h(-u) \geqslant -\frac{1}{2\lambda}\| -u\|^2 = -\frac{1}{2\lambda}\|u\|^2.$$

因此对所有充分小 u, $\|h(u)\| \leqslant 1/(2\lambda)\|u\|^2$.　　　　　　　　　　■

定理 1.4 表明, 如果 f 是正常的且下半连续的凸函数, 不管它是否光滑, Moreau 包络 f_λ 总是光滑的.

1.5.2 地平锥与地平函数

在凸分析中, 为了刻画无界的凸集, 有回收锥 (recession cone) 的定义. 对一般的集合, 这一概念就对应于下述的地平锥 (horizon cone).

定义 1.13 ([58, Definition 3.3])(地平锥)　对集合 $C \subset \mathbb{R}^n$, 地平锥是闭锥 $C^\infty \subset \mathbb{R}^n$, 由下式给出

$$C^\infty = \begin{cases} \{x : \exists x^\nu \in C,\ \lambda^\nu \searrow 0,\ 满足 \lambda^\nu x^\nu \to x\}, & C \neq \varnothing, \\ \{0\}, & C = \varnothing. \end{cases}$$

现在给出集合有界性的刻画, 它可以用地平锥来表述.

定理 1.5 (有界性的地平准则)　集合 $C \subset \mathbb{R}^n$ 有界的充分必要条件是它的地平锥为 0 锥, 即 $C^\infty = \{0\}$.

证明　集合是无界的充分必要条件是它含有一无界子序列, 这意味着 $C^\infty = \{0\}$. ∎

下述的定理表明, 地平锥是凸集的回收锥概念的推广.

定理 1.6 ([58, Theorem 3.6])(凸集的地平锥)　对凸集 C, 地平锥 C^∞ 是凸的, 且对任何点 $\bar{x} \in C$, 地平锥由满足 $\bar{x} + \tau w \in \mathrm{cl}\, C, \forall \tau > 0$ 的向量 w 组成.

证明　不妨设 $C \neq \varnothing$, 固定 $\bar{x} \in C$. 如果 w 具有性质 $\bar{x} + \tau w \in \mathrm{cl}\, C, \forall \tau \geqslant 0$, 则存在点 $x^\nu \in C$ 满足 $\|(x + \nu w) - x^\nu\| \leqslant 1/\nu, \forall v \in \mathbf{N}$. 对于 $\lambda^\nu = 1/\nu$, 有 $\lambda^\nu x^\nu \to w$, 于是得到 $w \in C^\infty$. 另一方面, 假设 $w \in C^\infty$, 任取 $\tau \in (0, \infty)$, 有 $\tau w \in C^\infty$(因为 C^∞ 是锥), 因此存在序列 $x^\nu \in C$ 与数值序列 $\lambda^\nu \in (0, 1)$ 满足 $\lambda^\nu \searrow 0$ 及 $\lambda^\nu x^\nu \to \tau w$. 所以, 由 C 的凸性, 点 $(1 - \lambda^\nu)\bar{x} + \lambda^\nu x^\nu$ 属于 C, 且收敛于 $\bar{x} + \tau w$, 因而属于 $\mathrm{cl}\, C$.

现在证 C^∞ 的凸性. 如果对于任意的 $\tau > 0$, $\bar{x} + \tau w_0$ 与 $\bar{x} + \tau w_1$ 都属于 $\mathrm{cl}\, C$, 那么对于任何 $\theta \in (0, 1)$,

$$(1 - \theta)[x + \tau w_0] + \theta[\bar{x} + \tau w_1] = \bar{x} + \tau[(1 - \theta)w_0 + \theta w_1]$$

同样属于 $\mathrm{cl}\, C, \forall \tau > 0$, 因此 $(1 - \theta)w_0 + \theta w_1 \in C^\infty$. ∎

容易得到下述结论.

推论 1.2 ([52, Corollary 8.3.3])　设 $\{C_i \,|\, i \in I\}$ 是 $\mathbb{R}^n$ 中一族闭凸集, 它们的交是非空集, 则

$$\left(\bigcap_{i \in I} C_i \right)^\infty = \bigcap_{i \in I} C_i^\infty.$$

一个很基本的问题是, 连续映射作用下的闭集 (可能是无界集) 的像集是否为闭集? 下面给出一个例子说明答案是否定的. 取线性映射 $L : \mathbb{R}^2 \to \mathbb{R}^2$ 定义为

$L(x_1, x_2) = (x_1, 0)$, 集合 $C = \{(x_1, x_2) \in \mathbb{R}^2 : x_1 x_2 = 1\}$. 显然 C 是无界的闭集, 而 $L(C) = \mathbb{R} \setminus \{0\} \times \{0\}$, 它不是闭集. 下面的定理给出保证用地平锥表示的 $L(C)$ 为闭集的充分条件.

定理 1.7 ([58, Theorem 3.10])　对于线性映射 $L : \mathbb{R}^n \to \mathbb{R}^m$ 与闭集 $C \subset \mathbb{R}^n$, 集合 $L(C)$ 为闭的充分条件是 $L^{-1}(0) \cap C^\infty = \{0\}$. 在此条件下, $L(C^\infty) = L(C)^\infty$, 而在一般情况下, 仅有 $L(C^\infty) \subset L(C)^\infty$.

证明　首先说明条件 $L^{-1}(0) \cap C^\infty = \{0\}$ 意味着 L 将 C 中的无界序列映到 $\mathbb{R}^m$ 中的无界序列. 倘非如此, 则存在一无界序列 $x^\nu \in C$ 以及 $\lambda^\nu \searrow 0$, 使得 $\lambda^\nu x^\nu \to x$, 但这一序列的像 $u^\nu = L(x^\nu)$ 是有界的. 根据定义, 有 $x \in C^\infty$. 由于线性映射是连续的,

$$L(x) = \lim_{\nu \to \infty} L(\lambda^\nu x^\nu) = \lim_{\nu \to \infty} \lambda^\nu u^\nu = 0,$$

这与条件 $L^{-1}(0) \cap C^\infty = \{0\}$ 矛盾.

设条件 $L^{-1}(0) \cap C^\infty = \{0\}$ 成立, 我们证明 $L(C)$ 是一闭集. 设 $u^\nu \in L(C)$ 满足 $u^\nu \to u$, 则存在序列 $x^\nu \in C$ 满足 $u^\nu = L(x^\nu)$. 由于序列 $\{L(x^\nu)\}_{\nu \in \mathbf{N}}$ 有界, 序列 $\{x^\nu\}_{\nu \in \mathbf{N}}$ 也是有界的, 故存在聚点 x. 由于 C 是闭集, 有 $x \in C$ 与 $u = L(x)$, 因此 $u \in L(C)$.

下面证明 $L(C^\infty) \subset L(C)^\infty$. 当 $C = \varnothing$ 时, 结论显然成立. 不妨设 $C \neq \varnothing$. 对于 $x \in C^\infty$, 存在 $x^\nu \in C$ 与 $\lambda^\nu \searrow 0$, 使得 x 是 $\lambda^\nu x^\nu$ 的极限. 利用 $L(C)$ 中的点列 $u^\nu = L(x^\nu)$, 可推出 $\lambda^\nu u^\nu \to L(x)$, 这证得 $L(x) \in L(C)^\infty$.

对于包含关系 $L(C^\infty) \supset L(C)^\infty$, 考虑 $u \in L(C)^\infty$, 将它表示为 $\lim_\nu \lambda^\nu u^\nu$, 其中 $u^\nu \in L(C)$, $\lambda^\nu \searrow 0$. 对于满足 $L(x^\nu) = u^\nu$ 的 $x^\nu \in C$, 有 $L(\lambda^\nu x^\nu) \to u$. 从序列 $\{L(\lambda^\nu x^\nu)\}$ 的有界性可推出序列 $\{\lambda^\nu x^\nu\}$ 的有界性, 因此有聚点 x. 则对 $x \in C^\infty$ 与 $L(x) = u$, 从而知 $u \in L(C^\infty)$. ∎

凸分析中有凸函数的回收函数概念. 对一般的函数, 这一概念被推广为下面的地平函数.

定义 1.14 ([58, Definition 3.17])(地平函数)　对函数 $f : \mathbb{R}^n \to \overline{\mathbb{R}}$, 其地平函数 $f^\infty : \mathbb{R}^n \to \overline{\mathbb{R}}$ 定义为

如果 $f \not\equiv \infty$, 则 $\mathrm{epi}\, f^\infty = (\mathrm{epi}\, f)^\infty$;　　如果 $f \equiv \infty$, 则 $f^\infty = \delta_{\{0\}}$.

由于对于 $f \equiv \infty$, 有 $\mathrm{epi}\, f = \varnothing$, 因此 $(\mathrm{epi}\, f)^\infty = \{(0, 0)\}$. 集合 $(\mathrm{epi}\, f)^\infty$ 不是任何函数的上图, 因为它不包含连接 $(0, 0)$ 的所有的点 $(0, \beta)$, 其中 $0 < \beta < \infty$. 把这些点添加到 $(0, 0)$, 构成的集合就成为 $\delta_{\{0\}}$ 的上图.

函数 f 的上图数乘定义为

$$(\lambda \star f)(x) = \lambda f(\lambda^{-1} x),$$

其中 $\lambda > 0$.

定理 1.8 对于函数 $f : \mathbb{R}^n \to \overline{\mathbb{R}}$, 地平函数 f^∞ 是下半连续的且正齐次的. 如果 $f \not\equiv \infty$, 则由下式计算

$$f^\infty(w) = \liminf_{\lambda \searrow 0, x \to w} (\lambda \star f)(x) := \lim_{\delta \searrow 0} \inf_{\substack{\lambda \in (0,\delta) \\ x \in \mathbf{B}(w,\delta)}} \lambda f(\lambda^{-1}x). \tag{1.27}$$

如果 f 是凸函数, 那么 f^∞ 是次线性的. 如果 f 还是下半连续的且正常的, 那么地平函数也是下半连续的且正常的, 并对任何 $x \in \operatorname{dom} f$, 有

$$f^\infty(w) = \lim_{\tau \to \infty} \frac{f(x + \tau w) - f(x)}{\tau} = \sup_{\tau \in (0,\infty)} \frac{f(x + \tau w) - f(x)}{\tau}. \tag{1.28}$$

证明 当 f^∞ 是 $\delta_{\{0\}}$ 时, 它显然是下半连续的且正齐次的, 因此不妨设 $f \not\equiv \infty$. 由定义, f^∞ 的上图是闭集 $(\operatorname{epi} f)^\infty$, 这意味着 f^∞ 是下半连续的. 因为 $(\operatorname{epi} f)^\infty$ 是一个锥, 故 f^∞ 是正齐次的.

由等式 $f^\infty(w) = \inf\{\beta : (w, \beta) \in (\operatorname{epi} f)^\infty\}$, $w \in \mathbb{R}^n$, 有

$$\begin{aligned}
(w, \beta) \in (\operatorname{epi} f)^\infty &\Longleftrightarrow \exists \lambda^\nu \searrow 0, \exists (w^\nu, \alpha^\nu) \in \operatorname{epi} f, \lambda^\nu(w^\nu, \alpha^\nu) \to (w, \beta) \\
&\Longleftrightarrow \exists \lambda^\nu \searrow 0, \exists \alpha^\nu, x^\nu \to w, \lambda^\nu f(x^\nu/\lambda^\nu) \leqslant \lambda^\nu \alpha^\nu \to \beta.
\end{aligned}$$

从而

$$\begin{aligned}
f^\infty(w) &= \inf\{\beta : (w, \beta) \in (\operatorname{epi} f)^\infty\} \\
&= \inf\{\beta : \exists \lambda^\nu \searrow 0, \exists \alpha^\nu, x^\nu \to w, \lambda^\nu f(x^\nu/\lambda^\nu) \leqslant \lambda^\nu \alpha^\nu \to \beta\} \\
&= \inf\{\beta : \exists \lambda^\nu \searrow 0, x^\nu \to w, \lambda^\nu f(x^\nu/\lambda^\nu) \to \beta\} \\
&= \liminf_{\lambda \searrow 0, x \to w} \lambda f(\lambda^{-1}x) = \liminf_{\lambda \searrow 0, x \to w} [\lambda \star f](x).
\end{aligned}$$

对于凸的情况, 取 $C = \operatorname{epi} f$, 则它是闭凸集, 将定理 1.6 关于 C^∞ 的刻画用于 $C = \operatorname{epi} f$ 和 $(\bar{x}, f(\bar{x}))$, 可得公式 (1.28). 由凸函数差商的单调性, 关于 τ 的极限等于关于 τ 的上确界. ∎

对一族凸函数的极大值函数, 如下结论刻画它的地平函数.

定理 1.9 设 $\{f_i : i \in I\}$ 是 $\mathbb{R}^n$ 上的一族正常凸函数, 令

$$f = \sup\{f_i : i \in I\}.$$

如果 f 在某些点处是有限的, 且每一函数 f_i 是闭函数, 那么 f 是闭的正常函数,

$$f^\infty = \sup\{f_i^\infty \mid i \in I\}.$$

证明　因为 epi f 是集合 epi f_i 的交, 当每一 f_i 是闭凸集, 上图 epi f 是闭凸集. 由推论 1.2, 可得这里 f^∞ 的公式. ∎

根据 [58] 中第 89 页, 可得下述凸二次函数的地平函数公式.

例 1.7　设函数 $f(x) = \dfrac{1}{2}\langle x, Gx \rangle + \langle c, x \rangle + d$ 是凸的二次函数, 则

$$f^\infty = \langle c, x \rangle + \delta_{\{w \,|\, Gw=0\}}(x). \tag{1.29}$$

例 1.8 (函数之和的地平函数)　设 f_1 与 f_2 是 $\mathbb{R}^n$ 上定义的下半连续正常函数. 如果它们都不是反强制的, 那么

$$(f_1 + f_2)^\infty \geqslant f_1^\infty + f_2^\infty.$$

当两个函数均为凸函数且 $\mathrm{dom}\, f_1 \cap \mathrm{dom}\, f_2 \neq \varnothing$ 时, 上式以等式成立.

水平集的地平锥可用地平函数的水平集进行近似或刻画.

命题 1.6 ([58, Proposition 3.23])(水平集的地平锥)　对函数 $f : \mathbb{R}^n \to \overline{\mathbb{R}}$ 与 $\alpha \in \mathbb{R}$, 有 $(\mathrm{lev}_{\leqslant\alpha} f)^\infty \subset \mathrm{lev}_{\leqslant 0} f^\infty$, 即

$$\{x : f(x) \leqslant \alpha\}^\infty \subset \{x : f^\infty(x) \leqslant 0\}.$$

当 f 是凸的正常的下半连续函数, 且 $\mathrm{lev}_{\leqslant\alpha} f \neq \varnothing$ 时, 这一包含关系以等式成立. 因此对这样的函数 f, 如果某一水平集 $\mathrm{lev}_{\leqslant\alpha} f$ 非空有界, 例如水平集 $\mathrm{Arg\,min}\, f$ 非空有界, 那么 f 必为水平有界的.

证明　如果 $\mathrm{lev}_{\leqslant\alpha} f = \varnothing$, 根据定义, 此时 $(\mathrm{lev}_{\leqslant\alpha} f)^\infty = \{0\}$. 因为 f^∞ 是正齐次的, $f^\infty(0) \leqslant 0$ 总是成立的. 可见结论对于 $\mathrm{lev}_{\leqslant\alpha} f = \varnothing$ 的情况成立.

设 $\mathrm{lev}_{\leqslant\alpha} f \neq \varnothing$, 取 $x \in (\mathrm{lev}_{\leqslant\alpha} f)^\infty$. 只需要对 $x \neq 0$ 的情况, 证明 $f^\infty(x) \leqslant 0$. 存在 $x^\nu \in \mathrm{lev}_{\leqslant\alpha} f$ 以及 $\lambda^\nu \searrow 0$, 使得 $\lambda^\nu x^\nu \to x$. 令 $w^\nu = \lambda^\nu x^\nu$. 则 $\lambda^\nu f(w^\nu/\lambda^\nu) = \lambda^\nu f(x^\nu) \leqslant \lambda^\nu \alpha \to 0$, $w^\nu \to x$. 根据 (1.27), 可知 $f^\infty(x) \leqslant 0$.

当 f 是凸的、正常的下半连续函数时, 等式 (1.28) 对任何 $\bar{x} \in \mathrm{dom} f$ 成立, 进一步的结论自然可以得到. ∎

练习 1.2 (约束集的地平锥)　令

$$C = \{x \in X : f_i(x) \leqslant 0, \forall i \in I\},$$

其中 $X \subset \mathbb{R}^n$ 是子集, f_i 是定义在 $\mathbb{R}^n$ 上的有限函数. 则

$$C^\infty \subset \{x \in X^\infty : f_i^\infty(x) \leqslant 0, \forall i \in I\}.$$

当 X 是闭凸集, 每个函数 f_i 都是凸函数, 且 C 是非空集合时, 上述包含关系成为等式.

下面的定理利用地平函数给出了参数规划的一致水平有界性的一个充分条件.

定理 1.10 ([58, Theorem 3.31]) 对一个正常的下半连续函数 $f: \mathbb{R}^n \times \mathbb{R}^m \to \overline{\mathbb{R}}$, 函数 $f(x,u)$ 相对于 u 局部一致地为 x 的水平有界函数的一个充分条件是

$$f^\infty(x,0) > 0, \quad \forall x \neq 0. \tag{1.30}$$

当 f 是凸函数时, 上述条件还是必要的. 如果此条件成立, 那么对于函数 $p(u) := \inf_x f(x,u)$, 有

$$p^\infty(u) = \inf_x f^\infty(x,u), \tag{1.31}$$

当该下确界有限时, 还是可以达到的.

证明 函数 $f(x,u)$ 相对于 u 局部一致地为 x 的水平有界函数当且仅当对所有的球 $\mathbf{B}(\bar{u},\varepsilon)$ 与实数 $\alpha \in \mathbb{R}$, 集合 $C = (\mathbb{R}^n \times \mathbf{B}(\bar{u},\varepsilon)) \cap \mathrm{lev}_{\leqslant\alpha} f$ 如果非空, 那么必是有界的. 根据定理 1.5, 这等价于 C 的地平锥是零锥. 由公式 (可以验证)

$$\left[\bigcap_{i\in I} C_i\right]^\infty \subset \bigcap_{i\in I} C_i^\infty, \qquad \left[\bigcup_{i\in I} C_i\right]^\infty \supset \bigcup_{i\in I} C_i^\infty$$

与命题 1.6, 有

$$C^\infty \subset (\mathbb{R}^n \times \mathbf{B}(\bar{u},\varepsilon))^\infty \cap (\mathrm{lev}_{\leqslant\alpha} f)^\infty$$
$$\subset (\mathbb{R}^n \times \{0\}) \cap \{(x,u) : f^\infty(x,u) \leqslant 0\}$$
$$= \{(x,0) : f^\infty(x,0) \leqslant 0\}.$$

如果 f 是凸的, 那么上述包含关系成为等式. 易知, 条件 (1.30) 总是充分条件, 如果 f 是凸函数, 还是充要的. 由定理 1.2 和命题 1.5, 从 f 的水平有界性可推出 p 是 $\mathbb{R}^n$ 上的一正常的下半连续函数, 它的上图是 f 的上图在线性映射 $L : (x,u,\alpha) \to (u,\alpha)$ 下的像. 因为 $(\mathrm{epi}\, f)^\infty = \mathrm{epi}\, f^\infty$, 如果 (1.30) 成立, 那么 $L^{-1}(0,0) \cap (\mathrm{epi}\, f)^\infty = (0,0,0)$. 根据定理 1.7, 这一条件可推出 $L((\mathrm{epi}\, f)^\infty) = L(\mathrm{epi}\, f)^\infty$, 这就得到 (1.31). ∎

推论 1.3 ([58, Corollary 3.32])(凸参数极小化的有界性) 令 $p(u) = \inf_x f(x,u)$, $P(u) = \underset{x}{\mathrm{Arg\,min}}\, f(x,u)$, 其中 $f : \mathbb{R}^n \times \mathbb{R}^m \to \overline{\mathbb{R}}$ 是正常的下半连续的凸函数. 设存在 $\bar{u}$, 使集合 $P(\bar{u})$ 是非空有界的. 则对所有的 u, $P(u)$ 是有界的, 且 p 是正常的下半连续的凸函数, 其地平函数由 (1.31) 给出.

证明 因为 $P(\bar{u})$ 是函数 $g(x) = f(x,\bar{u})$ 的水平集, 由命题 1.6 与假设条件可知 $g^\infty(x) > 0$ 对任何 $x \neq 0$ 成立. 然而由定理 1.8 中的公式 (1.28), 有 $g^\infty(x) = f^\infty(x,0)$. 所以定理 1.10 中的假设 (1.30) 在此种情况下成立. 所有的定

义在 $\mathbb{R}^n$ 上的函数 $f(\cdot, u)$ 有地平函数 $f^\infty(\cdot, u)$, 它们都是水平有界的. 进而, 所有的集合 $P(u)$ 必是有界的. ∎

后面的章节需要用到集值映射的地平映射概念来刻画可行平移集的闭性.

定义 1.15 ([58, Page 159])   设 $S : \mathbb{R}^n \rightrightarrows \mathbb{R}^m$ 是一个集值映射. 其地平映射, 记为 $S^\infty : \mathbb{R}^n \rightrightarrows \mathbb{R}^m$, 定义为

$$\mathrm{gph}\, S^\infty = (\mathrm{gph}\, S)^\infty.$$

由此可得地平映射在一点处的值

$$S^\infty(x) = \left\{ u = \lim_k \lambda_k u^k : u^k \in S(x^k), \lambda_k x^k \to x, \lambda \searrow 0 \right\}. \tag{1.32}$$

1.5.3 共轭函数

设 $\mathcal{X}$ 是有限维的 Hilbert 空间, 则 $\mathcal{X}$ 与 $\mathcal{X}^*$ 是成对空间. 令 $f : \mathcal{X} \to \overline{\mathbb{R}}$ 是增广实值 (可能非凸的) 函数, 共轭函数 $f^* : \mathcal{X}^* \to \overline{\mathbb{R}}$ 定义为

$$f^*(x^*) := \sup_{x \in \mathcal{X}} \{ \langle x^*, x \rangle - f(x) \};$$

f 的双共轭函数, 记为 $f^{**} = (f^*)^*$, 定义为

$$f^{**}(x) := \sup_{x^* \in \mathcal{X}^*} \{ \langle x^*, x \rangle - f^*(x^*) \}.$$

由 $f^*(x^*)$ 的定义, 可得

$$f(x) \geqslant \langle x^*, x \rangle - f^*(x^*),$$

这就是著名的 Young-Fenchel 不等式.

进一步地, 对所有的 $x \in \mathcal{X}$, 从 Young-Fenchel 不等式可推出 $f(x) \geqslant f^{**}(x)$. 因 f^* 的上图是形式如下的半空间

$$\{ (x^*, c) \in \mathcal{X}^* \times \mathbb{R} : c \geqslant \langle x^*, x \rangle - f(x) \}$$

之交, 所以 f^* 是凸的且下半连续的. 类似地, f^{**} 是凸的且下半连续的.

命题 1.7 ([6, Proposition 2.112])   若 $f : \mathcal{X} \to \overline{\mathbb{R}}$ 是正常的且下半连续的凸函数, 则 f^* 亦是正常的凸函数.

证明   因 f^* 是共轭函数, 故它是凸的. 因 f 是正常的, 故对所有的 $x \in \mathcal{X}$, $f(x) > -\infty$ 且存在点 x_0, 使得 $f(x_0)$ 是有限的. 则对任意 $x^* \in X^*$,

$$f^*(x^*) \geqslant \langle x^*, x_0 \rangle - f(x_0) > -\infty.$$

因 f 是下半连续的且凸的, 它的上图是 $\mathcal{X} \times \mathbb{R}$ 的闭凸子集, 有 epi f 可表示为 $\mathcal{X} \times \mathbb{R}$ 的一族闭半空间的交. 由于 f 是正常的, 这些闭半空间中至少有一者必是非竖直的, 即存在 $\bar{x}^* \in \mathcal{X}^*$ 以及 $c \in \mathbb{R}$, 使得对所有的 $x \in \mathcal{X}$, $f(x) \geqslant \langle \bar{x}^*, x \rangle - c$, 则

$$f^*(\bar{x}^*) \leqslant \sup_{x \in \mathcal{X}} \{ \langle \bar{x}^*, x \rangle - (\langle \bar{x}^*, x \rangle - c) \} = c,$$

因此 $\bar{x}^* \in \mathrm{dom}\, f^*$. 这证得 f^* 是正常的. ■

定理 1.11 ([58, Theorem 11.1]) 对任何函数 $f : \mathbb{R}^n \to \overline{\mathbb{R}}$, 如果 $\mathrm{con}\, f$ 是正常的, 那么 f^* 与 f^{**} 是正常的且下半连续的凸函数, 且

$$f^{**} = \mathrm{cl}\,\mathrm{con}\, f.$$

故 $f^{**} \leqslant f$. 如果 f 自身是正常的且下半连续的凸函数, 那么有 $f^{**} = f$. 当然, 无论这些假设是否成立, 均有

$$f^* = (\mathrm{con}\, f)^* = (\mathrm{cl}\, f)^* = (\mathrm{cl}\,\mathrm{con}\, f)^*.$$

上述定理表明, $f = f^{**}$ 当且仅当 f 是凸的且是闭的. 尤其, 若对所有的 $x \in \mathcal{X}$ 有 $f(x) > -\infty$, 则 $f = f^{**}$ 当且仅当 f 是凸的且下半连续的.

对集合 $C \subset \mathcal{X}$, 其指示函数与支撑函数可分别定义为

$$\delta_C(x) = \begin{cases} 0, & x \in C, \\ +\infty, & x \notin C \end{cases}$$

与

$$\delta_C^*(x^*) = \delta^*(x^* \mid C) = \sup_{x \in C} \langle x^*, x \rangle.$$

关于双重共轭函数, 有如下更一般的结论.

定理 1.12 (Fenchel-Moreau-Rockafellar) ([6, Theorem 2.113]) 设 $f : \mathcal{X} \to \overline{\mathbb{R}}$ 是某个增广实值函数, 则

$$f^{**} = \mathrm{cl}\,(\mathrm{con}\, f). \tag{1.33}$$

证明 由 f^* 的定义, $(x^*, \beta) \in \mathrm{epi}\, f^*$ 当且仅当

$$f(x) \geqslant \langle x^*, x \rangle - \beta, \quad \forall x \in \mathcal{X}.$$

换言之, $(x^*, \beta) \in \mathrm{epi}\, f^*$ 当且仅当 f 的上图被包含在闭的非竖直的闭的半空间中

$$\{(x, \alpha) \in \mathcal{X} \times \mathbb{R} : \alpha \geqslant \langle x^*, x \rangle - \beta\}.$$

可得 f^{**} 的上图由闭的非竖直半空间族

$$\{(x,\alpha) \in \mathcal{X} \times \mathbb{R} : \alpha \geqslant \langle x^*, x \rangle - \beta\}, \quad (x^*, \beta) \in \mathrm{epi}\ (f^*)$$

之交给出. 换言之, f^{**} 是不超过 f 的连续的仿射函数的上确界. 因此 epi (f^{**}) 是包含 epi (f) 的非竖直半空间的交. 另一方面, lsc(conf) 的上图是包含 epi (f) 的 (可能是竖直的) 的半空间的交, 因为它的上图是包含 epi (f) 的最小闭凸子集.

　　若对至少一点 $x \in \mathcal{X}$, 有 lsc(conf)$(x) = -\infty$, 则由定义有 cl(conf)$(\cdot) = -\infty$, 没有不超过 f 的连续的仿射函数存在, 因而 (1.33) 成立. 若 $f(\cdot) = +\infty$, 则 f^{**} 与 cl(conf) 等于 f. 只剩下考虑 lsc(conf) 是正常的, 因而等于 cl(conf) 的情形. 由上面的讨论, 只需证明若 lsc(conf) 是正常的, 点 (x_0, α_0) 不属于 lsc(conf) 的上图, 则该点可以被一非竖直的半空间与上图分离开来.

　　设 lsc(conf) 是正常的, 则 f 至少有一不超过它的仿射函数. 事实上, 闭凸集 epi [lsc(conf)] 由包含它的半空间的交给出. 若这些半空间均是竖直的, 则 lsc(conf) 在其定义域上取值 $-\infty$. 因为 lsc(conf) 是正常的, 它的定义域非空, 这与假设 lsc(conf)$(\cdot) > -\infty$ 矛盾. 因此, 存在 $(x^*, \beta) \in \mathcal{X}^* \times \mathbb{R}$ 满足

$$\alpha \geqslant \langle x^*, x \rangle - \beta, \quad \forall (x, \alpha) \in \mathrm{epi}\ [\mathrm{lsc}(\mathrm{con}f)]. \tag{1.34}$$

若 (x_0, α_0) 不属于 lsc(conf) 的上图, 则存在一线性泛函 $(\bar{x}^*, a)$, 它强分离 (x_0, α_0) 与 lsc(conf). 若 $a \neq 0$, 则对应的半空间不是竖直的. 因此, 设 $a = 0$, 存在 $\varepsilon > 0$, 有

$$\langle \bar{x}^*, x_0 \rangle \geqslant \langle \bar{x}^*, x \rangle + \varepsilon, \quad \forall (x, \alpha) \in \mathrm{epi}\ [\mathrm{lsc}(\mathrm{con}f)].$$

上述不等式乘以 $\gamma > 0$, 加到不等式 (1.34) 上, 得到

$$\alpha \geqslant \langle \hat{x}^*, x \rangle - \hat{\beta}, \quad \forall (x, \alpha) \in \mathrm{epi}\ [\mathrm{lsc}(\mathrm{con}f)],$$

其中 $\hat{x}^* := x^* + \gamma \bar{x}^*, \hat{\beta} := \beta + \gamma \langle \bar{x}^*, x \rangle - \gamma\varepsilon$. 回顾 $\varepsilon > 0$, 对充分大的 $\gamma > 0$, 有不等式

$$\alpha_0 < \langle \hat{x}^*, x_0 \rangle - \hat{\beta}$$

成立, 因为右端恰好是 $\langle x^*, x_0 \rangle - \beta - \gamma\varepsilon$. 结果得到一个非竖直的半空间, 它分离了 (x_0, α_0) 与 lsc(conf) 的上图. ■

　　函数的次微分在凸分析、对偶理论以及非光滑凸优化算法中发挥重要的作用, 下面给出简要介绍. 设 $\mathcal{X}$ 是有限维的 Hilbert 空间, 泛函 $x^* \in \mathcal{X}^*$ 称为 (可能非凸的) 函数 $f : \mathcal{X} \to \overline{\mathbb{R}}$ 在点 x 处的次梯度, 若 $f(x)$ 是有限的, 且

$$f(y) - f(x) \geqslant \langle x^*, y - x \rangle, \quad \forall y \in \mathcal{X}.$$

这表明, 线性函数 $\ell(y) := \langle x^*, y - x \rangle + f(x)$ 是 f 的上图在 $(x, f(x))$ 的支撑超平面, 即 $\ell(x) = f(x)$ 且对所有 $y \in \mathcal{X}$ 有 $f(y) \geqslant \ell(y)$.

函数 f 在 x 处的所有次梯度的集合被称为 f 在 x 处的次微分, 即

$$\partial f(x) = \{x^* \in \mathcal{X}^* : f(y) - f(x) \geqslant \langle x^*, y - x \rangle, \forall y \in \mathcal{X}\}.$$

作为闭半空间的交, $\partial f(x)$ 是一凸集, $\partial f(x)$ 在 $\mathcal{X}^*$ 中是闭的. 函数 f 称为在 x 处为次可微的, 若 $f(x)$ 是有限的且 $\partial f(x) \neq \varnothing$. 次可微函数显然是正常的. 然而, 并非每一正常凸函数在定义域的每一点处均是次可微的.

由共轭函数的定义知

$$x^* \in \partial f(x) \text{ 当且仅当 } f(x) + f^*(x^*) = \langle x^*, x \rangle. \tag{1.35}$$

下述命题在对偶理论的研究中发挥重要的作用.

命题 1.8 ([6, Proposition 2.118])　设 $f : \mathcal{X} \to \overline{\mathbb{R}}$ 是一 (可能非凸的) 函数. 则下述结论成立.

(i) 若对某一 $x \in \mathcal{X}$, $f^{**}(x)$ 是有限的, 则

$$\partial f^{**}(x) = \text{Arg} \max_{x^* \in \mathcal{X}^*} \{\langle x^*, x \rangle - f^*(x^*)\}; \tag{1.36}$$

(ii) 若 f 在 x 处是次可微的, 则 $f^{**}(x) = f(x)$;

(iii) 若 $f^{**}(x) = f(x)$ 且是有限的, 则 $\partial f(x) = \partial f^{**}(x)$.

证明　将 (1.35) 应用到 f^{**}, 有 $x^* \in \partial f^{**}(x)$ 当且仅当

$$f^{**}(x) = \langle x^*, x \rangle - f^{***}(x^*).$$

由 Fenchel–Moreau–Rockafellar 定理 (定理 1.12) 知, $f^{***} = f^*$. 因而上述等式等价于

$$f^{**}(x) = \langle x^*, x \rangle - f^*(x^*). \tag{1.37}$$

由双重共轭的定义, $f^{**}(x)$ 等于 (1.37) 之右端在 $x^* \in X^*$ 取最大值的最大值点集, (1.36) 成立.

若存在 $x^* \in \partial f(x)$, 则由 (1.35) 得 $f(x) \leqslant f^{**}(x)$. 因为总有 $f(x) \geqslant f^{**}(x)$, (ii) 得证.

为证明 (iii), 注意由 (1.35) 可观察得 $x^* \in \partial f(x)$ 当且仅当 $f(x) = \langle x^*, x \rangle - f^*(x^*)$, $x^* \in \partial f^{**}(x)$ 当且仅当 (1.37) 成立, 这证得结论. ∎

引理 1.1 ([52, Theorem 12.2])　设 f 是凸函数. 共轭函数 f^* 是正常闭凸函数的充分必要条件是 f 是正常的. 进一步地, 有 $(\text{cl} f)^* = f^*$ 与 $f^{**} = \text{cl} f$.

命题 1.9 ([6, Proposition 2.121])   设 K 是 $\mathcal{X}^*$ 的一非空闭凸子集, 令 $f(x) := \delta_K^*(x)$ 是相应的支撑函数. 若 $x \in \mathrm{dom}\, f$, 则

$$\partial f(x) = \mathrm{Arg\,max}\,\{\langle x^*, x \rangle : x^* \in K\}. \tag{1.38}$$

证明   由支撑函数 $f(\cdot)$ 是正常的下半连续的凸函数知, $f^*(\cdot) = \delta_K(\cdot)$. 进而有 $f^{**}(x) = f(x)$, 因此 $\partial f^{**}(x) = \partial f(x)$. 由公式 (1.36) 即得公式 (1.38).   ■

下述结论用于建立有限维空间凸优化问题的对偶理论的正则条件.

定理 1.13 ([52, Theorem 23.4])   设 $f : \mathbb{R}^n \to \overline{\mathbb{R}}$ 是一正常凸函数. 若 $x \notin \mathrm{dom}\, f$, 则 $\partial f(x) = \varnothing$. 若 $x \in \mathrm{ri}\,(\mathrm{dom}\, f)$, 则 $\partial f(x) \neq \varnothing$, $f'(x; y)$ 是关于 y 的闭正常函数, 且

$$f'(x; y) = \sup\{\langle x^*, y \rangle \mid x^* \in \partial f(x)\} = \delta^*(y \mid \partial f(x)).$$

进一步地, $\partial f(x)$ 是非空有界的充分必要条件: $x \in \mathrm{int}\,(\mathrm{dom}\, f)$, 此时对每一 y 均有 $f'(x; y)$ 有限.

命题 1.10 ([52, Corollary 23.7.1])   设 f 是正常的凸函数, x 是 $\mathrm{dom}\, f$ 的内部点且使得 $f(x)$ 不是 f 的极小点. 那么对于 $C = \{z \in \mathbb{R}^n : f(z) \leqslant f(x)\}$,

$$N_C(x) = \bigcup_{\lambda \geqslant 0} \lambda \partial f(x).$$

命题 1.11 ([52, Theorem 23.8])   设 $f_1, \cdots, f_m$ 是 $\mathbb{R}^n$ 上的正常的凸函数. 令 $f = f_1 + \cdots + f_m$. 则

$$\partial f(x) \supset \partial f_1(x) + \cdots + \partial f_m(x), \quad \forall x.$$

如果凸集 $\mathrm{ri}\,(\mathrm{dom}\, f_j)$, $j = 1, \cdots, m$ 具有一个公共的交点, 那么有

$$\partial f(x) = \partial f_1(x) + \cdots + \partial f_m(x), \quad \forall x.$$

如果函数 $f_1, \cdots, f_k$ 是多面函数, 那么保证上述等式成立的条件可减弱为: 集合 $\mathrm{dom}\, f_i$, $i = 1, \cdots, k$ 与 $\mathrm{ri}\,(\mathrm{dom}\, f_j)$, $j = k+1, \cdots, m$ 具有一个公共的交点.

命题 1.12 ([52, Theorem 23.9])   设 $f(x) = h(Ax)$, 其中 h 是 $\mathbb{R}^m$ 上的一正常的凸函数, A 是从 $\mathbb{R}^n$ 到 $\mathbb{R}^m$ 的一线性映射. 那么

$$\partial f(x) \supseteq A^* \partial h(Ax), \quad \forall x.$$

如果 $\mathrm{Range}\, A$ 包含 $\mathrm{rint}\,(\mathrm{dom}\, h)$ 中的一点, 那么

$$\partial f(x) = A^* \partial h(Ax), \quad \forall x.$$

后续章节中将会用到矩阵的核范数这一凸函数. 这里仅对对称矩阵的情况, 给出核范数的次微分的表达式. 设 $A \in \mathbb{S}^m$ 是给定的 $m \times m$ 实对称矩阵, 具有谱分解 $A = P\Lambda P^{\mathrm{T}}$, $P = (p_1, \cdots, p_m)$,

$$\Lambda = \begin{bmatrix} \Lambda_\alpha & 0 & 0 \\ 0 & 0_{|\beta|} & 0 \\ 0 & 0 & \Lambda_\gamma \end{bmatrix}, \tag{1.39}$$

其中

$$\alpha = \{i : \lambda_i(A) > 0\}, \quad \beta = \{i : \lambda_i(A) = 0\}, \quad \gamma = \{i : \lambda_i(A) < 0\},$$

$\lambda_1(A) \geqslant \lambda_2(A) \geqslant \cdots \geqslant \lambda_m(A)$ 是 A 的按递降顺序的特征值, 矩阵 P_α, P_β 与 P_γ 定义为

$$P_\alpha = (p_i : i \in \alpha), \quad P_\beta = (p_i : i \in \beta), \quad P_\gamma = (p_i : i \in \gamma),$$

对角矩阵 Λ_α, Λ_β 与 Λ_γ 定义为

$$\Lambda_\alpha = \mathrm{Diag}\,(\lambda_i(A) : i \in \alpha), \quad \Lambda_\beta = \mathrm{Diag}\,(\lambda_i(A) : i \in \beta), \quad \Lambda_\gamma = \mathrm{Diag}\,(\lambda_i(A) : i \in \gamma).$$

那么核范数 $\|\cdot\|_*$ 在 A 处的次微分可以表示为

$$\partial \|A\|_* = \{P_\alpha P_\alpha^{\mathrm{T}} + P_\beta W_\beta P_\beta^{\mathrm{T}} - P_\gamma P_\gamma^{\mathrm{T}} : W_\beta \in \mathbb{S}^{|\beta|}, \|W\|_2 \leqslant 1\}, \tag{1.40}$$

其中 $\|\cdot\|_2$ 是矩阵的谱范数.

定义 1.16 (极锥) 令 K 是 $\mathbb{R}^n$ 中的凸锥. 集合 K 的极锥定义为

$$K^\circ = \{x^* \in \mathbb{R}^n : \forall x \in K, \langle x^*, x \rangle \leqslant 0\}.$$

对于 m 个凸锥 $K_1, \cdots, K_m$, 如果 $\mathrm{ri}\,K_1 \cap \mathrm{ri}\,K_2 \cap \cdots \cap \mathrm{ri}\,K_m \neq \varnothing$, 那么有如下性质:

$$(K_1 \cap \cdots \cap K_m)^\circ = K_1^\circ + \cdots + K_m^\circ. \tag{1.41}$$

对于 m 个凸锥 $K_1, \cdots, K_m$, 可得

$$(K_1 + \cdots + K_m)^\circ = K_1^\circ \cap \cdots \cap K_m^\circ. \tag{1.42}$$

由极锥的性质, 还可得到 $[\mathrm{lin}\,K]^\circ = K^\circ - K^\circ$.

定理 1.14 ([52, Theorem 23.5])　对任何凸函数 f 与任意向量 x, 关于向量 x^* 的下述四个条件是彼此等价的:

(a) $x^* \in \partial f(x)$;

(b) $\langle z, x^* \rangle - f(z)$ 关于变量 z 在 $z = x$ 处达到上确界;

(c) $f(x) + f^*(x^*) \leqslant \langle x, x^* \rangle$;

(d) $f(x) + f^*(x^*) = \langle x, x^* \rangle$.

如果 $(\mathrm{cl}\, f)(x) = f(x)$, 那么还可列出更多等价条件:

(a*) $x \in \partial f^*(x^*)$;

(b*) $\langle x, z^* \rangle - f^*(z^*)$ 关于变量 z^* 在 $z^* = x^*$ 处达到上确界;

(a**) $x^* \in \partial (\mathrm{cl}\, f)(x)$.

引理 1.2 ([52, Corollary 23.5.1])　如果 f 是正常的闭凸函数, ∂f^* 是 ∂f 的集值映射意义下的逆, 即 $x \in \partial f^*(x^*)$ 当且仅当 $x^* \in \partial f(x)$.

1.5.4　凸函数的下卷积运算

在讨论一般度量下的最小约束违背优化问题并对增广 Lagrange 方法进行分析时, 需要利用凸函数的下卷积运算性质. 为讨论下卷积运算的性质, 需要 Fenchel 对偶定理, 下面介绍这些内容.

设 $\mathcal{X}$ 是一个有限维的 Hilbert 空间. 考虑优化问题

$$(\mathrm{P}) \quad \min_{x \in \mathcal{X}} \{f(x) + g(x)\}.$$

优化问题 (P) 等价于

$$\min_{x, z \in \mathcal{X}} \{f(x) + g(z) : x = z\}.$$

这一优化问题的 Lagrange 函数是

$$L(x, z; \mu) = f(x) + g(z) + \langle \mu, z - x \rangle = -(\langle \mu, x \rangle - f(x)) - (\langle -\mu, z \rangle - g(z)).$$

将 Lagrange 函数对变量 x 和 z 进行最小化就得到对偶函数

$$q(\mu) = \min_{x, z} L(x, z; \mu) = -f^*(\mu) - g^*(-\mu).$$

从而, 我们得到如下对偶问题, 称为 Fenchel 对偶:

$$(\mathrm{D}) \quad \max_{\mu \in \mathcal{X}^*} \{-f^*(\mu) - g^*(-\mu)\}.$$

定理 1.15 (Fenchel 对偶定理)　设 $f, g : \mathcal{X} \to (-\infty, +\infty]$ 是正常凸函数. 如果 $\mathrm{rint}(\mathrm{dom}(f) \cap \mathrm{rint}(\mathrm{dom}(g))) \neq \varnothing$, 那么

$$\min_{x \in \mathcal{X}}\{f(x) + g(x)\} = \max_{y \in \mathcal{X}^*}\{-f^*(y) - g^*(-y)\},$$

且右端的最大值在其有限的情况下可取到.

设 $\mathbb{E}$ 是一有限维的空间. 对 $f_i : \mathbb{E} \to (-\infty, \infty]$, $i = 1, 2$, f_1 与 f_2 的下卷积定义为

$$(f_1 \square f_2)(x) = \inf_y\{f_1(y) + f_2(x - y)\},$$

见 [52, Page 34].

定理 1.16 (下卷积的共轭函数)　设 $h_1, h_2 : \mathcal{X} \to (-\infty, +\infty]$ 是正常函数, 则

$$(h_1 \square h_2)^* = h_1^* + h_2^*.$$

证明　对于任意的 $y \in \mathcal{X}^*$,

$$
\begin{aligned}
(h_1 \square h_2)^*(y) &= \max_{x \in \mathcal{X}}\{\langle y, x\rangle - (h_1 \square h_2)(x)\} \\
&= \max_{x \in \mathcal{X}}\left\{\langle y, x\rangle - \min_{u \in \mathcal{X}}\{h_1(u) + h_2(x - u)\}\right\} \\
&= \max_{x \in \mathcal{X}}\max_{u \in \mathcal{X}}\{\langle y, x\rangle - h_1(u) - h_2(x - u)\} \\
&= \max_{x \in \mathcal{X}}\max_{u \in \mathcal{X}}\{\langle y, x - u\rangle + \langle y, u\rangle - h_1(u) - h_2(x - u)\} \\
&= \max_{u \in \mathcal{X}}\max_{x \in \mathcal{X}}\{\langle y, x - u\rangle - h_2(x - u) + \langle y, u\rangle - h_1(u)\} \\
&= \max_{u \in \mathcal{X}}\{h_2^*(y) + \langle y, u\rangle - h_1(u)\} \\
&= h_2^*(y) + h_1^*(y).
\end{aligned}
$$

故定理得证.　∎

定理 1.17 (和函数的共轭函数)　设 $h_1 : \mathcal{X} \to (-\infty, +\infty]$ 是正常凸函数, $h_2 : \mathcal{X} \to \mathbb{R}$ 是实值凸函数, 则

$$(h_1 + h_2)^* = h_1^* \square h_2^*.$$

证明　对于任意的 $y \in \mathcal{X}^*$,

$$
\begin{aligned}
(h_1 + h_2)^*(y) &= \max_{x \in \mathcal{X}}\{\langle y, x\rangle - h_1(x) - h_2(x)\} \\
&= -\min_{x \in \mathcal{X}}\{h_1(x) + h_2(x) - \langle y, x\rangle\} \\
&= -\min_{x \in \mathcal{X}}\{h_1(x) + g(x)\}.
\end{aligned}
$$

此处 $g(x) = h_2(x) - \langle y, x \rangle$. 因 h_1 是正常凸函数, 故有

$$\text{rint}(\text{dom}(h_1)) \cap \text{rint}(\text{dom}(g)) = \text{rint}(\text{dom}(h_1)) \cap \mathcal{X} \neq \varnothing.$$

根据定理 1.15 (Fenchel 对偶定理), 得到

$$
\begin{aligned}
\min_{x \in \mathcal{X}} \{h_1(z) + g(z)\} &= \max_{z \in \mathcal{X}^*} \{-h_1^*(z) - g^*(-z)\} \\
&= \max_{z \in \mathcal{X}^*} \left\{ -h_1^*(z) - \max_{x \in \mathcal{X}} \{\langle -z, x \rangle - h_2(x) + \langle y, x \rangle\} \right\} \\
&= \max_{z \in \mathcal{X}^*} \{-h_1^*(z) - h_2^*(y - z)\} \\
&= -\min_{z \in \mathcal{X}^*} \{h_1^*(z) + h_2^*(y - z)\}.
\end{aligned}
$$

结合 $(h_1 + h_2)^*(y) = -\min\limits_{x \in \mathcal{X}} \{h_1(x) + g(x)\}$, 便得

$$(h_1 + h_2)^*(y) = \min_{z \in \mathcal{X}^*} \{h_1^*(z) + h_2^*(y - z)\} = (h_1^* \square h_2^*)(y).$$

故定理得证.　　　　　　　　　　　　　　　　　　　　　　　　　　　　　■

推论 1.4　设 $h_1 : \mathcal{X} \to (-\infty, +\infty]$ 是正常闭凸函数, $h_2 : \mathcal{X} \to \mathbb{R}$ 是实值凸函数, 则

$$h_1 + h_2 = (h_1^* \square h_2^*)^*.$$

证明　设 h_1, h_2 都是正常的闭凸函数, 可知 $h_1 + h_2$ 是正常的闭凸函数. 故有

$$h_1 + h_2 = (h_1 + h_2)^{**}.$$

根据定理 1.17, 可得

$$h_1 + h_2 = ((h_1 + h_2)^*)^* = (h_1^* \square h_2^*)^* = (h_1^*)^* + (h_2^*)^* = h_1 + h_2.$$

故此推论正确.　　　　　　　　　　　　　　　　　　　　　　　　　　　　■

定理 1.18　设 $h_1 : \mathcal{X} \to (-\infty, +\infty]$ 是正常凸函数, $h_2 : \mathcal{X} \to \mathbb{R}$ 是实值凸函数, 设 $h_1 \square h_2$ 是实值函数, 则有

$$h_1 \square h_2 = (h_1^* + h_2^*)^*.$$

证明　由定理 1.16, 可知

$$(h_1 \square h_2)^* = h_1^* + h_2^*.$$

因 h_1 是正常凸函数, h_2 是实值凸函数, 故 $h_1 \square h_2$ 也是凸函数, 且是正常闭的. 因此

$$h_1 \square h_2 = (h_1 \square h_2)^{**} = (h_1^* + h_2^*)^*.$$

定理得证. ∎

下面引理给出下卷积函数的梯度公式. 这一公式在一般度量意义下的最小约束违背凸优化的增广 Lagrange 函数方法的收敛性分析中起着至关重要的作用.

引理 1.3 ([2, Theorem 5.30])　设 $f : \mathcal{X} \to (-\infty, \infty]$ 是一正常的闭凸函数, $\omega : \mathcal{X} \to \mathbb{R}$ 是一个 L-光滑的凸函数. 设 $f \square \omega$ 是实值的. 则下述性质成立:

(a) $f \square \omega$ 是 L-光滑的;

(b) 设 $x \in \mathcal{X}$, $u(x)$ 是问题

$$\min_u \{ f(u) + \omega(x - u) \}$$

的极小点. 则 $\nabla(f \square \omega)(x) = \nabla \omega(x - u(x))$.

引理 1.4 ([2, Theorem 5.26])(共轭对应定理)　设 $\mu > 0$, 我们有

(a) 如果 $\psi : \mathcal{X} \to \mathbb{R}$ 是 $1/\mu$-光滑的凸函数, 那么 $\psi^* : \mathcal{X}^* \to \mathbb{R}$ 是关于对偶范数 $\|\cdot\|_*$ 为 μ-强凸的;

(b) 如果 $\psi : \mathcal{X} \to \mathbb{R}$ 是正常的闭的 μ-强凸函数, 那么 $\psi^* : \mathcal{X}^* \to \mathbb{R}$ 是 $1/\mu$-光滑的.

1.5.5　凸优化的对偶理论

考虑如下优化问题

$$(\mathrm{P}) \qquad \min_{x \in \mathcal{X}} f(x),$$

其中 $f : \mathcal{X} \to \overline{\mathbb{R}}$, $\mathcal{X}$ 是有限维的 Hilbert 空间. 因允许 $f(x)$ 可以取 $+\infty$, 问题 (P) 包含任何约束 (单目标) 优化问题. 现在定义问题 (P) 的 Lagrange 函数, 可见 [58, Definition 11.45].

定义 1.17 (Lagrange 函数及对偶参数化)　对极小化问题 (P), 对偶参数化就是用一个正常函数 $\varphi : \mathcal{X} \times \mathcal{U} \to \overline{\mathbb{R}}$ 来表示函数 $f(\cdot) = \varphi(\cdot, 0)$, 这里 $\varphi(x, u)$ 关于 u 是下半连续且凸的. 相应的 Lagrange 函数 $l : \mathcal{X} \times \mathcal{U}^* \to \overline{\mathbb{R}}$ 定义为

$$l(x, y) := \inf_u \left\{ \varphi(x, u) - \langle y, u \rangle \right\}. \tag{1.43}$$

引理 1.5　设对偶参数化 $\varphi(x, u)$ 满足 $u \to \varphi(x, u)$ 是下半连续的凸函数, 则问题 (P) 可表示为下述极小极大优化问题

$$(\mathrm{P}_L) \qquad \min_{x \in \mathcal{X}} \sup_y l(x, y). \tag{1.44}$$

证明　在 $u \to \varphi(x,u)$ 是下半连续的凸函数的前提下, 有 $\varphi(x,u) = \varphi_2^{**}(x,u)$, 这里 $\varphi_2^*(x,y)$ 与 $\varphi_2^{**}(x,u)$ 分别表示 φ 关于第二个变量 u 的共轭函数和双重共轭函数. 于是

$$l(x,y) = -\varphi_2^*(x,y).$$

从而

$$\sup_y \left\{ l(x,y) + \langle y,u \rangle \right\} = \sup_y \left\{ \langle y,u \rangle - \varphi_2^*(x,y) \right\}$$
$$= \varphi_2^{**}(x,u) = \varphi(x,u).$$

于是可得

$$\sup_y \left\{ l(x,y) \right\} = \varphi(x,0) = f(x).$$

因此问题 (P) 可以表示为 (P_L). ■

问题 (P) 的 Lagrange 对偶问题定义为下述极大极小优化问题

$$(D_L) \qquad \sup_y \inf_{x \in \mathcal{X}} l(x,y). \tag{1.45}$$

下面考虑问题 (P) 的一个具体形式

$$(CP) \qquad \begin{array}{ll} \min & f(x) \\ \text{s.t.} & g(x) \in K, \\ & x \in X, \end{array} \tag{1.46}$$

其中 $f: \mathcal{X} \to \overline{\mathbb{R}}$ 是一下半连续正常函数, $g: \mathcal{X} \to \mathcal{Y}$ 是连续映射, $K \subset \mathcal{Y}$ 是闭凸集, $X \subset \mathcal{X}$ 是闭凸集.

关于约束优化问题 (1.46) 的对偶参数化, 一个自然的选择是

$$\varphi(x,u) = f(x) + \delta_X(x) + \delta_K(g(x) + u),$$

显然, $u \to \varphi(x,u)$ 是下半连续凸函数. 对应于此对偶参数化的 Lagrange 函数是

$$\begin{aligned} l(x,y) &= \inf_u \left\{ \varphi(x,u) - \langle y,u \rangle \right\} \\ &= \inf_u \{ f(x) + \delta_X(x) + \delta_K(g(x)+u) - \langle y,u \rangle \} \\ &= \inf_{u'} \{ f(x) + \delta_X(x) + \delta_K(u') - \langle y,u'-g(x) \rangle \} \\ &= f(x) + \delta_X(x) + \langle y,g(x) \rangle - \delta_K^*(y). \end{aligned}$$

由此可见, 问题 (1.46) 的 Lagrange 对偶问题是

$$\text{(CD)} \qquad \sup_y \inf_{x \in X} \left\{ f(x) + \langle y, g(x) \rangle - \delta_K^*(y) \right\}. \tag{1.47}$$

下面给出问题 (CP) 是凸问题的定义.

定义 1.18 称问题 (CP) 是凸问题, 如果目标函数 f 是凸函数, X 是非空闭凸集, 集值映射

$$G_K(x) := -g(x) + K \tag{1.48}$$

是图-凸的, 即它的图

$$\text{gph}\, G_K = \{ (x, u) \in \mathcal{X} \times \mathcal{Y} : u \in -g(x) + K \}$$

是空间 $\mathcal{X} \times \mathcal{Y}$ 中的凸集.

下面关于凸优化的对偶定理非常重要, 我们给出它的证明.

定理 1.19 ([6, Theorem 2.165]) 设 $\mathcal{X}$ 与 $\mathcal{Y}$ 是有限维 Hilbert 空间, 考虑问题

$$\text{(CP)} \qquad \begin{aligned} &\min_{x \in X} \quad f(x) \\ &\text{s.t.} \quad g(x) \in K. \end{aligned}$$

设 $f(x)$ 是下半连续的, $g(x)$ 是连续的, 问题 (CP) 是凸的且满足正则性条件

$$0 \in \text{int}\{ g(\text{dom}\, f \cap X) - K \}. \tag{1.49}$$

则问题 (CP) 与 (CD) 间没有对偶间隙, 即 Val(CP) = Val(CD). 进一步地, 若 (CP) 的最优值是有限的, 则对偶问题 (CD) 的最优解集是 Y^* 的非空且凸的紧致子集.

证明 选择约束优化问题 (CP) 的对偶参数化

$$\varphi(x, u) = f(x) + \delta_X(x) + \delta_K(g(x) + u).$$

定义最优值函数

$$\nu(u) = \inf_x \varphi(x, u).$$

那么

$$\begin{aligned} \nu^*(u^*) &= \sup_u \left\{ \langle u^*, u \rangle - \nu(u) \right\} \\ &= \sup_u \left\{ \langle u^*, u \rangle - \inf_x [f(x) + \delta_X(x) + \delta_K(g(x) + u)] \right\} \\ &= \sup_{x, u'} \left\{ \langle u^*, u' - g(x) \rangle - [f(x) + \delta_X(x) + \delta_K(u')] \right\} \\ &= \sup_{x, u'} \left\{ \langle u^*, u' - g(x) \rangle - \inf_x [f(x) + \delta_X(x) + \delta_K(u')] \right\} \\ &= \delta_K^*(u^*) - \inf_x [f(x) + \delta_X(x) + \langle u^*, g(x) \rangle]. \end{aligned}$$

从而

$$
\begin{aligned}
\nu^{**}(0) &= \sup_{u^*}\{\langle 0, u^*\rangle - \nu^*(u^*)\} \\
&= \sup_{u^*}\left\{\inf_x [f(x) + \delta_X(x) + \langle u^*, g(x)\rangle] - \delta_K^*(u^*)\right\} \\
&= \sup_{u^*}\inf_x \{l(x, u^*)\} \\
&= \mathrm{Val}\,(\mathrm{CD}).
\end{aligned}
$$

因为

$$
\mathrm{dom}\,\nu = g(\mathrm{dom}\, f \cap X) - K,
$$

条件 (1.49) 等价于

$$
0 \in \mathrm{int}\,(\mathrm{dom}\,\nu).
$$

根据定理 1.13 知, $\partial\nu(0)$ 是非空凸紧致的. 根据命题 1.8, 可得 $\partial\nu^{**}(0) = \partial\nu(0)$ 是非空凸紧致的. 根据命题 1.8(i) 中关于 $\partial\nu^{**}(0)$ 的刻画, 有

$$
\begin{aligned}
\partial\nu^{**}(0) &= \mathrm{Arg}\max_{y\in\mathcal{Y}^*}\{\langle y, 0\rangle - \nu^*(y)\} \\
&= \mathrm{Arg}\max_{y\in\mathcal{Y}^*}\left\{\langle y, 0\rangle - \delta_K^*(y) + \inf_x [f(x) + \delta_X(x) + \langle y, g(x)\rangle]\right\} \\
&= \mathrm{Arg}\max_{y\in\mathcal{Y}^*}\inf_x \{l(x, y)\} \\
&= \mathrm{Sol}\,(\mathrm{CD}).
\end{aligned}
$$

注意到 $\mathrm{Val}\,(\mathrm{CP}) = \nu(0)$, 由上述分析可知, $\mathrm{Val}\,(\mathrm{CP}) = \mathrm{Val}\,(\mathrm{CD})$ 且 $\mathrm{Sol}\,(\mathrm{CD})$ 是非空凸紧致集. ■

1.5.6　凸优化的最优性理论

设 $C \subset \mathbb{R}^n$ 是一个非空闭凸集, 定义
- 雷达锥
$$
\mathcal{R}_C(x^*) = \{t(x - x^*) : x \in C,\, t \geqslant 0\}.
$$
- 切锥
$$
T_C(\overline{x}) = \mathrm{cl}\,\mathcal{R}_C(\overline{x}).
$$
- 法锥
$$
N_C(\overline{x}) = \{v : \langle v, x - \overline{x}\rangle \leqslant 0,\, x \in C\}.
$$

切锥与法锥具有如下关系

$$
T_C(\overline{x}) = N_C(\overline{x})^\circ, \quad N_C(\overline{x}) = \mathcal{R}_C(\overline{x})^\circ = T_C(\overline{x})^\circ.
$$

下面, 我们首先给出凸集上光滑函数的极小化问题的必要性最优条件. 先考虑下述抽象约束优化问题:

$$(\text{CP}) \qquad \begin{aligned} \min \quad & f(x) \\ \text{s.t.} \quad & x \in C, \end{aligned} \qquad (1.50)$$

其中 $f : \mathbb{R}^n \to \mathbb{R}$ 是实值函数, $C \subseteq \mathbb{R}^n$ 是闭凸集. 下述结论可以作为问题 (1.50) 的一阶必要性最优条件.

命题 1.13 若 $\bar{x}$ 是问题 (1.50) 的局部极小点, 设 f 在 $\bar{x}$ 附近连续可微, 那么对于任意的 $x \in C$, 有 $\nabla f(\bar{x})^{\mathrm{T}}(x - \bar{x}) \geqslant 0$.

证明 $\forall x \in C$, 存在 $t_x \in (0, 1)$, 使得对于任意的 $t \in [0, t_x]$, 有 $\bar{x} + t(x - \bar{x}) \in C \cap \mathbf{B}_\varepsilon(\bar{x})$ 成立. 则 $f(\bar{x} + t(x - \bar{x})) \geqslant f(\bar{x})$. 这等价于 $(f(\bar{x} + t(x - \bar{x})) - f(\bar{x}))/t \geqslant 0$ 对任意的 $t \in (0, t_x)$ 成立. 令 t 趋于 0 取极限, 则得到结论. ∎

利用上述命题, 可以得到如下显然的结果.

推论 1.5 若 $\bar{x}$ 是问题 (1.50) 的局部极小点且 f 在 $\bar{x}$ 附近连续可微, 下述结论成立而且等价:

(i) $\nabla f(\bar{x})^{\mathrm{T}} d \geqslant 0, \forall d \in \mathcal{R}_C(\bar{x})$;

(ii) $\nabla f(\bar{x})^{\mathrm{T}} d \geqslant 0, \forall d \in T_C(\bar{x})$;

(iii) $-\nabla f(\bar{x}) \in N_C(\bar{x})$.

对于凸优化问题, 可以建立 $\bar{x}$ 是问题 (1.50) 的最优解的如下充分性条件.

命题 1.14 设 f 是 $\mathbb{R}^n$ 上的连续可微凸函数, $\bar{x}$ 是问题 (1.50) 的可行点. 若 $\bar{x}$ 满足

$$0 \in \nabla f(\bar{x}) + N_C(\bar{x}), \qquad (1.51)$$

则 $\bar{x}$ 是问题 (1.50) 的全局极小点.

证明 (1.51) 式表明, 存在 $\nu \in N_C(\bar{x})$, 使得 $\nabla f(\bar{x}) + \nu = 0$. 对于任意的 $x \in C$, 由凸函数的梯度不等式可得

$$\begin{aligned} f(x) - f(\bar{x}) &\geqslant \langle \nabla f(\bar{x}), x - \bar{x} \rangle \\ &= \langle -\nu, x - \bar{x} \rangle \\ &= -\langle \nu, x - \bar{x} \rangle \geqslant 0. \end{aligned}$$

即 $f(x) \geqslant f(\bar{x})$, 从而证明了结论. ∎

非线性凸优化问题的可行集 C 可表示为如下形式:

$$C := \{ x : Ax = b, \, g_i(x) \leqslant 0, \, i = 1, \cdots, p \}, \qquad (1.52)$$

其中 $A \in \mathbb{R}^{q \times n}$ 是一矩阵, 函数 $g_i : \mathbb{R}^n \to \mathbb{R}$ 是凸函数, $i = 1, \cdots, p$. 利用推论 1.5, 可以建立优化问题 (1.50) 的最优性条件. 为此, 我们先给出 C 的切锥与法锥表达式.

定理 1.20　设 $g_i : \mathbb{R}^n \to \mathbb{R}$ 是凸函数, 在 $\bar{x}$ 附近是连续可微的, $i = 1, \cdots, p$. 设广义 Slater 条件成立, 即存在某 $x^0 \in \mathbb{R}^n$ 满足

$$Ax^0 = b, \quad g_i(x^0) < 0, \quad \forall i = 1, \cdots, p.$$

则

$$T_C(\bar{x}) = \{d \in \mathbb{R}^n : Ad = 0, \nabla g_i(\bar{x})^{\mathrm{T}} d \leqslant 0, i \in I(\bar{x})\}, \tag{1.53}$$

$$N_C(\bar{x}) = A^{\mathrm{T}} \mathbb{R}^q + \left\{ \sum_{i \in I(\bar{x})} \lambda_i \nabla g_i(\bar{x}) : \lambda_i \geqslant 0 \right\}, \tag{1.54}$$

其中 $I(\bar{x}) = \{i : g_i(\bar{x}) = 0\}$.

证明　用 $L_C(\bar{x})$ 表示 (1.53) 右边的集合. 显然有 $T_C(\bar{x}) \subseteq L_C(\bar{x})$, 故只需证明 $L_C(\bar{x}) \subseteq T_C(\bar{x})$ 即可. 对于任意的 $d \in L_C(\bar{x})$, 取 $d_0 = x^0 - \bar{x}$, 有 $Ad_0 = 0$, $\nabla g_i(\bar{x})^{\mathrm{T}} d_0 < 0$, $i \in I(\bar{x})$. 令 $d_t = d + t d_0$, $t > 0$, 有 $Ad_t = 0$, $\nabla g_i(\bar{x})^{\mathrm{T}} d_t < 0$, $i \in I(\bar{x})$. 因此存在某一 $s_0 > 0$, 使得 $\bar{x} + s d_t \in C$ 对任意 $s \in [0, s_0]$ 成立. 由雷达锥以及切锥的定义知, $d_t \in \mathcal{R}_C(\bar{x})$. 进一步地, 由 $d = \lim_{t \searrow 0} d_t$ 知, $d \in T_C(\bar{x})$. 故 (1.53) 得证.

现将 $T_C(\bar{x})$ 写成 $T_C(\bar{x}) = \ker A \bigcap_{i \in I(\bar{x})} \pi_i$, 其中 $\pi_i = \{d \in \mathbb{R}^n : \nabla g_i(\bar{x})^{\mathrm{T}} d \leqslant 0\}$. 由于 $Ad_0 = 0$, $\nabla g_i(\bar{x})^{\mathrm{T}} d_0 < 0$, $i \in I(\bar{x})$, 故有

$$\operatorname{rint} \ker A \cap \bigcap_{i \in I(\bar{x})} \operatorname{rint} \pi_i \neq \varnothing.$$

利用公式 (1.41) 以及法锥与切锥的极关系, 可得

$$N_C(\bar{x}) = T_C(\bar{x})^\circ = [\ker A]^\circ + \sum_{i \in I(\bar{x})} \pi_i^\circ$$

$$= \operatorname{Range} A^{\mathrm{T}} + \left\{ \sum_{i \in I(\bar{x})} \lambda_i \nabla g_i(\bar{x}) : \lambda_i \geqslant 0, i \in I(\bar{x}) \right\}.$$

故公式 (1.54) 成立. ∎

在广义 Slater 条件下, 非线性凸优化问题的可行集 C 的法锥亦可表示为如下形式

$$N_C(\bar{x}) = \left\{ A^{\mathrm{T}}\mu + \sum_{i=1}^{q} \lambda_i \nabla g_i(\bar{x}),\ 0 \geqslant g(\bar{x}) \perp \lambda \geqslant 0,\ \mu \in \mathbb{R}^q \right\}.$$

定理 1.21 设 $\bar{x} \in C$ 是局部极小点, f 在 $\bar{x}$ 附近连续可微, 函数 $g_i : \mathbb{R}^n \to \mathbb{R}$, g_i 是凸函数, 在 $\bar{x}$ 附近是连续可微, $i = 1, \cdots, p$. 若广义 Slater 条件成立, 那么存在 $\mu \in \mathbb{R}^q$ 和 $\lambda \in \mathbb{R}^p$, 满足

$$\begin{cases} \nabla f(\bar{x}) + A^{\mathrm{T}}\mu + \mathcal{J}g(\bar{x})^{\mathrm{T}}\lambda = 0, \\ A\bar{x} = b, \\ 0 \geqslant g(\bar{x}) \perp \lambda \geqslant 0. \end{cases} \tag{1.55}$$

证明 根据推论 1.5, 由问题 (1.50) 的最优性条件的等价形式 (iii) 以及定理 1.20 中法锥的表达式, 有

$$\nabla f(\bar{x}) \in A^{\mathrm{T}}\mathbb{R}^q + \{\mathcal{J}g(\bar{x})^{\mathrm{T}}\lambda :\ 0 \leqslant \lambda \perp g(\bar{x})\}.$$

因此可得 (1.55) 式. ∎

条件 (1.55) 又被称为 Karush-Kuhn-Tucker (KKT) 条件. 下述定理表明, 对于凸极小化问题 (1.50), KKT 条件也是全局最优解的充分条件.

定理 1.22 考虑约束条件形如 (1.52) 的凸极小化问题 (1.50), 其中 f 和 g_i 均为连续可微凸函数, $i = 1, \cdots, p$. 设 $\bar{x} \in C$, 存在乘子 $\mu \in \mathbb{R}^q$, $\lambda \in \mathbb{R}^p$ 满足 KKT 条件 (1.55). 那么, $\bar{x}$ 是全局极小点.

证明 对 $\forall x \in C$, 有 $x - \bar{x} \in \mathcal{R}_C(\bar{x}) \subseteq T_C(\bar{x})$. 由切锥表达式 (1.53), 有 $A(x - \bar{x}) = 0$; $\nabla g_i(\bar{x})(x - \bar{x}) \leqslant 0$, $i \in I(\bar{x})$. 由于 f 是凸函数, 我们有

$$\begin{aligned} f(x) &\geqslant f(\bar{x}) + \nabla f(\bar{x})(x - \bar{x}) \\ &= f(\bar{x}) - (A^{\mathrm{T}}\mu + \mathcal{J}g(\bar{x})^{\mathrm{T}}\lambda)^{\mathrm{T}}(x - \bar{x}) \\ &= f(\bar{x}) - \mu^{\mathrm{T}}A(x - \bar{x}) - \sum_{i=1}^{p} \lambda_i \nabla g_i(\bar{x})^{\mathrm{T}}(x - \bar{x}) \\ &\geqslant f(\bar{x}). \end{aligned}$$

结论得证. ∎

下面给出并证明非光滑的凸规划问题的必要性最优条件定理. 考虑如下优化问题

$$
\text{(CNLP)} \quad \begin{cases} \min \quad f(x) \\ \text{s.t.} \quad Ax = b, \\ \qquad g_i(x) \leqslant 0, i = 1, \cdots, p, \\ \qquad x \in X, \end{cases} \tag{1.56}
$$

其中 f 与 g_i, $i \in [p]$ 是 $\mathbb{R}^n$ 上的连续 (不一定是可微的) 凸函数, $X \subset \mathbb{R}^n$ 是非空闭凸集.

定理 1.23 考虑问题 (1.56). 设 f 和 g_i, $i \in [p]$ 是 $\mathbb{R}^n$ 上的连续凸函数, $X \subset \mathbb{R}^n$ 是非空闭凸集. 设广义 Slater 条件成立, 即存在某 $x^0 \in \mathbb{R}^n$ 满足

$$
Ax^0 = b, \quad x^0 \in \operatorname{int} X, \quad g_i(x^0) < 0, \quad \forall i \in [p].
$$

设 x^* 是问题 (1.56) 的最优解, 那么一定存在 $\mu \in \mathbb{R}^q$, $\lambda \in \mathbb{R}^p$ 满足

$$
\begin{cases} 0 \in \partial f(x^*) + A^{\mathrm{T}}\mu + \sum_{i=1}^{p} \lambda_i \partial g_i(x^*) + N_X(x^*), \\ Ax^* = b, \\ 0 \geqslant g(x^*) \perp \lambda \geqslant 0. \end{cases} \tag{1.57}
$$

证明 设 $\ker A$ 的一组基向量是 $z_1, \cdots, z_s$, 其中 $s = n - \operatorname{rank} A$. 令 $Z = (z_1, \cdots, z_s)$. 因 $Ax = b$ 是相容的, x^0 是它的解, 故 $Ax = b$ 的通解可表示为

$$
x = x^0 + Zu, \quad u \in \mathbb{R}^s.
$$

设 $u^* \in \mathbb{R}^s$ 满足 $x^* = x^0 + Zu^*$, 那么 u^* 是下述凸优化的最优解

$$
\begin{aligned} \min \quad & \widetilde{f}(u) = f(x^0 + Zu) \\ \text{s.t.} \quad & \widetilde{g}_i(u) = g_i(x^0 + Zu), \quad i \in [p], \\ & x_0 + Zu \in X. \end{aligned} \tag{1.58}
$$

定义

$$
\overline{f}(u) = \widetilde{f}(u) + \varphi(u) + \sum_{i=1}^{p} \delta_{C_i}(u),
$$

其中

$$
\varphi(u) = \delta_X(x_0 + Zu), \quad C_i = \{u \in \mathbb{R}^s : \widetilde{g}_i(u) \leqslant 0\}, \quad i \in [p].
$$

那么 u^* 是 $\overline{f}$ 的最小点, 从而

$$
0 \in \partial \overline{f}(u^*).
$$

现在计算 $\partial \overline{f}(u^*)$. 根据函数 $\widetilde{f}$ 的连续性, 广义 Slater 条件意味着

$$0 \in \operatorname{int} \operatorname{dom} \widetilde{f} \cap \operatorname{int} \operatorname{dom} \varphi \cap \operatorname{int} C_1 \cap \cdots \cap \operatorname{int} C_p. \tag{1.59}$$

因此, 根据命题 1.11, 可得

$$\partial \overline{f}(u^*) = \partial \widetilde{f}(u^*) + \partial \varphi(u^*) \cap N_{C_1}(u^*) + \cdots + N_{C_p}(u^*).$$

结合条件 (1.59) 以及命题 1.12, 可得

$$\partial \widetilde{f}(u^*) = Z^{\mathrm{T}} \partial f(x^*), \quad \partial \varphi(u^*) = Z^{\mathrm{T}} N_X(x^*).$$

再由命题 1.10 可得

$$N_{C_i}(u^*) = \begin{cases} \{\lambda_i \partial \widetilde{g}_i(u^*) : \lambda_i \geqslant 0\}, & \widetilde{g}_i(u^*) = 0, \\ \{0\}, & \widetilde{g}_i(u^*) < 0, \end{cases}$$

从而

$$N_{C_i}(u^*) = \begin{cases} Z^{\mathrm{T}} \{\lambda_i \partial g_i(x^*) : \lambda_i \geqslant 0\}, & g_i(x^*) = 0, \\ \{0\}, & g_i(x^*) < 0. \end{cases}$$

结合上述分析可知, $0 \in \partial \overline{f}(u^*)$ 等价于

$$0 \in Z^{\mathrm{T}} \left\{ \partial f(x^*) + N_X(x^*) + \sum_{j=1}^{p} \lambda_j \partial g_j(x^*) : 0 \leqslant \lambda \perp g(x^*) \leqslant 0 \right\}.$$

注意到 $\ker Z^{\mathrm{T}} = \operatorname{Range} A^{\mathrm{T}}$, 由上式可推出, 存在 $\mu \in \mathbb{R}^q$ 满足

$$-A^{\mathrm{T}} \mu \in \left\{ \partial f(x^*) + N_X(x^*) + \sum_{j=1}^{p} \lambda_j \partial g_j(x^*) : 0 \leqslant \lambda \perp g(x^*) \leqslant 0 \right\},$$

即 (1.60) 成立. ■

下面的推论容易得到, 并在有些场合非常方便使用.

推论 1.6 考虑问题 (1.56). 设 f 和 g_i, $i \in [p]$ 是 $\mathbb{R}^n$ 上的连续凸函数, $X \subset \mathbb{R}^n$ 是非空闭凸集. 设广义 Slater 条件成立, 即存在某 $x^0 \in \mathbb{R}^n$ 满足

$$Ax^0 = b, \quad x^0 \in \operatorname{int} X, \quad g_i(x^0) < 0, \quad \forall i \in [p].$$

设 x^* 是问题 (1.56) 的最优解, 那么一定存在 $\mu \in \mathbb{R}^q$, $\lambda \in \mathbb{R}^p$ 满足

$$
\begin{cases}
x^* \in \operatorname*{Arg\,min}_{x \in X} \left\{ f(x) + \langle \mu, Ax - b \rangle + \sum_{i=1}^{p} \lambda_i g_i(x) \right\}, \\
Ax^* = b, \\
0 \geqslant g(x^*) \perp \lambda \geqslant 0.
\end{cases}
\tag{1.60}
$$

对于优化问题 (CNLP), 用 $\Lambda(x^*)$ 记为可行点 x^* 处的乘子集合:

$$
\Lambda(x^*) = \left\{
(\mu, \lambda) \in \mathbb{R}^q \times \mathbb{R}^p :
\begin{array}{l}
0 \in \partial f(x^*) + A^{\mathrm{T}} \mu + \sum_{i=1}^{p} \lambda_i \partial g_i(x^*) + N_X(x^*), \\
Ax^* = b, \\
0 \geqslant g(x^*) \perp \lambda \geqslant 0
\end{array}
\right\}.
$$

下面利用凸优化的对偶理论建立在 Slater 条件下的 Lagrange 乘子集合的非空有界性.

定理 1.24　考虑问题 (1.56). 设 f 和 g_i, $i \in [p]$ 是 $\mathbb{R}^n$ 上的连续凸函数, $X \subset \mathbb{R}^n$ 是非空闭凸集, 设 Slater 条件成立, 即存在某 $x^0 \in \mathbb{R}^n$ 满足

$$A \text{ 是映上的,}$$

$$\exists x^0 \in \mathbb{R}^n \text{ 满足 } Ax^0 = b, \ x^0 \in \operatorname{int} X, \ g_i(x^0) < 0, \ \forall i \in [p].$$

设 x^* 是问题 (1.56) 的最优解, 那么乘子集合 $\Lambda(x^*)$ 是非空凸紧致的.

证明　可以验证 Slater 条件等价于定理 1.19 中的正则性条件 (1.49). 因此问题 (CNLP) 的 Lagrange 对偶问题的最优解集是非空凸紧致的. 容易得到问题 (CNLP) 的 Lagrange 对偶问题是

$$
\text{(CNLD)} \quad \max_{\mu, \lambda \geqslant 0} \min_{x \in X} \left\{ f(x) + \langle \mu, Ax - b \rangle + \sum_{i=1}^{p} \lambda_i g_i(x) \right\}.
$$

现在刻画对偶问题的最优解. 定义问题 (CNLP) 的标准 Lagrange 函数:

$$
L(x, \mu, \lambda) = f(x) + \langle \mu, Ax - b \rangle + \sum_{i=1}^{p} \lambda_i g_i(x).
$$

令 $(\hat{\mu}, \hat{\lambda}) \in \operatorname{Sol}(\text{CNLD})$, 则

$$
f(x^*) = \inf_{x \in X} L(x, \hat{\mu}, \hat{\lambda}).
$$

上式可以等价为

$$f(x^*) + \delta_X(x^*) + \delta_K(G(x^*)) = \inf_{x \in X} L(x, \hat{\mu}, \hat{\lambda}) - \delta_K^*(\hat{\mu}, \hat{\lambda}),$$

其中 $K = \{0_q\} \times \mathbb{R}_+^p$, $G(x) = (Ax - b, g(x))$. 上式亦可等价为

$$\left[f(x^*) + \delta_X(x^*) + \delta_K(G(x^*)) + \langle(\hat{\mu}, \hat{\lambda}), G(x^*)\rangle - \inf_{x \in X} L(x, \hat{\mu}, \hat{\lambda}) \right]$$
$$+ [\delta_K(G(x^*)) + \delta_K^*(\hat{\mu}, \hat{\lambda}) - \langle(\hat{\mu}, \hat{\lambda}), G(x^*)\rangle] = 0,$$

即

$$\left[L(x^*, \hat{\mu}, \hat{\lambda}) + \delta_X(x^*) - \inf_{x \in X} L(x, \hat{\mu}, \hat{\lambda}) \right]$$
$$+ [\delta_K(G(x^*)) + \delta_K^*(\hat{\mu}, \hat{\lambda}) - \langle(\hat{\mu}, \hat{\lambda}), G(x^*)\rangle] = 0.$$

因上式中的两项均非负, 故必有

$$L(x^*, \hat{\mu}, \hat{\lambda}) + \delta_X(x^*) - \inf_{x \in X} L(x, \hat{\mu}, \hat{\lambda}) = 0,$$

$$\delta_K(G(x^*)) + \delta_K^*(\hat{\mu}, \hat{\lambda}) - \langle(\hat{\mu}, \hat{\lambda}), G(x^*)\rangle = 0,$$

即

$$x^* \in \operatorname*{Arg\,min}_{x \in X} L(x, \hat{\mu}, \hat{\lambda}), \ Ax^* = b, \ g(x^*) \leqslant 0, \ \hat{\lambda} \geqslant 0, \ g_i(x^*)\hat{\lambda}_i = 0, \ \forall i \in [p].$$

利用上式知, Sol (CNLD) 可表示为

$$\text{Sol (CNLD)}$$
$$= \left\{ (\mu, \lambda) \in \mathbb{R}^q \times \mathbb{R}^p : x^* \in \operatorname*{Arg\,min}_{x \in X} L(x, \mu, \lambda), \ Ax^* = b, 0 \leqslant \lambda \perp g(x^*) \leqslant 0 \right\}.$$

注意到 $L(x, \mu, \lambda)$ 当 $\lambda \geqslant 0$ 时是 x 的凸函数, 有

$$x^* \in \operatorname*{Arg\,min}_{x \in X} L(x, \mu, \lambda) \Longleftrightarrow 0 \in \partial f(x^*) + A^{\mathrm{T}}\mu + \sum_{i=1}^{p} \lambda_i \partial g_i(x^*) + N_X(x^*).$$

故得到 Sol (CNLD) $= \Lambda(x^*)$, 从而知 $\Lambda(x^*)$ 是非空凸紧致集. ∎

对一般的凸约束优化问题, 也可得到类似定理 1.23 与定理 1.24 的最优性定理. 这里仅给出结论, 证明留给读者. 考虑如下一般形式的约束优化问题

$$(\text{COP}) \quad \begin{cases} \min & f(x) \\ \text{s.t.} & Ax = b, \\ & g(x) \in K, \\ & x \in X, \end{cases} \tag{1.61}$$

其中 $f : \mathcal{X} \to \mathbb{R}$, $A : \mathcal{X} \to \mathcal{Z}$ 是线性形式, $b \in Z$, $g : \mathcal{X} \to \mathcal{Y}$ 是一个映射, $X \subset \mathcal{X}$ 与 $K \subset \mathcal{Y}$ 是非空闭凸集, 这里 $\mathcal{X}, \mathcal{Y}$ 与 $\mathcal{Z}$ 是有限维的 Hilbert 空间.

定理 1.25　设 $\mathcal{X}, \mathcal{Y}$ 与 $\mathcal{Z}$ 是有限维的 Hilbert 空间. 考虑问题 (1.61). 设 f 是 $\mathcal{X}$ 上的连续凸函数, $X \subset \mathcal{X}$ 是非空闭凸集, $A : \mathcal{X} \to \mathcal{Z}$ 是线性映射, $b \in \mathcal{Z}$, $g : \mathcal{X} \to \mathcal{Y}$ 是可微映射, $x \to g(x) - K$ 是图-凸的集值映射. 设广义 Slater 条件成立, 即存在某 $x^0 \in \mathcal{X}$ 满足

$$Ax^0 = b, \quad x^0 \in \operatorname{int} X, \quad g(x^0) \in \operatorname{int} K.$$

设 x^* 是问题 (1.61) 的最优解, 那么一定存在 $\mu \in \mathcal{Z}^*$, $\lambda \in \mathcal{Y}^*$ 满足

$$
\begin{cases}
0 \in \partial f(x^*) + A^* \mu + \mathrm{D}g(x^*)^* \lambda + N_X(x^*), \\
Ax^* = b, \\
\lambda \in N_K(g(x^*)).
\end{cases}
\tag{1.62}
$$

对于优化问题 (COP), 用 $\Lambda(x^*)$ 记可行点 x^* 处的乘子集合

$$
\Lambda(x^*) = \left\{
\begin{array}{l}
0 \in \partial f(x^*) + A^* \mu + \mathrm{D}g(x^*)^* \lambda + N_X(x^*), \\
(\mu, \lambda) \in \mathcal{Z}^* \times \mathcal{Y}^* : Ax^* = b, \\
\lambda \in N_K(g(x^*))
\end{array}
\right\}.
$$

也可根据凸优化的对偶理论建立在 Slater 条件下的 Lagrange 乘子集合的非空有界性.

定理 1.26　考虑问题 (1.61). 设 f 是 $\mathcal{X}$ 上的连续凸函数, $X \subset \mathcal{X}$ 是非空闭凸集, $A : \mathcal{X} \to \mathcal{Z}$ 是线性形式, $b \in \mathcal{Z}$, $g : \mathcal{X} \to \mathcal{Y}$ 是可微映射, $x \to g(x) - K$ 是图凸的集值映射. 设 Slater 条件成立, 即存在某 $x^0 \in \mathcal{X}$ 满足

$$A \text{ 是映上的,}$$

$$\exists x^0 \in \mathbb{R}^n \text{ 满足 } Ax^0 = b, \ x^0 \in \operatorname{int} X, \ g(x^0) \in \operatorname{int} K.$$

设 x^* 是问题 (1.61) 的最优解, 那么乘子集合 $\Lambda(x^*)$ 是非空凸紧致的.

1.5.7　非凸优化的最优性条件

非凸优化的最优性必要条件需要非凸集的切锥和法锥的概念, 这里给出简要介绍. 对非凸集 $C \subset \mathcal{X}$ 以及点 $x \in C$, 记 C 在 x 处的切锥、正则法锥和法锥分

别为 $T_C(x)$, $\widehat{N}_C(x)$ 和 $N_C(x)$. 它们定义为

$$T_C(x) = \left\{ d_x \in \mathcal{X} : \ \exists t_k \searrow 0, \ \exists d_x^k \to d_x \ \text{满足} \ x + t_k d_x^k \in C \right\},$$

$$\widehat{N}_C(x) = \left\{ v_x \in \mathcal{X}^* : \ \langle v_x, x' - x \rangle \leqslant o(\|x' - x\|), \ x' \in C \right\}, \qquad (1.63)$$

$$N_C(x) = \left\{ v_x \in \mathcal{X}^* : \ \exists x^k \xrightarrow{C} x, \ \exists v_x^k \to v_x \ \text{满足} \ v_x^k \in \widehat{N}_C(x^k) \right\}.$$

由于二阶最优性条件的需要, 下面介绍外二阶切集的定义. 设 $C \subseteq \mathbb{R}^n$ 是一非空集合, $\bar{x} \in C$ 与 $d \in T_C(\bar{x})$. 集合 C 在点 $\bar{x}$ 沿方向 d 的外二阶切集定义为

$$T_C^2(\bar{x}, d) = \left\{ w \in \mathbb{R}^n : \ \exists \, t_k \downarrow 0, \ \exists \, w^k \to w \ \text{使得} \ \bar{x} + t_k d + \frac{t_k^2}{2} w^k \in C \right\}. \quad (1.64)$$

考虑优化问题

$$\begin{cases} \min & f(x) \\ \text{s.t.} & x \in \Phi, \end{cases} \qquad (1.65)$$

其中 $\Phi \subseteq \mathbb{R}^n$ 是闭集. 下面介绍两个重要的基本定理.

定理 1.27 如果 $\bar{x}$ 是问题 (1.65) 的局部极小点, f 在 $\bar{x}$ 附近连续可微, 那么对于任意的 $d \in T_\Phi(\bar{x})$, 有 $\langle \nabla f(\bar{x}), d \rangle \geqslant 0$, 其中 $T_\Phi(\bar{x})$ 是 Φ 在 $\bar{x}$ 处的切锥.

证明 $\forall d \in T_C(\bar{x})$, 存在 $t_k \downarrow 0$, 存在 $d^k \to d$ 满足 $\bar{x} + t_k d^k \in \Phi$. 当 k 充分大时, 有 $\bar{x} + t_k d^k \in \Phi \cap \mathbf{B}_\varepsilon(\bar{x})$, 其中 ε 是局部极小点定义中的半径. 因此, 有

$$f(\bar{x}) \leqslant f(\bar{x} + t_k d^k) = f(\bar{x}) + t_k \nabla f(\bar{x})^{\mathrm{T}} d^k + o(t_k).$$

这等价于

$$0 \leqslant \nabla f(\bar{x})^{\mathrm{T}} d^k + o(t_k)/t_k.$$

在上式中令 k 趋于 ∞, 即得到结论. ∎

定理 1.27 亦可描述为: 若 $\bar{x}$ 是问题 (1.65) 的局部极小点, 且 f 在 $\bar{x}$ 附近连续可微, 则 0 是下述优化问题的极小值

$$\begin{cases} \min & \langle \nabla f(\bar{x}), d \rangle \\ \text{s.t.} & d \in T_\Phi(\bar{x}). \end{cases}$$

定义 $\bar{x}$ 处的临界锥为

$$C(\bar{x}) = \{ d \in \mathbb{R}^n : \ d \in T_\Phi(\bar{x}), \ \nabla f(\bar{x})^{\mathrm{T}} d \leqslant 0 \}.$$

问题 (1.65) 的二阶最优性条件如下.

定理 1.28　若 $\bar{x}$ 是问题 (1.65) 的局部极小点, 设 f 在 $\bar{x}$ 附近二次连续可微, 则对于任意的 $d \in C(\bar{x})$, 以及满足 $w \in T_\Phi^2(\bar{x}, d)$ 的所有 $w \in \mathbb{R}^n$, 下式成立:

$$\langle \nabla f(\bar{x}), w \rangle + \langle \nabla^2 f(\bar{x})d, d \rangle \geqslant 0. \tag{1.66}$$

证明　对于 $\forall d \in C(\bar{x})$, $\forall w \in T_\Phi^2(\bar{x}, d)$, 存在 $t_k \downarrow 0$, 存在 $w^k \to w$ 满足 $\bar{x} + t_k d + \dfrac{t_k^2}{2} w^k \in \Phi$. 由 f 在 $\bar{x}$ 处的二阶 Taylor 展开,

$$
\begin{aligned}
f\left(\bar{x} + t_k d + \frac{t_k^2}{2} w^k\right) = {} & f(\bar{x}) + t_k \nabla f(\bar{x})^{\mathrm{T}} d \\
& + \frac{t_k^2}{2}\left(\nabla f(\bar{x})^{\mathrm{T}} w^k + d^{\mathrm{T}} \nabla^2 f(\bar{x}) d\right) + o(t_k^2),
\end{aligned}
$$

知当 k 充分大时, 有 $\bar{x} + t_k d + \dfrac{t_k^2}{2} w^k \in \Phi \cap \mathbf{B}_\varepsilon(\bar{x})$. 因此

$$f(\bar{x}) \leqslant f\left(\bar{x} + t_k d + \frac{t_k^2}{2} w^k\right).$$

这等价于

$$0 \leqslant \nabla f(\bar{x})^{\mathrm{T}} w^k + d^{\mathrm{T}} \nabla^2 f(\bar{x}) d + o(t_k^2)/t_k^2.$$

根据上式中取 k 趋于无穷时的极限, 得到结论. ∎

定理 1.28 的另一种描述形式为: 若 $\bar{x}$ 是问题 (1.65) 的局部极小点, 且 f 在 $\bar{x}$ 附近二次连续可微, 则下述优化问题的最优值非负

$$
\begin{cases}
\min\limits_{w} & \langle \nabla f(\bar{x}), w \rangle + \langle \nabla^2 f(\bar{x})d, d \rangle \\
\text{s.t.} & w \in T_\Phi^2(\bar{x}, d).
\end{cases}
$$

下面考虑如下的非线性优化问题

$$
\begin{cases}
\min & f(x) \\
\text{s.t.} & G(x) \in K,
\end{cases} \tag{1.67}
$$

其中 $f : \mathcal{X} \to \mathbb{R}$, $G : \mathcal{X} \to \mathcal{Y}$ 是连续映射, K 是 $\mathcal{Y}$ 的非空的闭的凸子集. 记问题的可行集为

$$\Phi = \{x \in \mathcal{X} : G(x) \in K\} = G^{-1}(K). \tag{1.68}$$

问题 (1.67) 的 Lagrange 函数为

$$L(x, \lambda) = f(x) + \langle \lambda, G(x) \rangle, \quad (x, \lambda) \in \mathcal{X} \times \mathcal{Y}^*.$$

称 Robinson 约束规范在点 $\bar{x} \in \Phi$ 处成立, 若

$$0 \in \text{int} \{G(\bar{x}) + DG(\bar{x})\mathcal{X} - K\}. \tag{1.69}$$

问题 (1.67) 在 $\bar{x} \in \Phi$ 处的 Lagrange 乘子集合定义为

$$\Lambda(\bar{x}) = \{\lambda \in N_K(G(\bar{x})) : Df(\bar{x}) + DG(\bar{x})^*\lambda = 0\}.$$

下述定理给出了问题 (1.67) 的一阶必要性最优条件, 其证明可参考 [69].

定理 1.29 设 $\bar{x}$ 是问题 (1.67) 的局部极小点, 且在 $\bar{x}$ 附近 f 与 G 是连续可微的. 则下述性质等价:

(i) Robinson 约束规范 (1.69) 在 $\bar{x}$ 处成立;

(ii) Lagrange 乘子的集合 $\Lambda(\bar{x})$ 是 $\mathcal{Y}^*$ 中非空凸紧致子集.

定义问题 (1.67) 在 $\bar{x}$ 处的临界锥:

$$C(\bar{x}) = \{d \in X : Df(\bar{x})d \leqslant 0, \ DG(\bar{x})d \in T_K(G(\bar{x}))\}.$$

回顾在 Robinson 约束规范成立时, 二阶切集可表示为

$$T_\Phi^2(\bar{x}, d) = \{w \in X : DG(\bar{x})w + D^2G(\bar{x})(d, d) \in T_K^2(G(\bar{x}), DG(\bar{x})d)\}. \tag{1.70}$$

因此, 由第二基本定理 (定理 1.28) 知, 对于任何的 $d \in C(\bar{x})$, 优化问题

$$\begin{cases} \min\limits_{w \in X} & Df(\bar{x})w + D^2f(\bar{x})(d, d) \\ \text{s.t.} & DG(\bar{x})w + D^2G(\bar{x})(d, d) \in T_K^2(G(\bar{x}), DG(\bar{x})d) \end{cases} \tag{1.71}$$

的最优值是非负的.

下述定理给出了问题 (1.67) 的二阶必要性最优条件, 其证明可参考 [69].

定理 1.30 设 $\bar{x}$ 是问题 (1.67) 的一个局部极小点, f 与 G 在 $\bar{x}$ 附近二次连续可微, 则

(i) Robinson 约束规范在 $\bar{x}$ 处成立当且仅当 $\Lambda(\bar{x})$ 是非空紧致的;

(ii) 若 Robinson 约束规范在 $\bar{x}$ 处成立, 则对于任意的 $d \in C(\bar{x})$ 以及任意非空凸子集 $\mathcal{T}(d) \subseteq T_K^2(G(\bar{x}), DG(\bar{x})d)$, 有下述不等式成立:

$$\sup_{\lambda \in \Lambda(\bar{x})} \{D_{xx}^2 L(\bar{x}, \lambda)(d, d) - \delta_{\mathcal{T}(d)}^*(\lambda)\} \geqslant 0, \tag{1.72}$$

其中 $\delta_{\mathcal{T}(d)}^*(\lambda)$ 表示集合 $\mathcal{T}(d)$ 的支撑函数.

1.5.8   非线性规划最优性条件

非线性规划问题是具有等式与不等式约束的优化问题, 其理论发展相对较为完善. 这里对这类问题的一阶和二阶必要性最优条件以及二阶充分性最优条件进行较为详细的阐述. 考虑如下的非线性规划模型

$$
\text{(NLP)} \quad
\begin{cases}
\min & f(x) \\
\text{s.t.} & h(x) = 0, \\
& g(x) \leqslant 0,
\end{cases}
\tag{1.73}
$$

其中 $f : \mathbb{R}^n \to \mathbb{R}$ 是连续可微函数, $h := (h_1, \cdots, h_q)^{\mathrm{T}} : \mathbb{R}^n \to \mathbb{R}^q$ 和 $g := (g_1, \cdots, g_p)^{\mathrm{T}} : \mathbb{R}^n \to \mathbb{R}^p$ 是连续可微的向量值函数. 此问题的 Lagrange 函数表示为

$$
L(x, \mu, \lambda) = f(x) + \langle \mu, h(x) \rangle + \langle \lambda, g(x) \rangle,
$$

其中 $\mu \in \mathbb{R}^q$, $\lambda \in \mathbb{R}^p$ 是乘子. 那么对偶问题表示为

$$
\text{(NLD)} \qquad \max_{\mu, \lambda \geqslant 0} \inf_x \left[f(x) + \langle \mu, h(x) \rangle + \langle \lambda, g(x) \rangle \right].
\tag{1.74}
$$

为了将定理 1.27 与定理 1.28 用于推导非线性规划问题的最优性条件, 先讨论可行集

$$
\Phi = \{ x \in \mathbb{R}^n : h(x) = 0, \ g(x) \leqslant 0 \}
$$

的切锥与二阶切集的表达形式. 定义 $I(\bar{x}) = \{ i : g_i(\bar{x}) = 0 \}$ 以及线性化锥

$$
L_\Phi(\bar{x}) := \left\{ d \in \mathbb{R}^n : \mathcal{J}h(\bar{x})d = 0, \ \nabla g_i(\bar{x})^{\mathrm{T}}d \leqslant 0, i \in I(\bar{x}) \right\}.
$$

定义 1.19 (Kuhn-Tucker 约束规范) 设 h, g 在 $\bar{x}$ 附近连续可微, 称 (NLP) 在 $\bar{x}$ 处满足 Kuhn-Tucker 约束规范, 若对于任意非零向量 $d \in L_\Phi(\bar{x})$, 存在从 $\bar{x}$ 出发的一阶可微可行弧段, 它在 $\bar{x}$ 处的切方向是 d, 即存在 $\hat{t} > 0$, 存在一函数 $\theta(t) : t \in [0, \hat{t})$ 满足

(i) $\theta(0) = \bar{x}$;

(ii) θ 在 $[0, \hat{t})$ 上可微, 在 0 处右可微;

(iii) $\theta(t) \in \Phi$, $\forall t \in [0, \hat{t})$;

(iv) $\dot{\theta}(0) = d$ (右导数).

在 Kuhn-Tucker 约束规范下, Φ 的切锥有如下表达形式.

命题 1.15 设 h, g 在 $\bar{x}$ 附近连续可微且 Kuhn-Tucker 约束规范成立, 那么可行集 Φ 在 $\bar{x}$ 处的切锥就是线性化锥, 即 $T_\Phi(\bar{x}) = L_\Phi(\bar{x})$.

证明 易知 $T_\Phi(\bar{x}) \subseteq L_\Phi(\bar{x})$, 故只需证相反的包含关系. 任取 $d \in L_\Phi(\bar{x})$, 根据 Kuhn-Tucker 约束规范, 存在一函数 $\theta(t) : t \in [0, \hat{t})$ 满足 (i)—(iv). 对任意满足 $t_k \searrow 0$ 的 $t_k \in (0, \hat{t})$, 定义 $x^k = \theta(t_k)$. 则 $x^k \in \Phi$, 且

$$d = \lim_{k\to\infty} \frac{x^k - \bar{x}}{t_k} = \lim_{k\to\infty} \frac{\theta(t_k) - \theta(0)}{t_k} = \dot{\theta}(0) = d.$$

从而有 $d \in T_\Phi(\bar{x})$, 于是得到 $L_\Phi(\bar{x}) \subseteq T_\Phi(\bar{x})$. ∎

下面介绍 Mangasarian-Fromovitz 约束规范.

定义 1.20 (Mangasarian-Fromovitz 约束规范) 设 h, g 在 $\bar{x}$ 附近连续可微, 称 (NLP) 在 $\bar{x}$ 处满足 Mangasarian-Fromovitz 约束规范, 若满足下述条件:

(i) (无关性条件) 向量组 $\nabla h_1(\bar{x}), \cdots, \nabla h_q(\bar{x})$ 是线性无关的;

(ii) (内部性条件) 存在 $d^0 \in \mathbb{R}^n$, 满足

$$\nabla h_j(\bar{x})^T d^0 = 0, \ j = 1, \cdots, q, \quad \nabla g_i(\bar{x}) d^0 < 0, \ i \in I(\bar{x}).$$

条件 (ii) 意味着线性化锥 $L_\Phi(\bar{x})$ 的相对内部是非空的.

命题 1.16 设 h, g 在 $\bar{x}$ 附近连续可微且 Mangasarian-Fromovitz 约束规范成立, 那么可行集 Φ 在 $\bar{x}$ 处的切锥等于线性化锥, 即 $T_\Phi(\bar{x}) = L_\Phi(\bar{x})$.

证明 易证 $T_\Phi(\bar{x}) \subseteq L_\Phi(\bar{x})$, 故只需证相反的包含关系. 对于任意的 $d \in L_\Phi(\bar{x})$, 定义 $d_\epsilon = d + \epsilon d^0$, 则有 $\mathcal{J}h(\bar{x})d_\epsilon = 0$, $\nabla g_i(\bar{x})^T d_\epsilon < 0, i \in I(\bar{x})$. 定义

$$P(x) = I - \mathcal{J}h(x)^T (\mathcal{J}h(x)\mathcal{J}h(x)^T)^{-1} \mathcal{J}h(x),$$

根据条件 (i), $\mathcal{J}h(\bar{x})\mathcal{J}h(\bar{x})^T$ 是正定矩阵. 当 x 接近 $\bar{x}$ 时, $\mathcal{J}h(x)\mathcal{J}h(x)^T$ 是正定的, 从而 $P(x)$ 是有定义的. 此时显然有 $\mathcal{J}h(x)P(x) \equiv 0$. 由于 $\mathrm{Range}\, P(\bar{x}) = \ker \mathcal{J}h(\bar{x})$, 存在 $\xi_\epsilon \in \mathbb{R}^n$, 满足 $d_\epsilon = P(\bar{x})\xi_\epsilon$. 现构造微分方程

$$\begin{cases} \dfrac{\mathrm{d}x}{\mathrm{d}t} = P(x)\xi_\epsilon, \\ x(0) = \bar{x}. \end{cases} \tag{1.75}$$

由常微分方程解的存在性, 存在 $\hat{t} > 0$ 以及函数 $x(t) : t \in [0, \hat{t})$ 满足 (1.75) 且 $x(t)$ 是连续可微的 (在 0 处右可微). 另外满足 $x(0) = \bar{x}$ 以及

$$\left. \frac{\mathrm{d}x(t)}{\mathrm{d}t} \right|_{t=0} = \dot{x}(0) = d_\epsilon.$$

下面证明 $x(t)$ 的可行性. 对于 $i \notin I(\bar{x})$, $g_i(\bar{x}) < 0$, 存在 $\hat{t}_1$, 使得 $g_i(x(t)) \leqslant 0, \forall t \in [0, \hat{t}_1)$; 对于 $i \in I(\bar{x})$, $g_i(\bar{x}) = 0$, 存在 $\hat{t}_2$,

$$g_i(x(t)) = g_i(x(0)) + t\nabla g_i(x(0))^T \dot{x}(0) + o(t) = t\nabla g_i(x(0))^T d_\epsilon + o(t) \leqslant 0, \quad \forall t \in [0, \hat{t}_2).$$

取 $t_{\min} = \min\{\hat{t}_1, \hat{t}_2\}$, 有 $g_i(x(t)) \leqslant 0, \forall t \in [0, t_{\min}), i = 1, \cdots, p$. 对于等式约束, 有

$$h(x(t)) = h(x(0)) + \int_0^t \frac{\mathrm{d}h(x(s))}{\mathrm{d}s}\mathrm{d}s = \int_0^t \mathcal{J}h(x(s))\dot{x}(s)\mathrm{d}s$$

$$= \int_0^t \mathcal{J}h(x(s))P(x(s))\xi_\epsilon \mathrm{d}s,$$

可得 $h(x(t)) = 0, \forall t \in [0, t_{\min})$. 因此 $x(t) \in \Phi$.

下面说明 d_ϵ 一定是切锥 $T_\Phi(\bar{x})$ 中的元素. 取 $t_k \downarrow 0$, 令 $x^k = x(t_k)$, 那么

$$d_k = \frac{x^k - \bar{x}}{t_k} = \frac{x(t_k) - x(0)}{t_k} \to \dot{x}(0) = d_\epsilon.$$

可见 $d_\epsilon \in T_\Phi(\bar{x})$. 令 $\epsilon \to 0$, 有 $d_\epsilon \to d \in \mathrm{cl}T_\Phi(\bar{x}) = T_\Phi(\bar{x})$.   ■

非线性规划问题在 $\bar{x}$ 处 Robinson 约束规范为

$$0 \in \mathrm{int}\left\{ \begin{pmatrix} h(\bar{x}) \\ g(\bar{x}) \end{pmatrix} + \begin{pmatrix} \mathcal{J}h(\bar{x}) \\ \mathcal{J}g(\bar{x}) \end{pmatrix}\mathbb{R}^n - \begin{pmatrix} \{0_q\} \\ \mathbb{R}_-^p \end{pmatrix}\right\}.$$

这一条件等价于在 $\bar{x}$ 处的 Mangasarian-Fromovitz 约束规范. 由于集值映射

$$\Phi(u) = \{x : h(x) + u_h = 0, g(x) + u_g \leqslant 0\}, \quad u = (u_h, u_g)$$

在 $(0, \bar{x})$ 处的度量正则性等价于在 $\bar{x}$ 处的 Robinson 约束规范成立, 因此可得到如下命题, 见 [6, (2.175)].

命题 1.17 设 h, g 在 $\bar{x}$ 附近连续可微, Mangasarian-Fromovitz 约束规范成立, 那么存在 $\varepsilon > 0, \kappa > 0$ 满足

$$\mathrm{dist}(x, \Phi) \leqslant \kappa\left[\sum_{j=1}^q |h_j(x)| + \sum_{i=1}^p \max\{0, g_i(x)\}\right], \quad \forall x \in \mathbb{B}_\varepsilon(\bar{x}). \tag{1.76}$$

对于约束集外二阶切集在 Mangasarian-Fromovitz 约束规范下的刻画, 有以下定理.

定理 1.31 设 h, g 在 $\bar{x}$ 附近二次连续可微且 Mangasarian-Fromovitz 约束规范成立, 那么可行集 Φ 在 $\bar{x}$ 处的切锥与二阶切集等价于如下形式:

(i) $T_\Phi(\bar{x}) = L_\Phi(\bar{x})$;

(ii) 对于任意 $d \in T_\Phi(\bar{x})$,

$$T_\Phi^2(\bar{x}, d) = \left\{ w \in \mathbb{R}^n : \begin{array}{l} \nabla h_j(\bar{x})^\mathrm{T}w + \langle d, \nabla^2 h_j(\bar{x})d\rangle = 0, j = 1, \cdots, q, \\ \nabla g_i(\bar{x})^\mathrm{T}w + \langle d, \nabla^2 g_i(\bar{x})d\rangle \leqslant 0, i \in I_1(\bar{x}, d) \end{array} \right\}, \tag{1.77}$$

其中 $I_1(\bar{x}, d) = \{i \in I(\bar{x}) : \nabla g_i(\bar{x})^{\mathrm{T}} d = 0\}$.

证明 命题 1.16 给出了切锥公式的证明. 只需证明 (1.77). 记式 (1.77) 的右端表达式为 $L_\Phi^2(\bar{x}, d)$. 显然有 $T_\Phi^2(\bar{x}, d) \subseteq L_\Phi^2(\bar{x}, d)$. 下面证明 $L_\Phi^2(\bar{x}, d) \subseteq T_\Phi^2(\bar{x}, d)$.

对于任意的 $w \in L_\Phi^2(\bar{x}, d)$, $d \in T_\Phi(\bar{x})$, 存在 $\bar{t}$, 使得对于任意的 $t \in [0, \bar{t}]$, 都有 $x(t) = \bar{x} + td + \dfrac{t^2}{2} w \in \mathbb{B}_\varepsilon(\bar{x})$. 为计算 $x(t)$ 到可行集 Φ 的距离, 对函数 h_j 和 g_i 在 $\bar{x}$ 处 Taylor 展开, $j = 1, \cdots, q$, $i = 1, \cdots, p$, 有

$$h_j(x(t)) = h_j(\bar{x}) + t\nabla h_j(\bar{x})^{\mathrm{T}} d + \frac{t^2}{2}[\nabla h_j(\bar{x})^{\mathrm{T}} w + d^{\mathrm{T}} \nabla^2 h_j(\bar{x}) d] + o(t^2)$$

和

$$g_i(x(t)) = g_i(\bar{x}) + t\nabla g_i(\bar{x})^{\mathrm{T}} d + \frac{t^2}{2}[\nabla g_i(\bar{x})^{\mathrm{T}} w + d^{\mathrm{T}} \nabla^2 g_i(\bar{x}) d] + o(t^2).$$

当 t 充分小时, 可以保证

$$g_i(x(t)) < 0, \quad i \notin I_1(\bar{x}, d)$$

和

$$h_j(x(t)) = \epsilon_j(t) = o(t^2), \ j = 1, \cdots, q, \quad g_i(x(t)) = \delta_i(t) \leqslant o(t^2), \ i \in I_1(\bar{x}, d).$$

因此, $x(t)$ 到可行集 Φ 的距离有如下上界

$$\mathrm{dist}(x(t), \Phi) \leqslant \kappa\left[\sum_{j=1}^q |\epsilon_j(t)| + \sum_{i=1}^p \max\{0, \delta_i(t)\}\right] = o(t^2).$$

由外二阶切集的定义

$$T_\Phi^2(\bar{x}, d) = \left\{w \in \mathbb{R}^n : \exists t_k \searrow 0, \ \mathrm{dist}\left(\bar{x} + t_k d + \frac{t_k^2}{2} w, \Phi\right) = o(t_k^2)\right\},$$

得到 $w \in T_\Phi^2(\bar{x}, d)$. ∎

定理 1.32 设 $\bar{x}$ 是非线性规划 (NLP) 的局部极小点, 且 f, h, g 在 $\bar{x}$ 附近连续可微, 则 Mangasarian-Fromovitz 约束规范成立的充分必要条件是 $\Lambda(\bar{x})$ 是非空紧致的.

证明 "充分性". 首先证明 Mangasarian-Fromovitz 约束规范推出 $\Lambda(\bar{x}) \neq \varnothing$. 考虑如下优化问题

$$\min \quad \nabla f(\bar{x}) d$$
$$\mathrm{s.t.} \quad d \in T_\Phi(\bar{x}).$$

由定理 1.27, 其最优值为零. 在 Mangasarian-Fromovitz 约束规范成立时, 这等价于如下极小化问题

(LP)
$$\begin{aligned} &\min \quad \nabla f(\bar{x})d \\ &\text{s.t.} \quad \mathcal{J}h(\bar{x})d = 0, \ \nabla g_i(\bar{x})^{\mathrm{T}}d \leqslant 0, \ i \in I(\bar{x}) \end{aligned}$$

的最优值为零. 注意到问题 (LP) 的对偶问题为

(LD)
$$\begin{aligned} &\max \quad 0 \\ &\text{s.t.} \quad \nabla f(\bar{x}) + \mathcal{J}h(\bar{x})^{\mathrm{T}}\mu + \sum_{i \in I(\bar{x})} \lambda_i \nabla g_i(\bar{x}) = 0, \\ &\qquad\quad \lambda_i \geqslant 0, \ i \in I(\bar{x}). \end{aligned}$$

由线性规划的对偶定理 (定理 2.5), 可知如上的对偶问题的最优解集非空, 即 $\Lambda(\bar{x})$ 非空. 再证 $\Lambda(\bar{x})$ 是紧致集. 采用反证法, 假设存在 $(\mu_k, \lambda_k) \in \Lambda(\bar{x})$ 满足 $\|(\mu_k, \lambda_k)\| \to +\infty$. 记 $(\hat{\mu}_k, \hat{\lambda}_k) = (\mu_k, \lambda_k)/\|(\mu_k, \lambda_k)\| \in \mathrm{bdry}\mathbf{B}$. 因此存在子列 $\{(\hat{\mu}_{k_i}, \hat{\lambda}_{k_i})\}$ 收敛到某一点 $(\hat{\mu}, \hat{\lambda})$ 且 $\|(\hat{\mu}, \hat{\lambda})\| = 1$. 由 $(\mu_{k_i}, \lambda_{k_i}) \in \Lambda(\bar{x})$, 有

$$\frac{\nabla f(\bar{x})}{\|(\mu_{k_i}, \lambda_{k_i})\|} + \mathcal{J}h(\bar{x})^{\mathrm{T}}\hat{\mu}_{k_i} + \mathcal{J}g(\bar{x})^{\mathrm{T}}\hat{\lambda}_{k_i} = 0, \quad 0 \leqslant \hat{\lambda}_{k_i} \perp g(\bar{x}) \leqslant 0.$$

令 $i \to \infty$ 取极限, 得到

$$\mathcal{J}h(\bar{x})^{\mathrm{T}}\hat{\mu} + \mathcal{J}g(\bar{x})^{\mathrm{T}}\hat{\lambda} = 0, \quad 0 \leqslant \hat{\lambda} \perp g(\bar{x}) \leqslant 0, \quad \text{且 } (\hat{\mu}, \hat{\lambda}) \neq 0.$$

若 $\hat{\lambda} \neq 0$, 由 Mangasarian-Fromovitz 约束规范的内部性条件, 对上式左乘 $(d^0)^{\mathrm{T}}$, 有

$$(d^0)^{\mathrm{T}}\mathcal{J}h(\bar{x})^{\mathrm{T}}\hat{\mu} + (d^0)^{\mathrm{T}}\mathcal{J}g(\bar{x})^{\mathrm{T}}\hat{\lambda} = 0.$$

但是

$$(d^0)^{\mathrm{T}}\mathcal{J}g(\bar{x})^{\mathrm{T}}\hat{\lambda} = \sum_{i \in I(\bar{x})} \hat{\lambda}^i \nabla g_i(\bar{x})^{\mathrm{T}}(d^0) < 0 \text{ 且 } \mathcal{J}h(\bar{x})d^0 = 0,$$

这是一对矛盾. 故有 $\hat{\lambda} = 0$. 此时 $\hat{\mu} \neq 0$, 从而有

$$\mathcal{J}h(\bar{x})^{\mathrm{T}}\hat{\mu} + \mathcal{J}g(\bar{x})^{\mathrm{T}}\hat{\lambda} = \mathcal{J}h(\bar{x})^{\mathrm{T}}\hat{\mu} = 0,$$

这与 $\mathcal{J}h(\bar{x})$ 是行满秩的相矛盾. 故之前假设并不成立, 必有 $\Lambda(\bar{x})$ 应是紧致集.

"必要性". 用反证法. 假设 $\Lambda(\bar{x})$ 是非空紧致的, 但是 Mangasarian-Fromovitz 约束规范不成立. 观察到 Mangasarian-Fromovitz 约束规范也可表达为如下形式:

$$\begin{bmatrix} \mathcal{J}h(\bar{x}) \\ \mathcal{J}g(\bar{x}) \end{bmatrix} \mathbb{R}^n + T_{\{0_q\} \times \mathbb{R}^p_-}(h(\bar{x}), g(\bar{x})) = \mathbb{R}^q \times \mathbb{R}^p.$$

对上式两边取极锥, 根据 (1.42), 可得

$$\ker\left(\begin{bmatrix} \mathcal{J}h(\bar{x}) \\ \mathcal{J}g(\bar{x}) \end{bmatrix} \mathbb{R}^n\right) \cap N_{\{0_q\} \times \mathbb{R}^p_-}(h(\bar{x}), g(\bar{x})) = \{0\}.$$

若 Mangasarian-Fromovitz 约束规范不真, 则存在 $(\hat{\mu}, \hat{\lambda}) \neq 0$, $(\hat{\mu}, \hat{\lambda})$ 属于上式左端, 即

$$\mathcal{J}h(\bar{x})^{\mathrm{T}}\hat{\mu} + \mathcal{J}g(\bar{x})^{\mathrm{T}}\hat{\lambda} = 0, \quad 0 \leqslant \hat{\lambda} \perp g(\bar{x}) \leqslant 0.$$

那么对于任意的 $(\bar{\mu}, \bar{\lambda}) \in \Lambda(\bar{x})$, 一定有 $(\bar{\mu}, \bar{\lambda}) + t(\hat{\mu}, \hat{\lambda}) \in \Lambda(\bar{x})$, 对于任意的 $t > 0$ 成立, 这与 $\Lambda(\bar{x})$ 的有界性矛盾. 必要性得证. ∎

下面介绍比 Mangasarian-Fromovitz 约束规范更强的约束规范——线性无关约束规范.

定义 1.21 (线性无关约束规范) 设 h, g 在 $\bar{x}$ 附近连续可微, 称 (NLP) 在 $\bar{x}$ 处满足线性无关约束规范, 若满足 $\nabla h_1(\bar{x}), \cdots, \nabla h_q(\bar{x})$, 则 $\nabla g_i(\bar{x}), i \in I(\bar{x})$ 是线性无关的.

线性无关约束规范可推出 Mangasarian-Fromovitz 约束规范. 实际上, 考虑方程组

$$\mathcal{J}h(\bar{x})\xi = 0, \quad \nabla g_i(\bar{x})^{\mathrm{T}}\xi = -1, \quad i \in I(\bar{x}),$$

首先, Mangasarian-Fromovitz 约束规范的第 (i) 条件显然成立. 在线性无关约束规范成立的前提下, 方程组必有解, 这说明 Mangasarian-Fromovitz 约束规范的第 (ii) 条成立. 下面给出线性无关约束规范的一个性质.

命题 1.18 设 h, g 在 $\bar{x}$ 附近连续可微且线性无关约束规范成立, 那么乘子集合 $\Lambda(\bar{x})$ 是单点集.

证明 若存在两个点 $(\mu, \lambda), (\mu', \lambda') \in \Lambda(\bar{x})$, 有

$$\nabla f(\bar{x}) + \mathcal{J}h(\bar{x})^{\mathrm{T}}\mu + \sum_{i \in I(\bar{x})} \lambda_i \nabla g_i(\bar{x}) = 0$$

和

$$\nabla f(\bar{x}) + \mathcal{J}h(\bar{x})^{\mathrm{T}}\mu' + \sum_{i \in I(\bar{x})} \lambda'_i \nabla g_i(\bar{x}) = 0.$$

两式相减得到 $\mathcal{J}h(\bar{x})^{\mathrm{T}}(\mu - \mu') + \sum\limits_{i \in I(\bar{x})} (\lambda_i - \lambda_i') \nabla g_i(\bar{x}) = 0$. 由线性无关约束规范即得 $\mu = \mu'$, $\lambda_i = \lambda_i'$, $i \in I(\bar{x})$. ∎

为讨论非线性规划的二阶必要性最优条件与二阶充分性最优条件, 定义问题 (NLP) 在 $\bar{x}$ 处的临界锥:

$$C(\bar{x}) = \{d \in \mathbb{R}^n : \nabla f(\bar{x})^{\mathrm{T}}d \leqslant 0,\ \mathcal{J}h(\bar{x})d = 0,\ \nabla g_i(\bar{x})^{\mathrm{T}}d \leqslant 0, i \in I(\bar{x})\}.$$

在乘子集合 $\Lambda(\bar{x})$ 非空时, $C(\bar{x})$ 可重新写为

$$
\begin{aligned}
C(\bar{x}) &= T_\Phi(\bar{x}) \cap [\mathcal{J}g(\bar{x})^{\mathrm{T}}\lambda]^\perp \\
&= \{d \in \mathbb{R}^n :\ \mathcal{J}h(\bar{x})d = 0,\ \nabla g_i(\bar{x})^{\mathrm{T}}d \leqslant 0, i \in I(\bar{x}),\ \langle \lambda, \mathcal{J}g(\bar{x})d \rangle = 0\} \\
&= \left\{ d \in \mathbb{R}^n :\ \begin{array}{l} \mathcal{J}h(\bar{x})d = 0,\ \nabla g_i(\bar{x})^{\mathrm{T}}d = 0, i \in I_+(\bar{x}, \lambda), \\ \nabla g_i(\bar{x})^{\mathrm{T}}d \leqslant 0, i \in I_0(\bar{x}, \lambda) \end{array} \right\},
\end{aligned}
$$

其中

$$I_+(\bar{x}, \lambda) = \{i \in I(\bar{x}) : \lambda_i > 0\}; \quad I_0(\bar{x}, \lambda) = \{i \in I(\bar{x}) : \lambda_i = 0\}.$$

此时, $C(\bar{x})$ 的仿射包写作

$$\mathrm{aff}\, C(\bar{x}) = \{d \in \mathbb{R}^n :\ \mathcal{J}h(\bar{x})d = 0,\ \nabla g_i(\bar{x})^{\mathrm{T}}d = 0, i \in I_+(\bar{x}, \lambda)\}.$$

特殊地, 若严格互补松弛条件成立, 即对于任意的 $(\mu, \lambda) \in \Lambda(\bar{x})$, 有 $\lambda_i - g_i(\bar{x}) > 0$. 临界锥 $C(\bar{x})$ 退化为一子空间

$$C(\bar{x}) = \{d \in \mathbb{R}^n : \mathcal{J}h(\bar{x})d = 0,\ \nabla g_i(\bar{x})^{\mathrm{T}}d = 0, i \in I(\bar{x})\}.$$

定理 1.33 (二阶必要性条件)　设 $\bar{x}$ 是非线性规划 (NLP) 的一个局部极小点, f, h, g 在 $\bar{x}$ 附近二次连续可微且 Mangasarian-Fromovitz 约束规范在 $\bar{x}$ 处成立, 则

(i) $\Lambda(\bar{x})$ 是非空紧致的;

(ii) $\forall d \in C(\bar{x})$, 有

$$\sup_{(\mu, \lambda) \in \Lambda(\bar{x})} \{\langle d, \nabla_{xx}^2 L(\bar{x}, \mu, \lambda)d \rangle\} \geqslant 0.$$

证明　结论 (i) 是显然的, 仅需要证明 (ii). 在 Mangasarian-Fromovitz (MF) 约束规范下, 由定理 1.31 在 MF 约束规范条件下的 $T_\Phi^2(x, d)$ 的表达式, 根据基本

定理 1.28, 如下优化问题的最优值是非负的.

$$\min \quad \nabla f(\bar{x})^{\mathrm{T}}w + d^{\mathrm{T}}\nabla^2 f(\bar{x})d$$

$$\text{(LP)} \quad \text{s.t.} \quad \nabla h_j(\bar{x})^{\mathrm{T}}w + d^{\mathrm{T}}\nabla^2 h_j(\bar{x})d = 0, \quad j = 1, \cdots, q,$$

$$\nabla g_i(\bar{x})^{\mathrm{T}}w + d^{\mathrm{T}}\nabla^2 g_i(\bar{x})d \leqslant 0, \quad i \in I_1(\bar{x}, d),$$

其中 $I_1(\bar{x}, d) = \{i \in I(\bar{x}) : \nabla g_i(\bar{x})^{\mathrm{T}}d = 0\}$. 上述线性规划的对偶问题为

$$\max \quad d^{\mathrm{T}}\nabla^2 f(\bar{x})^{\mathrm{T}}d + \sum_{j=1}^q \mu_j d^{\mathrm{T}}\nabla^2 h_j(\bar{x})d + \sum_{i \in I_1(\bar{x}, d)} \lambda_i d^{\mathrm{T}}\nabla^2 g_i(\bar{x})d$$

$$\text{(LD)} \quad \text{s.t.} \quad \nabla f(\bar{x}) + \sum_{j=1}^q \mu_j \nabla h_j(\bar{x}) + \sum_{i \in I_1(\bar{x}, d)} \lambda_i \nabla g_i(\bar{x}) = 0,$$

$$\lambda_i \geqslant 0, \ i \in I_1(\bar{x}, d).$$

由线性规划的对偶定理 (定理 2.5), 可知 Val(LD) = Val(LP) $\geqslant 0$. 注意 (LD) 的约束集是 $\Lambda(\bar{x})$ 的子集. 通过放大约束集, 得到下述问题

$$\text{(LD')} \quad \begin{cases} \max & d^{\mathrm{T}}\nabla^2_{xx}L(\bar{x}, \mu, \lambda)d \\ \text{s.t.} & (\mu, \lambda) \in \Lambda(\bar{x}), \end{cases}$$

故知问题 (LD') 的最优值非负. 结论得证. ∎

下面我们建立二阶充分性最优条件. 这里强调, 二阶充分性最优条件并不需要约束规范.

定理 1.34 (二阶充分性最优条件) 设 $\bar{x}$ 是非线性规划的一个可行点, f, h, g 在 $\bar{x}$ 附近二次连续可微. 假设

(i) $\Lambda(\bar{x}) \neq \varnothing$;

(ii) $\forall d \in C(\bar{x}) \setminus \{0\}$, 有

$$\sup_{(\mu, \lambda) \in \Lambda(\bar{x})} \left\{ \langle d, \nabla^2_{xx}L(\bar{x}, \mu, \lambda)d \rangle \right\} > 0,$$

则二阶增长性条件在 $\bar{x}$ 处成立.

证明 采用反证法. 假设存在一序列 $\{x^k\} \subset \Phi$, 满足 $x^k \to \bar{x}$ 且

$$f(x^k) < f(\bar{x}) + \frac{1}{k}\|x^k - \bar{x}\|^2.$$

定义 $t_k = \|x^k - \bar{x}\|$, $t_k \downarrow 0$, 且 $t_k \neq 0$. 令 $d^k = (x^k - \bar{x})/t_k$, 则 $x^k = \bar{x} + t_k d^k$. 由 $d^k \in \mathrm{bdry}\mathbf{B}$, 知 $\|d^k\| = 1$ 且存在聚点 d, 即 $\exists k_i$, $d^{k_i} \to d$, $\|d\| = 1$.

首先证明论断 " $d \in C(\bar{x})$ 且 $d \neq 0$". 从 (i) 可知

$$f(\bar{x} + t_{k_i} d^{k_i}) < f(\bar{x}) + \frac{1}{k_i} t_{k_i}^2.$$

应用 Taylor 展开, 并令 $i \to \infty$, 有 $\nabla f(\bar{x})^{\mathrm{T}} d \leqslant 0$. 同理, 有

$$h(x^{k_i}) = h(\bar{x}) + t_{k_i} \mathcal{J} h(\bar{x})^{\mathrm{T}} d^{k_i} + o(t_{k_i}) = 0$$

和

$$g_j(x^{k_i}) = g_j(\bar{x}) + t_{k_i} \nabla g_j(\bar{x})^{\mathrm{T}} d^{k_i} + o(t_{k_i}) \leqslant 0, \quad i \in I(\bar{x}).$$

因此当 $i \to \infty$ 时, 可以得到

$$d \in T_\Phi(\bar{x}) = \{d \in \mathbb{R}^n : \mathcal{J} h(\bar{x}) d = 0, \ \nabla g_i(\bar{x})^{\mathrm{T}} d \leqslant 0, i \in I(\bar{x})\},$$

从而 $d \in C(\bar{x})$ 得证.

由条件 (ii), 必存在一个 $(\hat{\mu}, \hat{\lambda}) \in \Lambda(\bar{x})$, 满足 $d^{\mathrm{T}} \nabla_{xx}^2 L(\bar{x}, \hat{\mu}, \hat{\lambda}) d \geqslant \epsilon_0 > 0$.
再一次对 f, h, g 在 $\bar{x}$ 处做如下的 Taylor 展开:

$$f(x^{k_i}) - f(\bar{x}) = t_{k_i} \nabla f(\bar{x})^{\mathrm{T}} d^{k_i} + \frac{t_{k_i}^2}{2} (d^{k_i})^{\mathrm{T}} \nabla^2 f(\bar{x}) d^{k_i} + o(t_{k_i}^2) < \frac{1}{k_i} t_{k_i}^2,$$

$$h_j(x^{k_i}) - h_j(\bar{x}) = t_{k_i} \nabla h_j(\bar{x})^{\mathrm{T}} d^{k_i} + \frac{t_{k_i}^2}{2} (d^{k_i})^{\mathrm{T}} \nabla^2 h_j(\bar{x}) d^{k_i} + o(t_{k_i}^2) = 0,$$

$$g_l(x^{k_i}) - g_l(\bar{x}) = t_{k_i} \nabla g_l(\bar{x})^{\mathrm{T}} d^{k_i} + \frac{t_{k_i}^2}{2} (d^{k_i})^{\mathrm{T}} \nabla^2 g_l(\bar{x}) d^{k_i} + o(t_{k_i}^2) \leqslant 0,$$

其中 $1 \leqslant j \leqslant q, l \in I(\bar{x})$. 于是得到对 $1 \leqslant j \leqslant q, l \in I(\bar{x})$, 有

$$t_{k_i} \nabla f(\bar{x})^{\mathrm{T}} d^{k_i} + \frac{t_{k_i}^2}{2} (d^{k_i})^{\mathrm{T}} \nabla^2 f(\bar{x}) d^{k_i} < \frac{1}{k_i} t_{k_i}^2 + o(t_{k_i}^2), \tag{1.78}$$

$$t_{k_i} \nabla h_j(\bar{x})^{\mathrm{T}} d^{k_i} + \frac{t_{k_i}^2}{2} (d^{k_i})^{\mathrm{T}} \nabla^2 h_j(\bar{x}) d^{k_i} = o(t_{k_i}^2), \tag{1.79}$$

$$t_{k_i} \nabla g_l(\bar{x})^{\mathrm{T}} d^{k_i} + \frac{t_{k_i}^2}{2} (d^{k_i})^{\mathrm{T}} \nabla^2 g_l(\bar{x}) d^{k_i} \leqslant o(t_{k_i}^2). \tag{1.80}$$

对每一 j, 用 $\hat{\mu}_j$ 乘 (1.79) 的两边, 对每一 $l \in I(\bar{x})$, 用 $\hat{\lambda}_l$ 乘 (1.80) 的两边, 将它们相加并加到 (1.78) 的两端可得

$$t_{k_i} \nabla_x L(\bar{x}, \hat{\mu}, \hat{\lambda})^{\mathrm{T}} d^{k_i} + \frac{t_{k_i}^2}{2} (d^{k_i})^{\mathrm{T}} \nabla_{xx}^2 L(\bar{x}, \hat{\mu}, \hat{\lambda}) d^{k_i} < \frac{1}{k_i} t_{k_i}^2 + o(t_{k_i}^2).$$

因为 $(\hat{\mu}, \hat{\lambda}) \in \Lambda(\bar{x})$, 有 $\nabla_x L(\bar{x}, \hat{\mu}, \hat{\lambda}) = 0$, 所以

$$\frac{t_{k_i}^2}{2}(d^{k_i})^{\mathrm{T}} \nabla_{xx}^2 L(\bar{x}, \hat{\mu}, \hat{\lambda}) d^{k_i} < \frac{1}{k_i} t_{k_i}^2 + o(t_{k_i}^2).$$

对上式两端同除 $t_{k_i}^2$, 并令 $i \to \infty$ 取极限, 有

$$d^{\mathrm{T}} \nabla_{xx}^2 L(\bar{x}, \hat{\mu}, \hat{\lambda}) d \leqslant 0,$$

这与 $d^{\mathrm{T}} \nabla_{xx}^2 L(\bar{x}, \hat{\mu}, \hat{\lambda}) d \geqslant \epsilon_0 > 0$ 相矛盾. 结论得证. ∎

关于非线性半定规划以及非线性二阶锥约束优化等问题的最优性理论, 可以参考 [69].

1.5.9 增广 Lagrange 方法

最后给出增广 Lagrange 方法的简要综述. 为此, 首先以一般的约束锥优化问题为例, 给出增广 Lagrange 方法. 考虑下述一般的非线性锥优化问题

$$\begin{cases} \min & f(x) \\ \mathrm{s.\,t.} & g(x) \in K, \\ & x \in X, \end{cases} \tag{1.81}$$

其中 $f : \mathcal{X} \to \mathbb{R}$, $g : \mathcal{X} \to \mathcal{Y}$ 是一映射, $X \subset \mathcal{X}$ 是非空闭凸集, $K \subset \mathcal{Y}$ 是非空闭凸锥. 这里 $\mathcal{X}$ 与 $\mathcal{Y}$ 是有限维的 Hilbert 空间. 问题 (1.81) 的增广 Lagrange 函数被定义为

$$L_c(x, \lambda) = f(x) + \frac{1}{2c}\left[\|\Pi_{K^\circ}(\lambda + cg(x))\|^2 - \|\lambda\|^2\right]. \tag{1.82}$$

算法 1 增广 Lagrange 方法

取 $\lambda^0 \in \mathcal{Y}$ 与 $c_0 > 0$. 置 $k := 0$.

while 终止条件不成立 **do**

    1. 求解问题

$$\min_{x \in X} L_{c_k}(x, \lambda^k)$$

    把最优解记为 x^{k+1}.

    2. 更新乘子

$$\lambda^{k+1} = \lambda^k + c_k g(x^{k+1}).$$

    3. 选取一新的参数 $c_{k+1} \geqslant c_k$.

置 $k := k + 1$.

增广 Lagrange 方法是求解约束优化的一个著名而有效的方法. 这一方法由 Hestenes[34] 和 Powell[45] 提出, 用于求解等式约束优化问题. 对等式约束优化问题

$$
\begin{aligned}
\min \quad & f(x) \\
\text{s.t.} \quad & h_j(x) = 0, \ j = 1, \cdots, q.
\end{aligned}
\tag{1.83}
$$

问题 (1.83) 的增广 Lagrange 函数为

$$
L_c(x, \mu) = f(x) + \langle \mu, h(x) \rangle + \frac{c}{2}\|h(x)\|^2,
$$

其中 $h(x) = (h_1(x), \cdots, h_q(x))^{\mathrm{T}}$. Rockafellar[53] 将上述增广 Lagrange 函数推广到同时具有等式和不等式约束的非线性规划问题. 对一般的非线性规划问题

$$
\begin{aligned}
\min \quad & f(x) \\
\text{s.t.} \quad & h_j(x) = 0, \ j = 1, \cdots, q, \\
& g_i(x) \leqslant 0, \ i = 1, \cdots, p.
\end{aligned}
\tag{1.84}
$$

问题 (1.84) 的增广 Lagrange 函数为

$$
L_c(x, \mu, \lambda) = f(x) + \langle \mu, h(x) \rangle + \frac{c}{2}\|h(x)\|^2 + \frac{1}{2c}\left[\|[\lambda + cg(x)]_+\|^2 - \|\lambda\|^2\right],
$$

其中 $h(x) = (h_1(x), \cdots, h_q(x))^{\mathrm{T}}$ 与 $g(x) = (g_1(x), \cdots, g_p(x))^{\mathrm{T}}$.

最早的关于增广 Lagrange 方法收敛速度的工作是文献 [45], 之后有很多的文献研究可行的非凸优化问题的增广 Lagrange 方法的收敛速度, 见文献 [4, Chapter 3], [13], [15], [35] 和 [60]. 关于凸的非线性规划的增广 Lagrange 方法的工作可参考 Rockafellar 的论文 [54], [55] 与 [57].

第 2 章　最小约束违背线性锥优化

本章分为两部分, 第一部分侧重有限维空间线性锥优化的最小约束违背优化问题, 第二部分则侧重线性规划的最小约束违背优化问题. 主要结果总结如下.

- 给出了线性锥优化问题解存在的充分性条件, 这一充分性条件也保证基于平移问题的最优值函数在原点处的下半连续性.
- 证明了有限维空间的线性锥优化的标准的对偶定理, 即 Slater 条件成立的充分必要条件是原始问题和对偶问题的最优值相等且对偶问题的解集是非空紧致的.
- 拓广了对偶定理, 证明了如果原始线性锥优化问题不可行, 最小度量的可行的平移集合非空, 且对偶问题可行, 那么对偶问题是无界的.
- 建立了由 Lagrange 函数定义的对偶函数与由平移问题定义的最优值函数间的关系; 利用对偶函数刻画了线性平移锥优化问题的对偶问题的解集.
- 证明了如果最小度量的平移集合非空, 那么最小约束违背线性锥优化问题的对偶问题具有无界的解集, 且负的最小 l_2-范数的平移是这一对偶问题解集的回收方向.
- 对于线性规划问题, 用 l_2-范数、l_1-范数以及一般的 σ-度量的最小平移, 证明了原始问题不可行性等价于对偶问题的无界性, 对偶问题不可行性等价于原始问题的无界性.
- 对于线性规划问题, 证明了约束平移问题的最优值函数是平移变量的分片线性凸函数.
- 对于线性规划的最小 l_1-范数平移优化问题, 给出了 l_1-罚函数方法, 建立了方法生成的平移向量序列到最小 l_1-范数平移的误差估计.

2.1　线性锥约束优化模型

设 $\mathcal{X}$ 与 $\mathcal{Y}$ 是有限维 Hilbert 空间, $\langle \cdot, \cdot \rangle$ 表示 $\mathcal{X}$ 或者 $\mathcal{Y}$ 的内积 (具体是哪个空间的内积, 视上下文而定). 考虑以下线性锥约束优化模型:

$$(\text{CLP}) \quad \begin{cases} \min & \langle c, x \rangle \\ \text{s.t.} & Ax + b \in K, \end{cases} \qquad (2.1)$$

其中 $c \in X$, $A \in \mathbb{L}(\mathcal{X}, \mathcal{Y})$, $b \in \mathcal{Y}$, $K \subset \mathcal{Y}$ 是一闭凸锥. 问题 (CLP) 的可行域为

$$\mathcal{F}_{\mathrm{CLP}} = \{x \in \mathcal{X} : Ax + b \in K\}.$$

问题 (CLP) 具有下述等价形式

$$\begin{cases} \min & \langle c, x \rangle \\ \mathrm{s.\,t.} & Ax + b - z = 0, \\ & z \in K. \end{cases} \tag{2.2}$$

可以说, 线性锥约束优化涵盖了大量的凸优化问题, 如 K 可取如下的凸锥.

$$\begin{aligned} &K = \{0_q\} \times \mathbb{R}_+^p: \quad \text{线性规划问题,} \\ &K = \{0_q\} \times \mathbb{R}_+^p \times \mathbb{S}_+^m: \quad \text{线性半定规划问题,} \\ &K = \{0_q\} \times \mathbb{R}_+^p \times [\mathcal{L}_+^{m_1+1} \times \cdots \times \mathcal{L}_+^{m_J+1}]: \quad \text{线性二阶锥优化问题,} \\ &K = \{0_q\} \times \mathbb{R}_+^p \times \mathrm{epi}\,\|\cdot\|_2: \quad \text{谱范数引导的矩阵锥线性优化问题,} \\ &K = \{0_q\} \times \mathbb{R}_+^p \times \mathrm{epi}\,\|\cdot\|_*: \quad \text{核范数引导的矩阵锥线性优化问题,} \\ &K = \{0_q\} \times \mathbb{R}_+^p \times \mathrm{epi}\,\|\cdot\|_k: \quad k\text{-范数引导的矩阵锥线性优化问题.} \end{aligned} \tag{2.3}$$

一类重要的凸锥是对称锥, 在专著 [23] 中得到系统研究.

定义 2.1 (见 [23] 第 4 页或 [30] 第 200 页)　称 K 是一对称锥, 如果 K 是一自对偶锥, 对于任意元素 $x, y \in \mathrm{int}\,K$, 存在一可逆的线性变换 $\psi : V \to V$ 满足 $\psi(K) = K$ 与 $\psi(x) = y$.

上述的第一卦限锥 $\mathbb{R}_+^p$, 二阶锥对称锥 $\mathcal{L}_+^{m+1}$ 以及实对称半正定矩阵锥 $\mathbb{S}_+^m$ 都属于对称锥. 典型的对称锥还包括复的 Hermitian 正半定矩阵锥 $\mathcal{H}_+^n$、四元数 Hermitian 正半定矩阵锥 $\mathcal{Q}_+^n$ 和 3×3 八元数 Hermitian 正半定矩阵锥 $\mathcal{O}_+^3$. 关于四元数 Hermitian 正半定矩阵锥 $\mathcal{Q}_+^n$ 和 3×3 八元数 Hermitian 正半定矩阵锥 $\mathcal{O}_+^3$ 的介绍以及对称锥的表示定理, 见附录.

2.2　线性锥约束优化对偶理论

问题 (2.2) 的标准 Lagrange 函数 $L : \mathcal{X} \times \mathcal{Y} \times \mathcal{Y} \to \mathbb{R}$ 为

$$L(x, z, \lambda) = \langle c, x \rangle + \langle \lambda, Ax + b - z \rangle.$$

通过考虑如下问题

$$\max_{\lambda} \inf_{x,z} L(x, z, \lambda) = \max_{\lambda} \left[\inf_x \langle c + A^*\lambda, x \rangle + \langle b, \lambda \rangle + \inf_{z \in K} \langle -\lambda, z \rangle \right],$$

可以得到问题 (2.2) 的对偶问题为

$$(\text{CLD}) \quad \begin{cases} \max & \langle b, \lambda \rangle \\ \text{s.t.} & c + A^*\lambda = 0, \\ & \lambda \in K^\circ. \end{cases} \tag{2.4}$$

问题 (2.4) 的可行域记为 $\mathcal{F}_{\text{CLD}}$, 即

$$\mathcal{F}_{\text{CLD}} = \{\lambda \in \mathcal{Y} : c + A^*\lambda = 0, \lambda \in K^\circ\}.$$

问题 (CLP) 的约束的平移集合定义为

$$\mathcal{S}_{\text{CLP}} = \{s \in \mathcal{Y} : \exists x \in \mathcal{X} \text{ 满足 } Ax + b + s \in K\}.$$

引理 2.1 $\mathcal{S}_{\text{CLP}}$ 是凸集.

证明 任取 $s^1 \in \mathcal{S}_{\text{CLP}}$ 与 $s^2 \in \mathcal{S}_{\text{CLP}}$, 任取 $\lambda \in [0,1]$. 则存在 $x^1 \in \mathcal{X}$ 与 $x^2 \in \mathcal{X}$ 满足

$$Ax^i + b + s^i \in K, \quad i = 1, 2.$$

从而有

$$A((1-\lambda)x^1 + \lambda x^2) + b + (1-\lambda)s^1 + \lambda s^2 = (1-\lambda)[Ax^1 + b + s^1] + \lambda[Ax^2 + b + s^2] \in K.$$

由此得到 $(1-\lambda)s^1 + \lambda s^2 \in \mathcal{S}_{\text{CLP}}$, 从而知 $\mathcal{S}_{\text{CLP}}$ 是凸集. ∎

为了下面分析集合 $\mathcal{S}_{\text{CLP}}$ 的需要, 定义

$$\Gamma = \{(x,s) \in \mathcal{X} \times \mathcal{Y} : Ax + b + s \in K\}. \tag{2.5}$$

对 $s \in \mathcal{S}$, 定义最优值函数 (有时也称之为值函数)

$$\nu(s) = \inf_x \{\langle c, x \rangle : Ax + b + s \in K\}. \tag{2.6}$$

下面的命题给出了问题 (CLP) 有解存在以及值函数下半连续的一个充分性条件.

命题 2.1 设存在 $\alpha \in \mathbb{R}$ 和非空紧致集 $D \subset \mathcal{X}$, 存在某 $\varepsilon > 0$, 对任何 $s \in \varepsilon \mathbf{B}_\mathcal{Y}$ 满足

$$\{x \in \mathcal{X} : \langle c, x \rangle \leqslant \alpha, Ax + b + s \in K\} \subset D, \quad \forall s \in \varepsilon \mathbf{B}_\mathcal{Y}.$$

那么 Sol(CLP) 是非空紧致的, 且 $\nu(s)$ 在 $s = 0$ 处是下半连续的.

证明 由定理 1.2 直接得到. ∎

下面给出保证值函数 ν 是下半连续的另一个充分性条件.

命题 2.2 如果

$$\left.\begin{array}{l} \langle c, h_x \rangle \leqslant 0 \\ A h_x \in K \end{array}\right\} \Longrightarrow h_x = 0, \tag{2.7}$$

那么 ν 是正常的且下半连续凸函数.

证明 定义

$$\phi(x, s) = \langle c, x \rangle + \delta_\Gamma(x, s),$$

则有

$$\nu(s) = \inf_x \phi(x, s).$$

容易验证

$$\phi^\infty(h_x, h_s) = \langle c, h_x \rangle + \delta_{\Gamma^\infty}(h_x, h_s)$$

与

$$\Gamma^\infty = \{(x, s) \in \mathcal{X} \times \mathcal{Y} : Ax + s \in K\}.$$

故有

$$\phi^\infty(h_x, 0) \leqslant 0, \ \forall h_x \in \mathcal{X}, h_x \neq 0 \Longleftrightarrow \left.\begin{array}{l} \langle c, h_x \rangle > 0 \\ A h_x \in K \end{array}\right\} \Longrightarrow h_x = 0.$$

因此由定理 1.10 可得结论. ■

利用凸优化的共轭对偶理论, 可以建立线性锥约束优化的下述对偶定理.

定理 2.1 设 $\operatorname{int} K \neq \varnothing$, Sol(CLP) 是非空的, 则 Sol(CLD) 是非空紧致的充分必要条件是: 存在某 $x_0 \in \mathcal{X}$ 满足

$$Ax_0 + b \in \operatorname{int} K. \tag{2.8}$$

此时有 Val(CLP) = Val(CLD), 即对偶间隙是零.

证明 由定义 (2.6), $\nu(s)$ 可以表示为

$$\nu(s) = \inf_x \{\langle c, x \rangle + \delta_K(Ax + b + s)\}.$$

于是 ν 的共轭函数 $\nu^* : \mathcal{Y} \to \overline{\mathbb{R}}$ 为

$$\begin{aligned} \nu^*(\lambda) &= \sup_{s \in \mathcal{Y}} \left[\langle \lambda, s \rangle - \nu(s) \right] \\ &= \sup_{x \in \mathcal{X}, s \in \mathcal{Y}} \left[\langle \lambda, s \rangle - \langle c, x \rangle - \delta_K(Ax + b + s) \right] \\ &= \sup_{x \in \mathcal{X}, s' \in \mathcal{Y}} \left[\langle \lambda, s' - Ax - b \rangle - \langle c, x \rangle - \delta_K(s') \right] \quad (\text{取 } s' = Ax + b + s) \\ &= -\langle b, \lambda \rangle + \delta_K^*(\lambda) + \delta_{0_{\mathcal{Y}}}(c + A^*\lambda). \end{aligned}$$

从而 $\nu^{**}(0_\mathcal{Y})$ 可以表示为

$$\nu^{**}(0_\mathcal{Y}) = \sup_{\lambda \in \mathcal{Y}} \left[\langle b, \lambda \rangle - \delta_K^*(\lambda) - \delta_{0_\mathcal{Y}}(c + A^*\lambda) \right].$$

因 K 是一个闭凸锥,

$$\delta_K^*(\lambda) = \begin{cases} 0, & \lambda \in K^\circ, \\ +\infty, & \lambda \notin K^\circ. \end{cases}$$

可见 $\nu^{**}(0_\mathcal{Y}) = \mathrm{Val(CLD)}$. 由命题 1.8 可得

$$\partial \nu^{**}(0_\mathcal{Y}) = \mathrm{Sol(CLD)}.$$

容易得到

$$\mathrm{dom}\, \nu = \{ s : \exists x_s \in \mathcal{X}, Ax_s + b + s \in K \},$$

故有

$$0_\mathcal{Y} \in \mathrm{int}\,(\mathrm{dom}\, \nu) \Longleftrightarrow \exists x_0 \text{ 满足 } Ax_0 + b \in \mathrm{int}\, K.$$

因为 $\nu(0_\mathcal{Y}) = \mathrm{Val(CLP)}$ 是有限的, 根据定理 1.13 可得, $\partial \nu(0_\mathcal{Y})$ 非空紧致的充分必要条件是 $0_\mathcal{Y} \in \mathrm{int}\,(\mathrm{dom}\, \nu)$, 再由命题 1.8 可得 $\nu(0_\mathcal{Y}) = \nu^{**}(0_\mathcal{Y})$ 与 $\partial \nu^{**}(0_\mathcal{Y}) = \partial \nu(0_\mathcal{Y})$. 于是得到 $\mathrm{Sol(CLD)}$ 是非空紧致的充分必要条件为: 存在某 $x_0 \in \mathcal{X}$ 满足条件 (2.8). ■

用 $\| \cdot \|_\mathcal{Y}$ 表示 Hilbert 空间 $\mathcal{Y}$ 的由内积引导的范数, 则问题 (CLP) 的最小范数平移集合 (可能是空集) 为

$$\mathcal{S}_* = \mathrm{Argmin}\left\{ \frac{1}{2}\|s\|_\mathcal{Y}^2 : s \in \mathcal{S}_{\mathrm{CLP}} \right\}. \tag{2.9}$$

根据引理 2.1 可知, $\mathcal{S}_{\mathrm{CLP}}$ 是凸集. 如果它是闭集, 那么由 (2.9) 定义的 $\mathcal{S}_*$ 是单点集.

根据需要, 也可采用某一度量下的最小约束违背. 设 $\sigma : \mathcal{Y} \to \mathbb{R}_+$ 是某度量函数, 则它是连续的凸函数, 满足 $\sigma(0) = 0$, 且 $\sigma(s) = 0$ 当且仅当 $s = 0$. 于是, σ-最小平移集合被定义为

$$\mathcal{S}_* = \mathrm{Argmin}\left\{ \sigma(s) : s \in \mathcal{S}_{\mathrm{CLP}} \right\}. \tag{2.10}$$

有趣的是, 最小范数平移和一般的 σ-最小平移都可用来证明下述结论.

命题 2.3 (对偶无界性) 对于线性锥约束优化问题 (CLP), 如果 $\mathcal{F}_{\mathrm{CLP}} = \varnothing$, 由 (2.9) 或 (2.10) 定义的 $\mathcal{S}_* \neq \varnothing$, 且 $\mathcal{F}_{\mathrm{CLD}} \neq \varnothing$ 是闭集, 那么 $\mathcal{F}_{\mathrm{CLD}}$ 无界, $\mathrm{Val}\,(\mathrm{CLD}) = +\infty$.

证明   设由 (2.9) 定义的 $\mathcal{S}_* \neq \varnothing$, $\mathcal{S}_* = \{\bar{s}\}$. 为方便起见, 用 $\|\cdot\|$ 来记 $\|\cdot\|_{\mathcal{Y}}$.
最小范数平移 $\bar{s}$ 可通过求解下述问题得到

$$\min \quad \frac{1}{2}\|s\|^2$$
$$\text{s.t.} \quad Ax + b + s \in K.$$

这一问题的 Lagrange 函数是

$$\mathcal{L}(x, s, \lambda) = \frac{1}{2}\|s\|^2 + \langle \lambda, Ax + b + s \rangle.$$

由于这一问题的广义 Slater 条件成立, $\bar{s}$ 处的如下最优性条件成立

$$\begin{cases} \mathrm{D}_x \mathcal{L}(x, s, \lambda) = 0, \\ \mathrm{D}_s \mathcal{L}(x, s, \lambda) = 0, \\ \lambda \in N_K(Ax + b + s), \end{cases}$$

即

$$\begin{cases} A^* \lambda = 0, \\ s + \lambda = 0, \\ K^\circ \ni \lambda \perp Ax + b + s \in K. \end{cases} \tag{2.11}$$

设 $(\bar{x}, \bar{\lambda}) \in \mathcal{X} \times \mathcal{Y}$ 满足 $(\bar{x}, \bar{s}, \bar{\lambda})$ 是 (2.11) 的解, 那么从 $\langle \bar{\lambda}, A\bar{x} + b + \bar{s} \rangle = 0$,
$A^* \bar{\lambda} = 0$ 和 $\bar{\lambda} = -\bar{s}$ 可推出

$$\langle b, \bar{\lambda} \rangle = -\langle \bar{x}, A^* \bar{\lambda} \rangle - \langle \bar{\lambda}, \bar{s} \rangle = \|\bar{s}\|^2 > 0.$$

由于 $(\bar{x}, \bar{s}, \bar{\lambda})$ 满足 (2.11), $A^* \bar{\lambda} = 0$, $\bar{\lambda} \in K^\circ$, $\bar{\lambda} \neq 0$, 有 $\bar{\lambda} \in \mathcal{F}_{\mathrm{CLD}}^\infty$. 根据定理 1.5,
可知 $\mathcal{F}_{\mathrm{CLD}}$ 是无界的. 取 $\lambda_0 \in \mathcal{F}_{\mathrm{CLD}}$, 并令 $\lambda(t) = \lambda_0 + t\bar{\lambda}$, $t \geqslant 0$, 则 $\lambda(t) \in \mathcal{F}_{\mathrm{CLD}}$,
且当 $t \to +\infty$ 时, $\langle b, \lambda(t) \rangle = \langle b, \lambda_0 \rangle + t\|\bar{s}\|^2 \to +\infty$. 因此 $\mathrm{Val}\,(\mathrm{CLD}) = +\infty$.

设由 (2.10) 定义的 $\mathcal{S}_* \neq \varnothing$. 显然 σ-最小违背 $\bar{s}$ 可通过求解下述问题得到

$$\min \quad \sigma(s)$$
$$\text{s.t.} \quad Ax + b + s \in K.$$

平移 $\bar{s}$ 满足 $\bar{s} \in \mathcal{S}_*$ 与 $\sigma(\bar{s}) > 0$. 上述问题的 Lagrange 函数是

$$\mathcal{L}(x, s, \lambda) = \sigma(s) + \langle \lambda, Ax + b + s \rangle.$$

由于这一问题的广义 Slater 条件成立, $\bar{s}$ 处的如下最优性条件成立

$$
\begin{cases}
D_x \mathcal{L}(x, s, \lambda) = 0, \\
\partial_s \mathcal{L}(x, s, \lambda) \ni 0, \\
\lambda \in N_K(Ax + b + s),
\end{cases}
$$

即

$$
\begin{cases}
A^* \lambda = 0, \\
0 \in \partial \sigma(s) + \lambda, \\
K^\circ \ni \lambda \perp Ax + b + s \in K.
\end{cases}
\tag{2.12}
$$

设 $(\bar{x}, \bar{\lambda}) \in \mathcal{X} \times \mathcal{Y}$ 满足 $(\bar{x}, \bar{s}, \bar{\lambda})$ 是 (2.12) 的解, 那么由 $\langle \bar{\lambda}, A\bar{x} + b + \bar{s} \rangle = 0$, $A^* \bar{\lambda} = 0$ 和 $-\bar{\lambda} \in \partial \sigma(\bar{s})$ 可推出

$$
\langle b, \bar{\lambda} \rangle = -\langle \bar{x}, A^* \bar{\lambda} \rangle - \langle \bar{\lambda}, \bar{s} \rangle = \langle -\bar{\lambda}, \bar{s} \rangle \geqslant \sigma(\bar{s}) - \sigma(0) = \sigma(\bar{s}) > 0.
$$

由于 $(\bar{x}, \bar{s}, \bar{\lambda})$ 满足 (2.11), $A^* \bar{\lambda} = 0$, $\bar{\lambda} \in K^\circ$, $\bar{\lambda} \neq 0$, 有 $\bar{\lambda} \in \mathcal{F}_{\mathrm{CLD}}^\infty$. 根据定理 1.5, 可知 $\mathcal{F}_{\mathrm{CLD}}$ 是无界的. 取 $\lambda_0 \in \mathcal{F}_{\mathrm{CLD}}$, 并令 $\lambda(t) = \lambda_0 + t\bar{\lambda}$, $t \geqslant 0$, 则 $\lambda(t) \in \mathcal{F}_{\mathrm{CLD}}$, 且当 $t \to +\infty$ 时,

$$
\langle b, \lambda(t) \rangle = \langle b, \lambda_0 \rangle + t \langle b, \bar{\lambda} \rangle \geqslant \langle b, \lambda_0 \rangle + t\sigma(\bar{s}) \to +\infty.
$$

因此 $\mathrm{Val}\,(\mathrm{CLD}) = +\infty$. ■

在什么条件下, 由 (2.9) 或 (2.10) 定义的 $\bar{s}$ 存在? 这是一个值得研究的问题. 显然, 当 $\mathcal{S}_{\mathrm{CLP}}$ 是闭集时, $\bar{s}$ 是存在的, 这一存在性的根据见例 1.5. 下面给出一个保证 $\mathcal{S}_{\mathrm{CLP}}$ 是闭集的充分性条件.

命题 2.4 集合 $\mathcal{S}_{\mathrm{CLP}}$ 是闭集的一个充分条件是

$$
Ax \in K, x \in \mathcal{X} \implies x = 0.
\tag{2.13}
$$

证明 设 Γ 由 (2.5) 定义, 即

$$
\Gamma = \{(x, s) \in \mathcal{X} \times \mathcal{Y} : Ax + b + s \in K\},
$$

则 $\Gamma^\infty = \{(x, s) \in \mathcal{X} \times \mathcal{Y} : Ax + s \in K\}$. 定义投影映射 $\Pi : \mathcal{X} \times \mathcal{Y} \to \mathcal{Y}$:

$$
\Pi(x, s) = s, \quad \forall (x, s) \in \mathcal{X} \times \mathcal{Y}.
$$

容易验证

$$
\mathcal{S}_{\mathrm{CLP}} = \Pi(\Gamma), \quad \Pi^{-1}(0) = \{(x, 0) : x \in \mathcal{X}\}.
$$

从而
$$\Pi^{-1}(0) \cap \Gamma^{\infty} = \{(x,0) \in \mathcal{X} \times \mathcal{Y} : Ax + 0 \in K\}.$$

根据定理 1.7, 可知 $\mathcal{S}_{\mathrm{CLP}}$ 是闭集. ∎

利用 Lagrange 函数 $L(x,z,\lambda)$, 定义 (负的) 对偶函数:

$$\theta(\lambda) = - \inf_{x \in \mathcal{X}, y \in K} L(x,z,\lambda). \tag{2.14}$$

命题 2.5　对于值函数 ν 和对偶函数 θ, 下述结论成立:

(i) $\theta(\lambda)$ 可以表示为

$$\theta(\lambda) = -\langle b, \lambda \rangle + \delta_{\mathcal{F}_{\mathrm{CLD}}}(\lambda);$$

(ii) 对偶函数与值函数有下述关系

$$\nu^*(\lambda) = \theta(\lambda);$$

(iii) 对偶函数的次微分可以表示为

$$\partial \theta(\lambda) = -b + N_{\mathcal{F}_{\mathrm{CLD}}}(\lambda). \tag{2.15}$$

证明　由 $\theta(\lambda)$ 的定义, 得到

$$
\begin{aligned}
\theta(\lambda) &= - \inf_{x \in \mathcal{X}, y \in K} L(x,z,\lambda) \\
&= - \inf_{x \in \mathcal{X}, y \in K} \left\{ \langle b, \lambda \rangle + \langle c + A^*\lambda, x \rangle - \langle \lambda, y \rangle \right\} \\
&= \begin{cases} -\langle b, \lambda \rangle, & c + A^*\lambda = 0, \lambda \in K^{\circ}, \\ +\infty, & \text{否则}, \end{cases}
\end{aligned}
$$

故 (i) 成立.

计算可得

$$
\begin{aligned}
\nu^*(\lambda) &= \max_{s} \left\{ \langle \lambda, s \rangle - \nu(s) \right\} \\
&= \max_{s} \left\{ \langle \lambda, s \rangle - \inf_{x} \left[\langle c, x \rangle + \delta_K(Ax + b + s) \right] \right\} \\
&= \max_{x,u} \left\{ \langle \lambda, u - Ax - b \rangle - \langle c, x \rangle - \delta_K(u) \right\} \\
&= -\langle b, \lambda \rangle + \begin{cases} 0, & c + A^*\lambda = 0, \lambda \in K^{\circ}, \\ -\infty, & \text{否则}, \end{cases} \\
&= \theta(\lambda),
\end{aligned}
$$

故 (ii) 成立.

结论 (iii) 由 (i) 得到. ∎

2.3 线性平移锥约束优化问题

本节考虑如下线性平移锥约束优化模型:

$$(\text{CLP}(s)) \quad \begin{cases} \min & \langle c, x \rangle \\ \text{s.t.} & Ax + b + s \in K. \end{cases} \qquad (2.16)$$

问题 $(\text{CLP}(s))$ 的可行域是

$$\mathcal{F}_{\text{CLP}}(s) = \{x \in \mathcal{X} : Ax + b + s \in K\}.$$

问题 $(\text{CLP}(s))$ 的 Lagrange 对偶, 记为 $(\text{CLD}(s))$, 具有如下形式

$$(\text{CLD}(s)) \quad \begin{cases} \max & \langle b + s, u \rangle \\ \text{s.t.} & A^* u + c = 0, \\ & u \in K^\circ. \end{cases} \qquad (2.17)$$

下述定理给出了对偶问题 (CLD) 的解集 $\text{Sol}(\text{CLD}(s))$ 的刻画.

定理 2.2 下述性质等价:

(i) $s \in \partial\theta(\lambda)$;

(ii) $\lambda \in \text{Sol}(\text{CLD}(s))$;

如果 ν 是正常下半连续函数, 那么它们还与下述性质 (iii) 等价:

(iii) 下述等式成立

$$\nu(s) = \inf_{x \in \mathcal{X}, z \in K} \{\langle c, x \rangle + \langle \lambda, Ax + b + s - z \rangle\}$$
$$= \langle \lambda, s \rangle + \inf_{x \in \mathcal{X}, z \in K} L(x, z, \lambda),$$

即问题

$$\inf_{x \in \mathcal{X}, z \in K} L(x, z, \lambda)$$

的任意解 (x_λ, z_λ) 均是

$$\begin{aligned} \min \quad & \langle c, x \rangle \\ \text{s.t.} \quad & Ax + b + s - z = 0, \\ & y \in K \end{aligned}$$

的解.

证明　由 (2.15), 可得

$$s \in \partial\theta(\lambda) \Longleftrightarrow b + s \in N_{\mathcal{F}_{\mathrm{CLD}}}(\lambda)$$

$$\Longleftrightarrow \langle b + s, u - \lambda \rangle \leqslant 0, \forall u \in \mathcal{F}_{\mathrm{CLD}}$$

$$\Longleftrightarrow \langle b + s, u \rangle \leqslant \langle b + s, \lambda \rangle, \forall u \in \mathcal{F}_{\mathrm{CLD}}$$

$$\Longleftrightarrow \lambda \in \mathrm{Sol}\,(\mathrm{CLD}(s)).$$

这给出了 (i) 与 (ii) 的等价性. 现在设 ν 是正常下半连续函数, 由引理 1.2, 即 [52, Corollary 23.5.1] 与 $s \in \partial\theta(\lambda)$ 等价于 $s \in \partial\nu^*(\lambda)$, 且

$$s \in \partial\theta(\lambda) \Longleftrightarrow \theta(\lambda) + \nu(s) = \langle \lambda, s \rangle$$

$$\Longleftrightarrow \begin{cases} \nu(s) = \langle \lambda, s \rangle - \theta(\lambda) \\ \qquad = \langle \lambda, s \rangle + \inf_{x \in \mathcal{X}, y \in K} \{\langle c, x \rangle + \langle \lambda, Ax + b - y \rangle\} \\ \qquad = \langle \lambda, s \rangle + \inf_{x \in \mathcal{X}, y \in K} l(x, y, \lambda). \end{cases}$$

从而得到 (i) 与 (iii) 是等价的. ∎

设 $\mathcal{S}_*$ 是由 (2.9) 定义的最小范数平移集合, $\bar{s} \in \mathcal{S}_*$, 线性平移锥约束优化问题为

$$(\mathrm{CLP}(\bar{s})) \qquad \begin{cases} \min & \langle c, x \rangle \\ \mathrm{s.t.} & Ax + b + \bar{s} = z, \\ & z \in K. \end{cases} \qquad (2.18)$$

相应的对偶函数是

$$\theta^{\bar{s}}(\lambda) = - \inf_{x \in \mathcal{X}, z \in K} \{\langle c, x \rangle + \langle \lambda, Ax + b - \bar{s} - z \rangle\} = -\langle \lambda, \bar{s} \rangle + \theta(\lambda).$$

问题 $(\mathrm{CLP}(\bar{s}))$ 的对偶问题 $(\mathrm{CLD}(\bar{s}))$ 为

$$\begin{cases} \max & \langle b + \bar{s}, \lambda \rangle \\ \mathrm{s.t.} & A^*\lambda + c = 0, \\ & \lambda \in K^\circ, \end{cases} \qquad (2.19)$$

即

$$\max_{\lambda} -\theta^{\bar{s}}(\lambda) = \langle \bar{s}, \lambda \rangle - \theta(\lambda).$$

(CLD($\bar{s}$)) 的解集

$$\text{Sol}\,(\text{CLD}(\bar{s})) = \{\lambda \in \mathcal{Y} : \bar{s} \in \partial\theta(\lambda)\}.$$

如果 (CLD($\bar{s}$)) 的解集是非空的, 对于 $\bar{\lambda} \in \text{Sol}\,(\text{CLD}(\bar{s}))$, (CLD($\bar{s}$)) 的解集的回收锥是

$$\text{Sol}\,(\text{CLD}(\bar{s}))^{\infty} = \{\xi \in \mathcal{Y} : \bar{s} \in \partial\theta(\bar{\lambda} + t\xi), t \geqslant 0\}. \tag{2.20}$$

下面的结果非常有趣而且重要.

定理 2.3 设 $\mathcal{S}_*$ 是由 (2.9) 定义的最小范数平移集合, $\bar{s} \in \mathcal{S}_*$, $\bar{s} \neq 0$, 则有

$$-\bar{s} \in \text{Sol}\,(\text{CLD}(\bar{s}))^{\infty}. \tag{2.21}$$

证明 根据 (2.20), 只需证明

$$\bar{s} \in \partial\theta(\bar{\lambda} - t\bar{s}), \quad \forall t \geqslant 0.$$

事实上, 对任意的 $\lambda \in \text{dom}\,\theta$ 和任意的 $t \geqslant 0$,

$$\theta(\lambda) - \theta(\bar{\lambda} - t\bar{s})$$

$$= \theta(\lambda) + \inf_{x \in \mathcal{X}, y \in K} \left[\langle c, x \rangle + \langle \bar{\lambda} - t\bar{s}, Ax + b - y \rangle \right]$$

$$\geqslant \theta(\lambda) + \inf_{x \in \mathcal{X}, y \in K} \left[\langle c, x \rangle + \langle \bar{\lambda}, Ax + b - y \rangle \right] + \inf_{x \in \mathcal{X}, y \in K} \left[\langle c, x \rangle + \langle -t\bar{s}, Ax + b - y \rangle \right]$$

$$= \theta(\lambda) - \theta(\bar{\lambda}) + \inf_{s \in \mathcal{S}_{\text{CLP}}} t\langle \bar{s}, s \rangle$$

$$\geqslant \theta(\lambda) - \theta(\bar{\lambda}) + t\langle \bar{s}, \bar{s} \rangle$$

$$\geqslant \langle \bar{s}, \lambda - \bar{\lambda} \rangle + t\langle \bar{s}, \bar{s} \rangle (\text{由}\, \bar{s} \in \partial\theta(\bar{\lambda}))$$

$$= \langle \bar{s}, \lambda - [\bar{\lambda} - t\bar{s}] \rangle,$$

从而得到

$$\bar{s} \in \partial\theta(\bar{\lambda} - t\bar{s}), \quad \forall t \geqslant 0. \qquad \blacksquare$$

2.4 最小度量平移线性规划

线性规划的对偶理论需要 Farkas 引理, 它由凸分析中的凸集分离定理得到. 为此首先给出凸集分离定理.

定理 2.4 (分离定理)　设 C 与 D 是 $\mathbb{R}^n$ 的两个非空闭凸集, 其中至少有一个有界. 设 $C \cap D = \varnothing$. 则存在 $a \in \mathbb{R}^n$, $a \neq 0$, $b \in \mathbb{R}$ 满足

$$a^{\mathrm{T}} x > b, \quad \forall x \in D$$

与

$$a^{\mathrm{T}} x < b, \quad \forall x \in C.$$

证明　定义

$$\operatorname{dist}(C, D) = \inf\{\|u - v\| : u \in C, v \in D\}.$$

不妨设 C 是紧致集. 对 $u \in \mathbb{R}^n$, 定义 $\phi : \mathbb{R}^n \to \mathbb{R}$:

$$\phi(u) = \inf\{\|v - u\| : v \in D\}, \quad \Pi_D(u) = \operatorname{Argmin}\{\|v - u\| : v \in D\}.$$

根据例 1.5, $\phi(\cdot)$ 是连续函数, Π_D 是单值映射, 即对任何 $u \in \mathbb{R}^n$, $\Pi_D(u)$ 是非空单点集. 根据 ϕ 的定义

$$\operatorname{dist}(C, D) = \inf\{\phi(u) : u \in C\}.$$

由于 ϕ 是连续函数, C 是非空紧致集, 故存在 $c \in C$, 满足 $\operatorname{dist}(C, D) = \phi(c)$. 令 $d = \Pi_D(c)$, 则有

$$c \in C, \ d \in D, \quad \operatorname{dist}(C, D) = \|c - d\|.$$

令

$$a = d - c, \quad b = \frac{\|d\|^2 - \|c\|^2}{2}.$$

定义 $f(x) = a^{\mathrm{T}} x - b$, 我们证明

$$f(x) > 0, \ \forall x \in D; \quad f(x) < 0, \ \forall x \in C.$$

现在仅证明 $f(x) > 0, \forall x \in D$, 同样的方式可证 $f(x) < 0, \forall x \in C$. 用反证法. 假设存在 $\bar{d} \in D$ 满足 $f(\bar{d}) \leqslant 0$, 则有

$$(d - c)^{\mathrm{T}} \bar{d} - \frac{\|d\|^2 - \|c\|^2}{2} \leqslant 0. \tag{2.22}$$

定义 $g(x) = \|x - c\|^2$, 则 g 在 d 处沿 $\bar{d} - d$ 的方向导数小于 0. 实际上

$$
\begin{aligned}
\nabla g(d)^{\mathrm{T}}(\bar{d} - d) &= 2(d - c)^{\mathrm{T}}(\bar{d} - d) \\
&= 2(-\|d\|^2 + d^{\mathrm{T}}\bar{d} - c^{\mathrm{T}}\bar{d} + c^{\mathrm{T}}d) \\
&= 2(-\|d\|^2 + (d - c)^{\mathrm{T}}\bar{d} + c^{\mathrm{T}}d) \\
&\leqslant 2\left(-\|d\|^2 + \frac{\|d\|^2 - \|c\|^2}{2} + c^{\mathrm{T}}d\right) \quad (\text{由 } (2.22)) \\
&= -\|d\|^2 - \|c\|^2 + 2c^{\mathrm{T}}d \\
&= -\|c - d\|^2 < 0.
\end{aligned}
$$

因此存在 $\bar{\alpha} > 0$ 满足, 对任何 $\alpha \in (0, \bar{\alpha})$,

$$
g(d + \alpha(d - \bar{d})) < g(d),
$$

即

$$
\|d + \alpha(\bar{d} - d) - c\|^2 < \|d - c\|^2. \tag{2.23}
$$

对 $\alpha > 0$ 充分小 $(\alpha \leqslant 1)$, 有 $d + \alpha(\bar{d} - d) = (1 - \alpha)d + \alpha\bar{d} \in D$, 从而 (2.23) 与 d 是 D 中距离 c 最近的点矛盾. 故定理得证. ∎

在定理 2.4 中, 如果 D 是单点集, 可得到下述结论.

推论 2.1 设 $C \subset \mathbb{R}^n$ 是闭凸集, $x \notin C$. 则 x 与 C 可被某个超平面严格分离.

根据推论 2.1, 即可证明著名的 Farkas 引理.

引理 2.2 (Farkas 引理) 设 $A \in \mathbb{R}^{m \times n}$, $b \in \mathbb{R}^m$. 则下述两个性质有且仅有其一成立:

(i) 存在 $x \in \mathbb{R}^n$ 满足 $Ax = b$, $x \geqslant 0$;

(ii) 存在 $y \in \mathbb{R}^m$ 满足 $A^{\mathrm{T}}y \geqslant 0$, $b^{\mathrm{T}}y < 0$.

证明 假设 (ii) 成立, 则存在 $y \in \mathbb{R}^m$ 满足 $A^{\mathrm{T}}y \geqslant 0$, $b^{\mathrm{T}}y < 0$. 此时如果存在 $x \in \mathbb{R}^n$ 满足 $Ax = b$, $x \geqslant 0$, 则有

$$
0 > b^{\mathrm{T}}y = (Ax)^{\mathrm{T}}y = x^{\mathrm{T}}(A^{\mathrm{T}}y) \geqslant 0,
$$

此一矛盾表明 (i) 一定不成立.

现用 $A_{\cdot i}$ 记为矩阵 A 的第 i 列, $i = 1, \cdots, n$, 并记 $C = \{Ax : x \geqslant 0\}$, 则

$$
C = \left\{\sum_{i=1}^{n} x_i A_{\cdot i} : x_i \geqslant 0, i = 1, \cdots, n\right\}.
$$

可证 C 是闭集. 设 $z^k \in C$, $z^k \to \bar{z}$, 要证明 $\bar{z} \in C$. 考虑下述问题

$$\min_{\alpha,z} \quad \|z - \bar{z}\|_1$$
$$\text{s.t.} \quad \sum_{i=1}^n \alpha_i A_{\cdot i} = z,$$
$$\alpha_i \geqslant 0, \quad i = 1, \cdots, n.$$

因为目标函数是非负的, 这一问题的最优值是非负的. 对每一个 z^k, 存在 $\alpha^k \in \mathbb{R}_+^n$, 满足 $z^k = A\alpha^k$. 显然有 (α^k, z^k) 是可行的, $z^k \to \bar{z}$, 可得该问题的最优值是 0. 故知该问题的最优值 0 是可达到的. 因此存在 $\bar{\alpha} \in \mathbb{R}^n$ 满足 $A\bar{\alpha} = \bar{z}$, 即 $\bar{z} \in C$.

假设 (i) 是不可行的, 那么 $b \notin C$. 根据推论 2.1, 点 b 与 C 可以被一超平面严格分离. 即存在 $y \in \mathbb{R}^m$, $y \neq 0$, 存在 $r \in \mathbb{R}$ 满足

$$y^T z \leqslant r, \quad \forall z \in C \text{ 且 } y^T b > r.$$

因为 $0 \in C$, 必有 $r \geqslant 0$. 可将它用 $r' = 0$ 代替, 因为如果存在 $z \in C$, $y^T z > 0$, 由于对 $\alpha > 0$, $y^T(\alpha z)$ 当 $\alpha \to +\infty$ 时趋于 $+\infty$, 再由 $\alpha z \in C, \forall \alpha > 0$, 这是不可能的. 因此可用 $r' = 0$ 代替 r. 于是得到

$$y^T z \leqslant 0, \quad z \in C, \quad y^T b > 0.$$

由 C 的定义可得, $A^T y \geqslant 0$, $b^T y < 0$. 故 (ii) 成立.　■

容易得到 Farkas 引理如下的变形.

引理 2.3　设 $A \in \mathbb{R}^{m \times n}, b \in \mathbb{R}^m$. 则下述两个性质有且仅有其一成立:
(i) *存在* $x \in \mathbb{R}^n$ *满足* $Ax \leqslant b$;
(ii) *存在* $y \in \mathbb{R}^m$ *满足* $y \geqslant 0$, $A^T y = 0$, $b^T y < 0$.

证明　线性系统 $Ax \leqslant b$ 可以等价表示为

$$[A \quad -A \quad I] \begin{bmatrix} x_+ \\ x_- \\ z \end{bmatrix} = b, \quad \begin{bmatrix} x_+ \\ x_- \\ z \end{bmatrix} \geqslant 0_{2n+m}. \tag{2.24}$$

根据 Farkas 引理, 线性系统 $Ax \leqslant b$ 和下述系统有且仅有其一成立:

$$\begin{bmatrix} A^T \\ -A^T \\ I \end{bmatrix} y \geqslant 0, \quad b^T y < 0. \tag{2.25}$$

显然 (2.25) 等价于 $A^T y = 0$, $y \geqslant 0$, $b^T y < 0$.　■

一般线性约束的线性规划问题为

$$
(\mathrm{LP}) \quad \begin{cases} \min & c^{\mathrm{T}}x \\ \text{s.t.} & Ex + d = 0, \\ & Ax + b \leqslant 0, \end{cases}
$$

其中 $c \in \mathbb{R}^n$, $E \in \mathbb{R}^{q \times n}$, $d \in \mathbb{R}^q$, $A \in \mathbb{R}^{p \times n}$, $b \in \mathbb{R}^p$. 问题 (LP) 的可行域用 $\mathcal{F}_{\mathrm{LP}}$ 表示

$$
\mathcal{F}_{\mathrm{LP}} = \{x \in \mathbb{R}^n : Ex + d = 0, \ Ax + b \leqslant 0\}.
$$

问题 (LP) 的等价形式为

$$
\begin{cases} \min & c^{\mathrm{T}}x \\ \text{s.t.} & Ex + d - y_e = 0, \\ & Ax + b - y_a = 0, \\ & (y_e, y_a) \in \{0_q\} \times \mathbb{R}^p_-. \end{cases} \tag{2.26}
$$

问题 (2.26) 的 Lagrange 函数是

$$
\mathcal{L}(x, y, \mu, \lambda) = c^{\mathrm{T}}x + \mu^{\mathrm{T}}(Ex + d - y_e) + \lambda^{\mathrm{T}}(Ax + b - y_a).
$$

对偶问题为

$$
\begin{aligned}
&\max_{\mu, \lambda} \ \inf_{x \in \mathbb{R}^n, y \in \{0_q\} \times \mathbb{R}^p_-} \mathcal{L}(x, y, \mu, \lambda) \\
&= \max_{\mu, \lambda} \left[\inf_x (c + E^{\mathrm{T}}\mu + A^{\mathrm{T}}\lambda)^{\mathrm{T}}x + \inf_{y_a \leqslant 0_p} \{-\lambda^{\mathrm{T}}y_a\} \right],
\end{aligned}
$$

即

$$
(\mathrm{LD}) \quad \begin{cases} \max_{\mu, \lambda} & d^{\mathrm{T}}\mu + b^{\mathrm{T}}\lambda \\ \text{s.t.} & c + E^{\mathrm{T}}\mu + A^{\mathrm{T}}\lambda = 0, \\ & \lambda \geqslant 0. \end{cases}
$$

问题 (LD) 的可行域记为 $\mathcal{F}_{\mathrm{LD}}$

$$
\mathcal{F}_{\mathrm{LD}} = \{(\mu, \lambda) \in \mathbb{R}^{q+p} : E^{\mathrm{T}}\mu + A^{\mathrm{T}}\lambda + c = 0, \ \lambda \geqslant 0\}.
$$

约定 $\inf \varnothing = +\infty$, $\sup \varnothing = -\infty$, 我们有下述对偶理论.

定理 2.5 (线性规划的对偶定理)　(1) 若 (LP) 与 (LD) 有一者有有限最优值, 则另一者也有相等的最优值, 两个问题的最优解集均非空.

(2) 若 (LP) 是无界的 (问题 (LP) 的可行域非空且最优值等于 $-\infty$), 则 (LD) 的可行域为空集.

(3) 若 (LP) 的可行域是空集, 则 (LD) 的可行域是无界的 (问题 (LD) 的可行域非空且最优值等于 $+\infty$).

证明　我们仅证明 (1), 而 (2) 和 (3) 在约定下显然成立[①]. 设对偶问题 (LD) 的最优值是有限的, 令 $\gamma = \mathrm{Val}\,(\mathrm{LD})$, 考虑

$$\Omega = \{x : Ex + d = 0, Ax + b \leqslant 0, c^{\mathrm{T}}x \leqslant \gamma\},$$

只需要证明 $\Omega \neq \varnothing$. 用反证法, 假设 $\Omega = \varnothing$. 由 Farkas 引理的变形 (引理 2.3), 可证与 γ 的定义相矛盾的结果. 将 $Ex + d = 0$, $Ax + b \leqslant 0$, $c^{\mathrm{T}}x \leqslant \gamma$ 写成

$$\begin{aligned}
Ex &\leqslant -d, \\
-Ex &\leqslant d, \\
Ax &\leqslant -b, \\
c^{\mathrm{T}}x &\leqslant \gamma.
\end{aligned} \tag{2.27}$$

集合 $\Omega = \varnothing$ 等价于系统 (2.27) 无解. 根据引理 2.3, 存在 $y_1 \in \mathbb{R}^q$, $y_2 \in \mathbb{R}^q$, $y_3 \in \mathbb{R}^p$, $y_4 \in \mathbb{R}$ 满足

$$\begin{cases}
E^{\mathrm{T}}y_1 - E^{\mathrm{T}}y_2 + A^{\mathrm{T}}y_3 + y_4 c = 0, \\
-d^{\mathrm{T}}y_1 + d^{\mathrm{T}}y_2 - b^{\mathrm{T}}y_3 + y_4 \gamma < 0, \\
y_1 \geqslant 0, \ y_2 \geqslant 0, \ y_3 \geqslant 0, \ y_4 \geqslant 0.
\end{cases} \tag{2.28}$$

分两种情况讨论: (a) $y_4 > 0$; (b) $y_4 = 0$.

(a) $y_4 > 0$. 由于系统 (2.28) 是正齐次的, 不妨设 $y_4 = 1$. 令 $\mu = y_1 - y_2$, $\lambda = y_3$, 系统 (2.28) 成为

$$\begin{cases}
E^{\mathrm{T}}\mu + A^{\mathrm{T}}\lambda + c = 0, \\
-d^{\mathrm{T}}\mu - b^{\mathrm{T}}\lambda + \gamma < 0, \\
\mu \in \mathbb{R}^q, \ \lambda \geqslant 0.
\end{cases} \tag{2.29}$$

于是有 (μ, λ) 是 (LD) 的可行点, 且 $d^{\mathrm{T}}\mu + b^{\mathrm{T}}\lambda > \gamma$. 这与 $\gamma = \mathrm{Val}(\mathrm{LD})$ 矛盾.

---

① 后面我们将用最小违背平移的概念给出证明.

(b) $y_4 = 0$. 令 $\Delta\mu = y_1 - y_2$, $\Delta\lambda = y_3$, 则

$$
\begin{cases}
E^{\mathrm{T}}\Delta\mu + A^{\mathrm{T}}\Delta\lambda = 0, \\
-d^{\mathrm{T}}\Delta\mu - b^{\mathrm{T}}\Delta\lambda < 0, \\
\Delta\mu \in \mathbb{R}^q, \ \Delta\lambda \geqslant 0.
\end{cases} \tag{2.30}
$$

设 $(\bar{\mu}, \bar{\lambda})$ 是 (LD) 的可行点, 令

$$
\begin{pmatrix} \mu(t) \\ \lambda(t) \end{pmatrix} = \begin{pmatrix} \bar{\mu} \\ \bar{\lambda} \end{pmatrix} + t \begin{pmatrix} \Delta\mu \\ \Delta\lambda \end{pmatrix}, \quad t \geqslant 0.
$$

容易验证 $(\mu(t), \lambda(t))$ 是 (LD) 的可行解. 由 $d^{\mathrm{T}}\Delta\mu + b^{\mathrm{T}}\Delta\lambda > 0$ 知, 当 $t \to +\infty$ 时, $d^{\mathrm{T}}\mu(t) + b^{\mathrm{T}}\lambda(t) \to +\infty$. 这与 $\gamma = \mathrm{Val(LD)}$ 矛盾. 故结论得证. ∎

下面我们讨论平移线性规划问题. 可行平移集合定义为

$$
\mathcal{S}_{\mathrm{LP}} := \{s \in \mathcal{Y} : \text{存在一个} x \in \mathbb{R}^n \text{ 满足 } Ex + s_e + d = 0, \ Ax + s_a + b \leqslant 0\}. \tag{2.31}
$$

引理 2.4 $\mathcal{S}_{\mathrm{LP}}$ 是凸集.

证明 任取 $s^1 \in \mathcal{S}_{\mathrm{LP}}$ 与 $s^2 \in \mathcal{S}_{\mathrm{LP}}$, 任取 $\lambda \in [0,1]$. 则存在 $x^1 \in \mathbb{R}^n$ 与 $x^2 \in \mathbb{R}^n$ 满足

$$
Ex^i + s_e^i = -d, \ Ax^i + s_a^i \leqslant -b, \quad i = 1,2.
$$

从而有

$$
E((1-\lambda)x^1 + \lambda x^2) + (1-\lambda)s^1 + \lambda s^2 = -d,
$$
$$
A((1-\lambda)x^1 + \lambda x^2) + (1-\lambda)s^1 + \lambda s^2 \leqslant -b.
$$

由此得到 $(1-\lambda)s^1 + \lambda s^2 \in \mathcal{S}_{\mathrm{LP}}$. 故 $\mathcal{S}_{\mathrm{LP}}$ 是凸集. ∎

不同的度量可以导致不同的最小度量平移. 下面列出下面几个集合.

- 最小 l_2-范数平移集合

$$
\mathcal{S}_* = \mathrm{Argmin}\left\{\frac{1}{2}\|s\|_2^2 : s \in \mathcal{S}_{\mathrm{LP}}\right\}.
$$

- 最小 l_1-范数平移集合

$$
\mathcal{S}_* = \mathrm{Argmin}\{\|s\|_1 : s \in \mathcal{S}_{\mathrm{LP}}\}.
$$

- 最小度量平移集合

$$
\mathcal{S}_* = \mathrm{Argmin}\{\sigma(s) : s \in \mathcal{S}_{\mathrm{LP}}\},
$$

其中 $\sigma : \mathbb{R}^m \to \mathbb{R}_+$ 是连续的凸函数, 满足 $\sigma(0) \geqslant 0$, 且 $\sigma(s) = 0$ 当且仅当 $s = 0$.

命题 2.6 下述两个等价性关系成立

$$\mathcal{F}_{\mathrm{LP}} = \varnothing \Longleftrightarrow \mathrm{Val}\,(\mathrm{LD}) = +\infty, \quad \mathcal{F}_{\mathrm{LD}} = \varnothing \Longleftrightarrow \mathrm{Val}\,(\mathrm{LP}) = -\infty.$$

证明 先证第一个等价关系. 第二等价关系可以类似证明. 如果 $\mathrm{Val}\,(\mathrm{LD}) = +\infty$, 那么存在 $(h_\mu, h_\lambda) \in \mathcal{F}_{\mathrm{LD}}^\infty$ 满足 $d^{\mathrm{T}} h_\mu + b^{\mathrm{T}} h_\lambda > 0$, 即 (h_μ, h_λ) 满足系统

$$E^{\mathrm{T}} u + A^{\mathrm{T}} v = 0, \quad v \geqslant 0,$$
$$-d^{\mathrm{T}} u - b^{\mathrm{T}} v < 0.$$

由引理 2.3 知, 下述线性系统无解

$$Ex + d = 0,$$
$$Ax + b \leqslant 0,$$

即 $\mathcal{F}_{\mathrm{LP}} = \varnothing$.

设 $\mathcal{F}_{\mathrm{LP}} = \varnothing$. 设 $\bar{s}$ 是最小 l_2-范数平移, 它可以通过求解下述问题得到

$$\begin{cases} \min\limits_{x,s} & \dfrac{1}{2}\|s\|^2 \\ \text{s.t.} & Ex + d + s_e = 0, \\ & Ax + b + s_a \leqslant 0. \end{cases} \tag{2.32}$$

问题 (2.32) 的 Lagrange 函数是

$$\mathcal{L}(x, s, \mu, \lambda) = \frac{1}{2}\|s\|^2 + \mu^{\mathrm{T}}(Ex + d + s_e) + \lambda^{\mathrm{T}}(Ax + b + s_a).$$

问题 (2.32) 的最优性条件为

$$\begin{cases} E^{\mathrm{T}} \mu + A^{\mathrm{T}} \lambda = 0, \\ s_e + \mu = 0, \\ s_a + \lambda = 0, \\ Ex + d + s_e = 0, \\ 0 \leqslant \lambda \perp Ax + b + s_a \leqslant 0. \end{cases} \tag{2.33}$$

设 $(\bar{x}, \bar{s}, \bar{\mu}, \bar{\lambda})$ 是 (2.33) 的一个解, 那么

$$\bar{\mu} = -\bar{s}_e, \quad \bar{\lambda} = -\bar{s}_a, \quad \bar{\lambda} \geqslant 0.$$

于是由

$$\bar{\mu}^{\mathrm{T}}[E\bar{x} + d + \bar{s}_e] = 0, \quad \bar{\lambda}^{\mathrm{T}}[A\bar{x} + b + \bar{s}_a] = 0$$

可得

$$\begin{aligned}
d^{\mathrm{T}}\bar{\mu} + b^{\mathrm{T}}\bar{\lambda} &= -\bar{\mu}^{\mathrm{T}}E\bar{x} - \bar{\mu}^{\mathrm{T}}\bar{s}_e - \bar{\lambda}^{\mathrm{T}}A\bar{x} - \bar{\lambda}^{\mathrm{T}}\bar{s}_a \\
&= -\bar{x}^{\mathrm{T}}[E^{\mathrm{T}}\bar{\mu} + A^{\mathrm{T}}\bar{\lambda}] - \bar{\mu}^{\mathrm{T}}\bar{s}_e - \bar{\lambda}^{\mathrm{T}}\bar{s}_a \\
&= -\bar{\mu}^{\mathrm{T}}\bar{s}_e - \bar{\lambda}^{\mathrm{T}}\bar{s}_a \\
&= \|\bar{s}_e\|^2 + \|\bar{s}_a\|^2 = \|\bar{s}\|^2.
\end{aligned}$$

可见 $(\bar{\mu}, \bar{\lambda}) \in \mathcal{F}_{\mathrm{LD}}^{\infty}$, $d^{\mathrm{T}}\bar{\mu} + b^{\mathrm{T}}\bar{\lambda} = \|\bar{s}\|^2 > 0, (\bar{\mu}, \bar{\lambda}) \neq 0$. 由此推出 $\mathcal{F}_{\mathrm{LD}}$ 是无界的. 对任意的 $(\hat{\mu}, \hat{\lambda}) \in \mathcal{F}_{\mathrm{LD}}$,

$$(\hat{\mu}, \hat{\lambda}) + t(\bar{\mu}, \bar{\lambda}) \in \mathcal{F}_{\mathrm{LD}}, \quad \forall t \geqslant 0$$

与当 $t \to +\infty$ 时,

$$d^{\mathrm{T}}(\hat{\mu}+t\bar{\mu}) + b^{\mathrm{T}}(\hat{\lambda}+t\bar{\lambda}) = (d^{\mathrm{T}}\hat{\mu}+b^{\mathrm{T}}\hat{\lambda}) + t(d^{\mathrm{T}}\bar{\mu}+b^{\mathrm{T}}\bar{\lambda}) = (d^{\mathrm{T}}\hat{\mu}+b^{\mathrm{T}}\hat{\lambda}) + t\|\bar{s}\|^2 \to +\infty,$$

从而 $\mathrm{Val(LD)} = +\infty$. ∎

注记 2.1 可以用最小 l_1-范数违背证明 $\mathcal{F}_{\mathrm{LP}} = \varnothing \implies \mathrm{Val(LD)} = +\infty$.

事实上, 设 $\mathcal{F}_{\mathrm{LP}} = \varnothing$. 设 $\bar{s}$ 是最小 l_1-范数平移, 它可以通过求解下述问题得到

$$\begin{cases}
\min\limits_{x,s} & \|s\|_1 \\
\mathrm{s.t.} & Ex + d + s_e = 0, \\
& Ax + b + s_a \leqslant 0.
\end{cases} \tag{2.34}$$

问题 (2.34) 的 Lagrange 函数是

$$\mathcal{L}(x, s, \mu, \lambda) = \|s\|_1 + \mu^{\mathrm{T}}(Ex + d + s_e) + \lambda^{\mathrm{T}}(Ax + b + s_a).$$

问题 (2.34) 的最优性条件是

$$\begin{cases}
\nabla_x \mathcal{L}(x, s, \mu, \lambda) = 0, \\
0 \in \partial_s \mathcal{L}(x, s, \mu, \lambda), \\
Ex + d + s_e = 0, \\
0 \leqslant \lambda \perp Ax + b + s_a \leqslant 0,
\end{cases}$$

即

$$
\begin{cases}
E^{\mathrm{T}}\mu + A^{\mathrm{T}}\lambda = 0, \\
0 \in \partial\left(\displaystyle\sum_{i=1}^{q}|z_i|\right)\bigg|_{z=s_e} + \mu, \\
0 \in \partial\left(\displaystyle\sum_{i=1}^{p}|z_i|\right)\bigg|_{z=s_a} + \lambda, \\
Ex + d + s_e = 0, \\
0 \leqslant \lambda \perp Ax + b + s_a \leqslant 0.
\end{cases}
\tag{2.35}
$$

设 $(\bar{x},\bar{s},\bar{\mu},\bar{\lambda})$ 是 (2.35) 的一个解, 那么

$$
-\bar{\mu} \in \partial\left(\sum_{i=1}^{q}|z_i|\right)\bigg|_{z=\bar{s}_e} \iff
\begin{cases}
\bar{\mu}_i = -1, & \text{如果}[\bar{s}_e]_i > 0, \\
\bar{\mu}_i \in [-1,1], & \text{如果}[\bar{s}_e]_i = 0, \\
\bar{\mu}_i = 1, & \text{如果}[\bar{s}_e]_i < 0
\end{cases}
$$

与

$$
-\bar{\lambda} \in \partial\left(\sum_{i=1}^{p}|z_i|\right)\bigg|_{z=\bar{s}_a} \iff
\begin{cases}
\bar{\lambda}_i = -1, & \text{如果}[\bar{s}_a]_i > 0, \\
\bar{\lambda}_i \in [-1,1], & \text{如果}[\bar{s}_a]_i = 0, \\
\bar{\lambda}_i = 1, & \text{如果}[\bar{s}_a]_i < 0.
\end{cases}
$$

于是由

$$
\bar{\mu}^{\mathrm{T}}[E\bar{x}+d+\bar{s}_e] = 0, \quad \bar{\lambda}^{\mathrm{T}}[A\bar{x}+b+\bar{s}_a] = 0,
$$

可得

$$
\begin{aligned}
d^{\mathrm{T}}\bar{\mu} + b^{\mathrm{T}}\bar{\lambda} &= -\bar{\mu}^{\mathrm{T}}E\bar{x} - \bar{\mu}^{\mathrm{T}}\bar{s}_e - \bar{\lambda}^{\mathrm{T}}A\bar{x} - \bar{\lambda}^{\mathrm{T}}\bar{s}_a \\
&= -\bar{x}^{\mathrm{T}}[E^{\mathrm{T}}\bar{\mu}+A^{\mathrm{T}}\bar{\lambda}] - \bar{\mu}^{\mathrm{T}}\bar{s}_e - \bar{\lambda}^{\mathrm{T}}\bar{s}_a \\
&= -\bar{\mu}^{\mathrm{T}}\bar{s}_e - \bar{\lambda}^{\mathrm{T}}\bar{s}_a \\
&= \|\bar{s}_e\|_1 + \|\bar{s}_a\|_1 = \|\bar{s}\|_1.
\end{aligned}
$$

可见 $(\bar{\mu},\bar{\lambda}) \in \mathcal{F}_{\mathrm{LD}}^{\infty}$, $d^{\mathrm{T}}\bar{\mu}+b^{\mathrm{T}}\bar{\lambda} = \|\bar{s}\|_1 > 0, (\bar{\mu},\bar{\lambda}) \neq 0$. 由此推出 $\mathcal{F}_{\mathrm{LD}}$ 是无界的. 对任意的 $(\hat{\mu},\hat{\lambda}) \in \mathcal{F}_{\mathrm{LD}}$,

$$
(\hat{\mu},\hat{\lambda}) + t(\bar{\mu},\bar{\lambda}) \in \mathcal{F}_{\mathrm{LD}}, \quad \forall t \geqslant 0,
$$

与当 $t \to +\infty$ 时,

$$
d^{\mathrm{T}}(\hat{\mu}+t\bar{\mu}) + b^{\mathrm{T}}(\hat{\lambda}+t\bar{\lambda}) = (d^{\mathrm{T}}\hat{\mu}+b^{\mathrm{T}}\hat{\lambda}) + t(d^{\mathrm{T}}\bar{\mu}+b^{\mathrm{T}}\bar{\lambda}) = (d^{\mathrm{T}}\hat{\mu}+b^{\mathrm{T}}\hat{\lambda}) + t\|\bar{s}\|_1 \to +\infty,
$$

从而 $\mathrm{Val}(\mathrm{LD}) = +\infty$.

注记 2.2   亦可用 σ-最小平移证明 $\mathcal{F}_{\mathrm{LP}} = \varnothing \Longrightarrow \mathrm{Val}(\mathrm{LD}) = +\infty$.

设 $\mathcal{F}_{\mathrm{LP}} = \varnothing$. 设 $\bar{s}$ 是 σ-最小平移, 它可以通过求解下述问题得到

$$
\begin{cases}
\min\limits_{x,s} & \sigma(s) \\
\mathrm{s.\,t.} & Ex + d + s_e = 0, \\
& Ax + b + s_a \leqslant 0.
\end{cases}
\tag{2.36}
$$

问题 (2.36) 的 Lagrange 函数是

$$
\mathcal{L}(x, s, \mu, \lambda) = \sigma(s) + \mu^{\mathrm{T}}(Ex + d + s_e) + \lambda^{\mathrm{T}}(Ax + b + s_a).
$$

问题 (2.36) 的最优性条件是

$$
\begin{cases}
\nabla_x \mathcal{L}(x, s, \mu, \lambda) = 0, \\
0 \in \partial_s \mathcal{L}(x, s, \mu, \lambda), \\
Ex + d + s_e = 0, \\
0 \leqslant \lambda \perp Ax + b + s_a \leqslant 0,
\end{cases}
$$

即

$$
\begin{cases}
E^{\mathrm{T}}\mu + A^{\mathrm{T}}\lambda = 0, \\
0 \in \partial\sigma(z)|_{z=s} + (\mu, \lambda), \\
Ex + d + s_e = 0, \\
0 \leqslant \lambda \perp Ax + b + s_a \leqslant 0.
\end{cases}
\tag{2.37}
$$

设 $(\bar{x}, \bar{s}, \bar{\mu}, \bar{\lambda})$ 是 (2.37) 的一个解, 那么由

$$
\bar{\mu}^{\mathrm{T}}[E\bar{x} + d + \bar{s}_e] = 0, \quad \bar{\lambda}^{\mathrm{T}}[A\bar{x} + b + \bar{s}_a] = 0
$$

与

$$
-(\bar{\mu}, \bar{\lambda}) \in \partial\sigma(\bar{s}),
$$

可得

$$
\begin{aligned}
d^{\mathrm{T}}\bar{\mu} + b^{\mathrm{T}}\bar{\lambda} &= -\bar{\mu}^{\mathrm{T}}E\bar{x} - \bar{\mu}^{\mathrm{T}}\bar{s}_e - \bar{\lambda}^{\mathrm{T}}A\bar{x} - \bar{\lambda}^{\mathrm{T}}\bar{s}_a \\
&= -\bar{x}^{\mathrm{T}}[E^{\mathrm{T}}\bar{\mu} + A^{\mathrm{T}}\bar{\lambda}] - \bar{\mu}^{\mathrm{T}}\bar{s}_e - \bar{\lambda}^{\mathrm{T}}\bar{s}_a \\
&= -\bar{\mu}^{\mathrm{T}}\bar{s}_e - \bar{\lambda}^{\mathrm{T}}\bar{s}_a \\
&\geqslant \sigma(\bar{s}) - \sigma(0) = \sigma(\bar{s}) > 0.
\end{aligned}
$$

可见 $(\bar{\mu}, \bar{\lambda}) \in \mathcal{F}_{\mathrm{LD}}^{\infty}$, $d^{\mathrm{T}}\bar{\mu} + b^{\mathrm{T}}\bar{\lambda} \geqslant \sigma(\bar{s}) > 0$, $(\bar{\mu}, \bar{\lambda}) \neq 0$. 由此推出 $\mathcal{F}_{\mathrm{LD}}$ 是无界的. 对任意的 $(\hat{\mu}, \hat{\lambda}) \in \mathcal{F}_{\mathrm{LD}}$,

$$(\hat{\mu}, \hat{\lambda}) + t(\bar{\mu}, \bar{\lambda}) \in \mathcal{F}_{\mathrm{LD}}, \quad \forall t \geqslant 0,$$

与当 $t \to +\infty$ 时,

$$d^{\mathrm{T}}(\hat{\mu} + t\bar{\mu}) + b^{\mathrm{T}}(\hat{\lambda} + t\bar{\lambda}) = (d^{\mathrm{T}}\hat{\mu} + b^{\mathrm{T}}\hat{\lambda}) + t(d^{\mathrm{T}}\bar{\mu} + b^{\mathrm{T}}\bar{\lambda}) \geqslant (d^{\mathrm{T}}\hat{\mu} + b^{\mathrm{T}}\hat{\lambda}) + t\sigma(\bar{s}) \to +\infty,$$

从而 $\mathrm{Val(LD)} = +\infty$.

注记 2.3　考虑仅有不等式约束的线性规划, 即问题

$$\begin{cases} \min & c^{\mathrm{T}}x \\ \mathrm{s.t.} & Ax + b \leqslant 0, \end{cases} \tag{2.38}$$

其中 $c \in \mathbb{R}^n$, $A \in \mathbb{R}^{m \times n}$, $b \in \mathbb{R}^m$. 这一问题的对偶问题是

$$\begin{cases} \max & b^{\mathrm{T}}\lambda \\ \mathrm{s.t.} & A^{\mathrm{T}}\lambda + c = 0, \\ & \lambda \geqslant 0. \end{cases}$$

可以用线性规划的对偶理论和最小 l_1-范数平移证明 $\mathcal{F}_{\mathrm{LP}} = \varnothing \implies \mathrm{Val(LD)} = +\infty$.

问题 (2.38) 的最小 l_1-范数平移可通过求解下述问题得到

$$\begin{cases} \min\limits_{x,s} & \|s\|_1 \\ \mathrm{s.t.} & Ax + b + s \leqslant 0. \end{cases} \tag{2.39}$$

设 $(\hat{x}, \hat{s})$ 是上述问题的解. 由凸优化的最优性条件知, 存在 $\hat{\lambda} \in \mathbb{R}_+^m$ 满足

$$0 = A^{\mathrm{T}}\hat{\lambda},$$
$$0 \in \hat{\lambda} + \partial\|\hat{s}\|_1,$$
$$0 \leqslant \hat{\lambda} \perp A\hat{x} + b + \hat{s} \leqslant 0.$$

由上述的第二式可得 $\hat{s} \leqslant 0$. 因此上述问题 (2.39) 等价于

$$\begin{cases} \min\limits_{x,s} & \sum\limits_{i=1}^{p} -s_i \\ \mathrm{s.t.} & Ax + b + s \leqslant 0, \\ & s \leqslant 0. \end{cases} \tag{2.40}$$

问题 (2.40) 的对偶问题是

$$
\begin{aligned}
&\max_{\lambda \geqslant 0} \inf_{x,s \leqslant 0} \left\{ -\sum_{i=1}^{p} s_i + \lambda^{\mathrm{T}}(Ax + b + s) \right\} \\
&= \max_{\lambda \geqslant 0} \inf_{x,s \leqslant 0} \left\{ \lambda^{\mathrm{T}} Ax + b^{\mathrm{T}} \lambda + (\lambda - \mathbf{1}_m)^{\mathrm{T}} s \right\} \\
&= \left\{
\begin{aligned}
&\max \quad b^{\mathrm{T}} \lambda \\
&\text{s.t.} \quad A^{\mathrm{T}} \lambda = 0, \\
&\qquad\quad 0 \leqslant \lambda \leqslant \mathbf{1}_m.
\end{aligned}
\right.
\end{aligned}
\tag{2.41}
$$

设 $\tilde{\lambda}$ 是问题 (2.41) 的解, 那么

$$
A^{\mathrm{T}} \tilde{\lambda} = 0, \quad \tilde{\lambda} \geqslant 0,
$$

有 $\tilde{\lambda} \in \mathcal{F}_{\mathrm{LD}}^{\infty}$. 由线性规划的对偶定理, 有 $b^{\mathrm{T}} \tilde{\lambda} = \|\hat{s}\|_1 > 0$, 从而有 $\mathrm{Val}(\mathrm{LD}) = +\infty$.

对 $s \in \mathcal{S}_{\mathrm{LP}}$, 平移线性规划问题为

$$
(\mathrm{LP}(s)) \qquad
\left\{
\begin{aligned}
&\min_{x} \quad c^{\mathrm{T}} x \\
&\text{s.t.} \quad Ex + d + s_e = 0, \\
&\qquad\quad Ax + b + s_a \leqslant 0.
\end{aligned}
\right.
\tag{2.42}
$$

问题 $\mathrm{LP}(s)$ 的对偶问题为

$$
(\mathrm{LD}(s)) \qquad
\left\{
\begin{aligned}
&\max_{\mu,\lambda} \quad d^{\mathrm{T}} \mu + b^{\mathrm{T}} \lambda + s_e^{\mathrm{T}} \mu + s_a^{\mathrm{T}} \lambda \\
&\text{s.t.} \quad E^{\mathrm{T}} \mu + A^{\mathrm{T}} \lambda + c = 0, \\
&\qquad\quad \lambda \leqslant 0.
\end{aligned}
\right.
\tag{2.43}
$$

值函数定义为

$$
\nu(s) = \inf_{x} \{ c^{\mathrm{T}} x : Ex + d + s_e = 0, \ Ax + b + s_a \leqslant 0 \}.
$$

命题 2.7 如果

$$
\left.
\begin{aligned}
c^{\mathrm{T}} h_x &\leqslant 0 \\
E h_x &= 0 \\
A h_x &\leqslant 0
\end{aligned}
\right\} \implies h_x = 0,
$$

则 ν 是正常的下半连续凸函数.

证明 令

$$D = \{(x,s) : Ex + d + s_e = 0,\ Ax + b + s_a \leqslant 0\}$$

与

$$\phi(x,s) = c^{\mathrm{T}}x + \delta_D(x,s).$$

则

$$\nu(s) = \inf_x \phi(x,s).$$

注意到

$$\phi^\infty(h_x, h_s) = c^{\mathrm{T}}h_x + \delta_{D^\infty}(h_x, h_s)$$

与

$$D^\infty = \{(h_x, h_s) : Eh_x + h_{s_e} = 0,\ Ah_x + h_{s_a} \leqslant 0\}.$$

同时注意

$$\phi^\infty(h_x, 0) > 0,\quad \forall h_x \neq 0 \Longleftrightarrow \left. \begin{array}{l} c^{\mathrm{T}}h_x \leqslant 0 \\ Eh_x = 0 \\ Ah_x \leqslant 0 \end{array} \right\} \Longrightarrow h_x = 0,$$

则由定理 1.10 可得结论. ■

引理 2.5 如果 $s \in \mathcal{S}_{\mathrm{LP}}$, 那么对任意的 $(\Delta\mu, \Delta\lambda) \in \mathcal{F}_{\mathrm{LD}}^\infty$, 有 $(d + s_e)^{\mathrm{T}}\Delta\mu + (b + s_a)^{\mathrm{T}}\Delta\lambda \leqslant 0$.

证明 由于 $s \in \mathcal{S}_{\mathrm{LP}}$, $\exists x_s \in \mathbb{R}^n$ 满足

$$Ex_s + d + s_e = 0,\quad Ax_s + b + s_a \leqslant 0.$$

由 $(\Delta\mu, \Delta\lambda) \in \mathcal{F}_{\mathrm{LD}}^\infty$, 有

$$E^{\mathrm{T}}\Delta\mu + A^{\mathrm{T}}\Delta\lambda = 0,\quad \Delta\lambda \geqslant 0.$$

于是得到

$$\begin{aligned}
(d + s_e)^{\mathrm{T}}\Delta\mu + (b + s_a)^{\mathrm{T}}\Delta\lambda &\leqslant -(Ex_s)^{\mathrm{T}}\Delta\mu - (Ax_s)^{\mathrm{T}}\Delta\lambda \\
&= -x_s^{\mathrm{T}}[E^{\mathrm{T}}\Delta\mu + A^{\mathrm{T}}\Delta\lambda] = 0.
\end{aligned}$$

■

命题 2.8 函数 $\nu(\cdot)$ 是下半连续的凸函数.

证明 约定 $\inf\varnothing = +\infty$, 则由线性规划的对偶定理可得

$$\nu(s) = \inf\{c^{\mathrm{T}}x : Ex + d + s_e = 0, Ax + b + s_a \leqslant 0\}$$
$$= \sup\{(d + s_e)^{\mathrm{T}}\mu + (b + s_a)^{\mathrm{T}}\lambda : (\mu, \lambda) \in \mathcal{F}_{\mathrm{LD}}\}.$$

根据定理 1.9, $\nu(\cdot)$ 是下半连续的凸函数. ∎

定理 2.6 函数 $\nu(\cdot)$ 在 $\operatorname{rint}\mathcal{S}_{\mathrm{LD}}$ 上是分片线性的凸函数.

证明 设 $\mathcal{F}_{\mathrm{LD}}$ 的所有极点为 $\lambda^1, \cdots, \lambda^N$, 那么

$$\mathcal{F}_{\mathrm{LD}} = \mathcal{F}_{\mathrm{LD}}^{\infty} + \operatorname{con}\{\lambda^1, \cdots, \lambda^N\}. \tag{2.44}$$

对 $s \in \operatorname{rint}\mathcal{S}_{\mathrm{LP}}$, $\nu(s)$ 是有限的. 实际上, 由对偶定理可得

$$\nu(s) = \min\{c^{\mathrm{T}}x : Ex + d + s_e = 0, Ax + b + s_a \leqslant 0\}$$
$$= \max\{(d + s_e)^{\mathrm{T}}\mu + (b + s_a)^{\mathrm{T}}\lambda : (\mu, \lambda) \in \mathcal{F}_{\mathrm{LD}}\}.$$

根据引理 2.5, $\nu(s)$ 是有限的. 由 $\mathcal{F}_{\mathrm{LD}}$ 的表示 (2.44),

$$\nu(s) = \max_{(\mu,\lambda)\in\mathcal{F}_{\mathrm{LD}}} (b+s)^{\mathrm{T}}\lambda = \max_{1\leqslant i\leqslant N}\langle\lambda^j, b+s\rangle,$$

它是 s 的分片线性的连续凸函数. ∎

问题 (2.26) 的 Lagrange 函数是

$$\mathcal{L}(x, y, \mu, \lambda) = c^{\mathrm{T}}x + \mu^{\mathrm{T}}(Ex + d - y_e) + \lambda^{\mathrm{T}}(Ax + b - y_a).$$

对偶函数定义为

$$\theta(\mu, \lambda) = -\inf_{x\in\mathbb{R}^n, y\in\{0_q\}\times\mathbb{R}^p_-} \mathcal{L}(x, y, \mu, \lambda)$$
$$= -\left[\inf_x (c + E^{\mathrm{T}}\mu + A^{\mathrm{T}}\lambda)^{\mathrm{T}}x + \inf_{y_a\leqslant 0_p}\{-\lambda^{\mathrm{T}}y_a\}\right]$$
$$= -[d^{\mathrm{T}}\mu + b^{\mathrm{T}}\lambda] + \delta_{\{(\mu,\lambda)\in\mathbb{R}^q\times\mathbb{R}^p_+: \, c+E^{\mathrm{T}}\mu+A^{\mathrm{T}}\lambda=0\}}(\mu, \lambda)$$
$$= -[d^{\mathrm{T}}\mu + b^{\mathrm{T}}\lambda] + \delta_{\mathcal{F}_{\mathrm{LD}}}(\mu, \lambda).$$

命题 2.9 对于对偶函数和值函数, 有

$$\nu^*(\mu, \lambda) = \theta(\mu, \lambda).$$

证明　令 $K = \{0_q\} \times \mathbb{R}^p_-$, 可计算得到

$$
\begin{aligned}
\nu^*(\lambda) &= \max_s \{\langle \lambda, s \rangle - \nu(s)\} \\
&= \max_s \left\{ \langle (\mu, \lambda), s \rangle - \inf_x [c^T x + \delta_K(Ex + d + s_e, Ax + b + s_a)] \right\} \\
&= \max_{x,u} \left\{ \langle \mu, -(Ex + d) \rangle + \langle \lambda u_a - (Ax + b) \rangle - c^T x - \delta_{\mathbb{R}^p_-}(u_a) \right\} \\
&= -d^T \mu - b^T \lambda + \delta^*_{\mathbb{R}^p_-}(\lambda) + \inf_x [c^T x + \langle \mu, Ex \rangle + \langle \lambda, Ax \rangle] \\
&= -d^T \mu - b^T \lambda + \delta_{\mathcal{F}_{LD}}(\mu, \lambda) \\
&= \theta(\mu, \lambda).
\end{aligned}
$$
∎

命题 2.10　下述三个性质等价:

(i) $s \in \partial\theta(\mu, \lambda)$;

(ii) $(\mu, \lambda) \in \mathrm{Sol}\,(\mathrm{LD}(s))$;

(iii) $\nu(s) = \langle \mu, s_e \rangle + \langle \lambda, s_a \rangle + \inf\limits_{x,y \in K} l(x, y, \mu, \lambda)$, 其中 $K = \{0_q\} \times \mathbb{R}^p_-$, 即 $\inf\limits_{x,y \in K} l(x, y, \mu, \lambda)$ 的任意解 $(\hat{x}, \hat{y})$ 均为

$$
\begin{aligned}
\min \quad & c^T x \\
\mathrm{s.\,t.} \quad & Ex + d + s_e - y_e = 0, \\
& Ax + b + s_a - y_a = 0, \\
& (y_e, y_a) \in K
\end{aligned}
$$

的解.

证明　根据 $\theta(\mu, \lambda)$ 的表达式

$$
\theta(\mu, \lambda) = -[d^T \mu + b^T \lambda] + \delta_{\mathcal{F}_{LD}}(\mu, \lambda),
$$

有

$$
\partial\theta(\mu, \lambda) = -(d, b) + N_{\mathcal{F}_{LD}}(\mu, \lambda).
$$

从而

$$
\begin{aligned}
s \in \partial\theta(\mu, \lambda) &\Longleftrightarrow (d + s_e, b + s_a) \in +N_{\mathcal{F}_{LD}}(\mu, \lambda) \\
&\Longleftrightarrow \langle (d + s_e, b + s_a), (u, v) - (\mu, \lambda) \rangle \leqslant 0, \quad \forall (u, v) \in \mathcal{F}_{LD} \\
&\Longleftrightarrow \langle (d + s_e, b + s_a), (u, v) \rangle
\end{aligned}
$$

$$\leqslant \langle (d + s_e, b + s_a), (\mu, \lambda) \rangle \leqslant 0, \quad \forall (u, v) \in \mathcal{F}_{\mathrm{LD}}$$

$$\Longleftrightarrow (\mu, \lambda) \in \operatorname{Arg\,max} \{ \langle (d + s_e, b + s_a), (u, v) \rangle : E^{\mathrm{T}} u$$

$$+ A^{\mathrm{T}} v + c = 0, v \geqslant 0 \}$$

$$\Longleftrightarrow (\mu, \lambda) \in \operatorname{Sol}(\mathrm{LD}(s)),$$

这证得等价性 (i) $\Longleftrightarrow$ (ii).

根据命题 2.8, 函数 $\nu(\cdot)$ 是下半连续的凸函数, 有 $\nu = \nu^{**}$. 现在证明等价性 (i) $\Longleftrightarrow$ (iii). 由 $\nu^*(\lambda) = \theta(\lambda)$. 根据公式 (1.35),

$$\theta(\lambda) + \nu(s) = \langle \lambda, s \rangle.$$

因此对 $K = \{0_q\} \times \mathbb{R}^p_-$, 有

$$\begin{aligned}
\nu(s) &= \langle \lambda, s \rangle - \theta(\lambda) \\
&= \langle \lambda, s \rangle + \inf_{x, y \in K} \{ c^{\mathrm{T}} x + \mu^{\mathrm{T}} (Ex + d - y_e) + \lambda^{\mathrm{T}} (Ax + b - y_a) \} \\
&= \inf_{x, y \in K} \{ c^{\mathrm{T}} x + \mu^{\mathrm{T}} (Ex + d + s_e - y_e) + \lambda^{\mathrm{T}} (Ax + b + s_a - y_a) \}. \quad \blacksquare
\end{aligned}$$

平移问题 (2.42) 可以等价地表示为

$$\begin{cases}
\min_{x} & c^{\mathrm{T}} x \\
\text{s.t.} & Ex + d + s_e - y_e = 0, \\
& Ax + b + s_a - y_a = 0, \\
& (y_e, y_a) \in \{0_q\} \times \mathbb{R}^p_-.
\end{cases} \tag{2.45}$$

问题 (2.42) 或 (2.45) 的 (负) 对偶函数为

$$\begin{aligned}
\theta^s(\mu, \lambda) &= - \inf_{(y_e, y_a) \in \{0_q\} \times \mathbb{R}^p_-} \{ c^{\mathrm{T}} x + \langle \mu, Ex + d + s_e - y_e \rangle + \langle \lambda, Ax + b + s_a - y_a \rangle \} \\
&= - \langle s_e, \mu \rangle - \langle s_a, \lambda \rangle + \theta(\mu, \lambda).
\end{aligned}$$

(LP(s)) 的对偶问题 (LD(s)) 表示为

$$\max - \theta^s(\mu, \lambda) = \max \{ (d + s_e)^{\mathrm{T}} \mu + (b + s_a)^{\mathrm{T}} \lambda : (\mu, \lambda) \in \mathcal{F}_{\mathrm{LD}} \}.$$

对偶问题 (LD(s)) 的解集为

$$\operatorname{Sol}(\mathrm{LD}(s)) = \{ (\mu, \lambda) : 0 \in \partial \theta^s(\mu, \lambda) \} = \{ (\mu, \lambda) \in \mathbb{R}^{q+p} : s \in \partial \theta(\mu, \lambda) \}.$$

(LD($\bar{s}$)) 的解集的回收锥是

$$\text{Sol}\,(\text{LD}(\bar{s}))^{\infty} = \{(h_{\mu}, h_{\lambda}) \in \mathbb{R}^{q+p} : 0 \in \partial\theta^{\bar{s}}(\bar{\mu} + th_{\mu}, \bar{\lambda} + th_{\lambda}), \forall t \geqslant 0\}$$

$$= \{(h_{\mu}, h_{\lambda}) \in \mathbb{R}^{q+p} : \bar{s} \in \partial\theta(\bar{\mu} + th_{\mu}, \bar{\lambda} + th_{\lambda}), \forall t \geqslant 0\}.$$

命题 2.11　对于最小违背平移 $\bar{s} \in \mathcal{S}_*$, 有

$$-\bar{s} \in \text{Sol}\,(\text{LD}(\bar{s}))^{\infty}.$$

证明　因为 $\bar{s}$ 是最小违背平移, 它是下述问题的解

$$\min \frac{1}{2}\|s\|^2$$

$$\text{s.t.}\quad s \in \mathcal{S}_{\text{LP}},$$

其中 $\mathcal{S}_{\text{LP}}$ 由 (2.31) 定义, 且 $\mathcal{S}_{\text{LP}}$ 是凸集, 有

$$\langle s - \bar{s}, \bar{s} \rangle \geqslant 0$$

或

$$\langle s, \bar{s} \rangle \geqslant \|\bar{s}\|^2, \quad s \in \mathcal{S}_{\text{LP}}. \tag{2.46}$$

令 $\xi = (\mu, \lambda)$. 只需要证明

$$\bar{s} \in \partial\theta(\bar{\xi} - t\bar{s}), \quad \forall t \geqslant 0.$$

对任意的 $K = \{0_q\} \times \mathbb{R}_-^p$, $\xi \in \text{dom}\,\theta$, $\forall t \geqslant 0$,

$$\theta(\xi) - \theta(\bar{\xi} - t\bar{s}) = \theta(\xi) + \inf_{x,y \in K}\left[c^{\text{T}}x + \left\langle \bar{\xi} - t\bar{s}, \begin{bmatrix} Ex + d - y_e \\ Ax + b - Y_d \end{bmatrix} \right\rangle\right]$$

$$\geqslant \theta(\xi) - \theta(\bar{\xi}) + \inf_{x,y \in K}\left[\left\langle -t\bar{s}, \begin{bmatrix} Ex + d - y_e \\ Ax + b - Y_d \end{bmatrix} \right\rangle\right]$$

$$= \theta(\xi) - \theta(\bar{\xi}) + t\inf_{s \in \mathcal{S}_{\text{LP}}} \langle \bar{s}, s \rangle$$

$$\geqslant \theta(\xi) - \theta(\bar{\xi}) + t\langle \bar{s}, \bar{s} \rangle \quad (\text{由 (2.46)})$$

$$\geqslant \langle \bar{s}, \xi - \bar{\xi} \rangle + t\langle \bar{s}, \bar{s} \rangle \quad (\bar{s} \in \partial\theta(\bar{\xi}))$$

$$= \langle \bar{s}, \xi - (\bar{\xi} - t\bar{s}) \rangle,$$

从而 $\bar{s} \in \partial\theta(\bar{\xi} - t\bar{s})$. ∎

2.5 最小 l_1-范数平移线性规划的罚函数方法

下面讨论 l_1-罚函数方法求解最小 l_1-范数平移线性规划问题, 并分两种情况, 即仅有不等式约束的线性规划问题和一般约束的线性规划问题.

2.5.1 仅有不等式约束的线性规划问题

考虑仅有不等式约束的线性规划问题

$$\text{(Lp)} \qquad \begin{aligned} \min \quad & c^{\mathrm{T}}x \\ \text{s.t.} \quad & Ax + b \leqslant 0. \end{aligned} \tag{2.47}$$

根据注记 2.3 中分析的问题 (2.39) 与 (2.40) 的等价性, 即问题

$$\left\{ \begin{aligned} \min_{x,s} \quad & \|s\|_1 \\ \text{s.t.} \quad & Ax + b + s \leqslant 0 \end{aligned} \right.$$

与问题

$$\left\{ \begin{aligned} \min_{x,s} \quad & \sum_{i=1}^{p} -s_i \\ \text{s.t.} \quad & Ax + b + s \leqslant 0, \\ & s \leqslant 0 \end{aligned} \right.$$

是等价的. 对 $t > 0$, l_1-罚函数模型很自然地表达为

$$\text{(Lp}_t\text{)} \quad \left\{ \begin{aligned} \min \quad & c^{\mathrm{T}}x - t\sum_{j=1}^{p} s_j \\ \text{s.t.} \quad & Ax + b + s \leqslant 0, \\ & s \leqslant 0. \end{aligned} \right. \tag{2.48}$$

定义 $w(t) = \text{Val}(\text{Lp}_t)$. 问题 (Lp_t) 的对偶问题是

$$\text{(Ld}_t\text{)} \quad \left\{ \begin{aligned} \max \quad & b^{\mathrm{T}}\lambda \\ \text{s.t.} \quad & c + A^{\mathrm{T}}\lambda = 0, \\ & 0 \leqslant \lambda \leqslant t\mathbf{1}_p. \end{aligned} \right. \tag{2.49}$$

假设 2.1 存在 $t_0 > 0$, 满足

$$\mathcal{F}_{\text{Ld}_t} := \{\lambda \in \mathbb{R}^p : c + A^{\mathrm{T}}\lambda = 0, 0 \leqslant \lambda \leqslant t\mathbf{1}_p\} \neq \varnothing, \quad t > t_0.$$

命题 2.12　设假设 2.1 成立. 对 $t > t_0$, 设 $(x(t), s(t))$ 是问题 (Lp_t) 的最优解, 则 $w(t)$ 是 t 的递增函数, $c^{\mathrm{T}} x(t)$ 是 t 的递增函数, $\|s(t)\|_1$ 是 t 的递减函数.

证明　由于假设 2.1 成立, 对于 $t > t_0$, 原始问题 (Lp_t) 和对偶问题 (Ld_t) 均是可行的, 根据线性规划的对偶定理有 $w(t) = \mathrm{Val}(\mathrm{Ld}_t)$. 注意到问题 (Ld_t) 的可行域随着 t 的增大而增大, 因此 $w(t)$ 是 t 的递增函数. 现在证明 $c^{\mathrm{T}} x(t)$ 是 t 的递增函数, $\|s(t)\|_1$ 是 t 的递减函数. 设 $t_0 < t_1 < t_2$, $(x_i, s_i) \in \mathrm{Sol}(\mathrm{Lp}_{t_i})$, $i = 1, 2$. 则有

$$c^{\mathrm{T}} x_1 + t_1 \|s_1\|_1 \leqslant c^{\mathrm{T}} x_2 + t_1 \|s_2\|_1 \tag{2.50}$$

和

$$c^{\mathrm{T}} x_2 + t_2 \|s_2\|_1 \leqslant c^{\mathrm{T}} x_1 + t_2 \|s_1\|_1. \tag{2.51}$$

将 (2.50) 与 (2.51) 相加, 并注意到 $t_2 > t_1$, 可得 $\|s_2\|_1 \leqslant \|s_1\|_1$. 再将 $\|s_2\|_1 \leqslant \|s_1\|_1$ 代入 (2.50), 可得 $c^{\mathrm{T}} x_1 \leqslant c^{\mathrm{T}} x_2$. ∎

一个重要的问题有待考虑, 即当 $t \to +\infty$ 时, $s(t)$ 是否收敛到最小 l_1-范数的平移? 现在回答这一问题.

定理 2.7　设假设 2.1 成立. 对 $t > t_0$, 设 $(x(t), s(t))$ 是问题 (Lp_t) 的最优解, 那么存在 K_a (依赖于 t_0), 满足当 $t > t_0 + 1$ 时,

$$\|s(t)\|_1 - \|\bar{s}\|_1 \leqslant \frac{K_a}{t}. \tag{2.52}$$

证明　设 $\bar{s}$ 是最小 l_1-范数的平移. 设 $\bar{x}$ 是 $(\mathrm{Lp}(\bar{s}))$ 的解, 那么对于问题 (Lp_t), 其中 $t > t_0 + 1$, 有 $(\bar{x}, \bar{s})$ 是它的可行解. 从而有

$$c^{\mathrm{T}} x(t) + t \|s(t)\|_1 \leqslant c^{\mathrm{T}} \bar{x} + t \|\bar{s}\|_1.$$

根据命题 2.12, $c^{\mathrm{T}} x(t)$ 是 t 的递增函数. 于是对 $t > t_0 + 1$, $c^{\mathrm{T}} x(t) \geqslant c^{\mathrm{T}} x(t_0 + 1)$, 有

$$c^{\mathrm{T}} x(t_0 + 1) + t \|s(t)\|_1 \leqslant c^{\mathrm{T}} \bar{x} + t \|\bar{s}\|_1.$$

定义

$$K_a = c^{\mathrm{T}} \bar{x} - c^{\mathrm{T}} x(t_0 + 1).$$

注意对于问题 (Lp_{t_0+1}), $(\bar{x}, \bar{s})$ 是可行点, 从而有

$$c^{\mathrm{T}} \bar{x} + (t_0 + 1) \|\bar{s}\|_1 \geqslant c^{\mathrm{T}} x(t_0 + 1) + (t_0 + 1) \|s(t_0 + 1)\|_1.$$

这表明

$$K_a = c^{\mathrm{T}} \bar{x} - c^{\mathrm{T}} x(t_0 + 1) \geqslant (t_0 + 1)[\|s(t_0 + 1)\|_1 - \|\bar{s}\|_1] \geqslant 0.$$

所以得到

$$\|s(t)\|_1 - \|\bar{s}\|_1 \leqslant \frac{K_a}{t}. \qquad \blacksquare$$

另一个同样重要的问题, 即 $s(t)$ 收敛到最小 l_1-范数平移, $x(t)$ 收敛到相应的最小 l_1-范数平移问题的最优解吗? 为回答这一问题, 定义

$$\Upsilon_a = \limsup_{t \to \infty} \{(x(t), s(t))\}. \qquad (2.53)$$

用 $\mathcal{S}^*_{\mathrm{Lp}}(l_1)$ 表示最小 l_1-范数平移集合, 即

$$\mathcal{S}^*_{\mathrm{Lp}}(l_1) = \mathrm{Argmin}\left\{\|s\|_1 : s \in \mathcal{S}_{\mathrm{Lp}}\right\},$$

其中

$$\mathcal{S}_{\mathrm{Lp}} := \{s \in \mathbb{R}^p : 存在一个 x \in \mathbb{R}^n 满足 Ax + s + b \leqslant 0\}. \qquad (2.54)$$

我们有下述的结论.

定理 2.8 设假设 2.1 成立. 对任何 $(\widetilde{x}, \widetilde{s}) \in \Upsilon$, 有 $(\widetilde{x}, \widetilde{s})$ 是下述最小 l_1-范数平移问题的最优解

$$\begin{aligned}
\min_{x, \bar{s}} \quad & c^{\mathrm{T}} x \\
\mathrm{s.t.} \quad & Ax + b + \bar{s} \leqslant 0, \\
& \bar{s} \in \mathcal{S}^*_{\mathrm{Lp}}(l_1).
\end{aligned} \qquad (2.55)$$

证明 对任何 $\bar{s} \in \mathcal{S}^*_{\mathrm{Lp}}(l_1)$, 任意选取问题

$$\begin{aligned}
\min \quad & c^{\mathrm{T}} x \\
\mathrm{s.t.} \quad & Ax + b + \bar{s} \leqslant 0, \\
& \bar{s} \leqslant 0
\end{aligned}$$

的最优解 $\bar{x}$. 对于 $t > t_0$,

$$c^{\mathrm{T}} \bar{x} + t\|\bar{s}\|_1 \geqslant c^{\mathrm{T}} x(t) + t\|s(t)\|_1.$$

由于 $\|s(t)\|_1 \geqslant \|\bar{s}\|_1$, 可得

$$c^{\mathrm{T}} \bar{x} \geqslant c^{\mathrm{T}} x(t). \qquad (2.56)$$

对任意的 $(\widetilde{x}, \widetilde{s}) \in \Upsilon$, 存在 $t_k \to +\infty$, $(x(t_k), s(t_k)) \to (\widetilde{x}, \widetilde{s})$. 因为 $(x(t_k), s(t_k))$ 是问题 (Lp_{t_k}) 的可行点

$$Ax(t_k) + b + s(t_k) \leqslant 0, \quad s(t_k) \leqslant 0.$$

所以有

$$A\widetilde{x} + b + \widetilde{s} \leqslant 0, \quad \widetilde{s} \leqslant 0.$$

再根据定理 2.7, 可得

$$\|\widetilde{s}\|_1 = \|\bar{s}\|_1.$$

于是得到 $\widetilde{s} \in \mathcal{S}_{\mathrm{Lp}}^*(l_1)$. 由 (2.56) 可得

$$c^{\mathrm{T}}\bar{x} \geqslant c^{\mathrm{T}}\widetilde{x}.$$

从而得到 $(\widetilde{x}, \widetilde{s})$ 是问题 (2.55) 的解. ■

例 2.1　考虑不相容的线性规划问题

$$\begin{cases} \min & x_1 + 2x_2 \\ \mathrm{s.\,t.} & x_1 + 2x_2 \leqslant 1, \\ & -x_1 - 2x_2 \leqslant -2, \end{cases}$$

这一问题的对偶问题是

$$\begin{cases} \max & -\lambda_1 + 2\lambda_2 \\ \mathrm{s.\,t.} & \lambda_1 - \lambda_2 + 1 = 0, \\ & \lambda_1 \geqslant 0, \lambda_2 \geqslant 0. \end{cases}$$

容易验证, 对偶问题的可行域是无界的. l_1-范数的最小平移的问题通过求解下述线性规划问题得到

$$\begin{cases} \min & -s_1 - s_2 \\ \mathrm{s.\,t.} & x_1 + 2x_2 + s_1 \leqslant 1, \\ & -x_1 - 2x_2 + s_2 \leqslant -2, \\ & s_1 \leqslant 0, s_2 \leqslant 0. \end{cases} \tag{2.57}$$

问题 (2.57) 的对偶问题为

$$\begin{cases} \max & -\lambda_1 + 2\lambda_2 \\ \mathrm{s.\,t.} & \lambda_1 - \lambda_2 = 0, \\ & 0 \leqslant \lambda_1 \leqslant 1, \\ & 0 \leqslant \lambda_2 \leqslant 1. \end{cases} \tag{2.58}$$

问题 (2.58) 的最优解是 $\lambda^* = (1,1)^{\mathrm{T}}$. 类似于前面的记号, 用 $\mathcal{S}_{\mathrm{Lp}}^*(l_1)$ 表示最小 l_1-范数平移集合, 即

$$\mathcal{S}_{\mathrm{Lp}}^*(l_1) = \mathrm{Arg\ min}\left\{\|s\|_1 : s \in \mathcal{S}_{\mathrm{Lp}}\right\},$$

则

$$\mathcal{S}_{\mathrm{Lp}}^*(l_1) = \{(s_1, s_2) : s_1 + s_2 = -1, s_1 \leqslant 0, s_2 \leqslant 0\}.$$

于是原问题的最小 l_1-范数约束违背优化问题为

$$\begin{cases} \min & x_1 + 2x_2 \\ \text{s.t.} & x_1 + 2x_2 + s_1 \leqslant 1, \\ & -x_1 - 2x_2 + s_2 \leqslant -2, \\ & s_1 + s_2 = -1, \\ & s_1 \leqslant 0, \quad s_2 \leqslant 0. \end{cases}$$

这一问题的最优值是 1, 最优解集是

$$\{(x_1, x_2) : x_1 + 2x_2 = 1\}.$$

最小 l_2-范数平移通过求解下述二次规划问题得到

$$\begin{cases} \min & \dfrac{1}{2}s_1^2 + \dfrac{1}{2}s_2^2 \\ \text{s.t.} & x_1 + 2x_2 + s_1 \leqslant 1, \\ & -x_1 - 2x_2 + s_2 \leqslant -2. \end{cases} \tag{2.59}$$

现在给出问题 (2.59) 的对偶问题. 为此定义 Lagrange 函数

$$\mathcal{L}(x, s, \lambda) = \frac{1}{2}s_1^2 + \frac{1}{2}s_2^2 + \lambda_1[x_1 + 2x_2 + s_1 - 1] + \lambda_2[-x_1 - 2x_2 + s_2 + 2].$$

问题 (2.59) 的 Lagrange 对偶问题为

$$\max_{\lambda \geqslant 0} \inf_{x,s} \mathcal{L}(x, s, \lambda) = \begin{cases} \max & -\lambda_1 + 2\lambda_2 + \inf_{s_1}\left[\dfrac{s_1^2}{2} + \lambda_1 s_1\right] + \inf_{s_2}\left[\dfrac{s_2^2}{2} + \lambda_2 s_2\right] \\ & \quad + \inf_{x}(\lambda_1 - \lambda_2)(x_1 + 2x_2) \\ \text{s.t.} & \lambda_1 \geqslant 0, \lambda_2 \geqslant 0 \end{cases}$$

$$= \begin{cases} \max & -\lambda_1 + 2\lambda_2 - \dfrac{\lambda_1^2}{2} - \dfrac{\lambda_2^2}{2} \\ \text{s.t.} & \lambda_1 - \lambda_2 = 0, \\ & \lambda_1 \geqslant 0,\ \lambda_2 \geqslant 0. \end{cases} \tag{2.60}$$

问题 (2.60) 的最优解是 $\lambda^* = (1/2, 1/2)^{\mathrm{T}}$. 用 $\mathcal{S}_{\mathrm{Lp}}^*(l_2)$ 表示最小 l_2-范数平移集合, 即

$$\mathcal{S}_{\mathrm{Lp}}^*(l_2) = \mathrm{Arg\,min}\left\{ \frac{1}{2}\|s\|_2 : s \in \mathcal{S}_{\mathrm{Lp}} \right\},$$

则根据在 (2.60) 中 $s_1 = -\lambda_1$, $s_2 = -\lambda_2$ 得

$$\mathcal{S}_{\mathrm{Lp}}^*(l_2) = \left\{ \left(-\frac{1}{2}, -\frac{1}{2} \right)^{\mathrm{T}} \right\}.$$

于是原问题的最小 l_2-范数约束违背优化问题为

$$\begin{cases} \min & x_1 + 2x_2 \\ \text{s.t.} & x_1 + 2x_2 - \dfrac{1}{2} \leqslant 1, \\ & -x_1 - 2x_2 - \dfrac{1}{2} \leqslant -2. \end{cases}$$

这一问题的最优值是 $3/2$, 最优解集是

$$\left\{ (x_1, x_2) : x_1 + 2x_2 = \frac{3}{2} \right\}.$$

例 2.2　考虑下述不相容的线性规划问题的 l_1-罚函数方法

$$\begin{cases} \min & x_1 + 2x_2 \\ \text{s.t.} & x_1 + 2x_2 \leqslant 1, \\ & -x_1 - 2x_2 \leqslant -2. \end{cases}$$

上述问题的 l_1-惩罚 LP 问题为

$$\begin{cases} \min & x_1 + 2x_2 - ts_1 - ts_2 \\ \text{s.t.} & x_1 + 2x_2 + s_1 \leqslant 1, \\ & -x_1 - 2x_2 + s_2 \leqslant -2, \\ & s_1 \leqslant 0,\ s_2 \leqslant 0. \end{cases} \tag{2.61}$$

问题 (2.61) 的对偶问题是

$$
\begin{cases}
\max & -\lambda_1 + 2\lambda_2 \\
\text{s.t.} & \begin{bmatrix} 1 \\ 2 \end{bmatrix} + \begin{bmatrix} 1 & -1 \\ 2 & -2 \end{bmatrix} \begin{bmatrix} \lambda_1 \\ \lambda_2 \end{bmatrix} = 0, \\
& 0 \leqslant \lambda_1 \leqslant t, \\
& 0 \leqslant \lambda_2 \leqslant t,
\end{cases}
$$

即

$$
\begin{cases}
\max & -\lambda_1 + 2\lambda_2 \\
\text{s.t.} & \lambda_1 - \lambda_2 + 1 = 0, \\
& 0 \leqslant \lambda_1 \leqslant t, \\
& 0 \leqslant \lambda_2 \leqslant t.
\end{cases} \tag{2.62}
$$

问题 (2.62) 的最优解是 $(t-1, t)$. 于是问题 (2.61) 的最优解 (x_1, x_2, s_1, s_2) 是下述问题的解

$$
\begin{aligned}
\min_{x, s \leqslant 0} \quad & x_1 + 2x_2 - ts_1 - ts_2 + (t-1)(x_1 + 2x_2 + s_1 - 1) \\
& + t(-x_1 - 2x_2 + s_2 + 2) = t + 1 - s_1,
\end{aligned}
$$

得到 $s_1^* = 0$. 由于 $t - 1 > 0, t > 0$, 可得

$$
x_1 + 2x_2 + s_1 - 1 = 0, \quad -x_1 - 2x_2 + s_2 + 2 = 0,
$$

从而 $s_2^* = -1$. 问题 (2.61) 的解集是

$$
x_1 + 2x_2 - 1 = 0.
$$

这实际上已经解出 l_1-最小约束违背优化问题的解.

2.5.2 一般约束的线性规划问题

考虑一般线性约束的线性规划问题

$$
\begin{aligned}
\min \quad & c^{\mathrm{T}} x \\
\text{s.t.} \quad & Ex + d = 0, \\
& Ax + b \leqslant 0,
\end{aligned} \tag{2.63}
$$

其中 $c \in \mathbb{R}^n$, $E \in \mathbb{R}^{q \times n}$, $d \in \mathbb{R}^q$, $A \in \mathbb{R}^{p \times n}$, $b \in \mathbb{R}^p$. 类似注记 2.3 中分析的问题 (2.39) 与 (2.40) 的等价性, 可知问题

$$\begin{cases} \min\limits_{x,s} & \|s_e\|_1 + \|s_a\|_1 \\ \text{s.t.} & Ex + d + s_e = 0, \\ & Ax + b + s_a \leqslant 0 \end{cases}$$

与问题

$$\begin{cases} \min\limits_{x,s} & \|s_e\|_1 - \mathbf{1}_p^{\mathrm{T}} s_a \\ \text{s.t.} & Ex + d + s_e = 0, \\ & Ax + b + s_a \leqslant 0, \\ & s_a \leqslant 0 \end{cases}$$

是等价的. 对 $t > 0$, l_1-罚函数模型可以自然地表达为

$$(\text{PLP}_t) \quad \begin{cases} \min & c^{\mathrm{T}}x + t\left(\|s_e\|_1 - \mathbf{1}_p^{\mathrm{T}} s_a\right) \\ \text{s.t.} & Ex + d + s_e = 0, \\ & Ax + b + s_a \leqslant 0, \\ & s_a \leqslant 0. \end{cases} \tag{2.64}$$

定义 $w(t) = \text{Val}(\text{PLP}_t)$. 问题 (PLP_t) 的对偶问题是

$$(\text{PLD}_t) \quad \begin{cases} \max & d^{\mathrm{T}}\mu + b^{\mathrm{T}}\lambda \\ \text{s.t.} & c + E^{\mathrm{T}}\mu + A^{\mathrm{T}}\lambda = 0, \\ & \|\mu\|_\infty \leqslant t, \\ & 0 \leqslant \lambda \leqslant t\mathbf{1}_p. \end{cases} \tag{2.65}$$

假设 2.2　存在 $t_0 > 0$, 满足

$$\mathcal{F}_{\text{PLD}_t}$$

$$:= \left\{(\mu, \lambda) \in \mathbb{R}^{q+p} : c + E^{\mathrm{T}}\mu + A^{\mathrm{T}}\lambda = 0, \|\mu\|_\infty \leqslant t, 0 \leqslant \lambda \leqslant t\mathbf{1}_p\right\} \neq \varnothing, \ t > t_0.$$

命题 2.13　设假设 2.2 成立. 对 $t > t_0$, 设 $(x(t), s(t))$ 是问题 (PLP_t) 的最优解, 则 $w(t)$ 是关于 t 的递增函数, $c^{\mathrm{T}}x(t)$ 是关于 t 的递增函数, $\|s(t)\|_1$ 是关于 t 的递减函数.

证明 由于假设 2.2 成立, 对于 $t > t_0$, 原始问题 (PLP$_t$) 和对偶问题 (PLD$_t$) 均是可行的, 问题 (PLP$_t$) 的广义 Slater 约束规范成立. 根据凸优化的对偶定理, 有 $w(t) = \text{Val}(\text{PLD}_t)$. 注意到问题 (PLD$_t$) 的可行域随着 t 的增大而增大, 因此 $w(t)$ 是关于 t 的递增函数. 现在证明 $c^{\mathrm{T}}x(t)$ 是关于 t 的递增函数, $\|s(t)\|_1$ 是关于 t 的递减函数. 设 $t_0 < t_1 < t_2$, $(x_i, s_i) \in \text{Sol}(\text{PLP}_{t_i})$, $i = 1, 2$. 则有

$$c^{\mathrm{T}}x_1 + t_1\|s_1\|_1 \leqslant c^{\mathrm{T}}x_2 + t_1\|s_2\|_1 \tag{2.66}$$

和

$$c^{\mathrm{T}}x_2 + t_2\|s_2\|_1 \leqslant c^{\mathrm{T}}x_1 + t_2\|s_1\|_1. \tag{2.67}$$

将 (2.66) 与 (2.67) 相加, 注意到 $t_2 > t_1$, 可得 $\|s_2\|_1 \leqslant \|s_1\|_1$. 再将 $\|s_2\|_1 \leqslant \|s_1\|_1$ 代入 (2.66), 可得 $c^{\mathrm{T}}x_1 \leqslant c^{\mathrm{T}}x_2$. ∎

类似定理 2.7, 可证当 $t \to +\infty$ 时, $s(t)$ 收敛到最小 l_1-范数的平移.

定理 2.9 设假设 2.2 成立. 对 $t > t_0$, 设 $(x(t), s(t))$ 是问题 (PLP$_t$) 的最优解, 那么存在 K_1 (依赖于 t_0), 满足当 $t > t_0 + 1$ 时,

$$\|s(t)\|_1 - \|\bar{s}\|_1 \leqslant \frac{K_1}{t}. \tag{2.68}$$

证明 设 $\bar{s}$ 是最小 l_1-范数的平移, 设 $\bar{x}$ 是 (LP($\bar{s}$)) 的解. 那么对于问题 (PLP$_t$), 其中 $t > t_0 + 1$, $(\bar{x}, \bar{s})$ 是它的可行解, 从而

$$c^{\mathrm{T}}x(t) + t\|s(t)\|_1 \leqslant c^{\mathrm{T}}\bar{x} + t\|\bar{s}\|_1.$$

根据命题 2.13, $c^{\mathrm{T}}x(t)$ 是关于 t 的递增函数. 故对 $t > t_0 + 1$, $c^{\mathrm{T}}x(t) \geqslant c^{\mathrm{T}}x(t_0 + 1)$, 有

$$c^{\mathrm{T}}x(t_0 + 1) + t\|s(t)\|_1 \leqslant c^{\mathrm{T}}\bar{x} + t\|\bar{s}\|_1. \tag{2.69}$$

定义

$$K_1 = c^{\mathrm{T}}\bar{x} - c^{\mathrm{T}}x(t_0 + 1).$$

注意对于问题 (LP$_{t_0+1}$), $(\bar{x}, \bar{s})$ 是可行点, 从而

$$c^{\mathrm{T}}\bar{x} + (t_0 + 1)\|\bar{s}\|_1 \geqslant c^{\mathrm{T}}x(t_0 + 1) + (t_0 + 1)\|s(t_0 + 1)\|_1.$$

这表明

$$K_1 = c^{\mathrm{T}}\bar{x} - c^{\mathrm{T}}x(t_0 + 1) \geqslant (t_0 + 1)[\|s(t_0 + 1)\|_1 - \|\bar{s}\|_1] \geqslant 0.$$

故由 (2.69) 可得

$$\|s(t)\|_1 - \|\bar{s}\|_1 \leqslant \frac{K_1}{t}.$$ ■

类似定理 2.8, 可以证明 $s(t)$ 收敛到最小 l_1-范数平移, $x(t)$ 收敛到相应的最小平移最优解. 定义

$$\Upsilon_1 = \limsup_{t \to \infty} \{(x(t), s(t))\}. \tag{2.70}$$

用 $\mathcal{S}_{\mathrm{LP}}^*(l_1)$ 表示最小 l_1-范数平移集合, 即

$$\mathcal{S}_{\mathrm{LP}}^*(l_1) = \mathrm{Arg\ min} \left\{ \|s\|_1 : s \in \mathcal{S}_{\mathrm{LP}} \right\}.$$

这里 $\mathcal{S}_{\mathrm{LP}}$ 由 (2.31) 定义, 即

$$\mathcal{S}_{\mathrm{LP}} = \{s = (s_e, s_a) \in \mathbb{R}^{q+p} : \text{存在一个 } x \in \mathbb{R}^n \text{ 满足 } Ex + s_e + d = 0,\ Ax + s_a + b \leqslant 0\}.$$

我们有下述的结论.

定理 2.10   对任何 $(\widetilde{x}, \widetilde{s}) \in \Upsilon_1$, $(\widetilde{x}, \widetilde{s})$ 是下述最小平移问题的最优解

$$\begin{aligned} \min_{x, \bar{s}} \quad & c^{\mathrm{T}} x \\ \mathrm{s.t.} \quad & Ax + b + \bar{s} \leqslant 0, \\ & \bar{s} \in \mathcal{S}_{\mathrm{LP}}^*(l_1). \end{aligned} \tag{2.71}$$

证明   对任何 $\bar{s} \in \mathcal{S}_{\mathrm{LP}}^*(l_1)$, 任意选取问题

$$\begin{aligned} \min \quad & c^{\mathrm{T}} x \\ \mathrm{s.t.} \quad & Ex + d + \bar{s}_e = 0, \\ & Ax + b + \bar{s}_a \leqslant 0, \\ & \bar{s}_a \leqslant 0 \end{aligned}$$

的最优解 $\bar{x}$, 则 $(\bar{x}, \bar{s})$ 是问题 (PLP_t) 的可行点. 从而对于 $t > t_0$,

$$c^{\mathrm{T}} \bar{x} + t\|\bar{s}\|_1 \geqslant c^{\mathrm{T}} x(t) + t\|s(t)\|_1.$$

由于 $\|s(t)\|_1 \geqslant \|\bar{s}\|_1$, 可得

$$c^{\mathrm{T}} \bar{x} \geqslant c^{\mathrm{T}} x(t). \tag{2.72}$$

对任意的 $(\widetilde{x}, \widetilde{s}) \in \Upsilon$, 存在 $t_k \to +\infty$, $(x(t_k), s(t_k)) \to (\widetilde{x}, \widetilde{s})$. 因为 $(x(t_k), s(t_k))$ 是问题 (PLP_{t_k}) 的可行点

$$Ax(t_k) + b + s(t_k) \leqslant 0, \quad s(t_k) \leqslant 0,$$

所以有

$$A\widetilde{x} + b + \widetilde{s} \leqslant 0, \quad \widetilde{s} \leqslant 0.$$

再根据定理 2.9, 可得

$$\|\widetilde{s}\|_1 = \|\bar{s}\|_1.$$

于是得到 $\widetilde{s} \in \mathcal{S}_{\mathrm{LP}}^*(l_1)$. 由 (2.72) 可得

$$c^{\mathrm{T}}\bar{x} \geqslant c^{\mathrm{T}}\widetilde{x}.$$

从而得到 $(\widetilde{x}, \widetilde{s})$ 是问题 (2.71) 的解. ■

例 2.3 在例 2.1 的基础上, 考虑下述不相容的线性规划问题

$$\begin{cases} \min & x_1 + 2x_2 \\ \mathrm{s.\,t.} & x_1 + 2x_2 = 1, \\ & -x_1 - 2x_2 \leqslant -2. \end{cases}$$

该问题的对偶问题是

$$\begin{cases} \max & -\mu + 2\lambda \\ \mathrm{s.\,t.} & \mu - \lambda + 1 = 0, \\ & \lambda \geqslant 0. \end{cases}$$

容易验证, 对偶问题的可行域是无界的, 其最优值是 $+\infty$. l_1-范数的最小违背的问题通过求解下述问题得到

$$\begin{cases} \min & |s_1| - s_2 \\ \mathrm{s.\,t.} & x_1 + 2x_2 + s_1 = 1, \\ & -x_1 - 2x_2 + s_2 \leqslant -2, \\ & s_2 \leqslant 0. \end{cases} \tag{2.73}$$

问题 (2.73) 的对偶问题为

$$
\begin{cases}
\max & -\mu + 2\lambda \\
\text{s.t.} & \mu - \lambda = 0, \\
& -1 \leqslant \mu \leqslant 1, \\
& 0 \leqslant \lambda \leqslant 1.
\end{cases}
\tag{2.74}
$$

问题 (2.74) 的最优解是 $(\mu^*, \lambda^*) = (1,1)^{\mathrm{T}}$. 用 $\mathcal{S}_{\mathrm{LP}}^*(l_1)$ 表示最小 l_1-范数平移集, 即

$$
\mathcal{S}_{\mathrm{LP}}^*(l_1) = \operatorname{Arg\,min}\left\{\|s\|_1 : s \in \mathcal{S}_{\mathrm{LP}}\right\}.
$$

现在计算集合 $\mathcal{S}_{\mathrm{LP}}^*(l_1)$.

由问题 (2.74) 的最优解可得到这一集合. 由对偶定理可得, 问题 (2.73) 的最优解 (x, s) 满足

$$
\begin{aligned}
&|s_1| - s_2 = 1, \\
&x_1 + 2x_2 + s_1 = 1, \\
&-x_1 - 2x_2 + s_2 = -2, \\
&s_2 \leqslant 0.
\end{aligned}
$$

三个等式相加得到

$$
|s_1| + s_1 = 0.
$$

这表明 $s_1 \leqslant 0$. 从而

$$
\mathcal{S}_{\mathrm{LP}}^*(l_1) = \{(s_1, s_2) : s_1 + s_2 = -1,\ s_1 \leqslant 0,\ s_2 \leqslant 0\}.
$$

于是原问题的最小 l_1-范数约束违背优化问题为

$$
\begin{cases}
\min & x_1 + 2x_2 \\
\text{s.t.} & x_1 + 2x_2 + s_1 = 1, \\
& -x_1 - 2x_2 + s_2 \leqslant -2, \\
& s_1 + s_2 = -1, \\
& s_1 \leqslant 0, s_2 \leqslant 0.
\end{cases}
$$

该问题的最优值是 1, 最优解集是

$$
\{(x_1, x_2) : x_1 + 2x_2 = 1\}.
$$

l_2-范数的最小平移可以通过求解下述二次规划问题得到

$$
\begin{cases}
\min & \dfrac{1}{2}s_1^2 + \dfrac{1}{2}s_2^2 \\
\text{s.t.} & x_1 + 2x_2 + s_1 = 1, \\
& -x_1 - 2x_2 + s_2 \leqslant -2.
\end{cases} \tag{2.75}
$$

现在给出问题 (2.75) 的对偶问题. 为此, 定义 Lagrange 函数

$$
\mathcal{L}(x, s, \lambda) = \frac{1}{2}s_1^2 + \frac{1}{2}s_2^2 + \mu[x_1 + 2x_2 + s_1 - 1] + \lambda[-x_1 - 2x_2 + s_2 + 2].
$$

问题 (2.75) 的 Lagrange 对偶问题为

$$
\max_{\mu, \lambda \geqslant 0} \inf_{x,s} \mathcal{L}(x, s, \mu, \lambda \geqslant 0) =
\begin{cases}
\max & -\mu + 2\lambda + \inf_{s_1}\left[\dfrac{s_1^2}{2} + \mu s_1\right] + \inf_{s_2}\left[\dfrac{s_2^2}{2} + \lambda s_2\right] \\
& + \inf_{x}(\mu - \lambda)(x_1 + 2x_2) \\
\text{s.t.} & \lambda \geqslant 0
\end{cases}
$$

$$
=
\begin{cases}
\max & -\mu + 2\lambda - \dfrac{\mu^2}{2} - \dfrac{\lambda^2}{2} \\
\text{s.t.} & \mu - \lambda = 0, \\
& \lambda \geqslant 0.
\end{cases}
\tag{2.76}
$$

问题 (2.76) 的最优解是 $\lambda^* = (1/2, 1/2)^{\mathrm{T}}$. 用 $\mathcal{S}_{\mathrm{LP}}^*(l_2)$ 表示最小 l_2-范数平移集, 即

$$
\mathcal{S}_{\mathrm{LP}}^*(l_2) = \operatorname{Arg\,min}\left\{\frac{1}{2}\|s\|_2 : s \in \mathcal{S}_{\mathrm{LP}}\right\},
$$

则根据在 (2.76) 中 $s_1 = -\mu$, $s_2 = -\lambda$ 知

$$
\mathcal{S}_{\mathrm{LP}}^*(l_2) = \left\{\left(-\frac{1}{2}, -\frac{1}{2}\right)^{\mathrm{T}}\right\}.
$$

于是原问题的 l_2-范数最小约束违背优化问题为

$$
\begin{cases}
\min & x_1 + 2x_2 \\
\text{s.t.} & x_1 + 2x_2 - 1/2 = 1, \\
& -x_1 - 2x_2 - 1/2 \leqslant -2.
\end{cases}
$$

该问题的最优值是 $3/2$, 最优解集是

$$\{(x_1, x_2) : x_1 + 2x_2 = 3/2\}.$$

例 2.4　考虑下述不相容的线性规划问题的 l_1-罚函数方法

$$\begin{cases} \min & x_1 + 2x_2 \\ \mathrm{s.t.} & x_1 + 2x_2 = 1, \\ & -x_1 - 2x_2 \leqslant -2. \end{cases}$$

上述问题的 l_1-范数惩罚问题为

$$\begin{cases} \min & x_1 + 2x_2 + t\,|s_1| - ts_2 \\ \mathrm{s.t.} & x_1 + 2x_2 + s_1 = 1, \\ & -x_1 - 2x_2 + s_2 \leqslant -2, \\ & s_2 \leqslant 0. \end{cases} \tag{2.77}$$

问题 (2.77) 的对偶问题是

$$\begin{cases} \max & -\mu + 2\lambda \\ \mathrm{s.t.} & \begin{bmatrix} 1 \\ 2 \end{bmatrix} + \begin{bmatrix} 1 & -1 \\ 2 & -2 \end{bmatrix} \begin{bmatrix} \mu \\ \lambda \end{bmatrix} = 0, \\ & -t \leqslant \mu \leqslant t, \\ & 0 \leqslant \lambda \leqslant t, \end{cases}$$

即

$$\begin{cases} \max & -\mu + 2\lambda \\ \mathrm{s.t.} & \mu - \lambda + 1 = 0, \\ & -t \leqslant \mu \leqslant t, \\ & 0 \leqslant \lambda \leqslant t. \end{cases} \tag{2.78}$$

问题 (2.78) 的最优解是 $(t-1, t)$. 于是问题 (2.77) 的最优解 (x_1, x_2, s_1, s_2) 是下述问题的解

$$\min_{x, s \leqslant 0}\ x_1 + 2x_2 - ts_1 - ts_2 + (t-1)(x_1 + 2x_2 + s_1 - 1)$$
$$+ t(-x_1 - 2x_2 + s_2 + 2) = t + 1 - s_1,$$

从而得到 $s_1^* = 0$. 由于 $t - 1 > 0, t > 0$, 可得

$$x_1 + 2x_2 + s_1 - 1 = 0, \quad -x_1 - 2x_2 + s_2 + 2 = 0,$$

从而 $s_2^* = -1$. 问题 (2.61) 的解集是

$$x_1 + 2x_2 - 1 = 0.$$

这实际上已经解出了 l_1-范数最小约束违背优化问题的解.

第 3 章　最小约束违背二次规划

本章拓广了一般凸二次规划问题的对偶理论, 研究了平移问题和增广 Lagrange 函数的性质. 主要结果总结如下.

- 对于一般的凸二次规划问题, 证明了 Wolfe 对偶问题的 Lagrange 对偶是原二次规划问题.

- 详细介绍了 Goldfarb 与 Idnani 求解严格凸二次规划的对偶算法及其收敛性分析, 证明了算法在步长取无穷大时, 原问题是不可行的.

- 对一般凸二次规划问题, 给出了可行平移集是闭集的充分条件, 给出了保证值函数下半连续的充分条件.

- 将由增广 Lagrange 函数定义的对偶函数 θ_r 视为对偶函数的 Moreau 包络, 给出了邻近映射的表达式.

- 证明了约束平移二次规划问题解的存在性等价于增广 Lagrange 函数子问题解的存在性.

- 拓广了对偶定理. 证明了结论: 对于凸的二次规划问题, 原始问题可行性等价于对偶问题的有界性.

- 刻画了由 Lagrange 函数定义的对偶函数与由平移问题定义的最优值函数间的关系, 即最优值函数共轭与对偶函数相等, 最优值函数与对偶函数的次微分互为逆映射.

- 证明了如果最小度量的平移集非空, 那么最小约束违背二次规划问题的对偶问题具有无界的解集, 且负的最小 l_2-范数的平移是这一对偶问题解集的回收方向.

- 对于凸二次规划的最小 l_1-范数平移优化问题, 给出了 l_1-罚函数方法, 建立了方法生成的平移向量序列到最小 l_1-范数平移的误差估计.

3.1　凸二次规划

二次规划问题是线性约束二次目标函数的数学规划问题. 一般约束的凸二次规划问题定义为下述形式

$$\min \quad f(x) := c^{\mathrm{T}}x + \frac{1}{2}x^{\mathrm{T}}Gx$$
$$\text{s.t.} \quad Ex = d, \tag{3.1}$$
$$Ax \leqslant b,$$

其中 $c \in \mathbb{R}^n$, $G \in \mathbb{S}^n_+$ 是对称半正定矩阵, $E \in \mathbb{R}^{q \times n}$, $d \in \mathbb{R}^q$, $A \in \mathbb{R}^{p \times n}$, $b \in \mathbb{R}^p$.

3.1.1 等式约束二次规划问题

设在问题 (3.1) 中只有等式约束, 且 G 是对称正定矩阵的情况, 即考虑下述问题:

$$\min \quad f(x) := c^{\mathrm{T}}x + \frac{1}{2}x^{\mathrm{T}}Gx$$
$$\text{s.t.} \quad Ex = d. \tag{3.2}$$

如果 E 是行满秩矩阵, 那么可通过求解下述 KKT 系统得到最优解以及相对应的乘子

$$\begin{bmatrix} G & E^{\mathrm{T}} \\ E & 0 \end{bmatrix} \begin{bmatrix} x \\ \mu \end{bmatrix} = \begin{bmatrix} -c \\ d \end{bmatrix}.$$

可以验证

$$\begin{bmatrix} G & E^{\mathrm{T}} \\ E & 0 \end{bmatrix}^{-1} = \begin{bmatrix} H & E_*^{\mathrm{T}} \\ E_* & -(EG^{-1}E^{\mathrm{T}})^{-1} \end{bmatrix}, \tag{3.3}$$

其中

$$H = G^{-1} - G^{-1}E^{\mathrm{T}}(EG^{-1}E^{\mathrm{T}})^{-1}EG^{-1}, \quad E_* = (EG^{-1}E^{\mathrm{T}})^{-1}EG^{-1}.$$

下面的性质非常有用.

$$EH = 0, \quad HGH = H, \quad E_*E^{\mathrm{T}} = I_q.$$

矩阵 H 和 E_* 的有效计算方法在 Goldfarb 与 Idnani (1983)[29] 的对偶算法中起着重要的作用. 下面给出该文中基于 QR 分解的计算方法. 首先对 G^{-1} 进行 Cholesky 分解

$$G^{-1} = L_0 L_0^{\mathrm{T}},$$

其中 $L_0 \in \mathbb{R}^{n \times n}$ 是非奇异的下三角矩阵. 则有

$$H = L_0 \overline{H} L_0^{\mathrm{T}}, \quad \overline{H} = I - \overline{E}^{\mathrm{T}}(\overline{E}\,\overline{E}^{\mathrm{T}})^{-1}\overline{E}, \tag{3.4}$$

其中 $\overline{E} = EL_0$. 因为 $\overline{E}$ 是行满秩的, 采用 QR 分解可以构造正交矩阵 $Q \in \mathbb{R}^{n \times n}$ 和下三角矩阵 $L \in \mathbb{R}^{q \times q}$ 满足

$$\overline{E}Q = \begin{bmatrix} L & 0_{q \times (n-q)} \end{bmatrix}.$$

将 Q 分成两部分 $Q = (Q_1 \quad Q_2)$, 其中 $Q_1 \in \mathbb{R}^{n \times q}$, $Q_2 \in \mathbb{R}^{n \times (n-q)}$. 定义 $\overline{Q}_1 = L_0 Q_1$ 与 $\overline{Q}_2 = L_0 Q_2$, 则可以证明下述有意思的公式.

命题 3.1   对于 $\overline{Q}_1$ 与 $\overline{Q}_2$, 有下述公式成立

$$H = \overline{Q}_2 \overline{Q}_2^{\mathrm{T}}, \quad E_* = L^{-\mathrm{T}} \overline{Q}_1. \tag{3.5}$$

证明   根据 H 的定义, 可得

$$
\begin{aligned}
H &= G^{-1} - G^{-1} E^{\mathrm{T}} (EG^{-1}E^{\mathrm{T}})^{-1} EG^{-1} \\
&= L_0 \left[I - \overline{E}^{\mathrm{T}} (\overline{E}\,\overline{E}^{\mathrm{T}})^{-1} \overline{E} \right] L_0^{-1} \\
&= L_0 \left[QQ^{\mathrm{T}} - QQ^{\mathrm{T}} \overline{E}^{\mathrm{T}} (\overline{E}QQ^{\mathrm{T}}\overline{E}^{\mathrm{T}})^{-1} \overline{E}QQ^{\mathrm{T}} \right] L_0^{-1} \\
&= L_0 \left[QQ^{\mathrm{T}} - Q \begin{bmatrix} L & 0_{q \times (n-q)} \end{bmatrix}^{\mathrm{T}} \left(\begin{bmatrix} L & 0_{q \times (n-q)} \end{bmatrix} \begin{bmatrix} L & 0_{q \times (n-q)} \end{bmatrix}^{\mathrm{T}} \right)^{-1} \right. \\
&\qquad \left. \cdot \begin{bmatrix} L & 0_{q \times (n-q)} \end{bmatrix} Q^{\mathrm{T}} \right] L_0^{-1} \\
&= L_0 \left[QQ^{\mathrm{T}} - Q \begin{bmatrix} I_q & 0_{q \times (n-q)} \end{bmatrix}^{\mathrm{T}} \begin{bmatrix} I_q & 0_{q \times (n-q)} \end{bmatrix} Q^{\mathrm{T}} \right] L_0^{-1} \\
&= L_0 \left[QQ^{\mathrm{T}} - Q \begin{bmatrix} I_q & 0 \\ 0 & 0 \end{bmatrix} Q^{\mathrm{T}} \right] L_0^{-1} = L_0 Q \begin{bmatrix} 0 & 0 \\ 0 & I_{n-q} \end{bmatrix} Q^{\mathrm{T}} L_0^{-1} = \overline{Q}_2 \overline{Q}_2^{\mathrm{T}}.
\end{aligned}
$$

根据 E_* 的定义, 则有

$$
\begin{aligned}
E_* &= (EG^{-1}E^{\mathrm{T}})^{-1} EG^{-1} \\
&= \left(\overline{E}QQ^{\mathrm{T}}\overline{E}^{\mathrm{T}} \right)^{-1} \overline{E}QQ^{\mathrm{T}} L_0^{\mathrm{T}} \\
&= \left(\begin{bmatrix} L & 0_{q \times (n-q)} \end{bmatrix} \begin{bmatrix} L & 0_{q \times (n-q)} \end{bmatrix}^{\mathrm{T}} \right)^{-1} \begin{bmatrix} L & 0_{q \times (n-q)} \end{bmatrix} Q^{\mathrm{T}} L_0^{\mathrm{T}} \\
&= L^{-\mathrm{T}} \begin{bmatrix} I_q & 0_{q \times (n-q)} \end{bmatrix} Q^{\mathrm{T}} L_0^{\mathrm{T}} \\
&= L^{-\mathrm{T}} \begin{bmatrix} I_q & 0_{q \times (n-q)} \end{bmatrix} \begin{bmatrix} \overline{Q}_1^{\mathrm{T}} \\ \overline{Q}_2^{\mathrm{T}} \end{bmatrix} = L^{-\mathrm{T}} \overline{Q}_1. \quad \blacksquare
\end{aligned}
$$

3.1.2 严格凸二次规划的 Lagrange 对偶

如果凸二次规划问题 (3.1) 中矩阵 G 正定, 此时问题称为严格凸二次规划问题. 问题 (3.1) 的 Lagrange 函数是

$$L(x,\mu,\lambda) = c^{\mathrm{T}}x + \frac{1}{2}x^{\mathrm{T}}Gx + \langle \mu, Ex-d\rangle + \langle \lambda, Ax-b\rangle.$$

问题 (3.1) 的 Lagrange 对偶是

$$\max_{\mu,\lambda}\left\{-d^{\mathrm{T}}\mu - b^{\mathrm{T}}\lambda - \frac{1}{2}(c+E^{\mathrm{T}}\mu+A^{\mathrm{T}}\lambda)^{\mathrm{T}}G^{-1}(c+E^{\mathrm{T}}\mu+A^{\mathrm{T}}\lambda),\ \lambda \geqslant 0\right\}. \quad (3.6)$$

3.1.3 凸二次规划的 Wolfe 对偶

如果凸二次规划问题 (3.1) 中的矩阵 G 半正定, 此时问题为一般的凸二次规划问题. 问题 (3.1) 的 Lagrange 函数是

$$L(x,\mu,\lambda) = c^{\mathrm{T}}x + \frac{1}{2}x^{\mathrm{T}}Gx + \langle \mu, Ex-d\rangle + \langle \lambda, Ax-b\rangle.$$

我们可试写出问题 (3.1) 的 Lagrange 对偶, 即

$$\max_{\mu\in\mathbb{R}^q,\lambda\in\mathbb{R}^p_+}\inf_y L(y,\mu,\lambda).$$

注意到对于任意的 $(\mu,\lambda)\in\mathbb{R}^q\times\mathbb{R}^p_+$, 因为 G 仅仅是半正定的, 无约束二次规划问题

$$\inf_y L(y,\mu,\lambda)$$

可能没有有限的最优值, 即使有有限的最优值, 内层也无法给出 y 的显式解. 此时, 无法写出形式类似 (3.6) 的对偶问题. 人们转而考虑问题 (3.1) 的 Wolfe 对偶, 它是下述的凸二次规划问题

$$\begin{aligned}\max_{x,\mu,\lambda}\quad & -d^{\mathrm{T}}\mu - b^{\mathrm{T}}\lambda - \frac{1}{2}x^{\mathrm{T}}Gx\\ \text{s.t.}\quad & c+Gx+E^{\mathrm{T}}\mu+A^{\mathrm{T}}\lambda = 0,\\ & \lambda \geqslant 0.\end{aligned} \quad (3.7)$$

一个有趣的观察是, Wolfe 对偶问题 (3.7) 的 Lagrange 对偶问题是凸二次规划问题 (3.1). 这由下述命题给出.

命题 3.2 设矩阵 $G\in\mathbb{R}^{n\times n}$ 是对称半正定矩阵. 则 Wolfe 对偶问题 (3.7) 的 Lagrange 对偶问题是凸二次规划问题 (3.1).

证明　问题 (3.7) 的 Lagrange 函数是

$$l(x,\mu,\lambda,y) = -d^{\mathrm{T}}\mu - b^{\mathrm{T}}\lambda - \frac{1}{2}x^{\mathrm{T}}Gx + y^{\mathrm{T}}(c + Gx + E^{\mathrm{T}}\mu + A^{\mathrm{T}}\lambda).$$

问题 (3.7) 的 Lagrange 对偶可以表示为

$$\inf_{y}\left\{ \sup_{(x,\mu,\lambda)\in\mathbb{R}^{n+q}\times\mathbb{R}_+^p} l(x,\mu,\lambda,y) \right\}$$

$$= \inf_{y}\left\{ \sup_{x\in\mathbb{R}^n}\left[c^{\mathrm{T}}y - \frac{1}{2}x^{\mathrm{T}}Gx + y^{\mathrm{T}}Gx \right] + \sup_{\mu\in\mathbb{R}^q}[-d+Ey]^{\mathrm{T}}\mu + \sup_{\lambda\in\mathbb{R}_+^p}[-b+Ay]^{\mathrm{T}}\lambda \right\}.$$
$$(3.8)$$

注意因为 G 是半正定矩阵, 极大化问题

$$\sup_{x\in\mathbb{R}^n}\left[c^{\mathrm{T}}y - \frac{1}{2}x^{\mathrm{T}}Gx + y^{\mathrm{T}}Gx \right]$$

是一个无约束凸优化问题, 它的最优解满足梯度等于 0_n, 即

$$-Gx + Gy = 0.$$

由此可得

$$\sup_{x\in\mathbb{R}^n}\left[c^{\mathrm{T}}y - \frac{1}{2}x^{\mathrm{T}}Gx + y^{\mathrm{T}}Gx \right] = c^{\mathrm{T}}y + \frac{1}{2}y^{\mathrm{T}}Gy.\qquad(3.9)$$

显然有

$$\sup_{\mu\in\mathbb{R}^q}[-d+Ey]^{\mathrm{T}}\mu = \begin{cases} 0, & Ey = d, \\ +\infty, & Ey \neq d \end{cases}\qquad(3.10)$$

与

$$\sup_{\lambda\in\mathbb{R}_+^p}[-b+Ay]^{\mathrm{T}}\lambda = \begin{cases} 0, & Ay \leqslant b, \\ +\infty, & \text{否则}. \end{cases}\qquad(3.11)$$

因此, 将 (3.9), (3.10) 与 (3.11) 代入 (3.8), 可得

$$\inf_{y}\left\{ \sup_{(x,\mu,\lambda)\in\mathbb{R}^{n+q}\times\mathbb{R}_+^p} l(x,\mu,\lambda,y) \right\}$$

$$= \inf\left\{ c^{\mathrm{T}}y + \frac{1}{2}y^{\mathrm{T}}Gy : Ey = d, Ay \leqslant b \right\}.\qquad(3.12)$$

这恰好是原始凸二次规划问题 (3.1).　■

3.2 严格凸二次规划的对偶算法

考虑下述二次规划问题

$$\begin{cases} \min & f(x) := c^{\mathrm{T}}x + \dfrac{1}{2}x^{\mathrm{T}}Gx \\ \text{s.t.} & s(x) := Ax - b \geqslant 0, \end{cases} \tag{3.13}$$

其中 $c \in \mathbb{R}^n$, $G \in \mathbb{R}^{n \times n}$ 是对称正定矩阵, $A \in \mathbb{R}^{m \times n}$, $b \in \mathbb{R}^m$. 设矩阵 A 的第 i 个行向量是 a_i^{T}, $a_i \in \mathbb{R}^n$, 即

$$A = (a_1, \cdots, a_m)^{\mathrm{T}}.$$

设约束 $Ax - b \geqslant 0$ 是可行的, 则问题 (3.13) 的最优解是唯一的, 被记为 x^*. 定义

$$\alpha_* = \{i \in [m] : a_i^{\mathrm{T}}x^* = b_i\}.$$

则 x^* 是下述问题最优解

$$\begin{cases} \min & c^{\mathrm{T}}x + \dfrac{1}{2}x^{\mathrm{T}}Gx \\ \text{s.t.} & a_i^{\mathrm{T}}x - b_i = 0, \, i \in \alpha_*, \end{cases} \tag{3.14}$$

且存在 $\lambda^* \in \Re^m$ 满足

$$\begin{cases} c + Gx^* - \displaystyle\sum_{i \in \alpha_*} \lambda_i^* a_i = 0, \\ \lambda_i^* \geqslant 0, \, i \in \alpha_*, \\ \alpha_i^* = 0, \, i \in [m] \setminus \alpha_*. \end{cases} \tag{3.15}$$

一个很自然的想法是寻求满足条件 (3.14) 与 (3.15) 的对 (x^*, α_*). Goldfarb 与 Idnani[29] 的对偶算法就是这样一个有效的算法. 对 $J \subset [m]$, 用 QP(J) 记下述等式二次规划问题

$$\begin{cases} \min & c^{\mathrm{T}}x + \dfrac{1}{2}x^{\mathrm{T}}Gx \\ \text{s.t.} & a_i^{\mathrm{T}}x - b_i \leqslant 0, \, i \in J. \end{cases} \tag{3.16}$$

显然, QP$(\varnothing)$ 是无约束的二次规划问题, 该问题的解是 $-G^{-1}c$.

定义 3.1 称 (x, α) 是问题 P(J) 的一解对 (solution pair), 如果 x 是问题 P(J) 的最优解, $\alpha = \{i \in J : a_i^{\mathrm{T}}x = b_i\}$, 且 $\{a_i : i \in \alpha\}$ 是线性无关的.

设 $\beta \subset [m]$, $\{a_i : i \in \beta\}$ 是线性无关的. 记

$$A_{\cdot\beta} = (a_i : i \in \beta), \quad A_{\cdot\beta}^* = [A_{\cdot\beta}^{\mathrm{T}} G^{-1} A_{\cdot\beta}] A_{\cdot\beta}^{\mathrm{T}} G^{-1},$$

$$H_\beta = G^{-1} - G^{-1} A_{\cdot\beta} [A_{\cdot\beta}^{\mathrm{T}} G^{-1} A_{\cdot\beta}] A_{\cdot\beta}^{\mathrm{T}} G^{-1}.$$

定义 3.2 称 (x, α, p) 是问题一个 V-三元组, 如果

(i) $s_i(x) = 0$, $\forall i \in \alpha$, $s_p(x) < 0$;

(ii) 对 $\alpha_+ = \alpha \cup \{p\}$, $\{a_i : i \in \alpha_+\}$ 是线性无关的;

(iii) $H_{\alpha_+}(c + Gx) = 0$;

(iv) $\lambda_{\alpha_+} := A_{\cdot\alpha_+}^*(c + Gx) \geqslant 0$.

对偶算法

步骤 0: 求解无约束极小点: $x \leftarrow G^{-1}c$, $f \leftarrow \dfrac{1}{2}c^t x$, $H \leftarrow G^{-1}$, $\alpha \leftarrow \varnothing$, $q \leftarrow 0$, $u \leftarrow 0$.

步骤 1: 计算 $s_i(x)$, $\forall i \in [m] \setminus \alpha$.

如果 $V = \{j \in [m] \setminus \alpha : s_j(x) < 0\} = \varnothing$, 则终止计算, x 是可行的最优解;

否则, 选取 $p \in V$, 置 $a_+ = a_p$, $u_+ \leftarrow \begin{pmatrix} u \\ 0 \end{pmatrix}$, $\alpha_+ = \alpha \cup \{p\}$.

步骤 2: 检验可行性并确定一新的解对.

(a) 计算方向: 计算 $z = H_\alpha a_+$; 如果 $q > 0$, 计算 $r = A_{\cdot\alpha}^* a_+$.

(b) 计算步长.

(i) 对偶步长

$$t_1 \leftarrow \begin{cases} +\infty, & \text{如果 } r \leqslant 0 \text{ 或 } q = 0, \\[2mm] \min_{r_j > 0, j \in [q]} \left\{ \dfrac{u_{+j}(x)}{r_j} \right\} = \dfrac{u_{+l}(x)}{r_l}, & \text{否则.} \end{cases}$$

设 $k \in [m]$ 对应 α 中的第 l 个元素.

(ii) 原始步长

$$t_2 \leftarrow \begin{cases} \infty, & \text{如果 } \|z\| = 0, \\[2mm] \dfrac{s_p(x)}{z^{\mathrm{T}} a_+}, & \text{否则.} \end{cases}$$

(iii) 步长选择: $t = \min\{t_1, t_2\}$.

(c) 确定解对并执行迭代步.

(i) 如果 $t = \infty$, 问题 $\mathrm{QP}(\alpha_+)$ 不可行, 从而原始问题不可行.

(ii) 如果 $t_2 = \infty$, 则置

$$u_+ \leftarrow u_+ + t\begin{pmatrix} -r \\ 1 \end{pmatrix},$$

置 $\alpha \leftarrow \alpha \setminus \{k\}$, $q \leftarrow q - 1$, 校正 H_α 和 $A^*_{\cdot\alpha}$, 转到步骤 2(a).

(iii) 置

$$\begin{cases} x \leftarrow x + tz, \\ f \leftarrow f + z^{\mathrm{T}} a_+ \left(\dfrac{1}{2} t + [u_+]_{q+1} \right), \\ u \leftarrow u_+ + t\begin{pmatrix} -r \\ 1 \end{pmatrix}. \end{cases}$$

如果 $t = t_2$, 置 $u \leftarrow u^+$, $\alpha \leftarrow \alpha \cup \{p\}$, $q \leftarrow q + 1$, 校正 H_α 和 $A^*_{\cdot\alpha}$, 转到步骤 1.

如果 $t = t_2$, 置 $\alpha \leftarrow \alpha \setminus \{k\}$, $q \leftarrow q - 1$, 校正 H_α 和 $A^*_{\cdot\alpha}$, 转到步骤 2(a).

引理 3.1 设 (x, α, p) 是一个 V-三元组. 考虑

$$x_+ = x + tz, \tag{3.17}$$

其中

$$z = H_\alpha a_+. \tag{3.18}$$

则

$$\begin{aligned} & H_{\alpha_+}(c + Gx_+) = 0, \\ & s_i(x_+) = 0, \quad \forall i \in \alpha, \\ & u_+(x_+) := A^*_{\cdot\alpha_+}(c + Gx_+) = u_+(x) + t\begin{pmatrix} r \\ 1 \end{pmatrix}, \end{aligned} \tag{3.19}$$

其中

$$r = A^*_{\cdot\alpha} a_+ \tag{3.20}$$

与

$$s_p(x_+) = s_p(x) + tz^{\mathrm{T}} a_+. \tag{3.21}$$

证明 上述所有结论来自 (x, α, p) 是一个 V-三元组和下述事实:

$$c + Gx_+ = [c + Gx] + tGz,$$

$$Gz = GH_\alpha a_+ = (I_n - A_{\cdot\alpha} A^*_{\cdot\alpha}) a_+ = a_+ - A_{\cdot\alpha} r = A_{\cdot\alpha_+} \begin{pmatrix} -r \\ 1 \end{pmatrix},$$

$$H_{\alpha_+} A_{\cdot \alpha_+} = 0,$$

$$A^*_{\cdot \alpha_+} A_{\cdot \alpha_+} = I$$

与

$$a_i^{\mathrm{T}} H_\alpha a_+ = 0, \quad \forall i \in \alpha. \qquad \blacksquare$$

根据上述引理, 如果记

$$\mathcal{M}_\alpha = \{x \in \mathbb{R}^n : a_i^{\mathrm{T}} x = b_i, i \in \alpha\}, \quad \mathcal{M}_{\alpha_+} = \{x \in \mathbb{R}^n : a_i^{\mathrm{T}} x = b_i, i \in \alpha_+\}.$$

则点 $x_+ = x + t_2 z$, $t_2 = -s_p(x)/z^{\mathrm{T}} a_+$ 是 $c^{\mathrm{T}} x + \dfrac{1}{2} x^{\mathrm{T}} G x$ 在 $\mathcal{M}_{\alpha_+}$ 上的极小点. 如果还有 $u_+(x_+) \geqslant 0$, 那么 x_+ 是 QP(α_+) 的解. 如果 $t = t_1 < t_2$, 那么对于 $t > t_1$, $u_+(x_+(t)) < 0$. 如果约束 $k \in \alpha$ 对应从起作用集删除的分量, 那么 $(x_+(t_1), \alpha_-, p)$ 是一个 V-三元组, 其中 $\alpha_- = \alpha \setminus \{k\}$. 由这一分析可以得到下述结论.

定理 3.1　给定 V-三元组 (x, α, p). 如果 x_+ 由 (3.17) 与 (3.18) 给出, 其中

$$t = \min\{t_1, t_2\}$$

与

$$t_1 = \min\left\{ \min_{r_j > 0, j \in [q]} \left\{ \frac{u_{+j}(x)}{r_j} \right\}, \infty \right\}, \quad t_2 = -s_p(x)/z^{\mathrm{T}} a_+,$$

而 $u_+(x)$ 与 r 分别由 (3.19) 与 (3.20) 定义, 那么

$$s_p(x_+) \geqslant s_p(x) \qquad (3.22)$$

与

$$f(x_+) - f(x) = t z^{\mathrm{T}} a_+ \left(\frac{1}{2} t + [u_+]_{q+1}(x) \right) \geqslant 0. \qquad (3.23)$$

进一步地, 如果 $t = t_1 = u_{+l}(x)/r_l$, 那么 $(x_+, \alpha \setminus \{k\}, p)$ 是一个 V-三元组, $k \in [m]$ 对应 α 中的第 l 个元素. 如果 $t = t_2$, 那么 $(x_+, \alpha \cup \{p\})$ 是一解对.

证明　因为 (x, α, p) 是一个 V-三元组, 所以

$$z^{\mathrm{T}} a_+ = a_+^{\mathrm{T}} H_\alpha a_+ = a_+^{\mathrm{T}} H_\alpha G^{-1} H_\alpha a_+ = z^{\mathrm{T}} G z > 0 \qquad (3.24)$$

与 $t \geqslant 0$. 因此 (3.22) 由引理 3.1 得到. 由 Taylor 展式可得

$$f(x_+) - f(x) = t z^{\mathrm{T}} (c + Gx) + \frac{1}{2} t^2 z^{\mathrm{T}} G z. \qquad (3.25)$$

由 $H_{\alpha_+}(c+Gx)=0$ 可推出 $c+Gx=A_{\cdot\alpha_+}u_+(x)$, 从而 $H_\alpha(c+Gx)=H_\alpha a_+[u_+]_{q+1}(x)$ 以及

$$z^{\mathrm{T}}(c+Gx) = a_+^{\mathrm{T}}H_\alpha(c+Gx) = z^{\mathrm{T}}a_+[u_+]_{q+1}(x) \geqslant 0. \tag{3.26}$$

将 (3.24) 与 (3.26) 代入 (3.25), 便得 (3.23). 进一步地, 只要 $t>0$, 就有 $f(x_+) > f(x)$.

由 t 的定义与引理 3.1, 显然有 $H_{\alpha_+}(c+Gx_+)=0$, $s_i(x_+)=0, i\in\alpha$, $u_+(x_+)\geqslant 0$. 如果 $t=t_2$, 那么 $s_p(x_+)=0$, $(x,\alpha\cup\{p\})$ 是一解对. 如果 $t=t_1<t_2$, 那么 $u_{+l}=0$, $s_p(x_+)<0$. 因为 $H_{\alpha_+}(c+Gx_+)=0$ 且 $u_{+l}(x_+)=0$, 故有表示

$$c+Gx_+ = A_{\cdot\alpha_+}u_+(x_+) = \sum_{i\in\alpha\cup\{p\}\setminus\{k\}} u_{+j(i)}a_i,$$

其中 i 是 α_+ 中的第 $j(i)$ 个指标. 由于向量集 $\{a_i : i\in\alpha\cup\{p\}\setminus\{k\}\}$ 显然线性无关,

$$(x_+, \alpha\setminus\{k\}, p) \text{ 是 } V\text{-三元组}.$$

由上述定理知, 从一个 V-三元组 (x,α,p) 出发, 经过 $|\alpha|-|\beta|\leqslant q$ 次 $t=t_1$ 的迭代和一次 $t=t_2$ 的迭代, 得到一解对 $(x_+,\beta\cup\{p\})$, 其中 $\beta\subseteq\alpha, f(x_+)>f(x)$.

如在步骤 2 开始那样, 如果 a_+ 是 $A_{\cdot\alpha}$ 的列的线性组合, 那么 (x,α,p) 不是 V-三元组. 此种情况下, 问题 QP$(\alpha\cup\{p\})$ 或者是不可行的, 或者一个约束可以从起作用集 α 中删掉使得 (x,α_-,p) 是一个 V-三元组. 前一种情形下, 原始的二次规划问题也是不可行的, 而在后一种情形, 可以按定理 3.1 得到一个新的解对, 该解对上具有更大的函数值. ■

定理 3.2 设 (x,α) 是一解对, $p\in[m]\setminus\alpha$ 满足

$$a_+ := a_p = A_{\cdot\alpha}r \tag{3.27}$$

与

$$s_p(x) < 0. \tag{3.28}$$

如果 $r\leqslant 0$, 那么 QP$(\alpha\cup\{p\})$ 是不可行的; 否则, 第 k 个约束可以从起作用集合中删除, 其中 k 由下式确定

$$\frac{u_l(x)}{r_l} = \min_{r_j>0,j\in[q]}\left\{\frac{u_{+j}(x)}{r_j}\right\}, \quad l=j(k) \tag{3.29}$$

得到 $\alpha_- = \alpha\setminus\{k\}$ 与 V-三元组 (x,α_-,p).

证明　由 (3.27) 与 (3.28) 知, 如果存在问题 QP($\alpha\cup\{p\}$) 的可行解 $x_+ = x+z$, 必有

$$a_+^\mathrm{T}z = r^\mathrm{T}A_{\cdot\alpha}^\mathrm{T}z > 0$$

与

$$A_{\cdot\alpha}^\mathrm{T}z \geqslant 0.$$

这是因为 $s_i(x) = 0, \forall i \in \alpha$. 若 $r \leqslant 0$, 则这两个性质不能同时成立, 因此 QP($\alpha\cup\{p\}$) 是不可行的. 如果 r 中有一分量是正的, 则由 (3.29) 可知 $r_l > 0$, 由 (3.27) 得到

$$a_k = \frac{1}{r_l}\left[-\sum_{i\in\alpha_-}r_{j(i)}a_i + a_+\right].$$

因为 (x,α) 是一解对, 故可表示

$$c + Gx = \sum_{i\in\alpha_-}r_{j(i)}a_i + u_l a_k$$
$$= \sum_{i\in\alpha_-}\left(u_{j(i)} - \frac{u_l}{r_l}r_{j(i)}\right)a_i + \frac{u_l}{r_l}a_+.$$

令 $\hat\alpha = \alpha_-\cup\{p\}$. 显然, 由上述与 (3.29) 可知, $A_{\cdot\hat\alpha}$ 具有满的列秩, $H_{\hat\alpha}(c+Gx) = 0$ 与

$$\hat u(x) = A_{\cdot\hat\alpha}^*(c + Gx) = \begin{cases} u_{j(i)} - \dfrac{u_l}{r_l}r_{j(i)} \geqslant 0, & i\in\alpha_-, \\ \dfrac{u_l}{r_l} \geqslant 0. & \end{cases}$$

因此 (x,α_-,p) 是一个 V-三元组.　∎

算法不断迭代得到一个又一个解对 (x,α). 如果 x 是原始可行的, 那么 x 就是原始二次规划问题的最优解. 如果 x 不是可行的, 那么可以从一个 V-三元组 (x,α,p) 出发, 经过不超过 m 次的迭代, 得到一个新的解对 $(\hat x,\hat\alpha)$, 它不同于前一次解对, 因为其目标函数的函数值严格递增. 由于解对的个数是有限的, 因此算法具有有限次收敛性.

定理 3.3　对偶算法可在有限步之内求解二次规划问题 (3.13), 或判断出该二次规划问题不可行.

下述结论揭示了为什么步长 $t = \infty$ 意味着问题 (3.13) 是不可行的.

命题 3.3　设 $\alpha \subseteq [m]$ 满足 $A_{\cdot\alpha}$ 是列满秩的, $\hat x \in \mathbb{R}^n$ 满足 $\alpha \subseteq \{i \in [m] : a_i^\mathrm{T}\hat x = 0\}$, $(\hat x,\alpha,p)$ 是一个 V-三元组, 即 $a_p^\mathrm{T}\hat x < b_p$. 如果 $H_\alpha a_p = 0$, $r := A_{\cdot\alpha}^* a_p \leqslant 0$, 那么问题 (3.13) 是不可行的.

证明 需要证明集合

$$M := \{x : \mathbb{R}^n : a_i^{\mathrm{T}} x \geqslant b_i,\ i \in \alpha \cup \{p\}\}$$

是空集. 如果 $M \neq \varnothing$, 那么必存在 $d \in \mathbb{R}^n, d \neq 0$ 满足

$$A_{\cdot\alpha}^{\mathrm{T}} d \geqslant 0, \quad a_p^{\mathrm{T}} d > 0.$$

而这是不可能的, 因为由 $H_\alpha a_p = 0$ 知,

$$a_p = A_{\cdot\alpha} r,$$

所以

$$a_p^{\mathrm{T}} d = r^{\mathrm{T}} A_{\cdot\alpha}^{\mathrm{T}} d \leqslant 0,$$

从而给出矛盾. ∎

3.3 一般凸二次规划的最小约束违背优化问题

考虑一般约束的凸二次规划问题 (3.1), 即下述二次规划问题

$$\begin{aligned}
\min \quad & f(x) := c^{\mathrm{T}} x + \frac{1}{2} x^{\mathrm{T}} G x \\
\text{s.t.} \quad & Ex = d, \\
& Ax \leqslant b,
\end{aligned}$$

其中 $c \in \mathbb{R}^n$, $G \in \mathbb{S}^n$ 是对称半正定矩阵, $E \in \mathbb{R}^{q \times n}$, $d \in \mathbb{R}^q$, $A \in \mathbb{R}^{p \times n}$, $b \in \mathbb{R}^p$. 用 $\mathcal{F}_{\mathrm{QP}}$ 表示问题 (QP) 的可行域

$$\mathcal{F}_{\mathrm{QP}} = \{x \in \mathbb{R}^n : Ex + d = 0,\ Ax + b \leqslant 0\}.$$

记 $s = (s_e, s_a) \in \mathbb{R}^{q+p}$, 其中 $s_e \in \mathbb{R}^q$ 与 $s_a \in \mathbb{R}^p$. 对给定的 $s \in \mathbb{R}^{q+p}$, 平移问题为

$$\begin{aligned}
\mathrm{QP}(s) \qquad \min \quad & f(x) := c^{\mathrm{T}} x + \frac{1}{2} x^{\mathrm{T}} G x \\
\text{s.t.} \quad & Ex + s_e = d, \\
& Ax + s_a \leqslant b.
\end{aligned} \tag{3.30}$$

可行平移集定义为

$$\mathcal{S}_{\mathrm{QP}} := \{s \in \mathcal{Y} : 存在一个\ x \in \mathbb{R}^n\ 满足\ Ex + s_e = d,\ Ax + s_a \leqslant b\}. \tag{3.31}$$

引理 3.2 $\mathcal{S}_{QP}$ 是凸集.

证明 注意 $\mathcal{S}_{QP} = \mathcal{S}_{LP}$, 由引理 2.4即得结论. ∎

设 $\nu(s)$ 与 $X(s)$ 分别是问题 QP(s) 的最优值和最优解集, 即

$$\nu_{QP}(s) = \inf_x \left\{ c^T x + \frac{1}{2} x^T G x : Ex + s_e = d,\ Ax + s_a \leqslant b \right\},$$

$$X_{QP}(s) = \mathrm{Argmin} \left\{ c^T x + \frac{1}{2} x^T G x : Ex + s_e = d,\ Ax + s_a \leqslant b \right\}.$$

定义集值映射 $G_K : \mathbb{R}^n \rightrightarrows \mathbb{R}^{q+p}$:

$$G_K(x) = \begin{bmatrix} -Ex + d \\ -Ax + b \end{bmatrix} + \{0_q\} \times \mathbb{R}^p_-.$$

则可以得到

$$\mathrm{gph}\, G_K = \{(x, s) \in \mathbb{R}^n \times \mathbb{R}^{q+p} : Ex + s_e = d,\ Ax + s_a \leqslant b\}$$

与

$$(\mathrm{gph}\, G_K)^\infty = \{(h_x, h_s) \in \mathbb{R}^n \times \mathbb{R}^{q+p} : Eh_x + h_{s_e} = 0,\ Ah_x + h_{s_a} \leqslant 0\}.$$

故而得到

$$G_K^\infty(h_x) = \{h_s \in \mathbb{R}^{q+p} : Eh_x + h_{s_e} = 0,\ Ah_x + h_{s_a} \leqslant 0\}. \tag{3.32}$$

命题 3.4 如果

$$\left. \begin{aligned} Eh_x &= 0 \\ Ah_x &\leqslant 0 \end{aligned} \right\} \implies h_x = 0, \tag{3.33}$$

那么 $\mathcal{S}_{QP}$ 是闭集.

证明 定义

$$\Phi = \{(x, s) \in \mathbb{R}^n \times \mathbb{R}^{q+p} : Ex + s_e = d,\ Ax + s_a \leqslant b\}.$$

则

$$\Phi^\infty = \{(h_x, h_s) \in \mathbb{R}^n \times \mathbb{R}^{q+p} : Eh_x + h_{s_e} = 0,\ Ah_x + h_{s_a} \leqslant 0\}.$$

定义投影映射 $\Pi : \mathbb{R}^n \times \mathbb{R}^{q+p} \to \mathbb{R}^{q+p}$:

$$\Pi(x, s) = s, \quad \forall (x, s) \in \mathbb{R}^n \times \mathbb{R}^{q+p}.$$

那么

$$\mathcal{S}_{\mathrm{QP}} = \Pi(\Phi), \quad \Pi^{-1}(0) = \{(x,0) : x \in \mathbb{R}^n\}.$$

从而

$$\Pi^{-1}(0) \cap \Phi^{\infty} = \{(h_x, 0) \in \mathbb{R}^n \times \mathbb{R}^{q+p} : Eh_x = 0, \, Ah_x \leqslant 0\}.$$

根据定理 1.7 和 (3.33) 知, $\mathcal{S}_{\mathrm{QP}}$ 是闭集. ∎

注记 3.1 注意问题 (QP) 的可行域 $\mathcal{F}_{\mathrm{QP}}$ 的回收锥是

$$\mathcal{F}_{\mathrm{QP}}^{\infty} = \{d \in \mathbb{R}^n : Ed = 0, \, Ad \leqslant 0\}.$$

因此条件 (3.33) 实际上就是 $\mathcal{F}_{\mathrm{QP}}^{\infty} = \{0\}$, 即 $\mathcal{F}_{\mathrm{QP}}$ 是有界集. 因此, 条件 (3.33) 对于 $\mathcal{S}_{\mathrm{QP}}$ 的闭性太强.

命题 3.5 如果

$$\left. \begin{array}{l} c^{\mathrm{T}} h_x \leqslant 0, \; Gh_x = 0 \\ Eh_x = 0, \; Ah_x \leqslant 0 \end{array} \right\} \Longrightarrow h_x = 0, \tag{3.34}$$

那么下述结论成立:

(b1) 函数 ν_{QP} 在 $\mathbb{R}^{q+p}$ 是正常的下半连续凸函数, 对每一 $s \in \mathcal{S}_{\mathrm{QP}}$, 集合 $X_{\mathrm{QP}}(s)$ 是非空的凸紧致集;

(b2) 映射 X_{QP} 是紧致值的, 满足 $\mathrm{dom}\, X_{\mathrm{QP}} = \mathcal{S}_{\mathrm{QP}}$, 它以 ν_{QP}-可达收敛 $\xrightarrow{\nu_{\mathrm{QP}}}$ 是外半连续的.

证明 根据文献 [58] 的例 1.29,

$$f^{\infty}(h_x) = c^{\mathrm{T}} h_x + \delta(h_x \mid Gh_x = 0).$$

定义

$$\Phi = \{(x,s) \in \mathbb{R}^n \times \mathbb{R}^{q+p} : Ex + s_e = d, \, Ax + s_a \leqslant b\}$$

与

$$\phi(x,s) = f(x) + \delta_{\Phi}(x,s),$$

则有

$$\nu(s) = \inf_x \phi(x,s).$$

容易验证

$$\phi^{\infty}(h_x, h_s) = f^{\infty}(h_x) + \delta_{\Phi^{\infty}}(h_x, h_s).$$

那么有

$$\phi^{\infty}(h_x, 0) \leqslant 0, \ \forall h_x \in \mathbb{R}^n, h_x \neq 0 \Longleftrightarrow \left. \begin{array}{l} c^{\mathrm{T}} h_x \leqslant 0, \ G h_x = 0 \\ E h_x = 0, \ A h_x \leqslant 0 \end{array} \right\} \Longrightarrow h_x = 0.$$

因此由定理 1.10 可得结论. ∎

推论 3.1 如果问题 (3.1) 中没有等式约束, 那么 $\mathrm{int}\mathcal{S}_{\mathrm{QP}} \neq \varnothing$. 此时, 条件 (3.34) 简化为下述条件

$$\left. \begin{array}{l} c^{\mathrm{T}} h_x \leqslant 0 \\ G h_x = 0 \\ A h_x \leqslant 0 \end{array} \right\} \Longrightarrow h_x = 0. \tag{3.35}$$

因此, 如果 (3.35) 成立, 那么集值映射 X_{QP} 在 $\mathrm{int}\mathcal{S}_{\mathrm{QP}}$ 上是局部有界的, 且是外半连续的.

命题 3.6 对任何 $s \in \mathcal{S}_{\mathrm{QP}}$, 问题 $\mathrm{QP}(s)$ 是无界 (即 $\mathrm{Val}(\mathrm{QP}(s)) = -\infty$) 的充分必要条件是存在以向量 $h_x \in \mathbb{R}^n$ 满足

$$\begin{aligned} c^{\mathrm{T}} h_x < 0, \ &G h_x = 0, \\ E h_x = 0, \ &A h_x \leqslant 0. \end{aligned} \tag{3.36}$$

证明 易证. 亦可参考 [11, Lemma 2.2]. ∎

3.4 二次规划的增广 Lagrange 函数

一般约束凸二次规划问题 (3.1) 可以等价地表示为

$$\begin{aligned} \min \quad & f(x) := c^{\mathrm{T}} x + \frac{1}{2} x^{\mathrm{T}} G x \\ \mathrm{s.\,t.} \quad & Ex - d = y_e, \\ & Ax - b = y_a, \\ & y := (y_e, y_a) \in \{0_q\} \times \mathbb{R}_-. \end{aligned} \tag{3.37}$$

问题 (3.37) 的 Lagrange 函数是

$$l(x, y, \mu, \lambda) = f(x) + \mu^{\mathrm{T}}(Ex - d - y_e) + \lambda^{\mathrm{T}}(Ax - b - y_a).$$

(负) 对偶函数定义为

$$\theta_{\mathrm{QP}}(\mu, \lambda) = - \inf_{x, y_e = 0, y_a \leqslant 0} l(x, y, \mu, \lambda).$$

命题 3.7 对于最优值函数和 (负) 对偶函数, 有

$$\nu_{\mathrm{QP}}^*(\mu, \lambda) = \theta_{\mathrm{QP}}(\mu, \lambda). \tag{3.38}$$

证明 令 $K = \{0_q\} \times \mathbb{R}_-^p$, 则有

$$
\begin{aligned}
\nu_{\mathrm{QP}}^*(\mu, \lambda) &= \sup_s\{\langle \mu, s_e \rangle + \langle \lambda, s_a \rangle - \nu_{\mathrm{QP}}(s_e, s_a)\} \\
&= \sup_s\{\langle \mu, s_e \rangle + \langle \lambda, s_a \rangle - \inf\{f(x) + \delta_K(Ex - d + s_e, Ax - b + s_a)\}\} \\
&= \sup_{s', x}\{\langle \mu, s'_e - Ex + d \rangle + \langle \lambda, s'_a - Ax + b \rangle - f(x) + \delta_K(s')\} \\
&= -\inf_x[f(x) + \langle \mu, Ex - d \rangle + \langle \lambda, Ax - b \rangle] \\
&\qquad + \sup_{s'}\{\langle \mu, s'_e \rangle + \langle \lambda, s'_a \rangle - \delta_{\{0_q\} \times \mathbb{R}_-^p}(s'_e, s'_a)\} \\
&= -\inf_x[f(x) + \langle \mu, Ex - d \rangle + \langle \lambda, Ax - b \rangle] + \delta_{\mathbb{R}_-^p}^*(\lambda) \\
&= -\inf_x[f(x) + \langle \mu, Ex - d \rangle + \langle \lambda, Ax - b \rangle] + \delta_{\mathbb{R}_+^p}(\lambda) \\
&= \theta_{\mathrm{QP}}(\mu, \lambda). \qquad \blacksquare
\end{aligned}
$$

注意到 θ_{QP} 是不取 $-\infty$ 的闭凸函数, 因此

$$\theta_{\mathrm{QP}} \text{ 是正常的闭凸函数} \iff \operatorname{dom} \theta_{\mathrm{QP}} \neq \varnothing.$$

根据 Moreau 包络与邻近映射的定义 1.11, θ_{QP} 的 Moreau-Yosida 包络定义为 $\theta_r : \mathbb{R}^{q+p} \to \overline{\mathbb{R}}$:

$$\theta_r(\mu, \lambda) = \inf_{\mu', \lambda'}\left(\theta_{\mathrm{QP}}(\mu'\lambda') + \frac{1}{2r}\|(\mu'\lambda') - (\mu, \lambda)\|^2\right),$$

$$\operatorname{prox}_{r\theta}(\mu, \lambda) = \operatorname{Arg}\min_{\mu', \lambda'}\left(\theta_{\mathrm{QP}}(\mu'\lambda') + \frac{1}{2r}\|(\mu'\lambda') - (\mu, \lambda)\|^2\right).$$

根据定理 1.4 知, 如果 θ_{QP} 是一正常的下半连续凸函数, θ_r 是连续可微的凸函数, 且

$$\nabla\theta_r(\mu, \lambda) = \frac{1}{r}[(\mu, \lambda) - \operatorname{prox}_{r\theta}(\mu, \lambda)].$$

问题 (3.37) 的增广 Lagrange 函数定义为

$$l_r(x, y, \mu, \lambda) = l(x, y, \mu, \lambda) + \frac{r}{2}\left[\|Ex - d - y_e\|^2 + \|Ax - b - y_a\|^2\right].$$

命题 3.8 设 $\theta_{\rm QP}$ 是下半连续的正常的凸函数, $r > 0$, 那么

$$\theta_r(\mu, \lambda) = -\inf_{x \in \mathbb{R}^n, y \in K} l_r(x, y, \mu, \lambda),$$

其中 $K = \{0_q\} \times \mathbb{R}^p_-$. 设

$$(x(\mu, \lambda), y(\mu, \lambda)) = \text{Arg} \min_{x, y \in K} l_r(x, y, \mu, \lambda),$$

那么

$$\text{prox}_{r\theta}(\mu, \lambda) = \begin{bmatrix} \mu \\ \lambda \end{bmatrix} + r \begin{bmatrix} Ex(\mu, \lambda, r) - d \\ Ax(\mu, \lambda, r) - b - y_a(\mu, \lambda, r) \end{bmatrix} \tag{3.39}$$

与

$$-\begin{bmatrix} Ex(\mu, \lambda, r) - d \\ Ax(\mu, \lambda, r) - b - y_a(\mu, \lambda, r) \end{bmatrix} \in \partial\theta(\text{prox}_{r\theta}(\mu, \lambda)). \tag{3.40}$$

证明 由 $\theta_r(\mu, \lambda)$ 的定义, 可得

$$\theta_r(\mu, \lambda) = \inf_{\mu', \lambda'} \left[\frac{1}{2r} \|(\mu', \lambda') - (\mu, \lambda)\|^2 - \inf_{x, y \in K} l(x, y, \mu', \lambda') \right].$$

记 $\xi = (\mu, \lambda)$, $g(x) = (Ex - d, Ax - b)$, $y = (y_e, y_a)$, $K = \{0_q\} \times \mathbb{R}^p_-$. 注意 $\theta^* = \nu$ (ν 是正常的闭凸函数). 根据定理 1.18, 对 $h(\xi) = \dfrac{1}{2r}\|\xi\|^2$,

$$\begin{aligned}
\theta_r(\xi) &= (h\square\theta)(\xi) \\
&= (h^* + \theta^*)^*(\xi) \\
&= \sup_s \{\langle \xi, s \rangle - (h^* + \theta^*)(s)\} \\
&= \sup_s \{\langle \xi, s \rangle - (h^* + \nu)(s)\} \\
&= \sup_s \left\{ \langle \xi, s \rangle - \frac{1}{2r}\|s\|^2 - \inf_x [f(x) + \delta_K(g(x) + s)] \right\} \\
&= \sup_{y, x} \left\{ \langle \xi, y - g(x) \rangle - \frac{1}{2r}\|g(x) - y\|^2 - [f(x) + \delta_K(y)] \right\} \\
&= -\inf_{x, y \in K} \left[f(x) + \langle \xi, g(x) - y \rangle + \frac{r}{2}\|g(x) - y\|^2 \right] \\
&= -\inf_{x, y \in K} l_r(x, y, \xi).
\end{aligned}$$

记

$$(x(\mu, \lambda), y(\mu, \lambda)) = \text{Arg} \min_{x, y \in K} l_r(x, y, \mu, \lambda),$$

有

$$\theta_r(\mu, \lambda) = -f(x(\xi, r)) - \langle \xi, g(x(\xi, r)) - y(\xi, r) \rangle - \frac{r}{2} \|g(x(\xi, r)) - y(\xi, r)\|^2.$$

于是

$$\nabla \theta_r(\xi) = -(g(x(\xi, r)) - y(\xi, r)).$$

从而

$$\text{prox}_{r\theta}(\xi) = \xi - r \nabla \theta_r(\xi) = \xi + r[g(x(\xi, r)) - y(\xi, r)].$$

注意到 $\text{prox}_{r\theta}(\xi)$ 是下述问题的解

$$\min \left[\frac{1}{2r} \|\xi' - \xi\|^2 + \theta(\xi') \right],$$

则有

$$0 \in \frac{1}{r}[\text{prox}_{r\theta}(\xi) - \xi] + \partial \theta(\text{prox}_{r\theta}(\xi))$$

或等价地,

$$\frac{1}{r}[\xi - \text{prox}_{r\theta}(\xi)] \in \partial \theta(\text{prox}_{r\theta}(\xi)).$$

此即

$$y(\xi, r) - g(x(\xi, r)) \in \partial \theta(\text{prox}_{r\theta}(\xi)). \qquad \blacksquare$$

下面的命题表明, 增广 Lagrange 函数方法子问题的解是存在的.

命题 3.9 给定 $s \in \mathcal{S}_{\text{QP}}$, $(\mu, \lambda) \in \mathbb{R}^{q+p}$, $r > 0$. 下述性质是等价的:

(i) $\text{dom}\, \theta_{\text{QP}} \neq \varnothing$;

(ii) $\text{QP}(s)$ 有一解存在;

(iii) 增广 Lagrange 方法的子问题

$$\min_{x, y \in K} l_r(x, y, \mu, \lambda) \qquad (3.41)$$

存在一个解.

证明 (i) $\Longrightarrow$ (iii). 因 $\text{dom}\, \theta \neq \varnothing$, θ 是正常的下半连续的凸函数. 从而 $\theta_r(\mu, \lambda)$ 之定义的右端是有限的. 根据命题 3.8, 问题 (3.41) 中的最优值是有限的. 因此问题是凸的二次规划问题, 问题 (3.41) 有一个解存在.

(iii) $\Longrightarrow$ (ii). 用反证法. 设可行问题 QP(s) 无解, 此问题是无界的. 根据命题 3.6, 存在 $d_x \in \mathbb{R}^n$ 满足

$$Ed_x = 0, \quad Ad_x \leqslant 0, \quad Gd_x = 0, \quad c^{\mathrm{T}}d_x < 0. \tag{3.42}$$

注意 $l_r(\cdot,\cdot,\mu,\lambda)$ 是二次函数,

$$l_r(x,y,\mu,\lambda) = l_r(0,0,\mu,\lambda) + \langle \nabla l_r(0,0,\mu,\lambda), (x,y) \rangle + \frac{1}{2}\langle \nabla^2 l_r(0,0,\mu,\lambda)(x,y), (x,y) \rangle.$$

注意

$$\nabla l_r(0,0,\mu,\lambda) = \left[\begin{array}{c} c + E^{\mathrm{T}}(\mu - rd) + A^{\mathrm{T}}(\lambda - rb) \\ \\ \lambda - rb \end{array} \right]$$

与

$$\nabla^2 l_r(0,0,\mu,\lambda) = \left[\begin{array}{cc} G + rE^{\mathrm{T}}E + rA^{\mathrm{T}}A & -rA^{\mathrm{T}} \\ \\ -rA & rI \end{array} \right].$$

如果令

$$d_{y_a} = Ad_x. \tag{3.43}$$

那么 $d_{y_a} \leqslant 0$, 且

$$\nabla^2 l_r(0,0,\mu,\lambda)\left[\begin{array}{c} d_x \\ d_y \end{array} \right] = \left[\begin{array}{c} Gd_x + rE^{\mathrm{T}}Ed_x + rA^{\mathrm{T}}Ad_x - rA^{\mathrm{T}}d_{y_a} \\ \\ -rAd_x + rd_{y_a} \end{array} \right] = \left[\begin{array}{c} 0 \\ \\ 0 \end{array} \right]$$

与

$$\nabla l_r(0,0,\mu,\lambda)^{\mathrm{T}}\left[\begin{array}{c} d_x \\ d_y \end{array} \right] = c^{\mathrm{T}}d_x + (\mu - rd)^{\mathrm{T}}Ed_x + (\lambda - rb)^{\mathrm{T}}Ad_x - (\lambda - rb)^{\mathrm{T}}d_{y_a}$$

$$= c^{\mathrm{T}}d_x < 0.$$

这表明, 问题 $\min_{x,y \in K} l_r(x,y,\mu,\lambda)$ 没有有限最优值.

(ii) $\Longrightarrow$ (i). 设 $(\bar{x},\bar{\mu},\bar{\lambda})$ 是问题 QP(s) 的原始-对偶解. 于是有, 对于 $\bar{y} = (\bar{y}_e, \bar{y}_a)$, $(\bar{x},\bar{y},\bar{\mu},\bar{\lambda})$ 是问题

$$\inf_{x,y \in K} l(x,y,\mu,\lambda)$$

的原始-对偶解. 这表明 $\theta(\bar{\mu},\bar{\lambda})$ 是一有限值, 即有 $\theta \not\equiv +\infty$, $\mathrm{dom}\,\theta \neq \varnothing$.　■

下面的命题给出了问题 (QP) 可行性的对偶刻画.

命题 3.10 设 $\operatorname{dom}\theta \neq \varnothing$. 那么, 下述性质是等价的:

(i) 问题 (QP) 是可行的;

(ii) (负) 对偶函数 θ 是下方有界的.

证明 (i) $\Longrightarrow$ (ii). 如果 (QP) 是可行的, 存在 $x_0 \in \mathbb{R}^n$ 满足

$$y_{e0} := 0, \quad y_{a0} = Ax_0 - b \leqslant 0.$$

由 (负) 对偶函数 θ 的定义, 对任意的 $(\mu, \lambda) \in \mathbb{R}^{q+p}$,

$$
\begin{aligned}
\theta(\lambda) &= - \inf_{x, y_e=0, y_a \leqslant 0}[f(x) + \langle\mu, Ex - d - y_e\rangle + \langle\lambda, Ax - b - y_a\rangle] \\
&\geqslant -[f(x_0) + \langle\mu, Ex_0 - d - y_{e0}\rangle + \langle\lambda, Ax_0 - b - y_{a0}\rangle] \\
&= -f(x_0),
\end{aligned}
$$

因此 θ 是下方有界的, 且下界是 $-f(x_0) \in \mathbb{R}$.

(ii) $\Longrightarrow$ (i). 因为 $\operatorname{dom}\theta \neq \varnothing$, 存在 $(\mu, \lambda) \in \mathbb{R}^{q+p}$, $\theta(\mu, \lambda) \in \mathbb{R}$. 由 $\bar{s}$ 的定义, 根据命题 1.13, 对满足

$$Ex - d = y_e, \quad Ax - b = y_a, \quad y_e = 0, \quad y_a \leqslant 0$$

的 $(x, y) \in \mathbb{R}^{n+q+p}$, 有

$$\left\langle \left(\begin{array}{c} y_e - Ex + d \\ y_a - Ax - b \end{array}\right) - \left(\begin{array}{c} \bar{s}_e \\ \bar{s}_a \end{array}\right), \left(\begin{array}{c} \bar{s}_e \\ \bar{s}_a \end{array}\right) \right\rangle \geqslant 0,$$

即

$$\left\langle \left(\begin{array}{c} y_e - Ex + d \\ y_a - Ax - b \end{array}\right), \left(\begin{array}{c} \bar{s}_e \\ \bar{s}_a \end{array}\right) \right\rangle \geqslant \|\bar{s}\|^2.$$

对任意的 $t \geqslant 0$,

$$
\begin{aligned}
&\theta((\mu, \lambda) - t(s_e, s_a)) \\
={} &- \inf_{x, y \in K}[f(x) + \langle(\mu, \lambda) - t(s_e, s_a), (Ex - d - y_e, Ax - b - y_a)\rangle] \\
\leqslant{} &\theta(\mu, \lambda) - t\|\bar{s}\|^2.
\end{aligned}
$$

因 θ 是下方有界的, 必有 $\bar{s} = 0$, 即问题 (QP) 是可行的. ∎

下面讨论对偶函数的共轭函数.

命题 3.11 如果 $\operatorname{dom}\theta \neq \varnothing$, 那么 $\theta^* = \nu$.

证明　由条件 $\mathrm{dom}\,\theta \neq \varnothing$, θ 是下半连续的正常的凸函数. 根据引理 1.1, 即 [52, Theorem 12.2], θ^* 也是下半连续的正常凸函数. 下面证明 $\theta^* = \nu$. 令

$$g(x) = \begin{pmatrix} Ex - d \\ Ax - b \end{pmatrix}, \quad K = \{0_q\} \times \mathbb{R}_-^p, \quad \xi = (\mu, \lambda).$$

那么

$$\nu(s) = \inf_x \{ f(x) + \delta_K(g(x) + s) \}$$

$$= \inf_{x, y \in K} \sup_\xi \{ f(x) + \xi^{\mathrm{T}}(g(x) + s - y) \}.$$

对偶问题的值是

$$\sup_\xi \inf_{x, y \in K} \{ f(x) + \xi^{\mathrm{T}}(g(x) + s - y) \}$$

$$= \sup_\xi \left[\xi^{\mathrm{T}} s + \inf_{x, y \in K} \left(f(x) + \xi^{\mathrm{T}}(g(x) - y) \right) \right]$$

$$= \sup_\xi \left[\xi^{\mathrm{T}} s - \theta(\xi) \right]$$

$$= \theta^*(s).$$

由弱对偶定理, $\theta^*(s) \leqslant \nu(s)$. 我们需要证明等式成立. 因为 $\mathrm{dom}\,\theta \neq \varnothing$, θ 是正常凸函数, θ^* 也是正常凸函数, 从而对 $s \in \mathbb{R}^{q+p}$, $\theta^*(s) > -\infty$, 由 $\theta^*(s) \leqslant \nu(s)$, 有 $\nu(s) > -\infty$. 考虑如下两种情况.

(a) 如果 $\nu_{\mathrm{QP}}(s) = +\infty$, 那么 $s \notin \mathcal{S}_{\mathrm{QP}}$. 设

$$\hat{s} = \mathrm{Arg\,min} \left\{ \frac{1}{2} \| s' - s \|^2 : s' \in \mathcal{S}_{\mathrm{QP}} \right\},$$

则有 $u = \hat{s} - s \neq 0$, 并知对 $(x, y) \in \mathbb{R}^n \times K$,

$$(y - g(x))^{\mathrm{T}} u \geqslant \hat{s}^{\mathrm{T}} u.$$

因此, 对 $\xi \in \mathrm{dom}\,\theta$ 与 $t \geqslant 0$,

$$\theta(\xi - tu) = - \inf_{x, y \in K} [f(x) + (\xi - tu)^{\mathrm{T}}(g(x) - y)]$$

$$\leqslant \theta(\xi) - t\hat{s}^{\mathrm{T}} u.$$

于是有

$$\begin{aligned}
\theta^*(s) &= \sup_{\xi' \in \mathbb{R}^{q+p}} s^{\mathrm{T}}\xi' - \theta(\xi') \\
&\geqslant s^{\mathrm{T}}[\xi - tu] - \theta(\xi - tu) \\
&\geqslant s^{\mathrm{T}}\xi - \theta(\xi) + tu^{\mathrm{T}}[\hat{s} - s] \\
&= s^{\mathrm{T}}\xi - \theta(\xi) + t\|u\|^2.
\end{aligned}$$

因为 $t \geqslant 0$ 是任意的, $u \neq 0$, 故有 $\theta^*(s) = +\infty$.

(b) 如果 $\nu_{\mathrm{QP}}(s) \in \mathbb{R}$, 问题 (PQ$(s)$)

$$\begin{cases}
\min & f(x) \\
\mathrm{s.\,t.} & g(x) + s = y, \\
& y \in K
\end{cases}$$

有一个解 $(\bar{x}, \bar{y}) \in \mathbb{R}^n \times K$ 存在. 问题 (QP(s)) 最优条件是存在 $\bar{\xi} = (\bar{\mu}, \bar{\lambda}) \in \mathbb{R}^{q+p}$ 满足

$$\begin{cases}
\nabla_x l^s(\bar{x}, \bar{y}, \bar{\xi}) = 0, \\
-\bar{\xi} + N_K(\bar{y}) \ni 0, \\
\nabla_\xi l^s(\bar{x}, \bar{y}, \bar{\xi}) = 0,
\end{cases}$$

其中

$$\begin{aligned}
l^s(x, y, \xi) &= f(x) + \xi^{\mathrm{T}}(g(x) + s - y) \\
&= f(x) + \mu^{\mathrm{T}}(Ex - d + s_e - y_e) + \lambda^{\mathrm{T}}(Ax - b + s_a - y_a).
\end{aligned}$$

从这一条件可推出 $((\bar{x}, \bar{y}), \bar{\xi})$ 是

$$((x, y), \xi) \to f(x) + \xi^{\mathrm{T}}(g(x) + s - y)$$

在 $\mathbb{R}^n \times K$ 上的鞍点. 由此推出

$$\begin{aligned}
\nu_{\mathrm{QP}}(s) &= \sup_\xi \inf_{x, y \in K} (f(x) + \xi^{\mathrm{T}}(g(x) + s - y)) \\
&= \sup_\xi [\langle \xi, s \rangle + \inf_{x, y \in K} l(x, y, \xi)] \\
&= \sup_\xi [\langle \xi, s \rangle - \theta(\xi)] = \theta^*(s). \qquad \blacksquare
\end{aligned}$$

下面的命题给出了 $\partial\theta(\xi)$ 的刻画.

命题 3.12　设 $s \in \mathbb{R}^{q+p}$, $\xi = (\mu, \lambda) \in \mathbb{R}^{q+p}$. 设 $\mathrm{dom}\,\theta \neq \varnothing$. 则下述性质是等价的:

(i) $s \in \partial\theta(\xi)$;

(ii) $\xi \in \partial\nu_{\mathrm{QP}}(s)$;

(iii) $s \in \mathcal{S}_{\mathrm{QP}}$, 问题 $(\mathrm{QP}(s))$ 的任意解是问题

$$\min_{x,y \in K} l(x, y, \xi) \tag{3.44}$$

的解;

(iv) 存在问题 $(\mathrm{QP}(s))$ 的一可行解, 它是问题 (3.44) 的解.

证明　由于 $\theta > -\infty$, $\mathrm{dom}\,\theta \neq \varnothing$ 表明 θ 是下半连续的正常的凸函数. 根据引理 1.1, 即 [52, Theorem 12.2], θ^* 是下半连续的正常的凸函数. 根据命题 3.11, $\nu_{\mathrm{QP}} = \theta^*$, 从而 ν_{QP} 是正常的下半连续的凸函数. 根据定理 1.14, 即 ([52, Theorem 23.5]),

$$s \in \partial\theta(\xi) \Longleftrightarrow \theta(\xi) + \theta^*(s) = \langle \xi, s \rangle. \tag{3.45}$$

(i), (ii)$\Longrightarrow$ (iii). 设 $s \in \partial\theta(\lambda)$. 由 (ii), $s \in \mathrm{dom}\,\nu_{\mathrm{QP}} = \mathcal{S}_{\mathrm{QP}}$. 设 (x_s, y_s) 是问题 $(\mathrm{QP}(s))$ 的任意解. 那么

$$\begin{aligned}
l(x_s, y_s, \xi) &= f(x_s) - s^{\mathrm{T}}\xi \ (g(x_s) + s = y_s) \\
&= \nu_{\mathrm{QP}}(s) - s^{\mathrm{T}}\xi \\
&= \theta^*(s) - s^{\mathrm{T}}\xi \\
&= -\theta(\xi) \quad (\text{由 (3.45) 得到}) \\
&= \inf_{x,y \in K} l(x, y, \xi).
\end{aligned}$$

这证得 (x_s, y_s) 是问题 (3.44) 的解.

(iii)$\Longrightarrow$ (iv). 当 $s \in \mathcal{S}_{\mathrm{QP}}$, $\mathrm{dom}\,\theta \neq \varnothing$ 时, 问题 $(\mathrm{QP}(s))$ 显然有一个解.

(iv)$\Longrightarrow$ (i). 设 (x_s, y_s) 是问题 $(\mathrm{QP}(s))$ 的可行解, 它是问题 (3.12) 的解. 对任意的 $\xi' \in \mathbb{R}^{q+p}$,

$$\begin{aligned}
\langle s, \xi' \rangle - \theta(\xi') &\leqslant \langle s, \xi' \rangle + f(x_s) + \langle \xi', g(x_s) - y_s \rangle \\
&= f(x_s) + \langle \xi', g(x_s) + s - y_s \rangle \\
&= f(x_s) + \langle \xi, g(x_s) + s - y_s \rangle \\
&= \langle s, \xi \rangle + \inf_{x,y \in K} [f(x) + \langle \lambda, g(x) - y \rangle] \\
&= \langle s, \xi \rangle - \theta(\xi).
\end{aligned}$$

由此可得

$$\theta(\xi') \geqslant \theta(\xi) + \langle s, \xi' - \xi \rangle,$$

从而有 $s \in \partial\theta(\xi)$. ∎

问题 (QP) 的对偶问题是

$$\text{(QD)} \quad \max_{\xi} -\theta(\xi),$$

其中 $\xi = (\mu, \lambda)$. 对 $s = (s_e, s_a)$, QP(s) 的 Lagrange 函数是

$$\begin{aligned}
l^s(x, y, \xi) &= f(x) + \langle \mu, Ex - d + s_e \rangle + \langle \lambda, Ax - b + s_a \rangle \\
&= l(x, y, \xi) + \langle \mu, s_e \rangle + \langle \lambda, s_a \rangle \\
&= \langle \xi, s \rangle + l(x, y, \xi).
\end{aligned}$$

从而 (QP(s)) 的 (负) 对偶函数为

$$\theta^s(\xi) = -\inf_{x, y \in K} l^s(x, y, \xi) = -\langle \xi, s \rangle + \theta(\xi),$$

(QP(s)) 的对偶问题为

$$\text{(QD}(s)) \quad \max \left[\langle s, \xi \rangle - \theta(\xi) \right].$$

下面的命题给出对偶问题 (QD(s)) 解集的刻画.

命题 3.13 设 θ 满足 $\text{dom}\,\theta \neq \varnothing$, 则对 $s \in \mathcal{S}_{\text{QP}}$,

$$\text{Val}(\text{QP}(s)) = \nu_{\text{QP}}(s) = \nu_{\text{QP}}^{**}(s) = \text{Val}(\text{QD}(s)), \quad \text{Sol}(\text{QD}(s)) = \partial\nu_{\text{QP}}(s).$$

证明 如前面所述, 若 $\text{dom}\,\theta \neq \varnothing$, 那么 $\nu_{\text{QP}}(s) = \theta^*(s)$ 是下半连续的正常的凸函数, $\nu_{\text{QP}}^{**}(s) = \nu_{\text{QP}}(s)$. 结论由命题 1.8, 即 [6, Proposition 2.118] 得. ∎

引理 3.3 设 $\text{dom}\,\theta \neq \varnothing$, 则 $\text{Sol}(\text{QD}(\bar{s}))$ 是一非空闭凸集, 且

$$\text{Sol}(\text{QD}(\bar{s})) = \{\bar{\xi} \in \mathbb{R}^{q+p} : \bar{s} \in \partial\theta(\bar{\xi})\} = \partial\nu_{\text{QP}}(\bar{s}). \tag{3.46}$$

证明 由 (QD($\bar{s}$)) 的表达式, 有

$$\text{Sol}(\text{QD}(\bar{s})) = \{\bar{\xi} \in \mathbb{R}^{q+p} : 0 \in \bar{s} - \partial\theta(\bar{\xi})\}.$$

这证得 (3.46) 的第一式. 由于 $\text{dom}\,\theta \neq \varnothing$, 根据命题 3.11, $\bar{s} \in \partial\theta(\bar{\xi})$ 等价于 $\bar{\xi} \in \partial\nu_{\text{QP}}(\bar{s})$, 从而得到 (3.46) 的第二式. 由于 ν_{QP} 是正常的下半连续的凸函数, $\partial\nu_{\text{QP}}(\bar{s})$ 是闭凸集, 从而 $\text{Sol}(\text{QD}(\bar{s}))$ 是闭凸集. ∎

一个有趣的结果是, 如果问题 (QP) 是不可行的, 那么最小约束违背问题 (QD($\bar{s}$)) 的解集是无界的.

引理 3.4 设 $\operatorname{dom}\theta \neq \varnothing$, $\bar{s} \neq 0$. 则 $\operatorname{Sol}(\operatorname{QD}(\bar{s}))$ 是无界的, 且

$$-\bar{s} \in [\operatorname{Sol}(\operatorname{QD}(\bar{s}))]^{\infty}. \tag{3.47}$$

证明 根据引理 3.3, 有

$$\operatorname{Sol}(\operatorname{QD}(\bar{s})) = \{\xi = (\mu, \lambda) \in \mathbb{R}^{q+p} : \bar{s} \in \partial\theta(\xi)\}.$$

那么, 对 $\bar{\xi} \in \operatorname{Sol}(\operatorname{QD}(\bar{s}))$ (由引理 3.3, 有 $\operatorname{Sol}(\operatorname{QD}(\bar{s})) \neq \varnothing$), 有

$$[\operatorname{Sol}(\operatorname{QD}(\bar{s}))]^{\infty} = \{\xi \in \mathbb{R}^{q+p} : \bar{s} \in \partial\theta(\bar{\xi} + t\xi), \forall t \geqslant 0\}.$$

因此仅需证明

$$\bar{s} \in \partial\theta(\bar{\xi} - t\bar{s}), \quad \forall t \geqslant 0.$$

由 $\bar{s}$ 的定义,

$$\bar{s} = \operatorname{argmin}\left\{\frac{1}{2}\|s\|^2 : s \in \mathcal{S}_{\operatorname{QP}}\right\}.$$

注意到 $\mathcal{S}_{\operatorname{QP}}$ 是 $\mathbb{R}^{q+p}$ 的一个凸集, 有

$$\langle \bar{s}, s - \bar{s} \rangle \geqslant 0, \quad \forall s \in \mathcal{S}_{\operatorname{QP}}$$

或

$$\langle \bar{s}, s \rangle \geqslant \|\bar{s}\|^2, \quad \forall s \in \mathcal{S}_{\operatorname{QP}}.$$

记 $g(x) = (Ex - d, Ax - b)$, $K = \{0_q\} \times \mathbb{R}^p_-$. 对任意的 $\xi' \in \operatorname{dom}\theta$, 对任意的 $t \geqslant 0$,

$$\begin{aligned}
&\theta(\xi') - \theta(\bar{\xi} - t\bar{s}) \\
&= \theta(\xi') + \inf_{x,y \in K}[f(x) + \langle \bar{\xi} - t\bar{s}, g(x) - y \rangle] \\
&\geqslant \theta(\xi') + \inf_{x,y \in K}[f(x) + \langle \bar{\xi}, g(x) - y \rangle] + \inf_{x,y \in K}[f(x) - \langle t\bar{s}, g(x) - y \rangle] \\
&= \theta(\xi') - \theta(\bar{\xi}) + t\langle \bar{s}, \bar{s} \rangle \\
&\geqslant \langle \bar{s}, \xi' - (\bar{\xi} - t\bar{s}) \rangle \quad (\text{由 } \bar{s} \in \partial\theta(\bar{\xi})),
\end{aligned}$$

从而得到

$$\bar{s} \in \partial\theta(\bar{\xi} - t\bar{s}), \quad \forall t \geqslant 0. \qquad \blacksquare$$

下面的命题给出对于最小约束违背问题 $(\operatorname{QP}(\bar{s}))$ 及其对偶 $(\operatorname{QD}(\bar{s}))$ 邻近迭代的重要性质.

命题 3.14 设 $\bar{s} \neq 0$, $\mathrm{Val}(\mathrm{QP}(\bar{s})) \in \mathbb{R}$, $\mathrm{dom}\,\theta \neq \varnothing$. 设 $\xi = (\mu, \lambda) \in \mathbb{R}^{q+p}$. 则下述性质成立:

(i) $\mathrm{dist}(\xi - \alpha\bar{s}, \mathrm{Sol}(\mathrm{QD}(\bar{s}))) \leqslant \mathrm{dist}(\xi, \mathrm{Sol}(\mathrm{QD}(\bar{s})))$, $\forall \alpha \geqslant 0$;

(ii) $\mathrm{prox}_{r\theta}(\xi) = \mathrm{prox}_{r\theta^{\bar{s}}}(\xi - r\bar{s})$;

(iii) $\mathrm{dist}(\mathrm{prox}_{r\theta}(\xi), \mathrm{Sol}(\mathrm{QD}(\bar{s}))) \leqslant \mathrm{dist}(\xi, \mathrm{Sol}(\mathrm{QD}(\bar{s})))$.

证明 (i) 令

$$\hat{\xi} = \Pi_{\mathrm{Sol}(\mathrm{QD}(\bar{s}))}(\xi).$$

由于 $\mathrm{Sol}(\mathrm{QD}(\bar{s}))$ 是非空闭凸集, $\hat{\xi}$ 是有定义的. 根据命题 3.4, 对任意的 $\alpha \geqslant 0$, $\hat{\xi} - \alpha\bar{s} \in \mathrm{Sol}(\mathrm{QD}(\bar{s}))$. 则

$$\mathrm{dist}(\xi - \alpha\bar{s}, \mathrm{Sol}(\mathrm{QD}(\bar{s})))$$
$$\leqslant \|\xi - \alpha\bar{s} - [\hat{\xi} - \alpha\bar{s}]\|$$
$$= \|\xi - \hat{\xi}\| = \mathrm{dist}(\xi, \mathrm{Sol}(\mathrm{QD}(\bar{s}))).$$

(ii) 令 $u = \mathrm{prox}_{r\theta^{\bar{s}}}(\xi - r\bar{s})$, 则

$$0 \in \partial\theta^{\bar{s}}(u) + \frac{1}{r}[u - (\xi - \lambda\bar{s})].$$

于是存在 $\tilde{s} \in \partial\theta^{\bar{s}}(u)$ 满足

$$0 = \tilde{s} + \frac{1}{r}[u - (\xi - \lambda\bar{s})] \tag{3.48}$$

或等价地,

$$u = \xi - r(\tilde{s} + \bar{s}).$$

根据表达式 $\partial\theta^{\bar{s}}(u) = \partial\theta(u) - \bar{s}$, 可得

$$\tilde{s} + \bar{s} \in \partial\theta(u).$$

根据 (3.48), 得到

$$0 \in \partial\theta(u) + \frac{1}{r}[u - \xi],$$

故有 $u = \mathrm{prox}_{r\theta}(\xi)$, 即 (ii) 成立.

(iii) 根据 (ii), 有

$$\mathrm{dist}(\mathrm{prox}_{r\theta}(\xi), \mathrm{Sol}(\mathrm{QD}(\bar{s}))) = \mathrm{dist}(\mathrm{prox}_{r\theta^{\bar{s}}}(\xi - r\bar{s}), \mathrm{Sol}(\mathrm{QD}(\bar{s}))). \tag{3.49}$$

因 $\mathrm{Sol}(\mathrm{QD}(\bar{s})) = \mathrm{Argmin}\,\theta^{\bar{s}}$,

$$\text{Argmin}\,\theta^{\bar{s}} = \left\{ u \in \mathbb{R}^{q+p} : u = \text{prox}_{r\theta^{\bar{s}}}(u) \right\}.$$

由 $\text{prox}_{r\theta^{\bar{s}}}$ 是一非扩张映射, 对任意 $u \in \text{Sol}(\text{QD}(\bar{s}))$,

$$\|\text{prox}_{r\theta^{\bar{s}}}(\xi - \alpha\bar{s}) - u\| = \|\text{prox}_{r\theta^{\bar{s}}}(\xi - \alpha\bar{s}) - \text{prox}_{r\theta^{\bar{s}}}(u)\|$$

$$\leqslant \|(\xi - \alpha\bar{s}) - u\|.$$

这推出

$$\text{dist}(\text{prox}_{r\theta^{\bar{s}}}(\xi - \alpha\bar{s}), \text{Sol}(\text{QD}(\bar{s}))) \leqslant \text{dist}(\xi - \alpha\bar{s}, \text{Sol}(\text{QD}(\bar{s}))). \tag{3.50}$$

结合 (3.49) 与 (3.50) 与 (i), 即得到 (iii).   ■

3.5 最小 l_1-范数平移二次规划的罚函数方法

考虑一般的凸二次规划问题 (3.1). 如果该问题是不可行的, 考虑 l_1-范数下的最小平移, 类似注记 2.3 中分析的问题 (2.39) 与 (2.40) 的等价性, 可得到问题 (3.1) 的最小 l_1-范数下的平移问题

$$\begin{cases} \min\limits_{x,s} & \|s_e\|_1 + \|s_a\|_1 \\ \text{s.t.} & Ex - d + s_e = 0, \\ & Ax - b + s_a \leqslant 0 \end{cases}$$

与问题

$$\begin{cases} \min\limits_{x,s} & \|s_e\|_1 - \mathbf{1}_p^{\mathrm{T}} s_a \\ \text{s.t.} & Ex - d + s_e = 0, \\ & Ax - b + s_a \leqslant 0, \\ & s_a \leqslant 0 \end{cases}$$

是等价的.

对于一般的凸二次规划问题 (3.1), 如果考虑 l_1-范数下的最小约束违背优化问题, 一个自然的罚函数模型如下:

$$(\text{PQP}_t) \quad \begin{cases} \min & c^{\mathrm{T}}x + \dfrac{1}{2}x^{\mathrm{T}}Gx + t\left(\|s_e\|_1 - \mathbf{1}_p^{\mathrm{T}} s_a\right) \\ \text{s.t.} & Ex - d + s_e = 0, \\ & Ax - b + s_a \leqslant 0, \\ & s_a \leqslant 0. \end{cases} \tag{3.51}$$

定义 $w(t) = \mathrm{Val}(\mathrm{PQP}_t)$. 问题 (PQP_t) 的 Lagrange 对偶问题是

$$(\mathrm{PQD}_t) \quad \begin{cases} \max & \psi(\mu, \lambda) \\ \mathrm{s.\,t.} & \|\mu\|_\infty \leqslant t, \\ & 0 \leqslant \lambda \leqslant t\mathbf{1}_p, \end{cases} \tag{3.52}$$

其中

$$\psi(\mu, \lambda) = \left\{ -d^{\mathrm{T}}\mu - b^{\mathrm{T}}\lambda + \inf_x \left((c + E^{\mathrm{T}}\mu + A^{\mathrm{T}}\lambda)^{\mathrm{T}}x + \frac{1}{2}x^{\mathrm{T}}Gx \right) \right\}. \tag{3.53}$$

容易验证

$$\psi(\mu, \lambda) = \begin{cases} -d^{\mathrm{T}}\mu - b^{\mathrm{T}}\lambda - \dfrac{1}{2}x^{\mathrm{T}}Gx, & c + E^{\mathrm{T}}\mu + A^{\mathrm{T}}\lambda + Gx = 0, \\ -\infty, & c + E^{\mathrm{T}}\mu + A^{\mathrm{T}}\lambda \notin \mathrm{Range}\,G. \end{cases} \tag{3.54}$$

公式 (3.54) 导致如下的 Wolfe 对偶问题

$$(\mathrm{PQDw}_t) \quad \begin{cases} \max & -d^{\mathrm{T}}\mu - b^{\mathrm{T}}\lambda - \dfrac{1}{2}x^{\mathrm{T}}Gx \\ \mathrm{s.\,t.} & c + E^{\mathrm{T}}\mu + A^{\mathrm{T}}\lambda + Gx = 0, \\ & \|\mu\|_\infty \leqslant t, \\ & 0 \leqslant \lambda \leqslant t\mathbf{1}_p. \end{cases} \tag{3.55}$$

经过上述分析, 可知对偶问题 (PQD_t) 的可行域是

$$\mathcal{F}_{\mathrm{PQD}_t} := \left\{ (\mu, \lambda) \in \mathbb{R}^{q+p} : c + E^{\mathrm{T}}\mu + A^{\mathrm{T}}\lambda \in \mathrm{Range}\,G, \|\mu\|_\infty \leqslant t, 0 \leqslant \lambda \leqslant t\mathbf{1}_p \right\}. \tag{3.56}$$

假设 3.1 存在 $t_0 > 0$, 满足

$$\mathcal{F}_{\mathrm{PQDw}_t}$$
$$:= \left\{ (x, \mu, \lambda) \in \mathbb{R}^{n+q+p} : c + E^{\mathrm{T}}\mu + A^{\mathrm{T}}\lambda + Gx = 0, \|\mu\|_\infty \leqslant t, 0 \leqslant \lambda \leqslant t\mathbf{1}_p \right\}$$
$$\neq \varnothing, \quad t > t_0.$$

命题 3.15 设假设 3.1 成立. 对 $t > t_0$, 设 $(x(t), s(t))$ 是问题 (PQP_t) 的最优解, 则 $w(t)$ 是 t 的递增函数, $c^{\mathrm{T}}x(t) + \dfrac{1}{2}x(t)^{\mathrm{T}}Gx(t)$ 是 t 的递增函数, $\|s(t)\|_1$ 是 t 的递减函数.

证明　由于假设 3.1 成立, 对于 $t > t_0$, 可知 Wolfe 对偶问题 (PQDw$_t$) 是可行的. 注意到 Lagrange 对偶问题的可行域 $\mathcal{F}_{\mathrm{PQD}_t}$ 与 Wolfe 对偶问题可行域 $\mathcal{F}_{\mathrm{PQDw}_t}$ 间的如下关系

$$\mathcal{F}_{\mathrm{PQD}_t} = \left\{(\mu, \lambda) \in \mathbb{R}^{q+p} : 存在 \ x \in \mathbb{R}^n \ 满足 \ (x, \mu, \lambda) \in \mathcal{F}_{\mathrm{PQDw}_t}\right\}.$$

可得对于 $t > t_0$, 原始问题 (PQP$_t$) 和对偶问题 (PQD$_t$) 均是可行的. 注意问题 (PQP$_t$) 的广义 Slater 约束规范成立, 根据凸优化的对偶定理有 $w(t) = \mathrm{Val}(\mathrm{PQD}_t)$. 注意到问题 (PQD$_t$) 的可行域随着 t 的增大而增大, 因此 $w(t)$ 是 t 的递增函数. 现在证明 $c^{\mathrm{T}}x(t) + \frac{1}{2}x(t)^{\mathrm{T}}Gx(t)$ 是 t 的递增函数, $\|s(t)\|_1$ 是 t 的递减函数. 设 $t_0 < t_1 < t_2$, $(x_i, s_i) \in \mathrm{Sol}(\mathrm{PQP}_{t_i}), i = 1, 2$. 则有

$$c^{\mathrm{T}}x_1 + \frac{1}{2}x_1^{\mathrm{T}}Gx_1 + t_1\|s_1\|_1 \leqslant c^{\mathrm{T}}x_2 + \frac{1}{2}x_2^{\mathrm{T}}Gx_2 + t_1\|s_2\|_1 \tag{3.57}$$

和

$$c^{\mathrm{T}}x_2 + \frac{1}{2}x_2^{\mathrm{T}}Gx_2 + t_2\|s_2\|_1 \leqslant c^{\mathrm{T}}x_1 + \frac{1}{2}x_1^{\mathrm{T}}Gx_1 + t_2\|s_1\|_1. \tag{3.58}$$

将 (3.57) 与 (3.58) 相加, 注意到 $t_2 > t_1$, 可得 $\|s_2\|_1 \leqslant \|s_1\|_1$. 再将 $\|s_2\|_1 \leqslant \|s_1\|_1$ 代入 (3.57), 可得 $c^{\mathrm{T}}x_1 + \frac{1}{2}x_1^{\mathrm{T}}Gx_1 \leqslant c^{\mathrm{T}}x_2 + \frac{1}{2}x_2^{\mathrm{T}}Gx_2$. ∎

类似定理 2.7, 可以证明, 当 $t \to +\infty$ 时, $s(t)$ 收敛到 l_1-范数最小的平移.

定理 3.4　设假设 3.1 成立. 对 $t > t_0$, 设 $(x(t), s(t))$ 是问题 (PQP$_t$) 的最优解, 那么存在 K_1 (依赖于 t_0), 满足当 $t > t_0 + 1$ 时,

$$\|s(t)\|_1 - \|\bar{s}\|_1 \leqslant \frac{K_1}{t}. \tag{3.59}$$

证明　设 $\bar{s}$ 是最小 l_1-范数的平移. 设 $\bar{x}$ 是 (QP($\bar{s}$)) 的解, 那么对于问题 (PQP$_t$), 其中 $t > t_0 + 1$, 有 $(\bar{x}, \bar{s})$ 是问题 (PQP$_t$) 的可行解. 从而有

$$c^{\mathrm{T}}x(t) + \frac{1}{2}x(t)^{\mathrm{T}}Gx(t) + t\|s(t)\|_1 \leqslant c^{\mathrm{T}}\bar{x} + \frac{1}{2}\bar{x}^{\mathrm{T}}G\bar{x} + t\|\bar{s}\|_1.$$

根据命题 3.15, $c^{\mathrm{T}}x(t) + \frac{1}{2}x(t)^{\mathrm{T}}Gx(t)$ 是 t 的递增函数, 于是对 $t > t_0 + 1$, $c^{\mathrm{T}}x(t) + \frac{1}{2}x(t)^{\mathrm{T}}Gx(t) \geqslant c^{\mathrm{T}}x(t_0 + 1) + \frac{1}{2}x(t_0 + 1)^{\mathrm{T}}Gx(t_0 + 1)$. 于是得到

$$c^{\mathrm{T}}x(t_0 + 1) + \frac{1}{2}x(t_0 + 1)^{\mathrm{T}}Gx(t_0 + 1) + t\|s(t)\|_1 \leqslant c^{\mathrm{T}}\bar{x} + \frac{1}{2}\bar{x}^{\mathrm{T}}G\bar{x} + t\|\bar{s}\|_1. \tag{3.60}$$

定义

$$K_1 = c^{\mathrm{T}}\bar{x} + \frac{1}{2}\bar{x}^{\mathrm{T}}G\bar{x} - c^{\mathrm{T}}x(t_0+1) - \frac{1}{2}x(t_0+1)^{\mathrm{T}}Gx(t_0+1).$$

注意对于问题 (PQP_{t_0+1}), $(\bar{x}, \bar{s})$ 是可行点, 从而有

$$c^{\mathrm{T}}\bar{x} + \frac{1}{2}\bar{x}^{\mathrm{T}}G\bar{x} + (t_0+1)\|\bar{s}\|_1 \geqslant c^{\mathrm{T}}x(t_0+1) + \frac{1}{2}x(t_0+1)^{\mathrm{T}}Gx(t_0+1) + (t_0+1)\|s(t_0+1)\|_1.$$

这表明

$$K_1 = c^{\mathrm{T}}\bar{x} + \frac{1}{2}\bar{x}^{\mathrm{T}}G\bar{x} - c^{\mathrm{T}}x(t_0+1) - \frac{1}{2}x(t_0+1)^{\mathrm{T}}Gx(t_0+1)$$

$$\geqslant (t_0+1)[\|s(t_0+1)\|_1 - \|\bar{s}\|_1] \geqslant 0.$$

所以由 (3.60) 得到

$$\|s(t)\|_1 - \|\bar{s}\|_1 \leqslant \frac{K_1}{t}. \qquad \blacksquare$$

类似定理 2.8, 可证 $s(t)$ 收敛到最小 l_1-范数平移, $x(t)$ 收敛到相应的最小平移问题的最优解. 定义

$$\Upsilon_1 = \limsup_{t\to\infty}\{(x(t), s(t))\}. \tag{3.61}$$

用 $\mathcal{S}_{\mathrm{QP}}^*(l_1)$ 表示最小 l_1-范数平移集, 即

$$\mathcal{S}_{\mathrm{QP}}^*(l_1) = \mathrm{Argmin}\left\{\|s\|_1 : s \in \mathcal{S}_{\mathrm{QP}}\right\},$$

其中$\mathcal{S}_{\mathrm{QP}}$ 定义为

$$\mathcal{S}_{\mathrm{QP}} = \{s = (s_e, s_a) \in \mathbb{R}^{q+p} : 存在一个 x \in \mathbb{R}^n 满足 Ex + s_e = d, Ax + s_a \leqslant b\}.$$

我们有下述的结论.

定理3.5 对任何 $(\widetilde{x}, \widetilde{s}) \in \Upsilon_1$, 有 $(\widetilde{x}, \widetilde{s})$ 是下述最小 l_1-范数平移问题的最优解

$$\begin{aligned}
\min_{x,\bar{s}} \quad & c^{\mathrm{T}}x + \frac{1}{2}x^{\mathrm{T}}Gx \\
\mathrm{s.t.} \quad & Ex + \bar{s}_e = d, \\
& Ax + \bar{s}_a \leqslant b, \\
& \bar{s} \in \mathcal{S}_{\mathrm{QP}}^*(l_1).
\end{aligned} \tag{3.62}$$

证明　对任何 $\bar{s} \in \mathcal{S}^*_{\mathrm{QP}}(l_1)$, 任意选取问题

$$
\begin{aligned}
\min\quad & c^{\mathrm{T}}x + \frac{1}{2}x^{\mathrm{T}}Gx \\
\mathrm{s.t.}\quad & Ex - d + \bar{s}_e = 0, \\
& Ax - b + \bar{s}_a \leqslant 0, \\
& \bar{s}_a \leqslant 0
\end{aligned}
$$

的最优解 $\bar{x}$. 于是 $(\bar{x}, \bar{s})$ 是问题 (PQP_t) 的可行点, 从而对于 $t > t_0$,

$$
c^{\mathrm{T}}\bar{x} + \frac{1}{2}\bar{x}^{\mathrm{T}}G\bar{x} + t\|\bar{s}\|_1 \geqslant c^{\mathrm{T}}x(t) + \frac{1}{2}x(t)^{\mathrm{T}}Gx(t) + t\|s(t)\|_1.
$$

由于 $\|s(t)\|_1 \geqslant \|\bar{s}\|_1$, 可得

$$
c^{\mathrm{T}}\bar{x} + \frac{1}{2}\bar{x}^{\mathrm{T}}G\bar{x} \geqslant c^{\mathrm{T}}x(t) + \frac{1}{2}x(t)^{\mathrm{T}}Gx(t). \tag{3.63}
$$

对任意的 $(\widetilde{x}, \widetilde{s}) \in \Upsilon_1$, 存在 $t_k \to +\infty$, $(x(t_k), s(t_k)) \to (\widetilde{x}, \widetilde{s})$. 因为 $(x(t_k), s(t_k))$ 是问题 (PQP_{t_k}) 的可行点

$$
Ex(t_k) - d + s_e(t_k) = 0, \quad Ax(t_k) - b + s_a(t_k) \leqslant 0, \quad s_a(t_k) \leqslant 0.
$$

所以有

$$
E\widetilde{x} - d + \widetilde{s}_e = 0, \quad A\widetilde{x} - b + \widetilde{s}_a \leqslant 0, \quad \widetilde{s}_a \leqslant 0.
$$

再根据定理 3.4, 可得

$$
\|\widetilde{s}\|_1 = \|\bar{s}\|_1.
$$

于是得到 $\widetilde{s} \in \mathcal{S}^*_{\mathrm{QP}}(l_1)$. 由 (3.63) 可得

$$
c^{\mathrm{T}}\bar{x} + \frac{1}{2}\bar{x}^{\mathrm{T}}G\bar{x} \geqslant c^{\mathrm{T}}\widetilde{x} + \frac{1}{2}\widetilde{x}^{\mathrm{T}}G\widetilde{x}.
$$

从而得到 $(\widetilde{x}, \widetilde{s})$ 是问题 (3.62) 的解. ■

例 3.1　考虑下述不相容的二次规划问题

$$
\begin{cases}
\min\quad & x_1 + 4x_2 + x_2^2 \\
\mathrm{s.t.}\quad & x_1 + 2x_2 = 1, \\
& -x_1 - 2x_2 \leqslant -2.
\end{cases}
$$

这一问题的对偶问题的 Lagrange 函数是

$$l(x, \mu, \lambda) = x_1 + 4x_2 + x_2^2 + \mu(x_1 + 2x_2 - 1) + \lambda(-x_1 - 2x_2 + 2).$$

因此 Lagrange 对偶问题为

$$\min_{\mu \in \mathbb{R}, \lambda \in \mathbb{R}_+} \inf_{x_1, x_2} l(x, \mu, \lambda) = -\mu + 2\lambda + (1 + \mu - \lambda)^{\mathrm{T}} x_1 + (4 + 2\mu - 2\lambda)^{\mathrm{T}} x_2 + x_2^2,$$

即

$$\begin{cases} \max & -\mu + 2\lambda - (2 + \mu - \lambda)^2 \\ \mathrm{s.\,t.} & \mu - \lambda + 1 = 0, \\ & \lambda \geqslant 0. \end{cases}$$

显然, 上述问题可以简化为

$$\begin{cases} \max & -\mu + 2\lambda - 1 \\ \mathrm{s.\,t.} & \mu - \lambda + 1 = 0, \\ & \lambda \geqslant 0. \end{cases}$$

容易验证, 对偶问题的可行域是无界的, 问题的最优值是 $+\infty$. l_1-范数的最小平移通过求解下述问题得到

$$\begin{cases} \min & |s_1| - s_2 \\ \mathrm{s.\,t.} & x_1 + 2x_2 + s_1 = 1, \\ & -x_1 - 2x_2 + s_2 \leqslant -2, \\ & s_2 \leqslant 0. \end{cases} \tag{3.64}$$

问题 (3.64) 的对偶问题为

$$\begin{cases} \max & -\mu + 2\lambda \\ \mathrm{s.\,t.} & \mu - \lambda = 0, \\ & -1 \leqslant \mu \leqslant 1, \\ & 0 \leqslant \lambda \leqslant 1. \end{cases} \tag{3.65}$$

问题 (3.65) 的最优解是 $(\mu^*, \lambda^*) = (1, 1)^{\mathrm{T}}$. 用 $\mathcal{S}_{\mathrm{QP}}^*(l_1)$ 表示最小 l_1-范数平移集, 即

$$\mathcal{S}_{\mathrm{QP}}^*(l_1) = \mathrm{Argmin}\left\{ \|s\|_1 : s \in \mathcal{S}_{\mathrm{QP}} \right\}.$$

类似例 2.3 的分析, 可得

$$\mathcal{S}^*_{\mathrm{QP}}(l_1) = \{(s_1, s_2) : s_1 + s_2 = -1, \ s_1 \leqslant 0, \ s_2 \leqslant 0\}.$$

于是原问题的最小 l_1-范数约束违背优化问题为

$$\begin{cases} \min & x_1 + 4x_2 + x_2^2 \\ \mathrm{s.\,t.} & x_1 + 2x_2 + s_1 = 1, \\ & -x_1 - 2x_2 + s_2 \leqslant -2, \\ & s_1 + s_2 = -1, \\ & s_1 \leqslant 0, s_2 \leqslant 0. \end{cases}$$

上述问题的最优值是 0, 最优解集是 $\{(3, -1)\}$. 下面讨论原二次规划问题的 l_1-罚函数方法. 惩罚问题具有下述形式

$$\begin{cases} \min\limits_{x,s} & x_1 + 4x_2 + x_2^2 + t(|s_1| - s_2) \\ \mathrm{s.\,t.} & x_1 + 2x_2 + s_1 = 1, \\ & -x_1 - 2x_2 + s_2 \leqslant -2, \\ & s_2 \leqslant 0. \end{cases} \tag{3.66}$$

问题 (3.66) 的 Wolfe 对偶问题为

$$\begin{cases} \max\limits_{\mu,\lambda} & -\mu + 2\lambda - x_2^2 \\ \mathrm{s.\,t.} & \begin{pmatrix} 1 \\ 4 \end{pmatrix} + \begin{pmatrix} 1 \\ 2 \end{pmatrix}\mu + \begin{pmatrix} -1 \\ -2 \end{pmatrix}\lambda + \begin{pmatrix} 0 \\ 2x_2 \end{pmatrix} = 0, \\ & |\mu| \leqslant t, \ 0 \leqslant \lambda \leqslant t. \end{cases} \tag{3.67}$$

上述问题可简化为

$$\begin{cases} \max\limits_{\mu,\lambda} & -\mu + 2\lambda - x_2^2 \\ \mathrm{s.\,t.} & 1 + \mu - \lambda = 0, \\ & 4 + 2\mu - 2\lambda + 2x_2 = 0, \\ & |\mu| \leqslant t, \quad 0 \leqslant \lambda \leqslant t. \end{cases}$$

由上述问题的两个等式约束可得 $x_2 = -1$. 至此, 对偶问题进一步简化为

$$\begin{cases} \max\limits_{\mu,\lambda} \quad \lambda \\ \text{s.t.} \quad 1-t \leqslant \lambda \leqslant 1+t, \\ \qquad\quad 0 \leqslant \lambda \leqslant t. \end{cases}$$

于是得到 Wolfe 对偶问题 (3.67) 的最优解是 $(x_2,\mu,\lambda)=(-1,t-1,t)$.

由对偶定理得到问题 (3.66) 的最优值与 Wolfe 对偶问题 (3.67) 的最优值相等, 可得问题 (3.66) 的最优解满足

$$x_1 - 4 + 1 + t(|s_1| - s_2) = t,$$
$$x_1 - 2 + s_1 = 1,$$
$$-x_1 + 2 + s_2 = -2,$$
$$s_2 \leqslant 0.$$

从而可以得到

$$x_1 = 3, \quad s_1 = 0, \quad s_2 = -1.$$

实际上, 这已经得到最小约束违背优化问题的解 $(x_1,x_2)=(3,-1)$, 对应的最小 l_1-范数平移为 $(s_1,s_2)=(0,-1)$. 这个例子表明, l_1-惩罚实际上是精确罚函数.

l_2-范数的最小违背的问题通过求解下述二次规划问题得到

$$\begin{cases} \min \quad \dfrac{1}{2}s_1^2 + \dfrac{1}{2}s_2^2 \\ \text{s.t.} \quad x_1 + 2x_2 + s_1 = 1, \\ \qquad\quad -x_1 - 2x_2 + s_2 \leqslant -2. \end{cases} \tag{3.68}$$

现在给出问题 (3.68) 的对偶问题, 为此定义 Lagrange 函数

$$\mathcal{L}(x,s,\lambda) = \frac{1}{2}s_1^2 + \frac{1}{2}s_2^2 + \mu[x_1 + 2x_2 + s_1 - 1] + \lambda[-x_1 - 2x_2 + s_2 + 2].$$

问题 (3.68) 的 Lagrange 对偶问题为

$$\max\limits_{\mu,\lambda \geqslant 0} \inf\limits_{x,s} \mathcal{L}(x,s,\mu,\lambda \geqslant 0) = \begin{cases} \max \quad -\mu + 2\lambda + \inf\limits_{s_1}\left[\dfrac{s_1^2}{2} + \mu s_1\right] + \inf\limits_{s_2}\left[\dfrac{s_2^2}{2} + \lambda s_2\right] \\ \qquad\quad + \inf\limits_{x}(\mu - \lambda)(x_1 + 2x_2) \\ \text{s.t.} \quad \lambda \geqslant 0 \end{cases}$$

$$= \begin{cases} \max & -\mu + 2\lambda - \dfrac{\mu^2}{2} - \dfrac{\lambda^2}{2} \\ \text{s.t.} & \mu - \lambda = 0, \\ & \lambda \geqslant 0. \end{cases} \tag{3.69}$$

问题 (3.69) 的最优解是 $\lambda^* = (1/2, 1/2)^{\mathrm{T}}$. 用 $\mathcal{S}^*_{\mathrm{QP}}(l_2)$ 表示最小 l_2-范数平移集, 即

$$\mathcal{S}^*_{\mathrm{QP}}(l_2) = \operatorname{Argmin}\left\{ \frac{1}{2}\|s\|_2 : s \in \mathcal{S}_{\mathrm{QP}} \right\}.$$

根据在 (3.69) 中 $s_1 = -\mu, s_2 = -\lambda$ 知

$$\mathcal{S}^*_{\mathrm{QP}}(l_2) = \left\{ \left(-\frac{1}{2}, -\frac{1}{2}\right)^{\mathrm{T}} \right\}.$$

于是原问题的 l_2-范数最小约束违背优化问题为

$$\begin{cases} \min & x_1 + 4x_2 + x_2^2 \\ \text{s.t.} & x_1 + 2x_2 - \dfrac{1}{2} = 1, \\ & -x_1 - 2x_2 - \dfrac{1}{2} \leqslant -2. \end{cases}$$

这一问题的最优值是 $\dfrac{1}{2}$, 最优解集是 $\left\{ \left(\dfrac{7}{2}, -1\right) \right\}$.

第 4 章 最小约束违背非线性凸优化

本章拓广了一般凸优化的对偶理论, 并从理论上证明了增广 Lagrange 方法可以求解最小约束违背的凸优化问题. 主要结果总结如下.

- 证明了对一般凸优化问题, 原始问题可行性等价于对偶问题的有界性, 拓广了对偶定理.
- 对一般凸优化问题, 给出了可行平移集是闭集的充分条件, 同时给出了保证值函数下半连续的充分条件.
- 给出对偶函数次微分 $\partial\theta$ 的刻画. 尤其证明了当最优值函数是下半连续时, $s \in \partial\theta(\lambda)$ 等价于平移问题 $(\mathrm{P}(s))$ 的最优解就是 λ 处 Lagrange 函数 $l(\cdot, \cdot, \lambda)$ 的极小化问题的最优解, 此时最优值函数与对偶函数的次微分互为逆映射.
- 证明了如果最小 l_2-范数平移的集合非空, 那么最小约束违背凸优化问题的对偶问题具有无界的解集, 且负的最小 l_2-范数平移是这一对偶问题解集的回收方向.
- 证明了如果对偶函数在乘子 λ 处取值有限, 那么在 λ 处增广 Lagrange 函数的极小化子问题存在解.
- 建立了基于增广 Lagrange 函数表述的最小约束违背凸优化问题的必要与充分性最优性条件.
- 证明了增广 Lagrange 方法求解最小约束违背凸优化问题的收敛性质, 即方法生成的点列满足近似的最优性条件, 方法生成的平移序列的 l_2-范数是单调递减, 生成的平移序列收敛到最小 l_2-范数平移, 生成的乘子序列一定是发散的.
- 对于凸的非线性规划的 l_1-范数最小约束违背优化问题, 给出了 l_1-罚函数方法, 建立了方法生成的平移向量序列到最小 l_1-范数平移的误差估计.

4.1 问 题 模 型

考虑如下约束优化问题

$$(\mathrm{P}) \qquad \begin{array}{ll} \min & f(x) \\ \mathrm{s.\,t.} & g(x) \in K, \end{array} \qquad (4.1)$$

其中 $f : \mathbb{R}^n \to \mathbb{R}$, $g : \mathbb{R}^n \to \mathcal{Y}$, $K \subset \mathcal{Y}$ 是一非空的闭凸集, $\mathcal{Y}$ 是一有限维的 Hilbert 空间. 根据定义 1.18, 称问题 (4.1) 是凸问题, 如果目标函数 f 是凸函数,

且集值映射

$$G_K(x) := -g(x) + K \tag{4.2}$$

是图-凸的, 即它的图

$$\operatorname{gph} G_K = \{(x,y) \in \mathbb{R}^n \times \mathcal{Y} : y \in -g(x) + K\}$$

是空间 $\mathbb{R}^n \times \mathcal{Y}$ 中的一个凸集. 本章假设问题 (4.1) 是凸问题且 f 与 g 是连续可微的.

通过引入辅助向量 $y \in \mathcal{Y}$, 问题 (4.1) 可以等价地表示为

$$\begin{aligned} \min \quad & f(x) \\ \mathrm{s.\,t.} \quad & g(x) = y, \\ & y \in K. \end{aligned} \tag{4.3}$$

将基于问题 (4.3) 给出增广 Lagrange 方法, 这会给分析带来便利.

4.2 平 移 问 题

本节将定义与问题 (4.1) 相联系的平移问题以及可行平移集, 讨论在什么条件下平移问题的最优值函数是下半连续的以及在什么条件下可行平移集是闭集.

对给定的 $s \in \mathcal{Y}$, 定义平移问题为

$$(\mathrm{P}(s)) \qquad \begin{cases} \min \quad f(x) \\ \mathrm{s.\,t.} \quad g(x) + s \in K. \end{cases} \tag{4.4}$$

通过引入辅助向量 $y \in \mathcal{Y}$, 问题 (4.4) 可以等价地表示为

$$\begin{cases} \min \quad f(x) \\ \mathrm{s.\,t.} \quad g(x) + s = y, \\ \qquad\quad y \in K. \end{cases} \tag{4.5}$$

这里称 s 为一平移. 记 $\mathcal{S}$ 为可行平移集, 即

$$\mathcal{S} := \{s \in \mathcal{Y} : 存在某 \ x \in \mathbb{R}^n, 满足 \ g(x) + s \in K\}. \tag{4.6}$$

显然, 只有对可行的平移 $s \in \mathcal{S}$, 问题 (4.4) 或问题 (4.5) 是可行问题. 如果 $0 \in \mathcal{S}$, 那么原始问题 (4.1) 或问题 (4.3) 本身是可行的.

令

$$\Phi(s) = \{x \in \mathbb{R}^n : g(x) + s \in K\}$$

是问题 (P(s)) 的可行集. 用 $\nu(s)$ 和 $X(s)$ 分别表示问题 (P(s)) 的最优值和最优解集, 即

$$\nu(s) = \inf_x \{f(x) : x \in \Phi(s)\} \quad \text{与} \quad X(s) = \text{Arg min}\{f(x) : x \in \Phi(s)\}. \quad (4.7)$$

显然, 如果 $s \notin \mathcal{S}$, 那么 $\Phi(s) = \varnothing$, $X(s) = \varnothing$ 与 $\nu(s) = +\infty$. 如果 f 是 $\mathbb{R}^n$ 上正常的下半连续函数, 那么

$$\text{dom}\,\nu = \mathcal{S}. \quad (4.8)$$

注意 G_K 的图可以表示为

$$\text{gph}\, G_K = \{(x, s) \in \mathbb{R}^n \times \mathcal{Y} : s \in G_K(x)\} = \{(x, s) \in \mathbb{R}^n \times \mathcal{Y} : g(x) + s \in K\},$$

则有

$$\mathcal{S} = \Pi_{\mathcal{Y}}(\text{gph}\, G_K), \quad (4.9)$$

其中 $\Pi_{\mathcal{Y}} : \mathbb{R}^n \times \mathcal{Y} \to \mathcal{Y}$ 是下述投影映射

$$\Pi_{\mathcal{Y}}(x, s) = s, \quad \forall (x, s) \in \mathbb{R}^n \times \mathcal{Y}.$$

集合 $\mathcal{S}$ 的闭性对最小违背平移的存在性是至关重要的, 因为最小范数的平移是 $0 \in \mathcal{Y}$ 到 $\mathcal{S}$ 上的投影. 为此, 我们需要引入 G_K 的地平映射 G_K^∞ (见定义 1.15),

$$\text{gph}\, G_K^\infty = (\text{gph}\, G_K)^\infty,$$

其中 C^∞ 是非空集 C 的地平锥 (见定义 1.13), 即

$$C^\infty = \{x : \exists x^k \in C, \lambda_k \searrow 0 \text{ 满足 } \lambda_k x^k \to x\}.$$

根据公式 (1.32) 知,

$$G_K^\infty(h_x) = \left\{ u = \lim_k \lambda_k u^k : u^k \in G_K(h_x^k), \ \lambda_k h_x^k \to h_x, \ \lambda_k \searrow 0 \right\}. \quad (4.10)$$

下述引理给出了可行平移集 $\mathcal{S}$ 为闭集的充分条件.

引理 4.1　设 g 是一连续的映射, 满足 G_K 是图-凸的集值映射. 如果

$$0 \in G_K^\infty(h_x) \Longrightarrow h_x = 0, \quad (4.11)$$

那么 $\mathcal{S}$ 是 $\mathcal{Y}$ 中的一闭集.

证明　根据等式 $\mathcal{S} = \Pi_{\mathcal{Y}}(\mathrm{gph}\, G_K)$, 由定理 1.7 可得, $\mathcal{S}$ 为闭集的一个充分条件为

$$\Pi_{\mathcal{Y}}^{-1}(0) \cap (\mathrm{gph}\, G_K)^{\infty} = \{0\} \subset \mathbb{R}^n \times \mathcal{Y}. \tag{4.12}$$

根据 $\mathrm{gph}\, G_K^{\infty}$ 的定义, 可知 (4.12) 等价于

$$\Pi_{\mathcal{Y}}^{-1}(0) \cap \mathrm{gph}\, G_K^{\infty} = \{0\} \subset \mathbb{R}^n \times \mathcal{Y}. \tag{4.13}$$

因为 $\Pi_{\mathcal{Y}}^{-1}(0) = \mathbb{R}^n \times \{0\}$, (4.13) 等价于

$$(\mathbb{R}^n \times \{0\}) \cap \mathrm{gph}\, G_K^{\infty} = \{0\} \subset \mathbb{R}^n \times \mathcal{Y},$$

此即 (4.11). ■

为保证集合 $\mathcal{S}$ 的闭性, 下述命题给出一个充分性条件. 这一条件利用 K 的回收锥和 g 的地平映射进行表述.

命题 4.1　设 f 是凸函数, g 是连续映射, 满足 G_K 是图-凸的集值映射. 如果

$$g^{\infty}(h_x) \in K^{\infty} \Longrightarrow h_x = 0, \tag{4.14}$$

那么 $\mathcal{S}$ 是闭集, 其中 K^{∞} 是凸分析意义下的 K 的回收锥, 而地平映射 g^{∞} 的定义如下

$$g^{\infty}(h) := \{u \in \mathcal{Y} : \exists t_k \to 0, \exists v^k \in \mathbb{R}^n \text{ 满足 } t_k(v^k, g(v^k)) \to (h, u)\}$$

证明　因为 G_K 是图-凸的, $\mathrm{gph}\, G_K$ 是空间 $\mathbb{R}^n \times \mathcal{Y}$ 的凸集. 由 g^{∞} 的定义, 存在某 (x^0, s^0) 使得 $g(x^0) + s^0 \in K$. 故有

$$(\mathrm{gph}\, G_K)^{\infty} = \left\{(h, u) \in \mathbb{R}^n \times \mathcal{Y} : (x^0, s^0) + t(h, u) \in \mathrm{gph}\, G_K,\, \forall t \geqslant 0\right\}$$

$$= \left\{(h, u) \in \mathbb{R}^n \times \mathcal{Y} : g(x^0 + th) + (s^0 + tu) \in K, \forall t \geqslant 0\right\}$$

$$= \Big\{(h, u) \in \mathbb{R}^n \times \mathcal{Y} : g(x^0) + s^0$$

$$+ t\left[u + \frac{g(x^0 + th) - g(x^0)}{t}\right] \in K, \forall t \geqslant 0\Big\}$$

$$\subseteq \left\{(h, u) \in \mathbb{R}^n \times \mathcal{Y} : u + g^{\infty}(h) \in K^{\infty}\right\}. \tag{4.15}$$

因为条件 (4.14) 等价于

$$\Pi_{\mathcal{Y}}^{-1}(0) \cap \{(h, u) \in \mathbb{R}^n \times \mathcal{Y} : u + g^{\infty}(h) \in K^{\infty}\} = \{0\} \subset \mathbb{R}^n \times \mathcal{Y}, \tag{4.16}$$

由 (4.15) 可得

$$\Pi_{\mathcal{Y}}^{-1}(0) \cap (\mathrm{gph}\, G_K)^{\infty} = \{0\} \subset \mathbb{R}^n \times \mathcal{Y},$$

即得到性质 (4.11). 从而由引理 4.1可得结论. ■

基于命题 4.1, 对凸的非线性规划问题的可行域, 我们有关于 $\mathcal{S}$ 闭性的下述结果.

推论 4.1 令 $K = \{0_q\} \times \mathbb{R}_-^p$, $g(x) = (a_1^T x - b_1, \cdots, a_q^T x - b_q, g_{q+1}(x), \cdots, g_{q+p}(x))^T$, 其中每一个 g_i 均是一下半连续的凸函数, $i = q+1, \cdots, q+p$. 如果

$$\left.\begin{array}{l} a_j^T w = 0, \ j = 1, \cdots, q \\ g_i^\infty(w) \leqslant 0, \ i = 1, \cdots, p \end{array}\right\} \Longrightarrow w = 0,$$

那么集合 $\mathcal{S}$ 是闭的.

定义函数 $\phi : \mathbb{R}^n \times \mathcal{Y} \to \overline{\mathbb{R}}$,

$$\phi(x, s) = f(x) + \delta_K(g(x) + s), \tag{4.17}$$

其中 δ_K 是指示函数

$$\delta_K(y) = \begin{cases} 0, & y \in K, \\ +\infty, & y \notin K. \end{cases}$$

注记 4.1 根据 [6, Proposition 2.162], 如果 G_K 是一图-凸的集值映射, 那么函数

$$(x, s) \to \delta_K(g(x) + s)$$

是一个凸函数.

现在讨论, 对 $s \in \mathcal{S}$, 在什么条件下, 问题 P(s) 具有非空的解集以及 $X(s)$ 与 $\nu(s)$ 连续? 这需要定义 1.8 的一致水平有界性质, 见 [58, Definition 1.16].

命题 4.2 设 f 是连续的凸函数, g 是连续映射, 满足 G_K 是图-凸的集值映射. 那么 $\phi(x, s)$ 是在定义 1.8 意义下的 x 的关于 s 为局部一致的水平有界函数当且仅当

$$\left.\begin{array}{l} f^\infty(h_x) \leqslant 0 \\ 0 \in G_K^\infty(h_x) \end{array}\right\} \Longrightarrow h_x = 0. \tag{4.18}$$

证明 由 ϕ 的定义, 容易验证

$$\phi(x, s) = f(x) + \delta_{\text{gph} G_K}(x, s). \tag{4.19}$$

根据注记 4.1, 可知 $\phi(x, s)$ 是正常的下半连续凸函数. 由定理 1.10, 即 [58, Theorem 3.31], 可得 $\phi(x, s)$ 是 x 的关于 s 为局部一致的水平有界函数当且仅当

$$\phi^\infty(h_x, 0) > 0, \quad \forall h_x \neq 0 \in \mathbb{R}^n. \tag{4.20}$$

因为 f 是连续的凸函数, $\operatorname{dom} f = \mathbb{R}^n$, 有

$$\operatorname{dom} f \times \mathcal{Y} \cap \operatorname{gph} G_K \neq \varnothing.$$

根据例 1.8 与恒等式 $\delta_C^\infty = \delta_{C^\infty}$, 可得

$$\phi^\infty(h_x, h_s) = f^\infty(h_x) + \delta_{(\operatorname{gph} G_K)^\infty}(h_x, h_s) = f^\infty(h_x) + \delta_{\operatorname{gph} G_K^\infty}(h_x, h_s).$$

因此, 条件 (4.20) 等价于

$$f^\infty(h_x) + \delta_{\operatorname{gph} G_K^\infty}(h_x, 0) > 0, \quad \forall h_x \neq 0 \in \mathbb{R}^n,$$

或

$$f^\infty(h_x) + \delta_{\operatorname{gph} G_K^\infty}(h_x, 0) \leqslant 0 \Longrightarrow h_x = 0 \in \mathbb{R}^n. \tag{4.21}$$

显然, 条件 (4.21) 与条件 (4.18) 是相同的. ■

下述命题需要点列的 ν-可达收敛的概念 (见定义 (1.26)).

$$s^k \overset{\nu}{\to} s \Longleftrightarrow s^k \to s \text{ 满足 } \nu(s^k) \to \nu(s).$$

命题 4.3　设 f 是连续的凸函数, g 是连续映射, 满足 G_K 是图-凸的集值映射. 设条件 (4.18) 成立. 那么

(a) 函数 ν 是 $\mathcal{Y}$ 上的正常的下半连续凸函数; 对每一 $s \in \operatorname{dom} \nu$, 集合 $X(s)$ 是非空的紧致的凸集; 当 $s \notin \operatorname{dom} \nu$ 时, $X(s) = \varnothing$.

(b) 集值映射 X 是紧致的, 满足 $\operatorname{dom} X = \operatorname{dom} \nu$, 它关于 ν-可达收敛 $\overset{\nu}{\to}$ 是外半连续的.

(c) 集值映射 X 相对于集合 $\operatorname{int}(\operatorname{dom} X) = \operatorname{int}(\operatorname{dom} \nu)$ 是局部有界的且外半连续的.

证明　根据命题 4.2 可知, 条件 (4.18) 等价于 $\phi(x, s)$ 是 x 的关于 s 为局部一致有界的条件. 本命题的结论由定理 1.2 (即 [58, Theorem 1.17]) 得到. ■

注记 4.2　上述命题的性质 (b) 表明, 如果 $s^k \to \hat{s} \in \operatorname{dom} \nu$ 满足 $\nu(s^k) \to \nu(\hat{s})$, 即 s^k 是 ν-可达收敛到 $\hat{s}$, 则对 $x^k \in X(s^k)$, 序列 $\{x^k\}_{k \in \mathbf{N}}$ 有界, 且这一序列的所有聚点都属于 $X(\hat{s})$.

注记 4.3　注意 $\mathcal{S} = \operatorname{dom} \nu$, 则有下述的观察.

(i) 上述命题中的 (c) 的第一部分表明, 对任何 $s \in \mathcal{S}$, 存在 $\varepsilon > 0$ 和非空紧致集 $B \subset \mathcal{Y}$ 满足

$$X(s') \subset B, \quad \forall s' \in \operatorname{dom} \nu \cap \mathbf{B}(s, \varepsilon).$$

(ii) 如果 $\operatorname{int} \mathcal{S} \neq \varnothing$, 那么对任何 $s \in \operatorname{int} \mathcal{S}$, ν 在 s 处是连续的, 且

$$\limsup_{s' \to s} X(s') = X(s).$$

(iii) 如果 $\operatorname{int}\mathcal{S} \neq \varnothing$, 那么, 根据上述命题的 (c) 的第二部分, 对任何 $s \in \mathcal{S}$, ν 在 s 处是下半连续的, 且

$$\limsup_{s' \xrightarrow{\operatorname{int}\mathcal{S}} s} X(s') = X(s).$$

因为对 $s(t) = (1-t)s + ts_0$, 其中 $s_0 \in \operatorname{int}\mathcal{S}$, 有

$$s(t) \in \operatorname{int}\mathcal{S} \quad \text{对 } t \in (0,1) \quad \text{与} \quad \lim_{t \to 0_+} s(t) = s,$$

从而

$$\limsup_{t \searrow 0} X(s(t)) \subseteq X(s).$$

(iv) 如果 $\operatorname{int}\mathcal{S} = \varnothing$, 此种情况 $\operatorname{rint}\mathcal{S} \neq \varnothing$, 那么由上述命题的 (b), 有

$$\limsup_{s' \xrightarrow{\nu} s} X(s') = X(s).$$

(v) 如果 $\operatorname{int}\mathcal{S} = \varnothing$, 此种情况 $\operatorname{rint}\mathcal{S} \neq \varnothing$, 那么对任何 $s \in \operatorname{rint}\mathcal{S}$, 根据 [52, Theorem 10.1]: 空间 $\mathbb{R}^n$ 上的凸函数 f 在它的有效域的任何相对开集 C 上是连续的, 尤其相对于 $\operatorname{rint}(\operatorname{dom} f)$ 是连续的, 可得 ν 在 s 处相对于 $\operatorname{rint}(\operatorname{dom}\nu)$ 是连续的, 从而

$$\limsup_{s' \xrightarrow{\operatorname{rint}\mathcal{S}} s} X(s') = X(s).$$

对 $s(t) = (1-t)s + ts_0$, 其中 $s_0 \in \operatorname{rint}\mathcal{S}$, 有

$$s(t) \in \operatorname{rint}\mathcal{S} \quad \text{对 } t \in (0,1) \quad \text{且} \quad \lim_{t \to 0_+} s(t) = s,$$

从而

$$\limsup_{t \searrow 0} X(s(t)) \subseteq X(s).$$

显然, 如果 $0 \in \mathcal{S}$, 那么问题 (4.1) 是可行的. 否则, 定义最小范数的平移为 $\bar{s}$, 它是 $0 \in \mathcal{Y}$ 到 $\mathcal{S}$ 上的投影:

$$\bar{s} \in \operatorname{Arg\,min}\left\{\frac{1}{2}\|s\|^2 : s \in \mathcal{S}\right\}. \tag{4.22}$$

如果 $\mathcal{S}$ 是闭集, 那么 $\bar{s}$ 是可取得的, 即 $\bar{s} \in \mathcal{S}$. 在此种情形下, 最小约束违背的优化问题可以表示为

$$(\mathrm{P}(\bar{s})) \qquad \begin{aligned} &\min \quad f(x) \\ &\text{s.t.} \quad g(x) + \bar{s} \in K. \end{aligned} \tag{4.23}$$

后面几节将会讨论问题 $(P(\bar{s}))$ 的性质和求解最小违背平移问题的增广 Lagrange 方法, 这一问题自动求解出 $\bar{s}$.

4.3   平移问题的对偶

这一节讨论平移问题的对偶问题的性质, 这些性质通过讨论对偶函数和最优值函数的关系得到.

问题 (4.3) 的 Lagrange 函数, 记为 $l : \mathbb{R}^n \times \mathcal{Y} \times \mathcal{Y} \to \mathbb{R}$, 定义为

$$l(x, y, \lambda) = f(x) + \langle \lambda, g(x) - y \rangle. \tag{4.24}$$

问题 (4.3) 的增广 Lagrange 函数, 记为 $l_r : \mathbb{R}^n \times \mathcal{Y} \times \mathcal{Y} \to \mathbb{R}$, 定义为

$$l_r(x, y, \lambda) = f(x) + \langle \lambda, g(x) - y \rangle + \frac{r}{2} \|g(x) - y\|^2. \tag{4.25}$$

与问题 (4.3) 相联系的 (负的) 对偶函数 $\theta : \mathcal{Y} \to \overline{\mathbb{R}}$ 是

$$\theta(\lambda) := - \inf_{x \in \mathbb{R}^n, y \in K} l(x, y, \lambda). \tag{4.26}$$

容易验证

$$\theta(\lambda) := - \inf_{x \in \mathbb{R}^n} \left\{ f(x) + \langle \lambda, g(x) \rangle - \delta^*(\lambda \,|\, K) \right\}, \tag{4.27}$$

其中 $\delta^*(\lambda \,|\, K)$ 是 K 在 λ 处的支撑函数:

$$\delta^*(\lambda \,|\, K) = \sup_{y \in K} \langle y, \lambda \rangle.$$

函数 θ 是一下半连续的凸函数, 但是它不取值 $-\infty$. 故有

$$\theta \text{ 是下半连续的凸函数} \iff \operatorname{dom} \theta \neq \varnothing. \tag{4.28}$$

下述命题利用对偶函数 θ 的下有界性刻画问题 (4.1) 的可行性.

命题 4.4 设 $\operatorname{dom} \theta \neq \varnothing$ 且集合 S 是闭的. 那么下述两个性质是等价的:

(i) 问题 (4.1) 是可行的;

(ii) 对偶函数 θ 是下方有界的.

证明   (i)$\Longrightarrow$(ii). 设问题 (4.1) 是可行的. 则存在某一 x_0 满足 $y_0 = g(x_0) \in K$. 根据 θ 的定义, 对任何 $\lambda \in \mathcal{Y}$,

$$\theta(\lambda) = - \inf_{x \in \mathbb{R}^n, y \in K} l(x, y, \lambda) \geqslant -l(x_0, y_0, \lambda) = -f(x_0),$$

由此推出 θ 以 $-f(x_0) \in \mathbb{R}$ 为下界.

(ii)$\Longrightarrow$(i). 因为 $\operatorname{dom}\theta \neq \varnothing$, 存在 $\lambda \in \mathcal{Y}$ 满足 $\theta(\lambda) \in \mathbb{R}$. 一方面, 因为

$$\bar{s} = \arg\min\left\{\psi(s) = \frac{1}{2}\|s\|^2 : s \in \mathcal{S}\right\}$$

与 $\mathcal{S}$ 是一非空的闭凸集, 有

$$\mathrm{D}\psi(\bar{s})(s - \bar{s}) \geqslant 0, \quad \forall s \in \mathcal{S},$$

或

$$\langle s, \bar{s}\rangle \geqslant \|\bar{s}\|^2, \quad \forall s \in \mathcal{S}.$$

则对任何 $(x, y) \in \mathbb{R}^n \times K$,

$$\langle y - g(x), \bar{s}\rangle \geqslant \|\bar{s}\|^2.$$

于是对任何 $t \geqslant 0$,

$$\begin{aligned}
\theta(\lambda - t\bar{s}) &= -\inf_{x\in\mathbb{R}^n, y\in K}[f(x) + \langle \lambda - t\bar{s}, g(x) - y\rangle] \\
&= -\inf_{x\in\mathbb{R}^n, y\in K}[f(x) + \langle \lambda, g(x) - y\rangle - t\langle \bar{s}, g(x) - y\rangle] \\
&\leqslant -\inf_{x\in\mathbb{R}^n, y\in K}[f(x) + \langle \lambda, g(x) - y\rangle - t\|\bar{s}\|^2] \\
&= \theta(\lambda) - t\|\bar{s}\|^2.
\end{aligned}$$

由于 θ 是下方有界的, 必有 $\bar{s} = 0$. 从而问题 (4.1) 是可行的. ∎

对于最优值函数 θ 和对偶函数 ν, 有下述关系成立.

命题 4.5 对于由 (4.7) 定义的 ν 与由 (4.26) 定义的 θ. 下述性质成立:

(a) $\theta(\lambda) = \nu^*(\lambda)$ 与 $\nu^{**}(s) = \theta^*(s)$;

(b) 如果 ν 是正常函数 (即对任何 $\forall s \in \mathcal{S}$, 有 $\nu(s) > -\infty$, 且存在一向量 $\hat{s} \in \mathcal{S}$ 满足 $\nu(\hat{s}) < +\infty$), 那么 θ 与 ν^{**} 是正常的下半连续凸函数 (推出 $\operatorname{dom}\theta \neq \varnothing$ 与 $\operatorname{dom}\nu^{**} \neq \varnothing$);

(c) 如果 ν 是一正常的下半连续函数, 那么对任何 $s \in \mathcal{Y}$,

$$\nu(s) = \nu^{**}(s) = \theta^*(s).$$

证明 定义

$$\mathcal{L}(x, \lambda) = f(x) + \langle \lambda, g(x)\rangle.$$

则

$$
\begin{aligned}
\nu^*(\lambda) &= \sup_{s \in \mathcal{Y}} \left\{ \langle \lambda, s \rangle - \nu(s) \right\} \\
&= \sup_{s \in \mathcal{Y}} \left\{ \langle \lambda, s \rangle - \inf_{x} [f(x) + \delta_K(g(x) + s)] \right\} \\
&= \sup_{s \in \mathcal{Y}} \left\{ \langle \lambda, u - g(x) \rangle - \inf_{x} [f(x) + \delta_K(u)] \right\} \\
&= \sup_{x \in \mathbb{R}^n, u \in \mathcal{Y}} \left\{ -f(x) - \langle \lambda, g(x) \rangle + \langle \lambda, u \rangle - \delta_K(u) \right\} \\
&= \delta_K^*(\lambda) - \inf_{x \in \mathbb{R}^n} \mathcal{L}(x, \lambda).
\end{aligned}
\tag{4.29}
$$

由 $\theta(\lambda)$ 的定义, 可得

$$
\begin{aligned}
\theta(\lambda) &= - \inf_{x \in \mathbb{R}^n, y \in K} l(x, y, \lambda) \\
&= - \inf_{x \in \mathbb{R}^n, y \in K} [f(x) + \langle \lambda, g(x) - y \rangle] \\
&= \sup_{x \in \mathbb{R}^n, y \in K} [-f(x) - \langle \lambda, g(x) \rangle + \langle \lambda, y \rangle] \\
&= \sup_{x \in \mathbb{R}^n} \left[-\mathcal{L}(x, \lambda) + \sup_{y \in K} \langle \lambda, y \rangle \right] \\
&= - \inf_{x \in \mathbb{R}^n} \mathcal{L}(x, \lambda) + \delta_K^*(\lambda).
\end{aligned}
\tag{4.30}
$$

结合 (4.29) 与 (4.30), 可得 $\nu^*(\lambda) = \theta(\lambda)$. 据此, 容易得到等式 $\nu^{**}(s) = \theta^*(s)$. 这证得性质 (a).

性质 (b) 中的结论由定理 1.11, 即 [58, Theorem 11.1] 得到.

现在证明性质 (c). 设 ν 是一正常的下半连续函数. 对 $s \in \mathrm{dom}\,\nu$, $\nu(s) \in \mathbb{R}$, 根据定理 1.11 可得 $\nu^{**}(s) = \nu(s)$, 再由刚才证明的 $\nu^{**}(s) = \theta^*(s)$ 便得 $\nu(s) = \theta^*(s)$. 当 $s \notin \mathrm{dom}\,\nu$ 或 $\nu(s) = +\infty$ 时, 有 $s \notin \mathcal{S}$. 令 $\hat{s} = \Pi_{\mathcal{S}}(s)$, 则有 $u = \hat{s} - s \neq 0$ 与

$$
\forall (x, y) \in \mathbb{R}^n \times K, \quad \langle y - g(x), u \rangle \geqslant \langle \hat{s}, u \rangle.
$$

因此, 对任何 $\lambda \in \mathrm{dom}\,\theta$ 与 $t \geqslant 0$,

$$
\begin{aligned}
\theta(\lambda - tu) &= - \inf_{x \in \mathbb{R}^n, y \in K} [f(x) + \langle \lambda - t\,u, g(x) - y \rangle] \\
&\leqslant \theta(\lambda) - t \langle \hat{s}, u \rangle.
\end{aligned}
$$

那么

$$\theta^*(s) = \sup_{\lambda' \in \mathcal{Y}} \{\langle \lambda', s \rangle - \theta(\lambda')\}$$

$$\geqslant \langle s, \lambda - tu \rangle - \theta(\lambda - tu)$$

$$\geqslant \langle \lambda, s \rangle - \theta(\lambda) + t \|u\|^2.$$

因为 $t \geqslant 0$ 是任意的, $u \neq 0$, $\theta^*(s) = +\infty$. 结合上述两种情况, 证得 $\nu(s) = \theta^*(s)$. ∎

对次微分 $\partial\theta$ 的刻画, 有下述命题.

命题 4.6 令 $s \in \mathcal{Y}$ 与 $\lambda \in \mathcal{Y}$. 设函数 ν 是正常的下半连续的, 满足 $\nu(s) \in \mathbb{R}$. 则下述性质是等价的:

(i) $s \in \partial\theta(\lambda)$;

(ii) $\lambda \in \partial\nu^{**}(s)$ (实际上有 $\lambda \in \partial\nu(s)$);

(iii) $s \in \mathcal{S}$, 问题 (4.5) 的任何解都是 $l(\cdot, \cdot, \lambda)$ 在 $\mathbb{R}^n \times \mathcal{Y}$ 上的极小点;

(iv) 存在问题 (4.5) 的可行解, 它是 $l(\cdot, \cdot, \lambda)$ 在 $\mathbb{R}^n \times \mathcal{Y}$ 上的极小点.

证明 因为函数 ν 是正常的下半连续凸函数, 根据定理 1.11 与 $\nu^* = \theta$, 可得函数 θ 是正常的下半连续凸函数. 所以, 根据定理 1.14, 即 [52, Theorem 23.5] 有

$$s \in \partial\theta(\lambda) \Longleftrightarrow \theta(\lambda) + \theta^*(s) = \langle \lambda, s \rangle. \tag{4.31}$$

(i)⟺(ii). 根据引理 1.2, 即 [52, Corollary 23.5.1], 可得

$$s \in \partial\theta(\lambda) \Longleftrightarrow \lambda \in \partial\theta^*(s).$$

根据命题 4.5,

$$s \in \partial\theta(\lambda) \Longleftrightarrow s \in \partial\nu^*(\lambda) \Longleftrightarrow \lambda \in \partial\nu^{**}(s).$$

因为 ν 在 s 处是下半连续的, 满足 $\nu(s) \in \mathbb{R}$, 可得 $\partial\nu(s) = \partial\nu^{**}(s)$. 因此可得, $s \in \partial\theta(\lambda)$ 当且仅当 $\lambda \in \partial\nu(s)$.

(i), (ii)⟹(iii). 令 $s \in \partial\theta(\lambda)$. 根据 (ii), $s \in \mathrm{dom}\,\nu^{**} = \mathrm{dom}\,\nu = \mathcal{S}$. 设 (x_s, y_s) 是问题 (4.5) 的任意解. 于是

$$l(x_s, y_s, \lambda) = f(x_s) - \langle \lambda, s \rangle \quad (g(x_s) + s = y_s)$$

$$= \nu(s) - \langle \lambda, s \rangle \quad (\nu \text{ 的定义})$$

$$= \theta^*(s) - \langle \lambda, s \rangle \quad (\text{命题 4.5})$$

$$= -\theta(\lambda) \quad ((4.31) \text{ 与 } s \in \partial\theta(\lambda))$$

$$= - \inf_{x \in \mathbb{R}^n, y \in K} l(x, y, \lambda) \quad (\theta \text{ 的定义}).$$

由此推出 (x_s, y_s) 是 $l(\cdot, \cdot, \lambda)$ 在 $\mathbb{R}^n \times K$ 上的一极小点.

(iii)$\Longrightarrow$(iv). 当 $s \in \mathcal{S}$ 与 $\text{dom}\,\theta \neq \varnothing$ 时 (这由 θ 是正常的下半连续凸函数), 这一推出关系由问题 (4.5) 有一个解的事实得到.

(iv)$\Longrightarrow$(i). 设 (x_s, y_s) 是问题 (4.5) 的可行点, 它是 $l(\cdot, \cdot, \lambda)$ 在 $\mathbb{R}^n \times K$ 上的一极小点. 对任何 $u \in \mathcal{Y}$,

$$\langle s, u \rangle - \theta(u) \leqslant \langle s, u \rangle + f(x_s) + \langle u, g(x_s) - y_s \rangle \quad (\theta \text{ 的定义})$$

$$= f(x_s) + \langle u, g(x_s) - y_s + s \rangle$$

$$= f(x_s) + \langle \lambda, g(x_s) - y_s + s \rangle \quad ((x_s, y_s) \text{ 的可行性推出 } g(x_s) + s = y_s)$$

$$= \langle s, \lambda \rangle + \inf_{x \in \mathbb{R}^n, y \in K} [f(x) + \langle \lambda, g(x) - y \rangle]$$

$$= \langle s, \lambda \rangle - \theta(\lambda).$$

由此推出

$$\theta(u) \geqslant \theta(\lambda) + \langle s, u - \lambda \rangle.$$

因此得到 $s \in \partial \theta(\lambda)$. ∎

注记 4.4　如果 ν 是正常的凸函数, 根据定理 1.11 与 $\nu^* = \theta$, 可得 θ 是正常的下半连续凸函数. 此种情形下, $\text{dom}\,\theta \neq \varnothing$, 由引理 1.2, 即 [52, Corollary 23.5.1], 得到

$$\text{Range}\,\partial \theta = \text{dom}\,\partial \theta^*.$$

进一步, 如果 ν 是正常的下半连续函数, 根据命题 4.5, 可得 $\nu = \theta^*$. 所以得到

$$\text{Range}\,\partial \theta = \text{dom}\,\partial \theta^* = \text{dom}\,\partial \nu.$$

由定理 1.13, 即 [52, Theorem 23.4], 可得

$$\text{rint}\,\text{dom}\,\nu \subset \text{dom}\,\partial \nu \subset \text{dom}\,\nu.$$

所以, 由 $\text{dom}\,\nu = \mathcal{S}$ 得到

$$\text{rint}\,\mathcal{S} \subset \text{Range}\,\partial \theta \subset \mathcal{S}. \tag{4.32}$$

命题 4.7　设函数 ν 是正常的下半连续凸函数与

$$\text{dom}\,\partial \nu = \text{dom}\,\nu. \tag{4.33}$$

则 $\text{Range}\,\partial \theta = \mathcal{S}$.

证明 这一结果由注记 4.4 直接得到. ∎

命题 4.7 的一个结果是, 如果 $\mathrm{dom}\,\nu$ 是相对开的, 那么根据定理 1.13, 可知 (4.32) 成立.

现在考虑平移问题 $(\mathrm{P}(s))$ 的对偶问题. 与问题 $(\mathrm{P}(s))$ 相联系的 (负的) 对偶函数, 被记为 $\theta_s : \mathcal{Y} \to \overline{\mathbb{R}}$, 它在 $\lambda \in \mathcal{Y}$ 处的函数值是

$$\theta_s(\lambda) = - \inf_{x \in \mathbb{R}^n, y+s \in K} [f(x) + \langle \lambda, g(x) - y \rangle].$$

显然有

$$\theta_s(\lambda) = - \inf_{x \in \mathbb{R}^n, y' \in K} [f(x) + \langle \lambda, g(x) + s - y' \rangle]$$

$$= \theta(\lambda) - \langle s, \lambda \rangle.$$

对某一优化问题 $(\mathcal{P})$, 用 $\mathrm{Val}\,(\mathcal{P})$ 与 $\mathrm{Sol}\,(\mathcal{P})$ 分别表示问题 $(\mathcal{P})$ 的最优值和最优解集. 用 (D) 与 $(\mathrm{D}(s))$ 分别表示问题 (P) 与 $(\mathrm{P}(s))$ 的对偶问题. 那么问题 (D) 与 $(\mathrm{D}(s))$ 可以被表示为

$$(\mathrm{D}) \quad \max_{\lambda} \left[-\theta(\lambda) \right]; \qquad (\mathrm{D}(s)) \quad \max_{\lambda} \left[\langle s, \lambda \rangle - \theta(\lambda) \right]. \qquad (4.34)$$

现在给出最优值 $\mathrm{Val}\,(\mathrm{D}(s))$ 和最优解集 $\mathrm{Sol}\,(\mathrm{D}(s))$ 与保证问题 $(\mathrm{P}(s))$ 和 $(\mathrm{D}(s))$ 零对偶间隙的刻画.

命题 4.8 下述结论成立:

(i) $\mathrm{Val}\,(\mathrm{P}) = \nu(0)$, $\mathrm{Val}\,(\mathrm{D}) = \nu^{**}(0)$, $\mathrm{Val}\,(\mathrm{D}) = \theta^*(0)$, $\mathrm{Sol}\,(\mathrm{D}) = \partial\nu^{**}(0)$;

(ii) 如果 ν 在 $0 \in \mathcal{Y}$ 处是下半连续的, $\nu(0)$ 是有限的 (此种情形, 问题 (P) 是可行的), 那么 $\mathrm{Val}\,(\mathrm{P}) = \nu(0) = \nu^{**}(0) = \mathrm{Val}\,(\mathrm{D})$, $\mathrm{Sol}\,(\mathrm{D}) = \partial\nu(0)$;

(iii) 对 $s \in \mathcal{S}$, $\mathrm{Val}\,(\mathrm{P}(s)) = \nu(s)$, $\mathrm{Val}\,(\mathrm{D}(s)) = \nu^{**}(s)$, $\mathrm{Val}\,(\mathrm{D}(s)) = \theta^*(s)$, $\mathrm{Sol}\,(\mathrm{D}(s)) = \partial\nu^{**}(s)$;

(iv) 对 $s \in \mathcal{S}$, 如果 ν 在 s 处是下半连续的, $\nu(s)$ 是有限的 (此种情形, 问题 $(\mathrm{P}(s))$ 是可行的), 那么 $\mathrm{Val}\,(\mathrm{P}(s)) = \nu(s) = \nu^{**}(s) = \mathrm{Val}\,(\mathrm{D}(s))$, $\mathrm{Sol}\,(\mathrm{D}(s)) = \partial\nu(s)$;

(v) 如果 $s \in \mathrm{rint}\,\mathcal{S}$, $\nu(s)$ 是有限的, 那么 $\mathrm{Val}\,(\mathrm{P}(s)) = \nu(s) = \nu^{**}(s) = \mathrm{Val}\,(\mathrm{D}(s))$, $\mathrm{Sol}\,(\mathrm{D}(s)) = \partial\nu(s) \neq \varnothing$;

(vi) 如果 $s \in \mathrm{int}\,\mathcal{S}$, 那么值 $\mathrm{Val}\,(\mathrm{P}(s))$ 是有限的, 且 $\mathrm{Val}\,(\mathrm{P}(s)) = \nu(s) = \nu^{**}(s) = \mathrm{Val}\,(\mathrm{D}(s))$, $\mathrm{Sol}\,(\mathrm{D}(s)) = \partial\nu(s)$ 是非空的紧致集.

证明 (i)—(iv). 由命题 1.8, 即 [6, Proposition 2.118], 得到. 仅需证明 (v) 和 (vi). 对 $s \in \mathrm{rint}\,\mathcal{S}$, 存在 x^0 满足 $g(x^0) + s \in \mathrm{rint}\,K$, 这表明广义 Slater 条件

对问题 (P(s)) 成立:

$$\begin{aligned} \min \quad & f(x) \\ \mathrm{s.\,t.} \quad & g(x) + s \in K. \end{aligned}$$

根据 [6] 的 (2.311), 有

$$\operatorname{dom} \nu = K - g(\operatorname{dom} f).$$

从而广义 Slater 条件意味着

$$s \in \operatorname{rint} \operatorname{dom} \nu.$$

所以, 由定理 1.13, 可得 $\partial \nu(s) \neq \varnothing$. 根据命题 1.8, 即 [6, Proposition 2.118], 可得 $\nu(s) = \nu^{**}(s)$ 与 $\partial \nu^{**}(s) = \partial \nu(s)$. 因此得到 (v) 中的所有结果.

如果 $s \in \operatorname{int} \mathcal{S}$, 由上述分析, 可得

$$s \in \operatorname{int} \operatorname{dom} \nu.$$

(vi) 中的结果由定理 1.13 得到.　　　　　　　　　　　　　　　　　　　　　■

注记 4.5　在命题 4.5、命题 4.6、注记 4.4、命题 4.7 与命题 4.8 中, 函数 ν 是正常下半连续的这一条件是关键性的条件. 根据命题 4.3, 如果 f 是连续凸函数, g 是连续映射, 满足 G_K 是图-凸的集值映射, 且条件 (4.18) 成立, 那么 ν 是正常的下半连续函数.

4.4　增广 Lagrange 方法

4.4.1　问题 P($\bar{s}$) 的对偶问题

考虑不可行凸优化问题, 即 $0 \notin \mathcal{S}$ 的情形, 这里假设集合 $\mathcal{S}$ 是闭集. 考虑如下最小约束违背优化问题

$$(\mathrm{P}(\bar{s})) \qquad \begin{aligned} \min \quad & f(x) \\ \mathrm{s.\,t.} \quad & g(x) + \bar{s} \in K, \end{aligned} \qquad (4.35)$$

其中 $\bar{s}$ 是 $0 \in \mathcal{Y}$ 到 $\mathcal{S}$ 上的投影, 即

$$\bar{s} \in \operatorname{Arg\,min} \left\{ \frac{1}{2} \|s\|^2 : s \in \mathcal{S} \right\}. \qquad (4.36)$$

如果 $\mathcal{S}$ 是闭集, $0 \notin \mathcal{S}$, 那么 $\bar{s}$ 在 $\mathcal{S}$ 的相对边界上, 即 $\bar{s} \in \operatorname{ribdry} \mathcal{S}$. 现在给出保证问题 (P($\bar{s}$)) 和其共轭对偶 (D($\bar{s}$)) 之间零间隙的充分条件, 并给出解集 Sol (D($\bar{s}$)) 的刻画.

命题 4.9 设 $\bar{s} \neq 0$ 与 $\mathrm{Val}\,(\mathrm{P}(\bar{s})) \in \mathbb{R}$.

(i) 设函数 ν 在 $\bar{s}$ 处是下半连续的. 那么

$$\mathrm{Val}\,(\mathrm{D}(\bar{s})) = \mathrm{Val}\,(\mathrm{P}(\bar{s})).$$

(ii) 如果 $\partial \nu(\bar{s}) \neq \varnothing$, 那么

$$\mathrm{Val}\,(\mathrm{D}(\bar{s})) = \mathrm{Val}\,(\mathrm{P}(\bar{s})) \quad \text{与} \quad \mathrm{Sol}\,(\mathrm{D}(\bar{s})) = \partial \nu(\bar{s})$$

或

$$\mathrm{Sol}\,(\mathrm{D}(\bar{s})) = \{\lambda \in \mathcal{Y} : \bar{s} \in \partial \theta(\lambda)\} = [\partial \theta]^{-1}(\bar{s}).$$

下述结论表明, 如果最小违背平移是非零的, 即 $\bar{s} \neq 0$, 那么对偶问题 $(\mathrm{D}(\bar{s}))$ 的解集是无界的.

命题 4.10 设 $\bar{s} \neq 0$, $\mathrm{Val}\,(\mathrm{P}(\bar{s})) \in \mathbb{R}$, ν 在 $\bar{s}$ 处是下半连续的, $\mathrm{Sol}\,(\mathrm{D}(\bar{s})) \neq \varnothing$. 则 $\mathrm{Sol}\,(\mathrm{D}(\bar{s}))$ 是无界, 且满足

$$-\bar{s} \in [\mathrm{Sol}\,(\mathrm{D}(\bar{s}))]^{\infty}. \tag{4.37}$$

证明 根据命题 4.9, 可得

$$\mathrm{Sol}\,(\mathrm{D}(\bar{s})) = \{\lambda \in \mathcal{Y} : 0 \in \partial \theta_{\bar{s}}(\lambda)\} = \{\lambda \in \mathcal{Y} : \bar{s} \in \partial \theta(\lambda)\}.$$

则对任何 $\bar{\lambda} \in \mathrm{Sol}\,(\mathrm{D}(\bar{s}))$, 有

$$[\mathrm{Sol}\,(\mathrm{D}(\bar{s}))]^{\infty} = \{\xi \in \mathcal{Y} : 0 \in \partial \theta_{\bar{s}}(\bar{\lambda} + t\xi), \forall t \geqslant 0\} = \{\xi \in \mathcal{Y} : \bar{s} \in \partial \theta(\bar{\lambda} + t\xi), \forall t \geqslant 0\}.$$

因此仅需证明

$$\bar{s} \in \partial \theta(\bar{\lambda} - t\bar{s}), \quad \forall t \geqslant 0. \tag{4.38}$$

根据 $\bar{s}$ 的定义,

$$\bar{s} \in \mathrm{Arg\,min}\left\{\frac{1}{2}\|s\|^2 : s \in \mathcal{S}\right\},$$

其中 $\mathcal{S}$ 是 $\mathcal{Y}$ 中的由 (4.6) 定义的凸集, 则有

$$\langle \bar{s}, s - \bar{s} \rangle \geqslant 0, \quad \forall s \in \mathcal{S}$$

或

$$\langle \bar{s}, s \rangle \geqslant \|\bar{s}\|^2, \quad \forall s \in \mathcal{S}. \tag{4.39}$$

故对任何 $\lambda \in \mathrm{dom}\,\theta$ 与任何 $t \geqslant 0$,

$$\theta(\lambda) - \theta(\bar{\lambda} - t\bar{s}) = \theta(\lambda) + \inf_{x \in \mathbb{R}^n, y \in K}\left[f(x) + \langle \bar{\lambda} - t\bar{s}, g(x) - y \rangle\right]$$

$$\geqslant \theta(\lambda) + \inf_{x \in \mathbb{R}^n, y \in K} \left[f(x) + \langle \bar{\lambda}, g(x) - y \rangle \right]$$

$$+ \inf_{x \in \mathbb{R}^n, y \in K} \left[f(x) + \langle -t\bar{s}, g(x) - y \rangle \right]$$

$$= \theta(\lambda) - \theta(\bar{\lambda}) + \inf_{s \in \mathcal{S}} \left[t \langle \bar{s}, s \rangle \right]$$

$$= \theta(\lambda) - \theta(\bar{\lambda}) + t \inf_{s \in \mathcal{S}} \langle \bar{s}, s \rangle$$

$$\geqslant \langle \bar{s}, \lambda - \bar{\lambda} \rangle + t \langle \bar{s}, \bar{s} \rangle \qquad (\text{由 } (4.39) \text{ 与 } \bar{s} \in \partial\theta(\bar{\lambda}))$$

$$= \langle \bar{s}, \lambda - (\bar{\lambda} - t\bar{s}) \rangle,$$

这建立了 (4.38). ■

4.4.2　最小约束违背问题的增广 Lagrange 方法

现在我们聚焦求解最小违背平移 $\bar{s}$ 与问题 $(\mathrm{P}(\bar{s}))$ 的增广 Lagrange 方法. 凸优化的增广 Lagrange 方法的分析基于凸函数的 Moreau-Yosida 正则化和邻近映射的概念. 由定义 1.11, 对于函数 $\theta : \mathcal{Y} \to \overline{\mathbb{R}}$, 它的 Moreau-Yosida 正则化函数, 记为 $\theta_r : \mathcal{Y} \to \overline{\mathbb{R}}$, 定义为

$$\theta_r(\lambda) = \inf_{\lambda' \in \mathcal{Y}} \left\{ \theta(\lambda') + \frac{1}{2r} \|\lambda' - \lambda\|^2 \right\}. \tag{4.40}$$

函数 θ 的邻近映射 $P_{r\theta} : \mathcal{Y} \to \mathcal{Y}$ 定义为

$$P_{r\theta}(\lambda) = \operatorname{argmin} \left\{ \theta(\lambda') + \frac{1}{2r} \|\lambda' - \lambda\|^2 : \lambda' \in \mathcal{Y} \right\}. \tag{4.41}$$

下述引理给出了 $\theta_r(\lambda)$ 的另一表达式.

引理 4.2　对偶函数 θ 是下半连续的凸函数. 设函数 θ 是正常的, 令 $r > 0$. 则

$$\theta_r(\lambda) = - \inf_{x \in \mathbb{R}^n, y \in K} l_r(x, y, \lambda), \tag{4.42}$$

其中 l_r 是增广 Lagrange 函数. 定义

$$(x(\lambda, r), y(\lambda, r)) \in \operatorname{Arg\,min} \left\{ l_r(x, y, \lambda) : x \in \mathbb{R}^n, y \in K \right\}.$$

则

$$P_{r\theta}(\lambda) = \lambda + r[g(x(\lambda, r)) - y(\lambda, r)] \quad \text{与} \quad y(\lambda, r) - g(x(\lambda, r)) \in \partial\theta(P_{r\theta}(\lambda)).$$

对 (4.42) 中的 $\theta_r(\lambda)$ 的表达式, 一个自然的问题是如何保证 (4.42) 右端的下确界在某一点处可以达到. 下面的命题回答了这一问题.

命题 4.11 设 $\lambda \in Y$ 与 $r > 0$. 如果 $\lambda \in \mathrm{dom}\,\theta$, 那么增广 Lagrange 子问题

$$\min_{x\in\mathbb{R}^n, y\in K} l_r(x,y,\lambda) \tag{4.43}$$

必存在一个解.

证明 因为 $\lambda \in \mathrm{dom}\,\theta$, 由 (4.28) 可得 $\mathrm{dom}\,\theta \neq \varnothing$. 于是 θ 是正常的下半连续凸函数, (4.40) 的右端问题的最优值 $\theta_r(\lambda)$ 是有限的. 根据引理 4.2, 问题 (4.43) 必存在一个解. ∎

下述命题给出了最小违背平移 $\bar{s}$ 的重要性质, 这些性质在增广 Lagrange 方法的分析中起着重要的作用.

命题 4.12 设 $\bar{s} \neq 0$, $\mathrm{Val}(\mathrm{P}(\bar{s})) \in \mathbb{R}$, ν 在 $\bar{s}$ 处是下半连续的, $\mathrm{Sol}(\mathrm{D}(\bar{s})) \neq \varnothing$. 取 $\lambda \in \mathcal{Y}$. 则下述性质成立:

(i) $\mathrm{dist}(\lambda - \alpha\bar{s}, \mathrm{Sol}(\mathrm{D}(\bar{s}))) \leqslant \mathrm{dist}(\lambda, \mathrm{Sol}(\mathrm{D}(\bar{s})))$, $\forall \alpha \geqslant 0$;

(ii) $P_{r\theta}(\lambda) = P_{r\theta_{\bar{s}}}(\lambda - r\bar{s})$;

(iii) $\mathrm{dist}(P_{r\theta}(\lambda), \mathrm{Sol}(\mathrm{D}(\bar{s}))) \leqslant \mathrm{dist}(\lambda, \mathrm{Sol}(\mathrm{D}(\bar{s})))$.

证明 (i) 令

$$\tilde{\lambda} = \Pi_{\mathrm{Sol}(\mathrm{D}(\bar{s}))}(\lambda),$$

它是有定义的, 因为 $\mathrm{Sol}(\mathrm{D}(\bar{s}))$ 是非空闭凸集. 由命题 4.10 知, $\tilde{\lambda} - \alpha\bar{s} \in \mathrm{Sol}(\mathrm{D}(\bar{s}))$ 对任意的 $\alpha \geqslant 0$ 成立. 于是

$$\mathrm{dist}(\lambda - \alpha\bar{s}, \mathrm{Sol}(\mathrm{D}(\bar{s}))) \leqslant \|\lambda - \alpha\bar{s} - [\tilde{\lambda} - \alpha\bar{s}]\| = \|\lambda - \tilde{\lambda}\| = \mathrm{dist}(\lambda, \mathrm{Sol}(\mathrm{D}(\bar{s}))).$$

(ii) 令 $u = P_{r\theta_{\bar{s}}}(\lambda - r\bar{s})$. 则

$$0 \in \partial\theta_{\bar{s}}(u) + \frac{1}{r}[u - (\lambda - r\bar{s})].$$

由此得到, 存在某一 $\tilde{s} \in \partial\theta_{\bar{s}}(u)$ 满足

$$0 = \tilde{s} + \frac{1}{r}[u - (\lambda - r\bar{s})]$$

或等价地

$$u = \lambda - r(\tilde{s} + \bar{s}). \tag{4.44}$$

根据表达式 $\partial\theta_{\bar{s}}(\lambda) = \partial\theta(\lambda) - \bar{s}$, 得到

$$\tilde{s} + \bar{s} \in \partial\theta_{\bar{s}}(u).$$

于是由 (4.44) 有

$$0 \in \partial\theta(u) + \frac{1}{r}[u - \lambda].$$

因此得到 $u = P_{r\theta}(\lambda)$. 这证得 (ii).

(iii) 根据 (ii), 得到

$$\mathrm{dist}\,(P_{r\theta}(\lambda), \mathrm{Sol}\,(\mathrm{D}(\bar{s}))) = \mathrm{dist}\,(P_{r\theta_{\bar{s}}}(\lambda - \alpha\bar{s}), \mathrm{Sol}\,(\mathrm{D}(\bar{s}))). \tag{4.45}$$

因为 $\mathrm{Sol}\,(\mathrm{D}(\bar{s})) = \mathrm{Arg}\,\min\theta_{\bar{s}}$ 与

$$\mathrm{Arg}\,\min\theta_{\bar{s}} = \{u \in \mathcal{Y} : u = P_{r\theta_{\bar{s}}}(u)\},$$

并注意到映射 $P_{r\theta_{\bar{s}}}$ 是非扩张的, 知对任何 $u \in \mathrm{Sol}\,(\mathrm{D}(\bar{s}))$,

$$\|P_{r\theta_{\bar{s}}}(\lambda - \alpha\bar{s}) - u\| = \|P_{r\theta_{\bar{s}}}(\lambda - \alpha\bar{s}) - P_{r\theta_{\bar{s}}}(u)\| \leqslant \|(\lambda - \alpha\bar{s}) - u\|.$$

这意味着邻近步使到解集的距离减少:

$$\mathrm{dist}\,(P_{r\theta_{\bar{s}}}(\lambda - \alpha\bar{s}), \mathrm{Sol}\,(\mathrm{D}(\bar{s}))) \leqslant \mathrm{dist}\,(\lambda - \alpha\bar{s}, \mathrm{Sol}\,(\mathrm{D}(\bar{s}))). \tag{4.46}$$

结合 (4.45), (4.46) 与 (i), 可得到 (iii) 中的不等式. ■

接下来给出最小违背平移 $\bar{s}$ 的刻画.

引理 4.3　设 $\bar{s} \neq 0$. 设 $g : \mathbb{R}^n \to \mathcal{Y}$ 是光滑映射, 满足 G_K 是一图-凸的集值映射. 则关于 $(\bar{x}, \bar{y}) \in \mathbb{R}^n \times \mathcal{Y}$ 满足 $\bar{y} - g(\bar{x}) = \bar{s}$ 与 $\bar{y} \in K$, 使得下述性质是等价的:

(i) $\mathrm{D}g(\bar{x})^*(g(\bar{x}) - \bar{y}) = 0$ 与 $\Pi_K(g(\bar{x})) = \bar{y}$;

(ii) $(\bar{x}, \bar{y})$ 是下述问题的解

$$\min_{x \in \mathbb{R}^n, y \in K} \frac{1}{2}\|g(x) - y\|^2. \tag{4.47}$$

证明　引入

$$s = -g(x) + y, \tag{4.48}$$

问题 (4.47) 等价于

$$\begin{aligned} \min_{x \in \mathbb{R}^n, s \in \mathcal{Y}} \quad & \frac{1}{2}\|s\|^2 \\ \mathrm{s.\,t.} \quad & g(x) + s \in K. \end{aligned} \tag{4.49}$$

因为 G_K 是图-凸的, 问题 (4.49) 是一凸优化问题. 设 $(\bar{x}, \bar{s})$ 是问题 (4.49) 的一个解. 注意问题 (4.49) 的广义 Slater 条件成立, 有 $(\bar{x}, \bar{s})$ 是问题 (4.49) 的解

的充分必要条件是下述的 KKT 条件在 $(\bar{x}, \bar{s})$ 处成立, 即存在一 Lagrange 乘子 $\bar{\lambda} \in \mathcal{Y}$ 满足

$$
\begin{aligned}
& \mathrm{D}g(\bar{x})^* \bar{\lambda} = 0, \\
& \bar{s} + \bar{\lambda} = 0, \\
& \bar{\lambda} \in N_K(g(\bar{x}) + \bar{s}).
\end{aligned}
\tag{4.50}
$$

置 $\bar{y} = g(\bar{x}) + \bar{s}$, 则上述关系可以等价地表示为

$$
\begin{aligned}
& \mathrm{D}g(\bar{x})^*(g(\bar{x}) - \bar{y}) = 0, \\
& g(\bar{x}) - \bar{y} \in N_K(\bar{y}).
\end{aligned}
\tag{4.51}
$$

注意 $g(\bar{x}) - \bar{y} \in N_K(\bar{y})$ 等价于 $\bar{y} = \Pi_K(g(\bar{x}))$, 可知 (4.51) 等价于 (i). ∎

下面给出最小约束违背优化问题 P($\bar{s}$) 的最优性条件的刻画, 这一刻画借助增广 Lagrange 函数.

定理 4.1 设 ν 是一正常的下半连续函数, 其中 $\nu(\bar{s}) \in \mathbb{R}$ 且

$$
\bar{s} \in \operatorname{dom} \partial \nu.
\tag{4.52}
$$

设 $r > 0, l_r$ 是由 (4.25) 定义的增广 Lagrange 函数. 设 g 是从 $\mathbb{R}^n$ 到 $\mathcal{Y}$ 的一光滑映射. 则 $(\bar{x}, \bar{y})$ 是下述问题的解

$$
\begin{aligned}
\min \quad & f(x) \\
\mathrm{s.\,t.} \quad & g(x) + \bar{s} = y, \\
& y \in K
\end{aligned}
\tag{4.53}
$$

当且仅当存在一 $\bar{\lambda} \in \mathcal{Y}$ 满足

$$
\begin{aligned}
& (\bar{x}, \bar{y}) \in \operatorname{Arg}\min_{x \in \mathbb{R}^n, y \in K} l_r(x, y, \bar{\lambda}), \\
& \mathrm{D}g(\bar{x})^*(g(\bar{x}) - \bar{y}) = 0, \\
& \Pi_K(g(\bar{x})) = \bar{y}.
\end{aligned}
\tag{4.54}
$$

证明 必要性. 令 $(\bar{x}, \bar{y})$ 是问题 (4.53) 的一个解, 那么 $\bar{y} - g(\bar{x}) = \bar{s}, \bar{y} \in K$, 其中

$$
\bar{s} = \operatorname{Arg}\min\left\{\frac{1}{2}\|s\|^2 : s \in \mathcal{S}\right\}.
$$

于是, 根据引理 4.3 的关系 (i) $\Longrightarrow$ (ii), 可得

$$
\mathrm{D}g(\bar{x})^*(g(\bar{x}) - \bar{y}) = 0; \quad \Pi_K(g(\bar{x})) = \bar{y},
$$

即 (4.54) 中的第二和第三关系成立.

由命题 4.6 的 (i) 与 (ii) 的等价性可得, $\bar{s} \in \mathrm{dom}\,\partial\nu$ 意味着, 存在某一 $\bar{\lambda}$ 满足 $\bar{s} \in \partial\theta(\bar{\lambda})$. 由命题 4.6 的关系 (i)$\Longrightarrow$(iii) 可得, $(\bar{x}, \bar{y})$ 是函数 $l(\cdot, \cdot, \bar{\lambda})$ 在 $\mathbb{R}^n \times K$ 上的极小点:

$$f(\bar{x}) + \langle \bar{\lambda}, g(\bar{x}) - \bar{y}\rangle \leqslant f(x) + \langle \bar{\lambda}, g(x) - y\rangle, \quad \forall (x, y) \in \mathbb{R}^n \times K. \tag{4.55}$$

对任意 $(x, y) \in \mathbb{R}^n \times K$, 有 $y - g(x) \in \mathcal{S}$, 从而由 $\bar{s}$ 的定义,

$$\|g(\bar{x}) - \bar{y}\| = \|\bar{s}\| \leqslant \|g(x) - y\|.$$

用 (4.55), 对任意的 $(x, y) \in \mathbb{R}^n \times K$, 可得到

$$f(\bar{x}) + \langle \bar{\lambda}, g(\bar{x}) - \bar{y}\rangle + \frac{r}{2}\|g(\bar{x}) - \bar{y}\|^2 \leqslant f(x) + \langle \bar{\lambda}, g(x) - y\rangle + \frac{r}{2}\|g(x) - y\|^2,$$

这证得 (4.54) 中的

$$(\bar{x}, \bar{y}) \in \mathrm{Arg\,min}\left\{l_r(x, y, \bar{\lambda}) : x \in \mathbb{R}^n, y \in K\right\}.$$

充分性. 由引理 4.3 的关系 (ii)$\Longrightarrow$(i) 可得 $Dg(\bar{x})^*(g(\bar{x}) - \bar{y}) = 0$ 与 $\Pi_K(g(\bar{x})) = \bar{y}$, 这表明 $(\bar{x}, \bar{y})$ 满足问题 (4.53) 的约束. 设 (x, y) 满足 $g(x) = y, y + \bar{s} \in K$. 则由

$$(\bar{x}, \bar{y}) \in \mathrm{Arg\,min}\left\{l_r(x, y, \bar{\lambda}) : x \in \mathbb{R}^n, y \in K\right\}$$

与 $g(\bar{x}) - \bar{y} = g(x) - y = -\bar{s}$, 可得

$$f(\bar{x}) - \langle \bar{\lambda}, \bar{s}\rangle + \frac{r}{2}\|\bar{s}\|^2 \leqslant f(x) - \langle \bar{\lambda}, \bar{s}\rangle + \frac{r}{2}\|\bar{s}\|^2.$$

因此, 对于满足 $g(x) = y$ 和 $y + \bar{s} \in K$ 的所有 (x, y), $f(\bar{x}) \leqslant f(x)$, 由此推出 $(\bar{x}, \bar{y})$ 是问题 (4.53) 的解. ∎

现在给出问题 (4.3) 的增广 Lagrange 方法, 记为算法 2.

定义

$$s^k = y^k - g(x^k). \tag{4.56}$$

那么, 根据引理 4.2, 可得由算法 2 生成的序列 $\{(x^k, y^k, \lambda^k)\}$ 满足下述关系

$$s^{k+1} \in \partial\theta(\lambda^{k+1}) \quad 与 \quad \lambda^{k+1} = P_{r_k\theta}(\lambda^k). \tag{4.57}$$

算法 2 增广 Lagrange 方法

取 $\lambda^0 \in \mathcal{Y}$ 与 $r_0 > 0$. 置 $k := 0$.

while 终止条件不成立 **do**

    1. 求解问题

$$\min_{x \in \mathbb{R}^n, y \in K} l_{r_k}(x, y, \lambda^k)$$

    把最优解记为 (x^{k+1}, y^{k+1}).

    2. 更新乘子

$$\lambda^{k+1} = \lambda^k + r_k(g(x^{k+1}) - y^{k+1}).$$

    3. 选取新的惩罚参数 $r_{k+1} \geqslant r_k$.

  置 $k := k + 1$.

现在给出最小约束违背凸优化问题的增广 Lagrange 方法收敛性的主要结果之一, 它说明了增广 Lagrange 方法生成的平移序列收敛到最小违背平移.

定理 4.2 设 $\bar{s} \neq 0$, $\text{Val}(\text{P}(\bar{s})) \in \mathbb{R}$, ν 在 $\bar{s}$ 处是下半连续的, $\text{Sol}(\text{D}(\bar{s})) \neq \varnothing$. 设序列 $\{(x^k, y^k, \lambda^k)\}$ 由增广 Lagrange 方法生成. 那么

(i) 序列 $\{\|s^k\|\}$ 是非增的;

(ii) 序列 $\{\text{dist}(\lambda^k, \text{Sol}(\text{D}(\bar{s})))\}$ 是非增的;

(iii) 如果 $r_k \geqslant \underline{r}$, 其中 $\underline{r} > 0$ 是某一常数, 那么 $s^k \to \bar{s}$.

证明 (i) 注意 $s^k \in \partial\theta(\lambda^k)$, $s^{k+1} \in \partial\theta(\lambda^{k+1})$ 与

$$s^{k+1} = y^{k+1} - g(x^{k+1}) = \frac{1}{r_k}[\lambda^k - \lambda^{k+1}],$$

可得

$$\|s^k\|^2 = \|(s^k - s^{k+1}) + s^{k+1}\|^2$$

$$= \|s^k - s^{k+1}\|^2 + 2\langle s^k - s^{k+1}, s^{k+1}\rangle + \|s^{k+1}\|^2$$

$$= \|s^k - s^{k+1}\|^2 + \frac{2}{r_k}\langle s^k - s^{k+1}, \lambda^k - \lambda^{k+1}\rangle + \|s^{k+1}\|^2$$

$$\geqslant \|s^{k+1}\|^2.$$

上述最后一不等式用到了 $\frac{2}{r_k}\langle s^k - s^{k+1}, \lambda^k - \lambda^{k+1}\rangle \geqslant 0$. 这就证得 (i).

(ii) 根据引理 4.2, 有 $\lambda^{k+1} = P_{r_k\theta}(\lambda^k)$. 应用命题 4.12, 可得 (ii).

(iii) 由命题 4.10 可得, 如果 $\text{Sol}(\text{D}(\bar{s})) \neq \varnothing$, 那么 $-\bar{s} \in \text{Sol}(\text{D}(\bar{s}))^\infty$. 在 $\text{Sol}(\text{D}(\bar{s}))$ 中定义一序列:

$$u^0 \in \text{Sol}(\text{D}(\bar{s})) \quad \text{与} \quad u^{k+1} = u^k - r_k\bar{s} \quad (\forall k \geqslant 0).$$

则有 $\{u^k\} \subset \mathrm{Sol}\,(\mathrm{D}(\bar{s}))$. 因为 $\lambda^{k+1} = \lambda^k - r_k s^{k+1}$ (根据增广 Lagrange 方法), 可知

$$\lambda^k - u^k = \lambda^{k+1} - u^{k+1} + r_k(s^{k+1} - \bar{s}). \tag{4.58}$$

注意到由命题 4.9 (ii) 可得到 $s^{k+1} \in \partial\theta(\lambda^{k+1})$ 与 $\bar{s} \in \partial\theta(u^{k+1})$. 由 $\partial\theta$ 的单调性,

$$\langle s^{k+1} - \bar{s}, \lambda^{k+1} - u^{k+1} \rangle \geqslant 0.$$

于是, 在 (4.58) 的两端取范数的平方并忽略掉右端中的 $\langle s^{k+1} - \bar{s}, \lambda^{k+1} - u^{k+1} \rangle$, 得到

$$\|\lambda^k - u^k\|^2 \geqslant \|\lambda^{k+1} - u^{k+1}\|^2 + r_k^2\|s^{k+1} - \bar{s}\|^2. \tag{4.59}$$

由此推出非负序列 $\{\|\lambda^k - u^k\|\}$ 是非增的, 从而是收敛的. 因此, 由 (4.59) 得到 $r_k^2\|s^{k+1} - \bar{s}\|^2$ 收敛到零. 因为 $r_k \geqslant \underline{r}$, 其中 $\underline{r} > 0$ 是一常数, 有 $s^k \to \bar{s}$. ∎

上述定理表明, 增广 Lagrange 方法的一个重要特征是它生成的平移序列收敛到最小违背的平移. 进一步地, 它生成的乘子序列到问题 $(\mathrm{D}(\bar{s}))$ 的解集的距离是递减的.

下述结果表明, 如果最小违背平移 $\bar{s}$ 非零, 那么增广 Lagrange 方法生成的乘子序列是发散的.

推论 4.2 设 $\bar{s} \neq 0, \mathrm{Val}\,(\mathrm{P}(\bar{s})) \in \mathbb{R}, \nu$ 在 $\bar{s}$ 处是下半连续的, $\mathrm{Sol}\,(\mathrm{D}(\bar{s})) \neq \varnothing$. 设 $\{(x^k, y^k, \lambda^k)\}$ 是由增广 Lagrange 方法生成的序列, 其中 $r_k \geqslant \underline{r}, \underline{r} > 0$ 是某一常数. 则 $\{\lambda^k\}$ 发散.

证明 注意

$$\|\lambda^{k+1} - \lambda^k\| = \| - r_k s^{k+1}\| \geqslant \underline{r}\,\|s^{k+1}\| \to \underline{r}\,\|\bar{s}\| > 0,$$

故 $\{\lambda^k\}$ 是发散的. ∎

定义序列 $\{(x^k, y^k)\}$ 的聚点集合, 用集合列的外极限 (见定义 1.9)

$$\omega = \limsup_{k \to \infty} \{(x^k, y^k)\}.$$

命题 4.13 设 $\bar{s} \neq 0, \mathrm{Val}\,(\mathrm{P}(\bar{s})) \in \mathbb{R}, \nu$ 在 $\bar{s}$ 处是下半连续的, $\mathrm{Sol}\,(\mathrm{D}(\bar{s})) \neq \varnothing$. 设 $\omega \neq \varnothing$. 则对任何 $(\bar{x}, \bar{y}) \in \omega$,

$$\mathrm{D}g(\bar{x})^*(g(x^k) - y^k) \to 0 \quad \text{与} \quad \Pi_K(g(x^k)) - y^k \to 0. \tag{4.60}$$

证明 对任何 $(\bar{x}, \bar{y}) \in \omega$, 存在子序列 $N \subset \mathbf{N}$ 满足 $(x^k, y^k) \xrightarrow{N} (\bar{x}, \bar{y})$. 因为 $r_k \geqslant \underline{r}$, 根据定理 4.2, $s^k = y^k - g(x^k) \to \bar{s}$, 有 $\bar{y} - g(\bar{x}) = \bar{s}, \bar{y} \in K$ 与

$$\bar{s} = \mathrm{Arg}\,\min\left\{\frac{1}{2}\|s\|^2 : s \in \mathcal{S}\right\}.$$

由引理 4.3 中的 (i) 与 (ii) 等价性可得

$$\mathrm{D}g(\bar{x})^*\bar{s} = 0, \quad \Pi_K(g(\bar{x})) - \bar{y} = 0. \tag{4.61}$$

由 (4.61), 易得 $\mathrm{D}g(\bar{x})^*(g(x^k) - y^k) \to 0$, 即 (4.60) 中的第一个性质成立.

记

$$\tilde{y}^k = \Pi_K(g(x^k)).$$

由投影的性质得到

$$\langle \tilde{y}^k - g(x^k), y - \tilde{y}^k \rangle \geqslant 0, \quad \forall y \in K.$$

在上述不等式中取 $y = y^k \in K$,

$$\langle \tilde{y}^k - g(x^k), y^k - \tilde{y}^k \rangle \geqslant 0. \tag{4.62}$$

注意 $\bar{s} = \Pi_{\mathcal{S}}(0)$ 被刻画为

$$\langle \bar{s}, s - \bar{s} \rangle \geqslant 0, \quad \forall s \in \mathcal{S}.$$

取 $s = \tilde{y}^k - y^k + s^k = \tilde{y}^k - g(x^k) \in \mathcal{S}$, 可得

$$\langle \bar{s}, \tilde{y}^k - y^k + s^k - \bar{s} \rangle \geqslant 0. \tag{4.63}$$

将 (4.62) 与 (4.63) 相加,

$$\langle \bar{s} - \tilde{y}^k + g(x^k), \tilde{y}^k - y^k \rangle + \langle \bar{s}, s^k - \bar{s} \rangle \geqslant 0.$$

用 $s^k = y^k - g(x^k)$ 与 Cauchy-Schwarz 不等式,

$$
\begin{aligned}
\|\tilde{y}^k - y^k\|^2 &\leqslant \|\tilde{y}^k - y^k\|^2 + \langle \bar{s} - \tilde{y}^k + y^k - s^k, \tilde{y}^k - y^k \rangle + \langle \bar{s}, s^k - \bar{s} \rangle \\
&= \langle \bar{s} - s^k, \tilde{y}^k - y^k \rangle + \langle \bar{s}, s^k - \bar{s} \rangle \\
&\leqslant \|\bar{s} - s^k\| \|\tilde{y}^k - y^k\| + \|\bar{s}\| \|s^k - \bar{s}\|.
\end{aligned}
$$

因为 $s^k \to \bar{s}$, 上述不等式推出, 存在一常数 $\beta > 0$ 满足

$$\|\tilde{y}^k - y^k\| \leqslant \beta \|s^k - \bar{s}\|^{1/2}.$$

对充分大的 k 成立, 这意味着性质 $\Pi_K(g(x^k)) - y^k \to 0$. ∎

现在叙述本章的另一个主要结果. 它表明, 增广 Lagrange 方法可以得到满足最小约束违背优化问题的近似的最优性条件.

定理 4.3　考虑问题 (4.3) 的增广 Lagrange 方法. 设 $\bar{s} \neq 0$, $\mathrm{Val}(\mathrm{P}(\bar{s})) \in \mathbb{R}$, ν 在 $\bar{s}$ 处是下半连续的, $\mathrm{Sol}(\mathrm{D}(\bar{s})) \neq \varnothing$. 设 $\omega \neq \varnothing$. 则对任意的 $\varepsilon > 0$, 存在一子序列 $N \subset \mathbf{N}$ 满足

$$(x^k, y^k) \in \mathrm{Arg\,min}\, l_{r_{k-1}}(x, y, \lambda^{k-1}) \tag{4.64}$$

与

$$\|\mathrm{D}g(x^k)^*(g(x^k) - y^k)\| \leqslant \varepsilon \quad \text{和} \quad \|\Pi_K(g(x^k)) - y^k\| \leqslant \varepsilon \tag{4.65}$$

对每一 $k \in N$ 成立.

证明　性质 (4.64) 由增广 Lagrange 方法生成 (x^k, y^k) 的公式可以得到. 性质 (4.65) 由命题 4.13 得到. ∎

定理 4.3 中的 (4.65) 中的不等式表明, 序列 $\{(x^k, y^k)\}$ 近似地满足 (4.54) 中的最后两个等式. 基于这一观察, 可知增广 Lagrange 方法近似求解最小约束违背的凸优化问题.

4.4.3　线性收敛率

本小节讨论增广 Lagrange 方法的收敛速度. 为此需要下述误差界的假设.

假设 4.1　考虑问题 (4.5), 设对每一 $s \in \mathcal{S}$, 它有一解存在. 对每一 $\varepsilon > 0$, 存在 $L_\varepsilon > 0$, 满足

$$\mathrm{dist}\,(\lambda, \mathrm{Sol}\,(D(\bar{s}))) \leqslant L_\varepsilon \|\tilde{s}\|, \quad \forall \lambda \in \mathrm{Sol}\,(D(\bar{s})) + \varepsilon \mathbf{B}, \quad \forall \tilde{s} \in \partial\theta_{\bar{s}}(\lambda). \tag{4.66}$$

假设 4.1 恰好是 Luque[39] 中的误差界条件, 这一条件在邻近点方法收敛速度的证明中起着关键性作用.

这一小节给出当参数 r_k 充分大时的收敛性结果. 结果依赖于假设 4.1 中给出的误差界条件.

引理 4.4　设假设 4.1 成立. 则对任何 $\delta > 0$, 存在常数 $L > 0$ 满足, 当 $\mathrm{dist}\,(\lambda^0, \mathrm{Sol}\,(D(\bar{s}))) < \delta$ 时, 有

$$\mathrm{dist}\,(\lambda^k, \mathrm{Sol}\,(D(\bar{s}))) \leqslant L\|s^k - \bar{s}\|, \quad \forall k > 1. \tag{4.67}$$

尤其, 如果 r_k 大于等于某个正的常数, $\mathrm{dist}\,(\lambda^k, \mathrm{Sol}\,(D(\bar{s}))) \to 0$.

证明　由假设 4.1, 对任何 $\varepsilon > 0$, 存在 $L_\varepsilon > 0$, 满足

$$\mathrm{dist}\,(\lambda, \mathrm{Sol}\,(D(\bar{s}))) \leqslant L_\varepsilon \|\tilde{s}\|, \quad \forall \lambda \in \mathrm{Sol}\,(D(\bar{s})) + \varepsilon \mathbf{B}, \ \forall \tilde{s} \in \partial\theta_{\bar{s}}(\lambda). \tag{4.68}$$

对 $\delta > 0$, 设 $L = L_\delta$ 是满足 (4.68) 的常数. 现在设 $\mathrm{dist}\,(\lambda^0, \mathrm{Sol}\,(D(\bar{s}))) \leqslant \delta$. 那么由命题 4.2(ii) 知, $\mathrm{dist}\,(\lambda^k, \mathrm{Sol}\,(D(\bar{s}))) \leqslant \delta$, $\forall k > 0$. 这也可写成 $\lambda^k \in \mathrm{Sol}\,(D(\bar{s})) + \delta \mathbf{B}$. 令 $k \geqslant 1$. 注意 $\partial\theta_{\bar{s}}(\lambda) = \partial\theta(\lambda) - \bar{s}$ 与 $s^k \in \partial\theta(\lambda^k)$, 得到 $s^k - \bar{s} \in \partial\theta_{\bar{s}}(\lambda^k)$.

因此可在 (4.68) 中取 $\lambda = \lambda^k$ 和 $\tilde{s} = s^k - \bar{s}$, 这就建立了 (4.67). 根据命题 4.2(iii) 和 (4.67), 得到 $\mathrm{dist}\,(\lambda^k, \mathrm{Sol}\,(D(\bar{s}))) \to 0$. ∎

下述定理给出了求解最小约束违背凸优化问题的增广 Lagrange 方法的线性收敛率.

定理 4.4 (线性收敛) 设假设 4.1 成立. 则对任何 $\delta > 0$, 存在常数 $L > 0$ 满足, 如果 $\mathrm{dist}\,(\lambda^0, \mathrm{Sol}\,(D(\bar{s}))) \leqslant \delta$, 那么

$$\|s^{k+1} - \bar{s}\| \leqslant \frac{L}{r_k}\|s^k - \bar{s}\|, \quad \forall k \geqslant 1 \tag{4.69}$$

与

$$\mathrm{dist}\,(\lambda^{k+1}, \mathrm{Sol}\,(D(\bar{s}))) \leqslant \min\left(\frac{L}{r_k}, 1\right) \mathrm{dist}\,(\lambda^k, \mathrm{Sol}\,(D(\bar{s}))), \quad \forall k \geqslant 0. \tag{4.70}$$

证明 令 $k \geqslant 0$. 考虑任意元素 $\tilde{\lambda} \in \mathrm{Sol}\,(D(\bar{s}))$. 则有 $0 \in \partial\theta_{\bar{s}}(\tilde{\lambda})$. 由 $\lambda^{k+1} \in \partial\theta(s^{k+1})$, 可得 $s^{k+1} - \bar{s} \in \partial\theta(s^{k+1}) - \bar{s} = \partial\theta_{\bar{s}}(\lambda^{k+1})$. 根据映射 $\partial\theta_{\bar{s}}$ 的单调性, 有

$$\langle s^{k+1} - \bar{s}, \lambda^{k+1} - \tilde{\lambda}\rangle \geqslant 0. \tag{4.71}$$

另一方面, 将 $\tilde{\lambda} + r_k\bar{s}$ 从下述迭代恒等式中减掉

$$\lambda^{k+1} = \lambda^k + r_k(g(x^{k+1}) - y^{k+1}) = \lambda^k - r_k s^{k+1},$$

并引入 $\tilde{\lambda}^k := \lambda^k - r_k\bar{s}$, 可知

$$\lambda^{k+1} - \tilde{\lambda} + r_k(s^{k+1} - \bar{s}) = \tilde{\lambda}^k - \tilde{\lambda}.$$

将这一恒等式两边取范数平方, 利用 (4.71) 与 $r_k > 0$, 并且忽略掉 $\|\lambda^{k+1} - \tilde{\lambda}\|^2$, 得到

$$\|s^{k+1} - \bar{s}\| \leqslant \frac{1}{r_k}\|\tilde{\lambda}^k - \tilde{\lambda}\|.$$

因为 $\tilde{\lambda}$ 是解集 $\mathrm{Sol}\,(D(\bar{s}))$ 中的任意元素, 所以有

$$\|s^{k+1} - \bar{s}\| \leqslant \frac{1}{r_k}\mathrm{dist}\,(\tilde{\lambda}^k, \mathrm{Sol}\,(D(\bar{s}))).$$

由 $\tilde{\lambda}^k = \lambda^k - r_k\bar{s}$ 与命题 4.12(i) 知,

$$\|s^{k+1} - \bar{s}\| \leqslant \frac{1}{r_k}\mathrm{dist}\,(\lambda^k, \mathrm{Sol}\,(D(\bar{s}))), \quad \forall k \geqslant 0. \tag{4.72}$$

设 $k \geqslant 1$. 将 (4.67) 用到 (4.72) 即得到 (4.69). 另一方面, 始于 (4.67) 并用 (4.72), 可得

$$\text{dist}\,(\lambda^{k+1}, \text{Sol}\,(D(\bar{s}))) \leqslant L\|s^{k+1} - \bar{s}\| \leqslant \frac{L}{r_k}(\lambda^k, \text{Sol}\,(D(\bar{s}))).$$

这一关系与定理 4.2 (ii) 相结合, 就得到 (4.70). ■

4.4.4　一个说明性的例子

本小节给出一些初步的数值结果, 用以验证以上得到的关于增广 Lagrange 方法的理论结果 (见 [19]). 应用算法 2 求解一个具有最小约束违背的二阶锥规划问题时, 采用投影梯度法近似求解算法中的最小化子问题. 所有数值实验均由 MATLAB R2019a 在具有 Intel(R) Core(TM) i5-6200U 2.30GHz 和 8GB 内存的笔记本电脑上实现.

二阶锥规划问题的具体形式如下:

$$\begin{aligned}
\min_{x \in \mathbb{R}^n} \quad & \log(1 + \exp(-a^{\mathrm{T}}x)) + \frac{\lambda}{2}\|x\|^2 \\
\text{s.t.} \quad & x^{\mathrm{T}}Gx + b^{\mathrm{T}}x + c \leqslant 0, \\
& x \in \mathcal{L}_+^n,
\end{aligned} \tag{4.73}$$

其中目标函数是著名的逻辑回归函数, 二阶锥定义为

$$\mathcal{L}_+^m := \{s := (s_0, \bar{s}) \in \mathbb{R}^m; s_0 \geqslant \|\bar{s}\|\}.$$

引入辅助变量 y 和 z, 可将问题 (4.73) 写为

$$\begin{aligned}
\min_{x \in \mathbb{R}^n} \quad & \log(1 + \exp(-a^{\mathrm{T}}x)) + \frac{\lambda}{2}\|x\|^2 \\
\text{s.t.} \quad & x^{\mathrm{T}}Gx + b^{\mathrm{T}}x + c = y, \quad y \in \mathbb{R}_-, \\
& x = z, \quad z \in \mathcal{L}_+^n.
\end{aligned} \tag{4.74}$$

在 (4.73) 中, 取 G 为单位矩阵, $b = 0$ 与 $c = 1$. 容易验证(4.73) 的可行域是空集, 由 (4.36) 定义的最小范数平移是 $\bar{s} = (-1, 0, 0, 0, 0, 0)$. 目标函数中取参数 $\lambda = 1$ 和向量 $a = (-2, -1, 0, 1, 2)$. 在数值实验中, 我们随机地选取初始点和 Lagrange 乘子, 惩罚参数的选取原则为在第 k 次迭代, 置 $r = 10k$.

在定理 4.2 和命题 4.13 的收敛性分析中, 可以发现, 随着迭代次数 k 增加, 平移序列 s^k 收敛到最小 l_2-范数平移, 数值实验也验证了 (4.60). 在图 4.1 中绘画了

算法生成的平移和最优误差的趋势. 这里 "时间/ms" 记按毫秒计量的 CPU 时间. 可以观察到平移 s^k 在 0.5 秒之内迅速减少到最小范数平移 $\bar{s}$. 图 4.1(b) 表明, 由算法生成的迭代点迅速收敛到满足最优条件 (4.54) 的点.

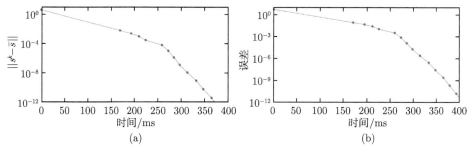

图 4.1 增广 Lagrange 方法求解问题 (4.73), 其中图 (a) 显示平移范数随 CPU 时间的变化; 图 (b) 显示误差 $\|\mathrm{D}g(\bar{x})^*(g(x^k) - y^k)\| + \|\Pi_K(g(x^k)) - y^k\|$ 随 CPU 时间的变化

图 4.2 通过记录相对于时间段在 r 的不同设置下的平移和误差的变化曲线, 展示了惩罚参数 r 对性能的数值影响. 将 r 分别设置为 10, 100, $5k$ 和 $10k$. 可以看到, r 越大, 算法 2 的性能越好, 并且在 $r = 10k$ 时获得最佳性能. 此外, 随着参数 r 的增加, 算法 2 计算的移位和误差会更显著地减少. 可以这样说, 所有这些数值结果验证了定理 4.2 和定理 4.3 的结论.

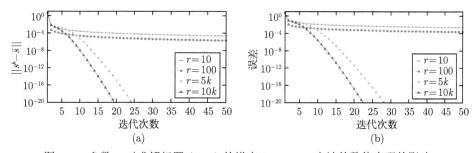

图 4.2 参数 r 对求解问题 (4.73) 的增广 Lagrange 方法的数值表现的影响

4.5 最小 l_1-范数平移非线性凸规划的罚函数方法

本节讨论如下的非线性凸规划问题

$$
\begin{aligned}
\min \quad & f(x) \\
\text{s.t.} \quad & Ax = b, \\
& g(x) \leqslant 0,
\end{aligned}
\tag{4.75}
$$

其中 $f: \mathbb{R}^n \to \mathbb{R}$ 是光滑凸函数, $A \in \mathbb{R}^{q \times n}$, $b \in \mathbb{R}^q$, $g: \mathbb{R}^n \to \mathbb{R}^p$, g 的每一分量函数 g_i 是光滑凸函数, $i \in [p]$.

　　如果该问题是不可行的, 考虑 l_1-范数下的最小平移. 问题 (4.75) 的 l_1-范数下的最小平移问题为

$$
\begin{cases}
\min\limits_{x,s} & \|s_e\|_1 + \|s_a\|_1 \\
\text{s.t.} & Ax - b + s_e = 0, \\
& g(x) + s_a \leqslant 0.
\end{cases} \tag{4.76}
$$

显然问题 (4.76) 是可行凸问题, 其可行域满足广义 Slater 条件, 其 Lagrange 函数是

$$
\mathcal{L}(x, s, \mu, \lambda) = \|s_e\|_1 + \|s_a\|_1 + \mu^{\mathrm{T}}(Ax - b + s_e) + \lambda^{\mathrm{T}}(g(x) + s_a).
$$

假设 $(\bar{x}, \bar{s})$ 是问题 (4.76) 的最优解, 则存在 $(\bar{\mu}, \bar{\lambda})$ 满足下述 Karush-Kuhn-Tucker 条件

$$
A^{\mathrm{T}}\bar{\mu} + \mathcal{J}g(\bar{x})^{\mathrm{T}}\bar{\lambda} = 0,
$$

$$
0 \in \partial\|\bar{s}_e\|_1 + \bar{\mu},
$$

$$
0 \in \partial\|\bar{s}_a\|_1 + \bar{\lambda},
$$

$$
A\bar{x} - b + \bar{s}_e = 0,
$$

$$
0 \leqslant \bar{\lambda} \perp g(\bar{x}) + \bar{s}_a \leqslant 0.
$$

由上面第三式, 即 $0 \in \partial\|\bar{s}_a\|_1 + \bar{\lambda}$ 与 $\bar{\lambda} \geqslant 0$, 可以推出 $\bar{s}_a \leqslant 0$, 因此问题 (4.76) 可以等价地简化为

$$
\begin{cases}
\min\limits_{x,s} & \|s_e\|_1 - \mathbf{1}_p^{\mathrm{T}} s_a \\
\text{s.t.} & Ax - b + s_e = 0, \\
& g(x) + s_a \leqslant 0, \\
& s_a \leqslant 0.
\end{cases} \tag{4.77}
$$

设 $\bar{s}$ 是最小 l_1-范数的平移, 那么最小约束违背的非线性规划问题可以表示为

$$
(\mathrm{NLP}(\bar{s})) \qquad
\begin{cases}
\min\limits_{x} & f(x) \\
\text{s.t.} & Ax - b + \bar{s}_e = 0, \\
& g(x) + \bar{s}_a \leqslant 0.
\end{cases} \tag{4.78}
$$

对于一般的凸规划问题 (4.75), 如果考虑 l_1-范数下的最小约束违背问题, 很自然的罚函数模型是如下的 l_1-罚函数模型:

$$(\text{PNLP}_t) \quad \begin{cases} \min & f(x) + t\left(\|s_e\|_1 - \mathbf{1}_p^{\mathrm{T}} s_a\right) \\ \text{s.t.} & Ax - b + s_e = 0, \\ & g(x) + s_a \leqslant 0, \\ & s_a \leqslant 0. \end{cases} \tag{4.79}$$

定义 $w(t) = \text{Val}(\text{PNLP}_t)$. 问题 (PNLP_t) 的 Lagrange 对偶问题是

$$(\text{PNLD}_t) \quad \begin{cases} \max & \psi(\mu, \lambda) \\ \text{s.t.} & \|\mu\|_\infty \leqslant t, \\ & 0 \leqslant \lambda \leqslant t\mathbf{1}_p, \end{cases} \tag{4.80}$$

其中

$$\psi(\mu, \lambda) = \inf_x \left(f(x) + \mu^{\mathrm{T}}(Ax - b) + \lambda^{\mathrm{T}} g(x) \right). \tag{4.81}$$

可以得到对偶问题 (PNLD_t) 的可行域是

$$\mathcal{F}_{\text{PNLD}_t} := \{(\mu, \lambda) \in \text{dom}\,\psi : \|\mu\|_\infty \leqslant t, 0 \leqslant \lambda \leqslant t\mathbf{1}_p\}, \tag{4.82}$$

其中 ψ 是凹函数, 它的有效域定义为

$$\text{dom}\,\psi = \{(\mu, \lambda) \in \mathbb{R}^q \times \mathbb{R}^p : \psi(\mu, \lambda) > -\infty\}.$$

假设 4.2 存在 $t_0 > 0$ 满足

$$\mathcal{F}_{\text{PNLD}_t} := \{(\mu, \lambda) \in \text{dom}\,\psi : \|\mu\|_\infty \leqslant t, 0 \leqslant \lambda \leqslant t\mathbf{1}_p\} \neq \varnothing, \quad t > t_0.$$

命题 4.14 设假设 4.2 成立. 对 $t > t_0$, 设 $(x(t), s(t))$ 是问题 (PNLP_t) 的最优解, 则 $w(t)$ 是 t 的递增函数, $f(x(t))$ 是 t 的递增函数, $\|s(t)\|_1$ 是 t 的递减函数.

证明 由于假设 4.2 成立, 对于 $t > t_0$, 可知对偶问题 (PNLD_t) 是可行的. 因此, 对于 $t > t_0$, 原始问题 (PNLP_t) 和对偶问题 (PNLD_t) 均是可行的. 注意问题 (PNLP_t) 的广义 Slater 约束规范成立, 根据凸优化的对偶定理有 $w(t) = \text{Val}(\text{PNLD}_t)$. 注意到问题 (PNLD_t) 的可行域随着 t 的增大而增大, 因此 $w(t)$ 是 t 的递增函数. 现在证明 $f(x(t))$ 是 t 的递增函数, $\|s(t)\|_1$ 是 t 的递减函数. 设 $t_0 < t_1 < t_2$, $(x_i, s_i) \in \text{Sol}(\text{PNLP}_{t_i}), i = 1, 2$. 则有

$$f(x_1) + t_1\|s_1\|_1 \leqslant f(x_2) + t_1\|s_2\|_1 \tag{4.83}$$

和

$$f(x_2) + t_2\|s_2\|_1 \leqslant f(x_1) + t_2\|s_1\|_1. \tag{4.84}$$

将 (4.83) 与 (4.84) 相加, 注意到 $t_2 > t_1$, 可得 $\|s_2\|_1 \leqslant \|s_1\|_1$. 再将 $\|s_2\|_1 \leqslant \|s_1\|_1$ 代入 (4.83), 可得 $f(x_1) \leqslant f(x_2)$. ∎

类似定理 2.7, 可以证明, 当 $t \to +\infty$ 时, $s(t)$ 收敛到 l_1-范数最小的平移.

定理 4.5　设假设 4.2 成立. 对 $t > t_0$, 设 $(x(t), s(t))$ 是问题 (PNLP$_t$) 的最优解, 那么存在 K_1 (依赖于 t_0), 满足当 $t > t_0 + 1$ 时,

$$\|s(t)\|_1 - \|\bar{s}\|_1 \leqslant \frac{K_1}{t}. \tag{4.85}$$

证明　设 $\bar{s}$ 是最小 l_1-范数的平移. 设 $\bar{x}$ 是 (NLP($\bar{s}$)) 的解, 那么对于问题 (PNLP$_t$), 其中 $t > t_0 + 1$, 有 $(\bar{x}, \bar{s})$ 是问题 (PNLP$_t$) 的可行解. 从而有

$$f(x(t)) + t\|s(t)\|_1 \leqslant f(\bar{x}) + t\|\bar{s}\|_1.$$

根据命题 4.14, $f(x(t))$ 是 t 的递增函数. 于是对 $t > t_0 + 1$, $f(x(t)) \geqslant f(x(t_0 + 1))$. 进而有

$$f(x(t_0 + 1)) + t\|s(t)\|_1 \leqslant f(\bar{x}) + t\|\bar{s}\|_1. \tag{4.86}$$

定义

$$K_1 = f(\bar{x}) - f(x(t_0 + 1)).$$

注意对于问题 (PNLP$_{t_0+1}$), $(\bar{x}, \bar{s})$ 是可行点, 从而有

$$f(\bar{x}) + (t_0 + 1)\|\bar{s}\|_1 \geqslant f(x(t_0 + 1)) + (t_0 + 1)\|s(t_0 + 1)\|_1.$$

这表明

$$K_1 = f(\bar{x}) - f(x(t_0 + 1)) \geqslant (t_0 + 1)[\|s(t_0 + 1)\|_1 - \|\bar{s}\|_1] \geqslant 0.$$

所以由 (4.86) 得到

$$\|s(t)\|_1 - \|\bar{s}\|_1 \leqslant \frac{K_1}{t}. \qquad ∎$$

类似定理 2.8, 可以证明, $s(t)$ 收敛到最小 l_1-范数平移, $x(t)$ 收敛到相应的最小平移最优解. 定义

$$\Upsilon_1 = \limsup_{t \to \infty}\{(x(t), s(t))\}. \tag{4.87}$$

用 $\mathcal{S}_{\text{NLP}}^*(l_1)$ 表示最小 l_1-范数平移集, 即

$$\mathcal{S}_{\text{NLP}}^*(l_1) = \text{Arg min}\left\{\|s\|_1 : s \in \mathcal{S}_{\text{NLP}}\right\},$$

其中 $\mathcal{S}_{\text{NLP}}$ 定义为

$$\mathcal{S}_{\text{NLP}} = \{s = (s_e, s_a) \in \mathbb{R}^{q+p} : \text{存在一个 } x \in \mathbb{R}^n \text{ 满足 } Ax + s_e = b,\ g(x) + s_a \leqslant b\}. \tag{4.88}$$

我们有下述的结论.

定理 4.6 对任何 $(\widetilde{x}, \widetilde{s}) \in \Upsilon_1$, 有 $(\widetilde{x}, \widetilde{s})$ 是下述最小平移问题的最优解

$$\begin{aligned}
\min_{x, \bar{s}} \quad & f(x) \\
\text{s.t.} \quad & Ax + \bar{s}_e = d, \\
& g(x) + \bar{s}_a \leqslant 0, \\
& \bar{s} \in \mathcal{S}_{\text{NLP}}^*(l_1).
\end{aligned} \tag{4.89}$$

证明 对任何 $\bar{s} \in \mathcal{S}_{\text{NLP}}^*(l_1)$, 任意选取问题

$$\begin{aligned}
\min \quad & f(x) \\
\text{s.t.} \quad & Ax - b + \bar{s}_e = 0, \\
& g(x) + \bar{s}_a \leqslant 0, \\
& \bar{s}_a \leqslant 0
\end{aligned}$$

的最优解 $\bar{x}$. 于是有 $(\bar{x}, \bar{s})$ 是问题 (PNLP_t) 的可行点. 从而对于 $t > t_0$,

$$f(\bar{x}) + t\|\bar{s}\|_1 \geqslant f(x(t)) + t\|s(t)\|_1.$$

由于 $\|s(t)\|_1 \geqslant \|\bar{s}\|_1$, 可得

$$f(\bar{x}) \geqslant f(x(t)). \tag{4.90}$$

对任意的 $(\widetilde{x}, \widetilde{s}) \in \Upsilon_1$, 存在 $t_k \to +\infty$, $(x(t_k), s(t_k)) \to (\widetilde{x}, \widetilde{s})$. 因为 $(x(t_k), s(t_k))$ 是问题 (PNLP_{t_k}) 的可行点

$$Ax(t_k) - b + s_e(t_k) = 0,\ g(x(t_k)) + s_a(t_k) \leqslant 0,\ s_a(t_k) \leqslant 0,$$

所以有

$$A\widetilde{x} - b + \widetilde{s}_e = 0, \quad g(\widetilde{x}) + \widetilde{s}_a \leqslant 0, \quad \widetilde{s}_a \leqslant 0.$$

再根据定理 4.5, 可得

$$\|\widetilde{s}\|_1 = \|\bar{s}\|_1.$$

于是得到 $\widetilde{s} \in \mathcal{S}_{\mathrm{NLP}}^*(l_1)$. 由 (4.90) 可得

$$f(\bar{x}) \geqslant f(\widetilde{x}).$$

从而得到 $(\widetilde{x}, \widetilde{s})$ 是问题 (4.89) 的解. ■

例 4.1　考虑下述不相容的凸规划问题

$$\begin{cases} \min & x_1^2 + 4x_2 + x_2^2 \\ \text{s.t.} & x_1 + 2x_2 = 1, \\ & x_1(x_1+1) + x_2 \leqslant 0. \end{cases}$$

其 Lagrange 函数为

$$l(x, \mu, \lambda) = x_1^2 + 4x_2 + x_2^2 + \mu(x_1 + 2x_2 - 1) + \lambda(x_1(x_1+1) + x_2).$$

因此 Lagrange 对偶问题为

$$\max_{\mu \in \mathbb{R}, \lambda \in \mathbb{R}_+} \inf_{x_1, x_2} l(x, \mu, \lambda) = -\mu + \left[(\mu+\lambda)^{\mathrm{T}} x_1 + (\lambda+1) x_1^2 \right] + \left[(4+2\mu+\lambda)^{\mathrm{T}} x_2 + x_2^2 \right],$$

即

$$\begin{cases} \max\limits_{\mu, \lambda} & -\mu - \dfrac{(\mu+\lambda)^2}{4(\lambda+1)} - \dfrac{(4+2\mu+\lambda)^2}{4} \\ \text{s.t.} & \lambda \geqslant 0. \end{cases}$$

容易验证, 对偶问题的可行域是无界的, 问题的最优值是 $+\infty$. 最小 l_1-范数违背的平移可以通过求解下述问题得到

$$\begin{cases} \min & |s_1| - s_2 \\ \text{s.t.} & x_1 + 2x_2 + s_1 = 1, \\ & x_1(x_1+1) + x_2 + s_2 \leqslant 0, \\ & s_2 \leqslant 0. \end{cases} \tag{4.91}$$

问题 (4.91) 的 Lagrange 函数是

$$l(x, s, \mu, \lambda) = |s_1| - s_2 + \mu(x_1 + 2x_2 + s_1 - 1) + \lambda(x_1(x_1+1) + x_2 + s_2).$$

Lagrange 对偶问题为

$$\begin{aligned} \max_{\mu \in \mathbb{R}, \lambda \in \mathbb{R}_+} \quad & -\mu + (\inf_{s_1}[|s_1| + \mu s_1] + \inf_{s_2 \leqslant 0} s_2[\lambda - 1] \\ & + \inf_{x_1}((\mu+\lambda)x_1 + \lambda x_1^2) + \inf_{x_2} x_2(2\mu + \lambda)), \end{aligned}$$

即

$$\max_{\mu\in\mathbb{R},\lambda\in\mathbb{R}} \quad -\mu + \inf_{x_1}((\mu+\lambda)x_1 + \lambda x_1^2)$$
$$\text{s.t.} \quad 2\mu + \lambda = 0,$$
$$0 \leqslant \lambda \leqslant 1,$$
$$-1 \leqslant \mu \leqslant 1.$$

进一步简化, 得

$$\max_{\lambda\in\mathbb{R}} \quad \frac{7}{8}\lambda \tag{4.92}$$
$$\text{s.t.} \quad 0 \leqslant \lambda \leqslant 1.$$

因此对偶问题的最优解是 $(\mu^*, \lambda^*) = (-1/2, 1)^{\mathrm{T}}$. 用 $\mathcal{S}_{\mathrm{NLP}}^*(l_1)$ 表示最小 l_1-范数平移集,

$$\mathcal{S}_{\mathrm{NLP}}^*(l_1) = \mathrm{Arg}\min\Big\{\|s\|_1 : s \in \mathcal{S}_{\mathrm{NLP}}\Big\}.$$

注意在上述 Lagrange 对偶的推导过程中, 有 $x_1 = -1/4$, 从而由对偶定理得到

$$|s_1| - s_2 = \frac{7}{8},$$
$$2x_2 + s_1 = \frac{5}{4},$$
$$x_2 + s_2 = \frac{3}{16}.$$

分析可得

$$\mathcal{S}_{\mathrm{NLP}}^*(l_1) = \left\{(s_1, s_2) : s_1 - s_2 = \frac{7}{8}, \ s_1 \geqslant 0, \ s_2 \leqslant 0\right\}.$$

于是原问题的 l_1-最小约束违背优化问题为

$$\begin{cases} \min & x_1^2 + 4x_2 + x_2^2 \\ \text{s.t.} & x_1 + 2x_2 + s_1 = 1, \\ & x_1(x_1+1) + x_2 + s_2 \leqslant 0, \\ & s_1 - s_2 = \dfrac{7}{8}, \\ & s_1 \geqslant 0, \ s_2 \leqslant 0. \end{cases}$$

消去 s_2, 问题可以表示为

$$\begin{cases} \min & x_1^2 + 4x_2 + x_2^2 \\ \text{s.t.} & x_1 + 2x_2 + s_1 = 1, \\ & x_1(x_1 + 1) + x_2 + s_1 \leqslant \dfrac{7}{8}, \\ & 0 \leqslant s_1 \leqslant \dfrac{7}{8}. \end{cases}$$

再消去 x_2 得

$$\begin{cases} \min & x_1^2 + 2(1 - x_1 - s_1) + \dfrac{1}{4}(1 - x_1 - s_1)^2 \\ \text{s.t.} & x_1^2 - \dfrac{1}{2}x_1 + \dfrac{1}{2}s_1 \leqslant \dfrac{3}{8}, \\ & 0 \leqslant s_1 \leqslant \dfrac{7}{8}. \end{cases} \tag{4.93}$$

现在用对偶定理求解问题 (4.93). 问题 (4.93) 的 Lagrange 函数为

$$\mathcal{L}(x_1, s_1, \eta) = x_1^2 + 2(1 - x_1 - s_1) + \dfrac{1}{4}(1 - x_1 - s_1)^2 + \eta\left(x_1^2 - \dfrac{1}{2}x_1 + \dfrac{1}{2}s_1 - \dfrac{3}{8}\right).$$

问题 (4.93) 的 Lagrange 对偶问题为

$$\max_{\eta \geqslant 0} \ \inf_{0 \leqslant s_1 \leqslant 7/8} \ \inf_{x_1} \mathcal{L}(x_1, s_1, \eta). \tag{4.94}$$

因为 $x_1 \to \mathcal{L}(x_1, s_1, \eta)$ 是二次凸函数, 可通过

$$\dfrac{\partial \mathcal{L}}{\partial x_1}(x_1, s_1, \eta) = 0,$$

解得

$$x_1^* = \dfrac{5 - s_1 - \eta}{5 + 4\eta}.$$

令

$$\begin{aligned} \omega(s_1, \eta) &:= \mathcal{L}(x_1^*, s_1, \eta) \\ &= -\dfrac{1}{4}\dfrac{(5 - s_1 - \eta)^2}{5 + 4\eta} + 2(1 - s_1) + \dfrac{1}{4}(1 - s_1)^2 + \eta\left(\dfrac{1}{2}s_1 - \dfrac{3}{8}\right), \end{aligned}$$

对偶问题 (4.94) 可简化为

$$\max_{\eta \geqslant 0} \ \inf_{0 \leqslant s_1 \leqslant 7/8} \omega(s_1, \eta).$$

由于 $s_1 \to \omega(s_1, \eta)$ 是凸函数, 再由题意可知最优的 s_1 是大于零的, 可见对给定的 $\eta \geqslant 0, \omega(s_1, \eta)$ 或者在稳定点处达到最大, 或者在 7/8 处达到最大. 通过求解

$$\frac{\partial \omega}{\partial s_1}(s_1, \eta) = 0$$

可得

$$s_1^* = 5 - \eta \quad \text{或者} \quad s_1^* = \frac{7}{8}.$$

我们讨论 $s_1^* = 5 - \eta$ 的情况, 此时

$$\omega(s_1^*, \eta) = 2(\eta - 4) + \frac{1}{4}(\eta - 4)^2 + \frac{\eta}{8}(17 - 4\eta).$$

这是 η 的严格凹函数. 通过利用

$$\frac{\partial \omega}{\partial \eta}(s_1^*, \eta) = 0,$$

可以求出

$$\eta^* = \frac{17}{4}.$$

恰好满足 $\eta^* > 0$, $s_1^* = 5 - \eta^* = 3/4 \in (0, 7/8)$. 因此我们解得

$$s_1^* = \frac{3}{4}, \quad s_2^* = -\frac{1}{8}, \quad x_1^* = 0, \quad x_2^* = \frac{1}{8}.$$

这一问题的最优值是 $33/64$, 最优解集是

$$\left\{ \left(0, \frac{1}{8} \right) \right\}.$$

下面讨论原问题的 l_1-罚函数方法. 惩罚问题具有下述形式

$$\begin{cases} \min\limits_{x,s} & x_1^2 + 4x_2 + x_2^2 + t(|s_1| - s_2) \\ \text{s.t.} & x_1 + 2x_2 + s_1 = 1, \\ & x_1(x_1 + 1) + x_2 + s_2 \leqslant 0, \\ & s_2 \leqslant 0. \end{cases} \quad (4.95)$$

问题 (4.95) 的 Lagrange 函数是

$$\mathcal{L}(x, s, \mu, \lambda) = x_1^2 + 4x_2 + x_2^2 + t(|s_1| - s_2) + \mu(x_1 + 2x_2 + s_1 - 1) + \lambda(x_1(x_1 + 1) + x_2 + s_2).$$

问题 (4.95) 的 Lagrange 对偶问题为

$$\max_{\mu\in\mathbb{R},\lambda\in\mathbb{R}_+} v(\mu,\lambda) = \inf_{x\in\mathbb{R}^2, s_1\in\mathbb{R}, s_2\in\mathbb{R}_-} \mathcal{L}(x,s,\mu,\lambda). \tag{4.96}$$

注意

$$
\begin{aligned}
v(\mu,\lambda) &= \inf_{x\in\mathbb{R}^2, s_1\in\mathbb{R}, s_2\in\mathbb{R}_-} \mathcal{L}(x,s,\mu,\lambda) \\
&= -\mu + \inf_{s_1}[t|s_1| + \mu s_1] + \inf_{s_2\leqslant 0}[\lambda s_2 - t s_2] \\
&\quad + \inf_{x_1}(x_1^2 + \lambda x_1^2 + \mu x_1 + \lambda x_1) + \inf_{x_2}(x_2^2 + 4x_2 + 2\mu x_2 + \lambda x_2).
\end{aligned}
$$

容易验证

$$\inf_{s_1}[t|s_1| + \mu s_1] = -\delta_{[-t,t]}(\mu), \qquad \inf_{s_2\leqslant 0}[\lambda s_2 - t s_2] = -\delta_{(-\infty,t]}(\lambda),$$

$$\inf_{x_1}(x_1^2 + \lambda x_1^2 + \mu x_1 + \lambda x_1) = -\frac{1}{4}\frac{(\mu+\lambda)^2}{1+\lambda}, \quad 在 \ x_1^* = -\frac{1}{2}\frac{\mu+\lambda}{1+\lambda} \ 处达到,$$

$$\inf_{x_2}(x_2^2 + 4x_2 + 2\mu x_2 + \lambda x_2) = -\frac{1}{4}(4+2\mu+\lambda)^2, \ 在 \ x_2^* = -\frac{1}{2}(4+2\mu+\lambda) \ 处达到.$$

于是 Lagrange 对偶问题 (4.96) 为

$$
\begin{cases}
\max\limits_{\mu,\lambda} \quad v(\mu,\lambda) = -\mu - \dfrac{1}{4}\dfrac{(\mu+\lambda)^2}{1+\lambda} - \dfrac{1}{4}(4+2\mu+\lambda)^2 \\[2mm]
\text{s.t.} \quad |\mu| \leqslant t, \\[2mm]
\qquad\ 0 \leqslant \lambda \leqslant t.
\end{cases}
\tag{4.97}
$$

因为问题 (4.97) 不易求解, 要想通过求解该问题的显式解以得到问题 (4.95) 的解是有困难的.

例 4.2　考虑如下不相容的凸规划问题

$$
\begin{cases}
\min \quad x_1^2 + x_2^2 \\
\text{s.t.} \quad x_1 + x_2 = 1, \\
\qquad\quad x_1(x_1 + 1) + x_2 \leqslant 0,
\end{cases}
$$

这一问题的对偶问题的 Lagrange 函数是

$$l(x,\mu,\lambda) = x_1^2 + x_2^2 + \mu(x_1 + x_2 - 1) + \lambda(x_1(x_1+1) + x_2).$$

因此 Lagrange 对偶问题是

$$\max_{\mu \in \mathbb{R}, \lambda \in \mathbb{R}_+} \inf_{x_1, x_2} l(x, \mu, \lambda) = -\mu + \left[(\mu + \lambda)^{\mathrm{T}} x_1 + (\lambda + 1) x_1^2\right] + \left[(\mu + \lambda)^{\mathrm{T}} x_2 + x_2^2\right],$$

即

$$\begin{cases} \max_{\mu, \lambda} & -\mu - \dfrac{(\mu + \lambda)^2}{4(\lambda + 1)} - \dfrac{(\mu + \lambda)^2}{4} \\ \text{s.t.} & \lambda \geqslant 0. \end{cases}$$

容易验证, 对偶问题的可行域是无界的, 问题的最优值是 $+\infty$. l_1-范数的最小违背的问题可以通过求解下述问题得到

$$\begin{cases} \min & |s_1| - s_2 \\ \text{s.t.} & x_1 + x_2 + s_1 = 1, \\ & x_1(x_1 + 1) + x_2 + s_2 \leqslant 0, \\ & s_2 \leqslant 0. \end{cases} \tag{4.98}$$

问题 (4.98) 的 Lagrange 函数是

$$l(x, s, \mu, \lambda) = |s_1| - s_2 + \mu(x_1 + x_2 + s_1 - 1) + \lambda(x_1(x_1 + 1) + x_2 + s_2).$$

Lagrange 对偶问题为

$$\max_{\mu \in \mathbb{R}, \lambda \in \mathbb{R}_+} \quad -\mu + \inf_{s_1}[|s_1| + \mu s_1] + \inf_{s_2 \leqslant 0} s_2[\lambda - 1]$$
$$+ \inf_{x_1}((\mu + \lambda)x_1 + \lambda x_1^2) + \inf_{x_2} x_2(\mu + \lambda),$$

即

$$\begin{aligned} \max_{\mu \in \mathbb{R}, \lambda \in \mathbb{R}} \quad & -\mu + \inf_{x_1}((\mu + \lambda)x_1 + \lambda x_1^2) \\ \text{s.t.} \quad & \mu + \lambda = 0, \\ & 0 \leqslant \lambda \leqslant 1, \\ & -1 \leqslant \mu \leqslant 1. \end{aligned}$$

进一步简化, 得

$$\begin{aligned} \max_{\lambda \in \mathbb{R}} \quad & -\mu \\ \text{s.t.} \quad & \mu + \lambda = 0, \\ & -1 \leqslant M \leqslant 1, \\ & 0 \leqslant \lambda \leqslant 1. \end{aligned} \tag{4.99}$$

因此对偶问题的最优解是 $(\mu^*, \lambda^*) = (-1, 1)^{\mathrm{T}}$. 用 $\mathcal{S}_{\mathrm{NLP}}^*(l_1)$ 表示最小 l_1-范数平移集, 即

$$\mathcal{S}_{\mathrm{NLP}}^*(l_1) = \mathrm{Arg\,min}\left\{\|s\|_1 : s \in \mathcal{S}_{\mathrm{NLP}}\right\}.$$

注意, 在上述 Lagrange 对偶的推导过程中, 有 $x_1 = 0$, 从而由对偶定理得到

$$|s_1| - s_2 = 1,$$
$$x_2 + s_1 = 1,$$
$$x_2 + s_2 \leqslant 0,$$
$$s_2 \leqslant 0.$$

分析可得

$$\mathcal{S}_{\mathrm{NLP}}^*(l_1) = \{(s_1, s_2) : s_1 - s_2 = 1,\ s_1 \geqslant 0,\ s_2 \leqslant 0\}.$$

于是原问题的 l_1-范数最小约束违背优化问题为

$$\begin{cases} \min & x_1^2 + x_2^2 \\ \mathrm{s.t.} & x_1 + x_2 + s_1 = 1, \\ & x_1(x_1 + 1) + x_2 + s_2 \leqslant 0, \\ & s_1 - s_2 = 1, \\ & s_1 \geqslant 0, \quad s_2 \leqslant 0. \end{cases} \tag{4.100}$$

注意 $x_1 = 0$, 同时消去 s_2, 则问题可以表示为

$$\begin{cases} \min & x_2^2 \\ \mathrm{s.t.} & x_2 + s_1 = 1, \\ & 0 \leqslant s_1 \leqslant 1. \end{cases}$$

再消去 x_2 得

$$\begin{cases} \min & (1 - s_1)^2 \\ \mathrm{s.t.} & 0 \leqslant s_1 \leqslant 1. \end{cases}$$

因此我们解得

$$s_1^* = 1, \quad s_2^* = 0, \quad x_1^* = 0, \quad x_2^* = 0.$$

这一问题的最优值是 0, 最优解集是

$$\{(0,0)\}.$$

下面讨论原问题的 l_1-罚函数方法. 惩罚问题具有下述形式

$$\begin{cases} \min\limits_{x,s} & x_1^2 + x_2^2 + t(|s_1| - s_2) \\ \text{s.t.} & x_1 + x_2 + s_1 = 1, \\ & x_1(x_1 + 1) + x_2 + s_2 \leqslant 0, \\ & s_2 \leqslant 0. \end{cases} \tag{4.101}$$

问题 (4.101) 的 Lagrange 函数是

$$\mathcal{L}(x, s, \mu, \lambda) = x_1^2 + x_2^2 + t(|s_1| - s_2) + \mu(x_1 + x_2 + s_1 - 1) + \lambda(x_1(x_1 + 1) + x_2 + s_2).$$

于是问题 (4.101) 的 Lagrange 对偶问题为

$$\max_{\mu \in \mathbb{R}, \lambda \in \mathbb{R}_+} \upsilon(\mu, \lambda) = \inf_{x \in \mathbb{R}^2, s_1 \in \mathbb{R}, s_2 \in \mathbb{R}_-} \mathcal{L}(x, s, \mu, \lambda). \tag{4.102}$$

注意

$$\begin{aligned} \upsilon(\mu, \lambda) &= \inf_{x \in \mathbb{R}^2, s_1 \in \mathbb{R}, s_2 \in \mathbb{R}_-} \mathcal{L}(x, s, \mu, \lambda) \\ &= -\mu + \inf_{s_1}[t|s_1| + \mu s_1] + \inf_{s_2 \leqslant 0}[\lambda s_2 - t s_2] \\ &\quad + \inf_{x_1}(x_1^2 + \lambda x_1^2 + \mu x_1 + \lambda x_1) + \inf_{x_2}(x_2^2 + \mu x_2 + \lambda x_2), \end{aligned}$$

容易验证

$$\inf_{s_1}[t|s_1| + \mu s_1] = -\delta_{[-t,t]}(\mu), \quad \inf_{s_2 \leqslant 0}[\lambda s_2 - t s_2] = -\delta_{(-\infty,t]}(\lambda),$$

$$\inf_{x_1}(x_1^2 + \lambda x_1^2 + \mu x_1 + \lambda x_1) = -\frac{1}{4}\frac{(\mu + \lambda)^2}{1 + \lambda}, \quad 在 x_1^* = -\frac{1}{2}\frac{(\mu + \lambda)}{1 + \lambda} 处达到,$$

$$\inf_{x_2}(x_2^2 + \mu x_2 + \lambda x_2) = -\frac{1}{4}(\mu + \lambda)^2, \quad 在 x_2^* = -\frac{1}{2}(\mu + \lambda) 处达到.$$

于是 Lagrange 对偶问题 (4.102) 为

$$\begin{cases} \max\limits_{\mu, \lambda} & \upsilon(\mu, \lambda) = -\mu - \frac{1}{4}\frac{(\mu + \lambda)^2}{1 + \lambda} - \frac{1}{4}(\mu + \lambda)^2 \\ \text{s.t.} & |\mu| \leqslant t, \\ & 0 \leqslant \lambda \leqslant t. \end{cases} \tag{4.103}$$

容易得到问题 (4.103) 的最优解为 $(\mu^*, \lambda^*) = (-t, t)$, 问题 (4.101) 的最优解是 $(x_1(t), x_2(t)) = (0, 0)$, 从而可以得到原问题的 l_1-范数最小约束违背优化问题 (4.100) 的最优解.

4.6　核范数最小平移非线性 SDP 凸优化的罚函数方法

本节讨论如下的非线性 SDP 凸优化问题

$$\begin{cases} \min & f(x) \\ \text{s.t.} & Ax = b, \\ & g(x) \leqslant 0, \\ & c(x) \preceq 0, \end{cases} \tag{4.104}$$

其中 $f : \mathbb{R}^n \to \mathbb{R}$ 是光滑凸函数, $A \in \mathbb{R}^{q \times n}$, $b \in \mathbb{R}^q$, $g : \mathbb{R}^n \to \mathbb{R}^p$, g 的每一分量函数 g_i 是光滑凸函数, $i \in [p]$, $c : \mathbb{R}^n \to \mathbb{S}^m$ 是光滑的对称矩阵函数, 满足 $x \to \mathbb{S}^m - c(x)$ 是图凸的.

如果该问题是不可行的, 考虑核范数下的最小平移. 问题 (4.104) 的核范数下的最小平移问题为

$$\begin{cases} \min_{x,s} & \|s_e\|_1 + \|s_a\|_1 + \|s_c\|_* \\ \text{s.t.} & Ax - b + s_e = 0, \\ & g(x) + s_a \leqslant 0, \\ & c(x) + s_c \preceq 0, \end{cases} \tag{4.105}$$

显然, 问题 (4.105) 是可行的凸问题, 其可行域满足广义 Slater 条件. 写出问题 (4.105) 的 Lagrange 函数为

$$\mathcal{L}(x, s, \mu, \lambda, Y) = \|s_e\|_1 + \|s_a\|_1 + \mu^{\mathrm{T}}(Ax - b + s_e) + \lambda^{\mathrm{T}}(g(x) + s_a) + \langle Y, c(x) + s_c \rangle.$$

假设 $(\bar{x}, \bar{s})$ 是问题 (4.105) 的最优解, 则存在 $(\bar{\mu}, \bar{\lambda}, \bar{Y})$ 满足下述 Karush-Kuhn-Tucker 条件

$$A^{\mathrm{T}}\bar{\mu} + \mathcal{J}g(\bar{x})^{\mathrm{T}}\bar{\lambda} + Dc(\bar{x})^*\bar{Y} = 0$$

$$0 \in \partial\|\bar{s}_e\|_1 + \bar{\mu},$$

$$0 \in \partial\|\bar{s}_a\|_1 + \bar{\lambda},$$

$$0 \in \partial\|\bar{s}_c\|_* + \bar{Y},$$

$$A\bar{x} - b + \bar{s}_e = 0,$$

$$0 \leqslant \bar{\lambda} \perp g(\bar{x}) + \bar{s}_a \leqslant 0,$$

$$0 \preceq \bar{Y} \perp c(\bar{x}) + \bar{s}_c \preceq 0.$$

根据核范数次微分的表达式 (1.40), 有

$$\partial \|\bar{s}_c\|_* = \{P_\alpha P_\alpha^{\mathrm{T}} + P_\beta W_\beta P_\beta^{\mathrm{T}} - P_\gamma P_\gamma^{\mathrm{T}} : W_\beta \in \mathbb{S}^{|\beta|}, \|W\|_2 \leqslant 1\},$$

这里 $\bar{s}_c$ 具有谱分解 $\bar{s}_c = P\Lambda P^{\mathrm{T}}$,

$$\Lambda = \begin{bmatrix} \Lambda_\alpha & 0 & 0 \\ 0 & 0_{|\beta|} & 0 \\ 0 & 0 & \Lambda_\gamma \end{bmatrix},$$

其中

$$\alpha = \{i : \lambda_i(\bar{s}_c) > 0\}, \quad \beta = \{i : \lambda_i(\bar{s}_c) = 0\}, \quad \gamma = \{i : \lambda_i(\bar{s}_c) < 0\},$$

而且 $\lambda_1(\bar{s}_c) \geqslant \lambda_2(\bar{s}_c) \geqslant \cdots \geqslant \lambda_m(\bar{s}_c)$ 是 $\bar{s}_c$ 的按递降顺序的特征值.

因此, 由上面的第三式, 即 $0 \in \partial \|\bar{s}_a\|_1 + \bar{\lambda}$ 与 $\bar{\lambda} \geqslant 0$, 可以推出 $\bar{s}_a \leqslant 0$. 由上面的第四式, 即 $0 \in \partial \|\bar{s}_c\|_* + \bar{Y}$ 与 $\bar{Y} \succeq 0$ 可推出 $\bar{s}_c \preceq 0$.

因此问题 (4.105) 可以等价地简化为

$$\begin{cases} \min_{x,s} & \|s_e\|_1 - \mathbf{1}_p^{\mathrm{T}} s_a - \langle I_m, s_c \rangle \\ \mathrm{s.t.} & Ax - b + s_e = 0, \\ & g(x) + s_a \leqslant 0, \\ & c(x) + s_c \preceq 0, \\ & s_a \leqslant 0, s_c \preceq 0. \end{cases} \tag{4.106}$$

设 $\bar{s}$ 是最小核范数平移, 那么最小约束违背的非线性规划问题可以表示为

$$(\mathrm{SDP}(\bar{s})) \quad \begin{cases} \min_x & f(x) \\ \mathrm{s.t.} & Ax - b + \bar{s}_e = 0, \\ & g(x) + \bar{s}_a \leqslant 0, \\ & c(x) + \bar{s}_c \preceq 0. \end{cases} \tag{4.107}$$

对于一般的半定凸规划问题 (4.104), 如果考虑核范数下的最小约束违背问题, 一个自然的罚函数模型是如下的核罚函数模型:

$$
(\text{PSDP}_t) \quad
\begin{cases}
\min \quad f(x) + t\left(\|s_e\|_1 - \mathbf{1}_p^{\mathrm{T}} s_a - \langle I_m, s_c \rangle\right) \\
\text{s.t.} \quad Ax - b + s_e = 0, \\
\qquad\quad g(x) + s_a \leqslant 0, \\
\qquad\quad c(x) + s_c \preceq 0, \\
\qquad\quad s_a \leqslant 0, \quad s_c \preceq 0.
\end{cases}
\tag{4.108}
$$

定义 $w(t) = \text{Val}(\text{PSDP}_t)$. 问题 (PSDP_t) 的 Lagrange 对偶问题是

$$
(\text{PSDD}_t) \quad
\begin{cases}
\max \quad \psi(\mu, \lambda, Y) \\
\text{s.t.} \quad \|\mu\|_\infty \leqslant t, \\
\qquad\quad 0 \leqslant \lambda \leqslant t\mathbf{1}_p, \\
\qquad\quad 0 \preceq Y \preceq tI_m,
\end{cases}
\tag{4.109}
$$

其中

$$
\psi(\mu, \lambda, Y) = \inf_x \left(f(x) + \mu^{\mathrm{T}}(Ax - b) + \lambda^{\mathrm{T}} g(x) + \langle Y, c(x) \rangle \right).
\tag{4.110}
$$

可以得到对偶问题 (PSDD_t) 可行域是

$$
\mathcal{F}_{\text{PSDD}_t} := \left\{ (\mu, \lambda, Y) \in \text{dom}\,\psi : \|\mu\|_\infty \leqslant t, \, 0 \leqslant \lambda \leqslant t\mathbf{1}_p, \, 0 \preceq Y \preceq tI_m \right\}, \tag{4.111}
$$

其中 ψ 是凹函数, 它的有效域定义为

$$
\text{dom}\,\psi = \left\{ (\mu, \lambda, Y) \in \mathbb{R}^q \times \mathbb{R}^p \times \mathbb{S}^m : \psi(\mu, \lambda, Y) > -\infty \right\}.
$$

假设 4.3 *存在 $t_0 > 0$ 满足*

$$
\mathcal{F}_{\text{PSDD}_t} := \left\{ (\mu, \lambda, Y) \in \text{dom}\,\psi : \|\mu\|_\infty \leqslant t, \, 0 \leqslant \lambda \leqslant t\mathbf{1}_p, \, 0 \preceq Y \preceq tI_m \right\} \neq \varnothing, \; t > t_0.
$$

命题 4.15 设假设 4.3 成立. 对 $t > t_0$, 设 $(x(t), s(t))$ 是问题 (PSDP_t) 的最优解, 则 $w(t)$ 是 t 的递增函数, $f(x(t))$ 是 t 的递增函数, $\|s_e(t)\|_1 + \|s_a(t)\|_1 + \|s_c(t)\|_*$ 是 t 的递减函数.

证明 由于假设 4.3 成立, 对于 $t > t_0$, 可知对偶问题 (PSDD_t) 是可行的. 因此, 对于 $t > t_0$, 原始问题 (PSDP_t) 和对偶问题 (PSDD_t) 均是可行的. 注意问题 (PSDP_t) 的广义 Slater 约束规范成立, 根据凸优化的对偶定理有 $w(t) = \mathrm{Val}(\mathrm{PSDD}_t)$. 注意到问题 (PSDD_t) 的可行域随着 t 的增大而增大, 因此 $w(t)$ 是 t 的递增函数. 现在证明 $f(x(t))$ 是 t 的递增函数, $\|s_e(t)\|_1 + \|s_a(t)\|_1 + \|s_c(t)\|_*$ 是 t 的递减函数. 设 $t_0 < t_1 < t_2$, $(x_i, s_i) \in \mathrm{Sol}(\mathrm{PSDP}_{t_i}), i = 1, 2$, 则有

$$f(x_1) + t_1[\|s_{1e}(t)\|_1 + \|s_{1a}(t)\|_1 + \|s_{1c}(t)\|_*]$$

$$\leqslant f(x_2) + t_1[\|s_{2e}(t)\|_1 + \|s_{2a}(t)\|_1 + \|s_{2c}(t)\|_*] \tag{4.112}$$

和

$$f(x_2) + t_2[\|s_{2e}(t)\|_1 + \|s_{2a}(t)\|_1 + \|s_{2c}(t)\|_*]$$

$$\leqslant f(x_1) + t_2[\|s_{1e}(t)\|_1 + \|s_{1a}(t)\|_1 + \|s_{1c}(t)\|_*]. \tag{4.113}$$

将 (4.112) 与 (4.113) 相加, 注意到 $t_2 > t_1$, 可得 $[\|s_{1e}(t)\|_1 + \|s_{1a}(t)\|_1 + \|s_{1c}(t)\|_*] \geqslant [\|s_{2e}(t)\|_1 + \|s_{2a}(t)\|_1 + \|s_{2c}(t)\|_*]$. 再将 $[\|s_{2e}(t)\|_1 + \|s_{2a}(t)\|_1 + \|s_{2c}(t)\|_*] \leqslant [\|s_{1e}(t)\|_1 + \|s_{1a}(t)\|_1 + \|s_{1c}(t)\|_*]$ 代入 (4.112), 可得 $f(x_1) \leqslant f(x_2)$. ∎

类似定理 2.7, 可以证明, 当 $t \to +\infty$ 时, $s(t)$ 收敛到核范数最小的平移.

定理 4.7 设假设 4.3 成立. 对 $t > t_0$, 设 $(x(t), s(t))$ 是问题 (PSDP_t) 的最优解, 那么存在 K_1 (依赖于 t_0), 满足当 $t > t_0 + 1$ 时,

$$\|s_e(t)\|_1 + \|s_a(t)\|_1 + \|s_c(t)\|_* - [\|\bar{s}_e\|_1 + \|\bar{s}_a\|_1 + \|\bar{s}_c\|_*] \leqslant \frac{K_1}{t}. \tag{4.114}$$

证明 设 $\bar{s}$ 是最小核范数的平移. 设 $\bar{x}$ 是 $(\mathrm{SDP}(\bar{s}))$ 的解, 那么对于问题 (PSDP_t), 其中 $t > t_0 + 1$, 有 $(\bar{x}, \bar{s})$ 是问题 (PSDP_t) 的可行解. 从而有

$$f(x(t)) + t[\|s_e(t)\|_1 + \|s_a(t)\|_1 + \|s_c(t)\|_*] \leqslant f(\bar{x}) + t[\|\bar{s}_e\|_1 + \|\bar{s}_a\|_1 + \|\bar{s}_c\|_*].$$

根据命题 4.15, $f(x(t))$ 是 t 的递增函数, 于是对 $t > t_0 + 1$, $f(x(t)) \geqslant f(x(t_0 + 1))$. 于是得到

$$f(x(t_0 + 1)) + t[\|s_e(t)\|_1 + \|s_a(t)\|_1 + \|s_c(t)\|_*] \leqslant f(\bar{x}) + t[\|\bar{s}_e\|_1 + \|\bar{s}_a\|_1 + \|\bar{s}_c\|_*].$$

$$\tag{4.115}$$

定义

$$K_1 = f(\bar{x}) - f(x(t_0 + 1)).$$

注意对于问题 (PSDP_{t_0+1}), $(\bar{x}, \bar{s})$ 是可行点, 从而有

$$f(\bar{x}) + (t_0 + 1)[\|\bar{s}_e\|_1 + \|\bar{s}_a\|_1 + \|\bar{s}_c\|_*]$$

$$\geqslant f(x(t_0+1)) + (t_0+1)[\|s_e(t_0+1)\|_1 + \|s_a(t_0+1)\|_1 + \|s_c(t_0+1)\|_*].$$

这表明

$$
\begin{aligned}
K_1 &= f(\bar{x}) - f(x(t_0+1)) \\
&\geqslant (t_0+1)\left\{[\|s_e(t_0+1)\|_1 + \|s_a(t_0+1)\|_1 + \|s_c(t_0+1)\|_*]\right. \\
&\quad \left. -[\|\bar{s}_e(t)\|_1 + \|\bar{s}_a(t)\|_1 + \|\bar{s}_c(t)\|_*]\right\} \\
&\geqslant 0.
\end{aligned}
$$

所以由 (4.115) 得到

$$\|s_e(t)\|_1 + \|s_a(t)\|_1 + \|s_c(t)\|_* - [\|\bar{s}_e\|_1 + \|\bar{s}_a\|_1 + \|\bar{s}_c\|_*] \leqslant \frac{K_1}{t}. \qquad \blacksquare$$

类似定理 2.8, 可以证明, $s(t)$ 收敛到最小核范数平移, $x(t)$ 收敛到相应的最小平移最优解. 定义

$$\Upsilon_1 = \limsup_{t\to\infty}\{(x(t), s(t))\}. \qquad (4.116)$$

用 $\mathcal{S}^*_{\mathrm{SDP}}(l_1^*)$ 表示核范数最小平移集, 即

$$\mathcal{S}^*_{\mathrm{SDP}}(l_1^*) = \mathrm{Arg\,min}\left\{\|s_e\|_1 + \|s_a\|_1 + \|s_c\|_* : s \in \mathcal{S}_{\mathrm{SDP}}\right\},$$

其中 $\mathcal{S}_{\mathrm{SDP}}$ 定义为

$$\mathcal{S}_{\mathrm{SDP}} = \left\{ s=(s_e, s_a, s_c) \in \mathbb{R}^{q+p} \times \mathbb{S}^m : \text{存在一个}\, x \in \mathbb{R}^n\, \text{满足} \begin{array}{c} Ax + s_e = b \\ g(x) + s_a \leqslant b \\ c(x) + s_c \preceq 0 \end{array} \right\}. \qquad (4.117)$$

我们有下述的结论.

定理 4.8　对任何 $(\tilde{x}, \tilde{s}) \in \Upsilon_1$, 有 $(\tilde{x}, \tilde{s})$ 是下述最小平移问题的最优解

$$
\begin{aligned}
\min_{x, \bar{s}} \quad & f(x) \\
\mathrm{s.t.} \quad & Ax + \bar{s}_e = d, \\
& g(x) + \bar{s}_a \leqslant 0, \\
& c(x) + \bar{s}_c \preceq 0, \\
& \bar{s} \in \mathcal{S}^*_{\mathrm{SDP}}(l_1^*).
\end{aligned}
\qquad (4.118)
$$

证明 令

$$\varpi(s) = \|s_e\|_1 + \|s_a\|_1 + \|s_c\|_*.$$

对任何 $\bar{s} \in \mathcal{S}_{\mathrm{SDP}}^*(l_1^*)$, 任意选取下述问题

$$
\begin{aligned}
\min \quad & f(x) \\
\mathrm{s.t.} \quad & Ax - b + \bar{s}_e = 0, \\
& g(x) + \bar{s}_a \leqslant 0, \\
& c(x) + \bar{s}_c \preceq 0, \\
& \bar{s}_a \leqslant 0, \quad \bar{s}_c \preceq 0
\end{aligned}
$$

的最优解 $\bar{x}$. 于是有 $(\bar{x}, \bar{s})$ 是问题 (PSDP_t) 的可行点, 从而对于 $t > t_0$,

$$f(\bar{x}) + t\varpi(\bar{s}) \geqslant f(x(t)) + t\varpi(s(t)).$$

由于 $\varpi(s(t)) \geqslant \varpi(\bar{s})$, 可得

$$f(\bar{x}) \geqslant f(x(t)). \tag{4.119}$$

对任意的 $(\widetilde{x}, \widetilde{s}) \in \Upsilon_1$, 存在 $t_k \to +\infty$, $(x(t_k), s(t_k)) \to (\widetilde{x}, \widetilde{s})$. 因为 $(x(t_k), s(t_k))$ 是问题 (PSDP_{t_k}) 的可行点

$$Ax(t_k) - b + s_e(t_k) = 0, \quad g(x(t_k)) + s_a(t_k) \leqslant 0,$$

$$s_a(t_k) \leqslant 0, \quad c(x(t_k)) + s_c(t_k) \preceq 0, \quad s_c(t_k) \preceq 0.$$

令 $k \to \infty$, 则有

$$A\widetilde{x} - b + \widetilde{s}_e = 0, \quad g(\widetilde{x}) + \widetilde{s}_a \leqslant 0, \quad \widetilde{s}_a \leqslant 0, \quad c(\widetilde{x}) + \widetilde{s}_c \preceq 0, \quad \widetilde{s}_c \preceq 0.$$

再根据定理 4.7, 可得

$$\varpi(\widetilde{s}) = \varpi(\bar{s}).$$

于是得到 $\widetilde{s} \in \mathcal{S}_{\mathrm{SDP}}^*(l_1^*)$. 由 (4.119) 可得

$$f(\bar{x}) \geqslant f(\widetilde{x}).$$

从而得到 $(\widetilde{x}, \widetilde{s})$ 是问题 (4.118) 的解. ∎

例 4.3　考虑下述不相容的凸半定规划问题

$$\begin{cases} \min\ \ x_1^2 + x_2^2 \\ \text{s.t.}\ \ x_1 + x_2 + 2 = 0, \\ \quad \begin{bmatrix} x_1^2 + x_2^2 - 1 & 0 \\ 0 & 1 \end{bmatrix} \preceq 0. \end{cases}$$

这一问题的 Lagrange 函数是

$$l(x, \mu, Y) = x_1^2 + x_2^2 + \mu(x_1 + x_2 + 2) + \left\langle Y, \begin{bmatrix} x_1^2 + x_2^2 - 1 & 0 \\ 0 & 1 \end{bmatrix} \right\rangle.$$

因此 Lagrange 对偶问题是

$$\max_{\mu \in \mathbb{R}, Y \in \mathbb{S}_+^2} \inf_{x_1, x_2} l(x, \mu, Y) = 2\mu - y_{11} + y_{22} + (1 + y_{11})x_1^2 + \mu x_1 + (1 + y_{11})x_2^2 + \mu x_2,$$

即

$$\begin{cases} \max\limits_{\mu, Y}\ \ 2\mu - y_{11} + y_{22} - \dfrac{\mu^2}{2(1 + y_{11})} \\ \text{s.t.}\ \ Y \succeq 0. \end{cases}$$

容易验证, 对偶问题的可行域是无界的, 问题的最优值是 $+\infty$. 核范数的最小违背的问题通过求解下述问题得到

$$\begin{cases} \min\ \ |s| - \langle I_2, \Theta \rangle \\ \text{s.t.}\ \ x_1 + x_2 + s + 2 = 0, \\ \quad \begin{bmatrix} x_1^2 + x_2^2 - 1 & 0 \\ 0 & 1 \end{bmatrix} + \Theta \preceq 0, \\ \quad \Theta \preceq 0. \end{cases} \tag{4.120}$$

问题 (4.120) 的 Lagrange 函数是

$$l(x, s, \Theta, \mu, Y) = |s| - \langle I_2, \Theta \rangle + \mu(x_1 + x_2 + s + 2) + \left\langle Y, \begin{bmatrix} x_1^2 + x_2^2 - 1 & 0 \\ 0 & 1 \end{bmatrix} + \Theta \right\rangle.$$

Lagrange 对偶问题为

$$\max_{\mu \in \mathbb{R}, Y \in \mathbb{S}_+^2} \quad 2\mu - y_{11} + y_{22} + \inf_s \left[|s| + \mu s \right] + \inf_{\Theta \preceq 0} \langle \Theta, Y - I_2 \rangle$$
$$+ \inf_{x_1, x_2} \left[(1 + y_{11}) x_1^2 + \mu x_1 + (1 + y_{11}) x_2^2 + \mu x_2 \right],$$

即

$$\begin{cases} \max & 2\mu - y_{11} + y_{22} - \dfrac{\mu^2}{2(1 + y_{11})} \\ \text{s.t.} & 0 \preceq Y \preceq I_2, \\ & -1 \leqslant \mu \leqslant 1. \end{cases}$$

对偶问题的最优解是 $\mu^* = 1$ 与

$$Y^* = \begin{bmatrix} 0 & 0 \\ 0 & 1 \end{bmatrix}.$$

用 $\mathcal{S}_{\mathrm{SDP}}^*(l_1*)$ 表示核范数最小平移集, 即

$$\mathcal{S}_{\mathrm{SDP}}^*(l_1*) = \mathrm{Arg}\min \left\{ |s| + \|\Theta\|_* : (s, \Theta) \in \mathcal{S}_{\mathrm{SDP}} \right\}.$$

注意, 在上述 Lagrange 对偶的推导过程中, 有 $(x_1, x_2) = (-1/2, -1/2)$, 分析可得

$$\mathcal{S}_{\mathrm{SDP}}^*(l_1*) = \left\{ \left(-1, \begin{bmatrix} 0 & 0 \\ 0 & -1 \end{bmatrix} \right) \right\}.$$

于是原问题的核范数最小约束违背优化问题为

$$\begin{cases} \min & x_1^2 + x_2^2 \\ \text{s.t.} & x_1 + x_2 + 1 = 0, \\ & \begin{bmatrix} x_1^2 + x_2^2 - 1 & 0 \\ 0 & 0 \end{bmatrix} \preceq 0. \end{cases}$$

这一问题的最优值是 $\dfrac{1}{2}$, 最优解集是

$$\left\{ \left(-\frac{1}{2}, -\frac{1}{2} \right) \right\}.$$

下面讨论原问题的核罚函数方法. 惩罚问题具有下述形式

$$
\begin{cases}
\min\limits_{x,s,\Theta} & x_1^2 + x_2^2 + t(|s| - \langle I_2, \Theta \rangle) \\
\text{s.t.} & x_1 + x_2 + 2 + s = 0, \\
& \begin{bmatrix} x_1^2 + x_2^2 - 1 & 0 \\ 0 & 1 \end{bmatrix} + \Theta \preceq 0, \\
& \Theta \preceq 0.
\end{cases}
\tag{4.121}
$$

问题 (4.121) 的 Lagrange 函数是

$$
\mathcal{L}(x, s, \Theta, \mu, Y) = x_1^2 + x_2^2 + t(|s| - \langle I_2, \Theta \rangle) + \mu(x_1 + x_2 + 2 + s)
$$
$$
+ \left\langle Y, \begin{bmatrix} x_1^2 + x_2^2 - 1 & 0 \\ 0 & 1 \end{bmatrix} + \Theta \right\rangle.
$$

于是问题 (4.121) 的 Lagrange 对偶问题为

$$
\max_{\mu \in \mathbb{R}, Y \in \mathbb{S}_+^2} \upsilon(\mu, Y) = \inf_{x \in \mathbb{R}^2, s \in \mathbb{R}, \Theta \in \mathbb{S}_-^2} \mathcal{L}(x, s, \Theta, \mu, Y).
\tag{4.122}
$$

注意

$$
\upsilon(\mu, Y) = \inf_{x \in \mathbb{R}^2, s \in \mathbb{R}, \Theta \in \mathbb{S}_-^2} \mathcal{L}(x, s, \Theta, \mu, Y)
$$
$$
= 2\mu - y_{11} + y_{22} + \inf_s [t|s| + \mu s] + \inf_{\Theta \in \mathbb{S}_-^2} \langle \Theta, Y - tI_2 \rangle
$$
$$
+ \inf_{x_1} (x_1^2 + y_{11}x_1^2 + \mu x_1) + \inf_{x_2} (x_2^2 + y_{11}x_2^2 + \mu x_2),
$$

于是, Lagrange 对偶问题 (4.122) 为

$$
\begin{cases}
\max & 2\mu - y_{11} + y_{22} - \dfrac{\mu^2}{2(1 + y_{11})} \\
\text{s.t.} & 0 \preceq Y \preceq tI_2, \\
& -t \leqslant \mu \leqslant t.
\end{cases}
\tag{4.123}
$$

因为问题 (4.123) 不易求解, 要想通过求解这一问题的显式解以得到问题 (4.121) 的解是有困难的.

第 5 章　一类最小约束违背极小极大优化问题

根据 Dai 与 Zhang (2021 年)[18] 关于约束极小极大最优化问题的极小极大点的定义, 给出了一类线性锥约束极小极大优化问题为本质凸问题的充分条件. 本章的研究对象正是这类本质凸的极小极大优化问题, 将研究这类优化的最小约束违背问题性质和求解方法. 主要结果总结如下.

(1) 对该类线性锥约束极小极大优化问题, 定义了基于约束平移问题的值函数和基于 Lagrange 函数的对偶函数, 建立了值函数和对偶函数间函数值关系和次微分关系.

(2) 基于对偶函数定义了该类线性锥约束极小极大优化问题的对偶问题, 发展了这类约束极小极大优化问题的对偶理论, 包括对偶问题解集的刻画, 零对偶间隙的充分条件等.

(3) 证明了如果最小 l_2-范数平移的集合非空, 那么所考虑的最小约束违背极小极大优化问题的对偶问题具有无界的解集, 且负的最小 l_2-范数平移是其对偶问题解集的回收方向.

(4) 证明了如果对偶函数在乘子 λ 处取值有限, 那么在 λ 处的增广 Lagrange 函数极小极大优化子问题解存在.

(5) 建立了基于增广 Lagrange 函数表述的这类最小约束违背线性锥约束极小极大优化问题的充分与必要最优性条件.

(6) 证明了增广 Lagrange 方法求解这类最小约束违背线性锥约束极小极大优化问题的收敛性质, 即方法生成的点列满足近似的最优性条件, 平移序列的 l_2-范数是单调递减的, 生成的位移序列收敛到最小 l_2-范数平移, 生成的乘子序列一定是发散的.

5.1　线性锥约束极小极大优化模型

考虑下述约束极小极大优化问题

$$(\mathrm{P}) \quad \begin{cases} \min\limits_{x\in X} \max\limits_{y\in\mathbb{R}^m} & f(x,y) \\ \text{s.t.} & g(x,y) \in K, \end{cases} \tag{5.1}$$

其中 $X \subset \mathbb{R}^n$ 是非空紧致凸集, $K \subset \mathcal{Y}$ 是非空闭凸锥, $\mathcal{Y}$ 是一有限维的 Hilbert 空间, $f : \mathbb{R}^n \times \mathbb{R}^m \to \overline{\mathbb{R}}$, $g : \mathbb{R}^n \times \mathbb{R}^m \to \mathcal{Y}$ 具有下述形式

$$f(x,y) = p(x) + \langle G(x), y \rangle - q(y), \quad g(x,y) = A(x) + By + c, \qquad (5.2)$$

其中 $p : \mathbb{R}^n \to \overline{\mathbb{R}}$ 与 $q : \mathbb{R}^m \to \overline{\mathbb{R}}$ 是凸函数, 映射 $G : \mathbb{R}^n \to \mathbb{R}^m$, 映射 $A : \mathbb{R}^n \to \mathcal{Y}$, $B \in \mathbb{L}(\mathbb{R}^m, \mathcal{Y})$ 是线性算子, $c \in \mathcal{Y}$.

如果没有约束且 $G(x)$ 是线性映射时, 例如 $G(x) = Gx$, 其中 $G \in \mathbb{R}^{m \times n}$ 是矩阵, 那么问题 (5.2) 成为下述的凸-凹鞍点问题

$$\min_{x \in \mathbb{R}^n} \max_{y \in \mathbb{R}^m} p(x) + \langle y, Gx \rangle - q(y). \qquad (5.3)$$

即使是特殊形式的问题 (5.3), 也有着广泛的应用. 这些应用包括
- 鲁棒最小二乘问题 (Ghaoui 等[28]);
- 监督学习 (Zhang 与 Lin[70]);
- 无监督学习 (Xu 等[64], Bach 等[1]);
- 强化学习 (Du 等[21]);
- 鲁棒优化 (Ben-Tal 等[3]);
- PID 控制 (Hast 等[32]);
- 全变差图像重构 (Zhu 与 Chan[71]).

目前, 已有很多一阶方法用于求解 (5.3) 形式的问题, 包括 Chambolle 与 Pock (2011)[10] 提出的一阶原始-对偶方法, He 等 (2022)[33] 的 Arrow-Hurwicz 修正方法. 其他方法见 [41] 和 [63].

显然, f 和 g 由 (5.2) 定义的数学模型 (5.1) 是远比问题 (5.3) 更复杂的极小极大优化问题. 进一步地, 因为凸锥 K(它也可以是凸集) 可以具有各种各样的形式, 如 (2.3) 列出的常用闭凸锥, 数学模型 (5.1) 涵盖了大量的约束极小极大优化问题. 可以确信, f 和 g 由 (5.2) 定义的数学模型 (5.1) 可以用于描述来自生物科学、社会科学、经济学、金融学以及人工智能领域中更加复杂的优化问题. 因此这类极小极大优化问题的研究无疑具有很好的价值.

因为问题 (5.1) 带有约束, 约束也可能是不可行的, 所以这类问题也有最小约束违背的优化模型需要研究. 本章研究这样一类特殊的最小约束违背极小极大优化问题的性质和增广 Lagrange 方法.

为了借鉴第 4 章的理论结果, 对于最小约束违背的极小极大优化问题, 我们需要回答下述问题:
- f 和 g 由 (5.2) 定义的极小极大优化问题 (5.1) 在什么条件下是本质凸的优化问题?

- f 和 g 由 (5.2) 定义的极小极大优化问题 (5.1) 有没有对偶理论?
- 求解极小极大优化问题的增广 Lagrange 方法的形式是什么?
- 增广 Lagrange 方法可以近似求解最小约束违背的极小极大优化问题吗?

本章旨在回答上述问题. 其余部分组织如下. 5.2 节提供了充分条件确保 f 和 g 由 (5.2) 定义的极小极大优化问题 (5.1) 的本质凸性. 5.3 节考虑了问题 (5.1) 的平移问题, 讨论了最优值的性质, 并提供了可行的平移集合为闭集的充分条件. 5.4 节则研究平移问题的共轭对偶. 基于经典对偶理论, 利用对偶函数和最优值函数刻画对偶问题的最优解集. 5.5 节是本章的核心部分. 基于增广 Lagrange 函数, 建立了 f 和 g 由 (5.2) 定义的最小约束违背极小极大优化问题 (5.1) 的最优性条件. 对经典的增广 Lagrange 方法进行了分析, 证明了如果最小约束违背极小极大优化问题的对偶如果有解, 那么解集是无界的. 在这种情况下, 可以证明, 增广 Lagrange 方法生成的平移序列收敛到最小违背平移, 并且可以求解到近似解. 进一步地, 对具有最小约束违背的问题提出了一个误差界条件, 并在此条件下建立了增广 Lagrange 方法的线性收敛速度.

5.2 极小极大问题什么时候是本质凸的?

这里仅考虑带凸约束的极小极大优化问题. 称问题 (5.1) 是带凸约束的, 如果集值映射

$$G_K(x,y) := g(x,y) - K \tag{5.4}$$

是图-凸的, 即它的图

$$\operatorname{gph} G_K = \{(x,y,z) \in \mathbb{R}^n \times \mathbb{R}^m \times \mathcal{Y} : z \in g(x,y) - K\}$$

是空间 $\mathbb{R}^n \times \mathbb{R}^m \times \mathcal{Y}$ 的凸集. 此种情况下, 如果 g 是连续映射, 那么可行集

$$\Phi := \{(x,y) \in \mathbb{R}^n \times \mathbb{R}^m : g(x,y) \in K\}$$

是闭凸集.

问题 (5.1) 可以写成下述等价形式

$$\min_{x \in X} \max_{y \in Y(x)} f(x,y), \tag{5.5}$$

其中

$$Y(x) = \{y \in \mathbb{R}^m : g(x,y) \in K\}. \tag{5.6}$$

如果存在一点 $x_0 \in X$ 满足 $Y(x_0) = \varnothing$, 那么

$$\max_{y \in Y(x_0)} f(x_0, y) = -\infty.$$

对无约束的极小极大优化问题, 有 $Y(x) = \mathbb{R}^m$, Jin, Netrapalli 与 Jordan (2019)[36] 提出一个合适的局部最优性的定义, 称为局部极小极大点. Dai 与 Zhang (2021)[18] 将此定义拓广到了包含问题 (5.1) 在内的约束极小极大优化问题的情况. 现在给出问题 (5.1) 的局部极小极大点的定义.

定义 5.1　点 $(x^*, y^*) \in \mathbb{R}^n \times \mathbb{R}^m$ 称为问题 (5.1) 的一个局部极小极大点, 如果存在 $\delta_0 > 0$ 与函数 $\eta : (0, \delta_0] \to \mathbb{R}_+$, 满足当 $\delta \to 0$ 时 $\eta(\delta) \to 0$, 且对任何 $\delta \in (0, \delta_0]$ 与任何 $(x, y) \in \mathbf{B}_\delta(x^*) \times [Y(x^*) \cap \mathbf{B}_\delta(y^*)]$,

$$f(x^*, y) \leqslant f(x^*, y^*) \leqslant \max_z \{f(x, z) : z \in Y(x) \cap \mathbf{B}_{\eta(\delta)}(y^*)\}. \tag{5.7}$$

显然, 局部极小极大点的概念来源于将问题 (5.1) 理解为一个双层优化模型, 其中 x 是外层决策变量, y 是内层决策变量. 基于此理解, 我们定义

$$\zeta(x) = \max_y \{f(x, y) : g(x, y) \in K\}. \tag{5.8}$$

如果函数 $\zeta(x)$ 是凸函数, 那么称问题 (5.1) 是本质凸优化问题.

实际上, 即使 $f(x, y)$ 是强凸-凹的函数, Φ 是凸集, 问题 (5.1) 也不一定是本质凸优化问题. 下面给出一个例子进行说明.

例 5.1　考虑如下约束极小极大问题

$$\min_{x \in [0,1]} \max_y \{x^2 + 5xy - y^2 : x + y - 1 \leqslant 0\}.$$

显然, 目标函数 $f(x, y) = x^2 + 5xy - y^2$ 是 (x, y) 的强凸-凹函数, $\Phi = \{(x, y) \in [0, 1] \times \mathbb{R} : y + x - 1 \leqslant 0\}$ 是凸集. 然而, 容易得到

$$\zeta(x) = \begin{cases} \dfrac{29}{4}x^2, & 0 \leqslant x \leqslant \dfrac{2}{7}, \\ -5x^2 + 7x - 1, & \dfrac{2}{7} < x \leqslant 1. \end{cases}$$

这是一个非凸函数. 这说明, 该问题不是一个本质凸优化问题.

上述简单的例子说明, 给出保证 f 和 g 由 (5.2) 定义的极小极大优化问题 (5.1) 是一个本质凸优化问题的充分条件是非常必要的.

命题 5.1　考虑极小极大优化问题 (5.1), 其中 f 与 g 由 (5.2) 定义. 设 p 与 q 是凸函数, p, q 的共轭函数 q^*, G 和 A 是二次连续可微的, K 是闭凸锥. 设 $\mathcal{O}$ 是开的凸集, 满足 $X \subset \mathcal{O}$. 那么 $\zeta(x)$ 是 $\mathcal{O}$ 上的凸函数, 如果

(i) 对任何 $x \in \mathcal{O}$, 存在一点 $y_x \in \mathbb{R}^m$ 满足

$$A(x) + By_x + c \in \text{int}K; \tag{5.9}$$

(ii) 对任意的 $\lambda \in K^*$ 与 $x \in \mathcal{O}$,

$$
\begin{bmatrix}
\nabla p^2(x) + \mathrm{D}^2 A(x)\lambda + \sum_{j=1}^{m}[\nabla q^*(G(x)+B^*\lambda)]_j \nabla^2 G_j(x) & \mathrm{D}A(x)^* \\
\mathrm{D}A(x) & 0
\end{bmatrix}
$$
$$
+ \begin{bmatrix} \mathcal{J}G(x)^{\mathrm{T}} \\ B \end{bmatrix} \nabla^2 q^*(G(x)+B^*\lambda)[\mathcal{J}G(x) \quad B^*] \succeq 0,
\tag{5.10}
$$

其中 K^* 是 K 的对偶锥, 即 $K^* = \{v \in \mathcal{Y} : \langle v, w \rangle \geqslant 0, \forall w \in K\}$.

证明 函数 $\zeta(x)$ 可以表示为 $\zeta(x) = p(x) + \alpha(x)$, 其中 $\alpha(x)$ 是下述问题

$$
\begin{cases}
\max\limits_{y \in \mathbb{R}^m} & \langle G(x), y \rangle - q(y) \\
\mathrm{s.\,t.} & By + A(x) + c \in K
\end{cases}
\tag{5.11}
$$

的最优值. 因为 q 是凸函数, 问题 (5.11) 是一个凸优化问题. 设 $x \in \mathcal{O}$. 因为由 (i), 存在 $y_x \in \mathbb{R}^m$ 满足 $By_x + A(x) + c \in \mathrm{int}\,K$, 问题 (5.11) 与它的共轭对偶问题的对偶间隙为零的正则性条件 ([6, (2.312), Page 112]) 成立. 根据定理 1.19, 即 [6, Theorem 2.165, Page 112] 可得, $\alpha(x)$ 等于问题 (5.11) 的共轭对偶问题的最优值. 现在推导对偶问题 (5.11) 的共轭对偶问题.

问题 (5.11) 的 Lagrange 函数定义为

$$
\mathcal{L}(y, \xi) = \langle G(x), y \rangle - q(y) - \langle \xi, By + A(x) + c \rangle.
$$

那么问题 (5.11) 的共轭对偶问题是

$$
\min_{\xi} \max_{y} [\mathcal{L}(y, \xi) + \delta_K^*(\xi)].
$$

于是可得

$$
\alpha(x) = \min_{\xi} \left[\max_{y}(\langle G(x) - B^*\xi, y \rangle - q(y)) - \langle \xi, A(x)+c \rangle + \delta_K^*(\xi) \right]
$$
$$
= \min_{\xi} [q^*(G(x) - B^*\xi) - \langle \xi, A(x)+c \rangle + \delta_K^*(\xi)]
$$
$$
= \min_{\xi \in K^\circ} [q^*(G(x) - B^*\xi) - \langle \xi, A(x)+c \rangle]
$$
$$
= \min_{\lambda \in K^*} [q^*(G(x) + B^*\lambda) + \langle \lambda, A(x)+c \rangle] \ (\text{置}\lambda = -\xi).
$$

因此可以将 $\zeta(x)$ 表示为

$$\zeta(x) = \min_{\lambda \in K^*} \{p(x) + \langle A(x) + c, \lambda \rangle + q^*(G(x) + B^*\lambda)\}. \tag{5.12}$$

根据 [6, Proposition 2.143, Page 97], 为了验证 $\zeta(x)$ 的凸性, 只需验证 $\psi : \mathbb{R}^n \times \mathcal{Y}$ 限制在 $\mathcal{O} \times K^*$ 上的凸性, 其中

$$\psi(x, \lambda) = p(x) + \langle A(x) + c, \lambda \rangle + q^*(G(x) + B^*\lambda).$$

由假设条件可知, ψ 在 $\mathcal{O} \times \mathcal{Y}$ 上二次连续可微, 我们仅需验证 ψ 的 Hessian 在 $\mathcal{O} \times \mathcal{Y}$ 上是半正定的. 函数 ψ 在 (x, λ) 处的梯度为

$$\nabla\psi(x, \lambda) = \begin{pmatrix} \nabla p(x) + \mathrm{D}A(x)^*\lambda + \mathcal{J}G(x)^\mathrm{T}\nabla q^*(G(x) + B^*\lambda) \\ A(x) + c + B\nabla q^*(G(x) + B^*\lambda) \end{pmatrix}.$$

函数 ψ 在 (x, λ) 处的 Hessian 是

$$\nabla^2\psi(x, \lambda)$$
$$= \left(\begin{pmatrix} \nabla p^2(x) + \mathrm{D}^2A(x)\lambda \\ + \mathcal{J}G(x)^\mathrm{T}\nabla^2 q^*(G(x) + B^*\lambda)\mathcal{J}G(x) \\ + \sum_{j=1}^m [\nabla q^*(G(x) + B^*\lambda)]_j \nabla^2 G_j(x) \end{pmatrix} \quad \begin{pmatrix} \mathrm{D}A(x)^* + \mathcal{J}G(x)^\mathrm{T}\nabla^2 \\ q^*(G(x) + B^*\lambda)B^* \end{pmatrix} \\ \mathrm{D}A(x) + B\nabla^2 q^*(G(x) + B^*\lambda)\mathcal{J}G(x) \qquad B\nabla^2 q^*(G(x) + B^*\lambda)B^* \end{pmatrix}.$$

显然, $\nabla^2\psi(x, \lambda)$ 可以表示如下形式:

$$\nabla^2\psi(x, \lambda)$$
$$= \begin{bmatrix} \nabla p^2(x) + \mathrm{D}^2A(x)\lambda + \sum_{j=1}^m [\nabla q^*(G(x) + B^*\lambda)]_j \nabla^2 G_j(x) & \mathrm{D}A(x)^* \\ \mathrm{D}A(x) & 0 \end{bmatrix}$$
$$+ \begin{bmatrix} \mathcal{J}G(x)^\mathrm{T} \\ B \end{bmatrix} \nabla^2 q^*(G(x) + B^*\lambda)[\mathcal{J}G(x) \quad B^*].$$

根据条件 (ii), 可知对任何 $(x, \lambda) \in \mathcal{O} \times K^*$, $\nabla^2\psi(x, \lambda)$ 是半正定的. ∎

对应问题 (5.3), 考虑下述简单约束的极小极大优化问题

$$\begin{cases} \min\limits_{x \in X} \max\limits_{y \in \mathbb{R}^m} & p(x) + \langle Gx, y \rangle - q(y) \\ \text{s.t.} & By + Ax + c \in K, \end{cases} \tag{5.13}$$

其中 $G \in \mathbb{R}^{m \times n}$ 是矩阵, $A \in \mathbb{L}(\mathbb{R}^n, \mathcal{Y})$ 与 $B \in \mathbb{L}(\mathbb{R}^m, \mathcal{Y})$ 是线性算子, $c \in \mathcal{Y}$. 根据命题 5.1, 可得下述结果.

推论 5.1 考虑极小极大优化问题 (5.13), 其中 p 与 q^* 在 $\mathcal{O}$ 上是二次连续可微的凸函数, K 是闭的凸锥, $\mathcal{O}$ 是开的凸集, 满足 $X \subset \mathcal{O}$. 那么 $\zeta(x)$ 在 $\mathcal{O}$ 上是凸函数, 如果

(i) 对任何 $x \in \mathcal{O}$, 存在一点 $y_x \in \mathbb{R}^m$ 满足

$$Ax + By_x + c \in \mathrm{int} K; \tag{5.14}$$

(ii) 对任何 $\lambda \in K^*$ 与 $x \in \mathcal{O}$,

$$\begin{bmatrix} \nabla^2 p(x) & A^* \\ A & 0 \end{bmatrix} + \begin{bmatrix} G^{\mathrm{T}} \\ B \end{bmatrix} \nabla^2 q^*(G(x) + B^*\lambda)[G \quad B^*] \succeq 0. \tag{5.15}$$

容易验证, 在例 5.1 中, 有

$$\begin{bmatrix} \nabla^2 p(x) & A^* \\ A & 0 \end{bmatrix} + \begin{bmatrix} G^{\mathrm{T}} \\ B \end{bmatrix} \nabla^2 q^*(G(x) + B^*\lambda)[G \quad B^*] = \begin{bmatrix} 29/2 & 7/2 \\ 7/2 & 1/2 \end{bmatrix}.$$

这一矩阵不是半正定的, 即条件 (5.15) 不成立. 在这个例子中, $\zeta(x)$ 不是一个凸函数.

通过引入辅助向量 $u \in \mathcal{Y}$, 问题 (5.1) 可以等价地表示为

$$\begin{aligned} \min_{x \in X} \max_{y \in \mathbb{R}^m} \quad & f(x, y) \\ \mathrm{s.t.} \quad & g(x, y) = u, \\ & u \in K. \end{aligned} \tag{5.16}$$

5.5 节将给出基于问题 (5.16) 的增广 Lagrange 函数的增广 Lagrange 方法, 这会给分析带来方便.

5.3 平 移 问 题

本节定义与问题 (5.1) 相联系的平移问题、可行平移集, 讨论平移问题的最优值函数为正常下半连续的条件以及保证可行平移集为闭集的充分条件.

对给定的 $s \in \mathcal{Y}$, 平移问题定义为

$$(\mathrm{P}(s)) \qquad \begin{aligned} \min_{x \in X} \max_{y \in \mathbb{R}^m} \quad & f(x, y) \\ \mathrm{s.t.} \quad & g(x, y) - s \in K. \end{aligned} \tag{5.17}$$

引入辅助向量 $u \in \mathcal{Y}$, 可以将问题 (5.17) 表示为

$$
\begin{aligned}
\min_{x \in X} \max_{y \in \mathbb{R}^m} \quad & f(x,y) \\
\text{s.t.} \quad & g(x,y) - s = u, \\
& u \in K,
\end{aligned}
\tag{5.18}
$$

这里称 s 为平移. 可行平移集, 记为 $\mathcal{S}$, 定义为

$$
\mathcal{S} := \{ s \in \mathcal{Y} : \text{存在某一} (x,y) \in X \times \mathbb{R}^m \text{ 满足 } g(x,y) - s \in K \}.
\tag{5.19}
$$

显然, 只有对可行的平移 $s \in \mathcal{S}$, 问题 (5.17) 或问题 (5.18) 是可行问题. 如果 $0 \in \mathcal{S}$, 那么原始问题 (5.1) 或 (5.16) 是可行的.

记

$$
\Phi(s) = \{ (x,y) \in X \times \mathbb{R}^m : g(x,y) - s \in K \}
$$

为问题 P(s) 的可行域. 用 $\nu(s)$ 记问题 P(s) 的最优值, 即

$$
\nu(s) = \inf_{x \in X} \sup_{y \in \mathbb{R}^m} \{ f(x,y) : (x,y) \in \Phi(s) \}.
\tag{5.20}
$$

显然, 如果 $s \notin \mathcal{S}$, 那么 $\Phi(s) = \varnothing$ 与 $\nu(s) = -\infty$ (由 $\sup_\varnothing h = -\infty$ 对任何函数 h 成立). 在某些条件下, 可行平移集是 $\mathrm{dom}\,\nu$ 的子集.

引理 5.1　设 G 与 A 是开集 $\mathcal{O} \supset X$ 上的两个连续映射. 设对任何

$$
x \in X \cap A^{-1}[K + \mathrm{Range}\mathbf{B} - c + s],
$$

有

$$
Bd_y \in K^\infty \Longrightarrow \langle G(x), d_y \rangle - q^\infty(d_y) \leqslant 0,
\tag{5.21}
$$

那么

$$
\mathcal{S} \subseteq \{ s \in \mathcal{Y} : \nu(s) < +\infty \}.
\tag{5.22}
$$

证明　对任何 $s \in \mathcal{S}$, 存在 (x_s, y_s) 满足 $G(x_s) + By_s + c - s \in K$, 即

$$
x_s \in X \cap A^{-1}[K + \mathrm{Range}\mathbf{B} - c + s].
$$

考虑下述问题

$$
\begin{aligned}
\eta(x_s) = \sup_{y \in \mathbb{R}^m} \ & f(x_s, y) = p(x_s) + \langle G(x_s), y \rangle - q(y) \\
\text{s.t.} \ & A(x_s) + By + c - s \in K.
\end{aligned}
\tag{5.23}
$$

定义

$$\gamma(y) := f(x_s, y) = p(x_s) + \langle G(x_s), y \rangle - q(y),$$

$$C_s := \{ y \in \mathbb{R}^m : A(x_s) + By + c - s \in K \}.$$

那么问题 (5.23) 可以重新表述为下述凸的极小化问题

$$\max_{y \in \mathbb{R}^m} \gamma(y) \quad \text{s.t.} \quad y \in C_s.$$

条件 (5.21) 等价于

$$d_y \in C_s^\infty \Longrightarrow \gamma^\infty(d_y) \leqslant 0,$$

由此推出 $\eta(x_s)$ 是一个有限值. 显然, $\nu(s) \leqslant \eta(x_s)$, 从而推出 $\nu(s) < +\infty$. ■

注意 G_K 的图可以表示为

$$\text{gph} \, G_K = \{ (x, y, s) \in \mathbb{R}^n \times \mathbb{R}^m \times \mathcal{Y} : s \in G_K(x, y) \}$$

$$= \{ (x, y, s) \in \mathbb{R}^n \times \mathbb{R}^m \times \mathcal{Y} : g(x, y) - s \in K \},$$

有

$$\mathcal{S} = \Pi_{\mathcal{Y}}(\text{gph} \, G_K), \tag{5.24}$$

其中 $\Pi_{\mathcal{Y}} : \mathbb{R}^n \times \mathbb{R}^m \times \mathcal{Y} \to \mathcal{Y}$ 是下述投影映射

$$\Pi_{\mathcal{Y}}(x, y, s) = s, \quad \forall (x, y, s) \in \mathbb{R}^n \times \mathbb{R}^m \times \mathcal{Y}.$$

集合 $\mathcal{S}$ 的闭性对最小违背平移的存在性是至关重要的, 因为具有最小范数的平移是原点到 $\mathcal{S}$ 上的投影. 下述引理类似于引理 4.1.

引理 5.2 设 G 与 A 在开集 $\mathcal{O} \supset X$ 上是两个连续映射, 满足 G_K 是图-凸的集值映射. 如果

$$0 \in G_K^\infty(h_x, h_y) \Longrightarrow h_x = 0, h_y = 0, \tag{5.25}$$

那么 $\mathcal{S}$ 在 $\mathcal{Y}$ 中是闭集.

为了保证集合 $\mathcal{S}$ 的闭性, 下述命题给出一个具体的充分性条件, 这一条件利用 K 的回收锥和 g 的地平映射表述. 其证明可参考命题 4.1.

命题 5.2 设 G 与 A 是 $\mathcal{O} \supset X$ 上的连续映射, 满足 G_K 是图-凸的集值映射. 设 K^∞ 是凸分析意义下的 K 的回收锥, g^∞ 是下述定义的地平映射

$$g^\infty(h) := \{ u \in \mathcal{Y} : \exists t_k \to 0, \exists v^k \in \mathbb{R}^n \times \mathbb{R}^m \, \text{满足} \, t_k(v^k, g(v^k)) \to (h, u) \}.$$

如果

$$g^\infty(h_x, h_y) \subset K^\infty \Longrightarrow h_x = 0, h_y = 0, \tag{5.26}$$

那么 $\mathcal{S}$ 是闭集.

显然, 如果 $0 \in \mathcal{S} \subset \mathcal{Y}$, 那么问题 (5.1) 是可行的. 否则, 定义最小范数平移, 记为 $\bar{s}$, 是 $0 \in \mathcal{Y}$ 到 $\mathcal{S}$ 上的投影:

$$\bar{s} \in \text{Arg min} \left\{ \frac{1}{2} \|s\|^2 : s \in \mathcal{S} \right\}. \tag{5.27}$$

如果 $\mathcal{S}$ 是闭集, 那么 $\bar{s}$ 是可取到的, 见例 1.5, 即 [58, Example 1.20], 即 $\bar{s} \in \mathcal{S}$. 此种情况下, 最小约束违背的极小极大优化问题可表示为

$$(\text{P}(\bar{s})) \quad \begin{array}{ll} \min\limits_{x \in X} \max\limits_{y \in \mathbb{R}^m} & f(x, y) \\ \text{s.\,t.} & g(x, y) - \bar{s} \in K. \end{array} \tag{5.28}$$

下面几节将讨论问题 $\text{P}(\bar{s})$ 和它的共轭对偶问题的性质, 求解 $\bar{s}$ 以及问题 $\text{P}(\bar{s})$ 的增广 Lagrange 方法.

5.4　平移问题对偶

本节通过对偶函数和最优值函数的关系讨论平移问题的对偶问题的性质. 从 5.5 节可看出, 这里的分析对理解最小约束违背极小极大问题有着极大的帮助.

问题 (5.16) 的 Lagrange 函数, 记为 $l : \mathbb{R}^n \times \mathbb{R}^m \times \mathcal{Y} \times \mathcal{Y} \to \mathbb{R}$, 定义为

$$l(x, y, u, \lambda) = f(x, y) + \langle \lambda, g(x, y) - u \rangle. \tag{5.29}$$

问题 (5.16) 的增广 Lagrange 函数, 记为 $l_r : \mathbb{R}^n \times \mathbb{R}^m \times \mathcal{Y} \times \mathcal{Y} \to \mathbb{R}$, 定义为

$$l_r(x, y, u, \lambda) = f(x, y) + \langle \lambda, \ g(x, y) - u \rangle - \frac{r}{2} \|g(x, y) - u\|^2. \tag{5.30}$$

与问题 (5.16) 相联系的对偶函数 $\theta : \mathcal{Y} \to \overline{\mathbb{R}}$ 定义为

$$\theta(\lambda) := \inf_{x \in X} \sup_{y \in \mathbb{R}^m, u \in K} l(x, y, u, \lambda). \tag{5.31}$$

下面考虑 f 与 g 由 (5.2) 定义的情况, 即

$$f(x, y) = p(x) + \langle G(x), y \rangle - q(y), \quad g(x, y) = A(x) + By + c.$$

容易验证

$$\theta(\lambda) = \inf_{x \in X} \left\{ p(x) + \langle \lambda, A(x) \rangle + \sup_{y \in \mathbb{R}^m} \left[\langle y, G(x) + B^*\lambda \rangle - q(y) \right] + \max_{u \in K} \langle \lambda, -u \rangle \right\}$$

$$= \min_{x \in X} \{p(x) + \langle \lambda, A(x) \rangle + q^*(G(x) + B^*\lambda) + \delta^*(-\lambda \mid K)\} + \langle c, \lambda \rangle, \quad (5.32)$$

其中 $\delta^*(-\lambda \mid K)$ 是 K 在 $-\lambda$ 处的支撑函数, 定义为

$$\delta^*(-\lambda \mid K) = \sup_{y \in K} \langle -\lambda, y \rangle.$$

因为 X 是一非空紧致集, 当 $\lambda \in K^*$, 存在某 $x \in X \cap \mathrm{dom}\, p$, 满足 $G(x) + B^*\lambda \in \mathrm{dom}\, q^*$, A 与 G 在 X 上是连续时, 函数 θ 小于 $+\infty$, 其中

$$K^* = \{v \in \mathcal{Y} : \langle v, u \rangle \geqslant 0, \ \forall u \in K\}$$

是 K 的对偶锥. 可以得到

$$\mathrm{dom}\, \theta \subseteq K^*. \quad (5.33)$$

下述命题用对偶函数 θ 的下有界性刻画问题 (5.1) 的可行性.

命题 5.3 设 $\mathcal{S}$ 是闭集. 则下述两个性质成立:

(i) 如果 $x \in X$, $Y(x) \neq \varnothing$, A 与 G 在 X 上是连续的, 那么对偶函数 θ 是下方有界的;

(ii) 如果对偶函数 θ 是下方有界的, 那么问题 (5.1) 是可行的, 即 $0 \in \mathcal{S}$.

证明 (i) 设条件 (i) 成立. 对任何 $x \in X$, 存在 $y \in \mathbb{R}^m$ 满足 $A(x) + By + c \in K$. 对问题

$$\max_{y \in \mathbb{R}^m, u \in K} l(x, y, u, \lambda),$$

选取 $u = A(x) + By + c$, 则

$$\max_{y \in \mathbb{R}^m, u \in K} l(x, y, u, \lambda) \geqslant \max_{y \in \mathbb{R}^m} \{p(x) + \langle y, G(x) \rangle - q(y)\} = p(x) + q^*(G(x)).$$

因此由 X 的紧致性知, 对任何 $\lambda \in \mathcal{Y}$,

$$\theta(\lambda) = \inf_{x \in X} \max_{y \in \mathbb{R}^m, u \in K} l(x, y, u, \lambda) \geqslant \inf_{x \in X} p(x) + q^*(G(x)) > -\infty.$$

(ii) 因为 $\mathrm{dom}\, \theta \neq \varnothing$, 存在 $\lambda \in \mathcal{Y}$ 满足 $\theta(\lambda) \in \mathbb{R}$. 另一方面, 因为

$$\bar{s} = \mathrm{argmin}\left\{\psi(s) := \frac{1}{2}\|s\|^2 : s \in \mathcal{S}\right\},$$

$\mathcal{S}$ 是非空闭凸集, 可得

$$\mathrm{D}\psi(\bar{s})(s - \bar{s}) \geqslant 0, \quad \forall s \in \mathcal{S},$$

或

$$\langle s, \bar{s} \rangle \geqslant \|\bar{s}\|^2, \quad \forall s \in \mathcal{S}.$$

则对任意的 $(x, y, u) \in \mathbb{R}^n \times \mathbb{R}^m \times K$,

$$\langle -u + A(x) + By + c, \bar{s} \rangle \geqslant \|\bar{s}\|^2.$$

那么, 对任意的 $t \geqslant 0$,

$$\begin{aligned}
\theta(\lambda - t\bar{s}) &= \inf_{x \in X} \sup_{y \in \mathbb{R}^m, u \in K} [f(x,y) + \langle \lambda - t\bar{s}, A(x) + By + c - u \rangle] \\
&= \inf_{x \in X} \sup_{y \in \mathbb{R}^m, u \in K} [f(x,y) + \langle \lambda, A(x) + By + c - u \rangle - t \langle \bar{s}, A(x) + by - u \rangle] \\
&\leqslant \inf_{x \in X} \sup_{y \in \mathbb{R}^m, u \in K} [f(x,y) + \langle \lambda, A(x) + By + c - u \rangle - t \|\bar{s}\|^2] \\
&= \theta(\lambda) - t \|\bar{s}\|^2.
\end{aligned}$$

因为 θ 是下方有界的, 必有 $\bar{s} = 0$, 即问题 (5.1) 是可行的, $0 \in \mathcal{S}$. ■

最优值函数 ν 和对偶函数 θ 有下述关系.

命题 5.4　对由 (5.20) 定义的 ν 和由 (5.31) 定义的 θ, 下述性质成立:

(a) 设任意的 $s \in \mathcal{S}$ 满足: 对任意 $x \in X, 0 \in \mathrm{rint}\{K - A(x) - c + s - B\,\mathrm{dom}\,q\}$, 那么 $\nu(s)$ 是上半连续凹函数, 且

$$\nu(s) = -\theta^*(s), \quad \theta^*(s) = [-\nu]^{**}(s), \quad [-\nu]^*(\lambda) = \theta^{**}(\lambda).$$

(b) 如果 $-\nu$ 是正常函数 (即 $\nu(s) < \infty, \forall s \in \mathcal{S}$, 且存在向量 $\hat{s} \in \mathcal{S}$ 满足 $\nu(\hat{s}) > -\infty$), 那么 θ^{**} 与 $[-\nu]^*$ 是正常的下半连续凸函数 (意味着 $\mathrm{dom}\,[-\nu]^* \neq \varnothing$).

(c) 如果 $-\nu$ 是正常的下半连续凸函数, 那么

$$[-\nu](s) = [-\nu]^{**}(s) = \theta^*(s).$$

证明　定义

$$\hat{\nu}(x, s) = \sup_{y \in \mathbb{R}^m} \{f(x, y) : A(x) + By + c - s \in K\}.$$

那么

$$\nu(s) = \inf_{x \in X} \hat{\nu}(x, s). \tag{5.34}$$

注意到正则性条件 $0 \in \operatorname{rint}\{K - A(x) - c + s - B\operatorname{dom} q\}$，由对偶理论，

$$\widehat{\nu}(x,s) = -\inf_{y\in\mathbb{R}^m}\{-f(x,y) : A(x) + By + c - s \in K\}$$

$$= -\max_{\lambda\in\mathcal{Y}}\left\{\inf_y\left[-f(x,y) + \langle\lambda, A(x) + By - s\rangle\right] - \delta^*(\lambda\,|\,K)\right\}$$

$$= \min_{\lambda\in\mathcal{Y}}\sup_y\{f(x,y) - \langle\lambda, A(x) + By + c - s\rangle + \delta^*(\lambda\,|\,K)\}$$

$$= \min_{w\in\mathcal{Y}}\{p(x) - \langle w, A(x) + c - s\rangle + q^*(G(x) - B^*w) + \delta^*(w\,|\,K)\}. \quad (5.35)$$

于是

$$\nu(s) = \inf_{x\in X}\widehat{\nu}(x,s)$$

$$= \inf_{x\in X}\min_{w\in\mathcal{Y}}\{p(x) - \langle w, A(x) + c - s\rangle + q^*(G(x) - B^*w) + \delta^*(w\,|\,K)\}$$

是上半连续的凹函数. 注意 (5.32), 可把 $\nu(s)$ 重新表示为

$$\nu(s) = \min_{w\in\mathcal{Y}}\left[\inf_{x\in X}\{p(x) - \langle w, A(x) + c - s\rangle + q^*(G(x) - B^*w) + \delta^*(w\,|\,K)\}\right]$$

$$= \min_{w\in\mathcal{Y}}\{\langle w, s\rangle + \theta(-w)\}$$

$$= \min_{w'\in\mathcal{Y}}\{-\langle w', s\rangle + \theta(w')\} = -\theta^*(s).$$

由 $[-\nu]^*(\lambda) = \theta^{**}(\lambda)$ 可得

$$[-\nu]^{**}(s) = \sup_\lambda\{\langle\lambda, s\rangle - \theta^{**}(\lambda)\} = \theta^{***}(s) = \theta^*(s)$$

与

$$[-\nu]^*(\lambda) = \sup_{s'}\{\langle s', \lambda\rangle + \nu(s')\}$$

$$= \sup_{s'}\{\langle s', \lambda\rangle - \theta^*(s')\}$$

$$= \theta^{**}(\lambda).$$

这证得性质 (a).

性质 (b) 中的结果由定理 1.11 得到.

现在证明性质 (c). 设函数 $-\nu$ 是正常的下半连续凸函数. 对 $s\in\operatorname{dom}[-\nu]$ 满足 $\nu(s)\in\mathbb{R}$, 根据 [58, Theorem 11.1] 可得 $[-\nu]^{**}(s) = [-\nu](s)$, 从而推出

$[-\nu](s) = [-\nu]^{**}(s) = \theta^*(s)$. 当 $s \notin \mathrm{dom}\,[-\nu]$ 或 $\nu(s) = -\infty$ 时, 那么 $s \notin \mathcal{S}$. 令 $\hat{s} = \Pi_{\mathcal{S}}(s)$. 则 $v = \hat{s} - s \neq 0$ 与

$$\forall (x, y, u) \in \mathbb{R}^n \times \mathbb{R}^m \times K, \quad \langle -u + g(x, y), v \rangle \geqslant \langle \hat{s}, v \rangle.$$

所以, 对任何 $\lambda \in \mathrm{dom}\,\theta$ 与 $t \geqslant 0$,

$$\theta(\lambda - tv) = \inf_{x \in X} \sup_{y \in \mathbb{R}^m, u \in K} [f(x, y) + \langle \lambda - t\,v, g(x, y) - u \rangle]$$

$$= \inf_{x \in X} \sup_{y \in \mathbb{R}^m, u \in K} \{l(x, y, u, \lambda) - \langle v, -u + g(x, y) \rangle\}$$

$$\leqslant \theta(\lambda) - t\langle \hat{s}, v \rangle.$$

那么

$$\theta^*(s) = \sup_{\lambda' \in \mathcal{Y}} \{\langle \lambda', s \rangle - \theta(\lambda')\}$$

$$\geqslant \langle s, \lambda - tv \rangle - \theta(\lambda - tv)$$

$$\geqslant \langle s, \lambda - tv \rangle - \theta(\lambda) + t\langle \hat{s}, v \rangle$$

$$= \langle s, \lambda \rangle - \theta(\lambda) + t\langle \hat{s} - s, v \rangle$$

$$\geqslant \langle \lambda, s \rangle - \theta(\lambda) + t\,\|v\|^2.$$

因为 $t \geqslant 0$ 是任意的, $v \neq 0$, $\theta^*(s) = +\infty$. 结合两种情况, 我们得到 $[-\nu](s) = \theta^*(s)$. ∎

对次微分 $\partial\theta$, 有关于它的下述刻画.

命题 5.5　设 $s \in \mathcal{Y}$ 与 $\lambda \in \mathcal{Y}$. 设函数 $-\nu$ 是正常的下半连续凸函数, 满足 $\nu(s) \in \mathbb{R}$. 可考虑下述性质:

(i) $\theta(\lambda) \in \mathbb{R}$ 与 $s \in \partial\theta(\lambda)$;

(ii) $\lambda \in \partial\theta^*(s)$;

(iii) $\lambda \in \partial[-\nu]^{**}(s)$ (其实有 $\lambda \in \partial[-\nu](s)$);

(iv) $s \in \partial[-\nu]^*(\lambda)$.

那么

$$\text{(i)} \Longrightarrow \text{(ii)} \Longleftrightarrow \text{(iii)} \Longleftrightarrow \text{(iv)}.$$

设函数 θ 是正常的下半连续凸函数. 考虑下述性质:

(v) $s \in \mathcal{S}$, 问题 (5.18) 的任何解是 $l(\cdot, \cdot, \cdot, \lambda)$ 在 $\mathbb{R}^n \times \mathbb{R}^m \times \mathcal{Y}$ 上的极小极大点.

那么有

$$(\text{i}) \Longleftrightarrow (\text{ii}) \Longleftrightarrow (\text{iii}) \Longleftrightarrow (\text{iv}) \Longrightarrow (\text{v}).$$

证明 因为 $-\nu$ 是正常的下半连续的凸函数, 根据定理 1.11 与命题 5.4 (c) 的 $-\nu = \theta^*$, 可得 θ^* 是正常的下半连续凸函数.

(i)$\Longrightarrow$(ii). 注意 $\theta(\lambda) \in \mathbb{R}$ 与 $s \in \partial\theta(\lambda)$, 可得 $\lambda \in \partial\theta^*(s)$ (这里不必设 θ 是凸的).

(ii)$\Longleftrightarrow$(iii). 由命题 5.4(c), 可得 $[-\nu] = [-\nu]^{**} = \theta^*$. 因此得到 $\lambda \in \partial\theta^*(s)$ 等价于 $\lambda \in \partial[-\nu](s) = \partial[-\nu]^{**}(s)$.

(iii)$\Longleftrightarrow$(iv). 由引理 1.2, 即 [52, Corollary 23.5.1] 可得

$$s \in \partial[-\nu]^*(\lambda) \Longleftrightarrow \lambda \in \partial[-\nu]^{**}(s).$$

因为 $-\nu$ 在 s 处是下半连续的, 满足 $\nu(s) \in \mathbb{R}$, 所以有 $\partial[-\nu](s) = \partial[-\nu]^{**}(s)$. 因此得到 $s \in \partial[-\nu]^*(\lambda)$ 当且仅当 $\lambda \in \partial[-\nu](s)$.

设 θ 是正常的下半连续函数. 需证 (i), (ii)$\Longrightarrow$(v). 设 $s \in \partial\theta(\lambda)$. 根据 (ii), $s \in \mathrm{dom}\,\nu^{**} = \mathrm{dom}\,\nu = \mathcal{S}$. 设 (x_s, y_s, u_s) 是问题 (5.18) 的任意解, 则

$$
\begin{aligned}
l(x_s, y_s, u_s, \lambda) &= f(x_s, y_s) + \langle \lambda, s \rangle \quad (g(x_s, y_s) - s = u_s) \\
&= \nu(s) + \langle \lambda, s \rangle \quad (\nu \text{ 的定义}) \\
&= -\theta^*(s) + \langle \lambda, s \rangle \quad (\text{命题 5.4}) \\
&= \theta(\lambda) \quad (\theta \text{ 是正常的 l.s.c 凸函数, 且 } s \in \partial\theta(\lambda)) \\
&= \inf_{x \in X} \sup_{y \in \mathbb{R}^m, u \in K} l(x, y, u, \lambda) \quad (\theta \text{ 的定义}).
\end{aligned}
$$

这推出 (x_s, y_s, u_s) 是 $l(\cdot, \cdot, \cdot, \lambda)$ 在 $\mathbb{R}^n \times \mathbb{R}^m \times K$ 上的极小极大点. ∎

现在讨论平移问题 P(s) 的对偶问题. 问题 P(s) 的对偶函数, 记为 $\theta_s : \mathcal{Y} \to \overline{\mathbb{R}}$, 它在 $\lambda \in \mathcal{Y}$ 处的值定义为

$$\theta_s(\lambda) = \inf_{x \in X} \sup_{y \in \mathbb{R}^m, u \in K} \left[f(x, y) + \langle \lambda, A(x) + By - s - u \rangle \right].$$

容易证明

$$\theta_s(\lambda) = \inf_{x \in X} \sup_{y \in \mathbb{R}^m, u \in K} \left[f(x, y) + \langle \lambda, A(x) + By - u \rangle \right] - \langle s, \lambda \rangle$$

$$= \theta(\lambda) - \langle s, \lambda \rangle.$$

对优化某个问题 $(\mathcal{P})$, 用 $\text{Val}(\mathcal{P})$ 与 $\text{Sol}(\mathcal{P})$ 分别表示问题 $(\mathcal{P})$ 的最优值和最优解集, 用 (D) 与 $(D(s))$ 分别表示问题 (P) 和 $(P(s))$ 的共轭对偶问题. 则问题 (D) 与 $(D(s))$ 可表示为

$$(D) \quad \min_{\lambda} \theta(\lambda); \qquad\qquad (D(s)) \quad \min_{\lambda} [\theta(\lambda) - \langle s, \lambda \rangle]. \qquad (5.36)$$

现在给出最优值 $\text{Val}(D(s))$ 和最优解集 $\text{Sol}(D(s))$ 的刻画以及保证问题 $(P(s))$ 与 $(D(s))$ 之间的对偶间隙为零的条件.

命题 5.6 有下述结论成立.

(i) $\text{Val}(P) = \nu(0)$, $\text{Val}(D) = -\theta^*(0)$, $\text{Sol}(D) = \partial\theta^*(0)$;

(ii) 如果 $-\nu$ 在 $0 \in \mathcal{Y}$ 处下半连续, 且 $\nu(0)$ 是一个有限值 (在这种情况下, 问题 (P) 是可行的), 那么 $\text{Val}(P) = \nu(0) = -\theta^*(0) = \text{Val}(D)$, $\text{Sol}(D) = \partial[-\nu](0)$;

(iii) 对 $s \in \mathcal{S}$, $\text{Val}(P(s)) = \nu(s)$, $\text{Val}(D(s)) = -\theta^*(s)$, $\text{Sol}(D(s)) = \partial\theta^*(s)$;

(iv) 对 $s \in \mathcal{S}$, 如果 $-\nu$ 在 s 处下半连续, 且 $\nu(s)$ 是一个有限值 (在这种情况下, 问题 $(P(s))$ 是可行的), 那么 $\text{Val}(P(s)) = \nu(s) = -\theta^*(s) = \text{Val}(D(s))$, $\text{Sol}(D(s)) = \partial[-\nu](s)$.

证明 (i)—(iv) 由命题 1.8, 即 [6, Proposition 2.118] 得到. ∎

本节最后关注最小约束违背极小极大优化问题, 其中 $\mathcal{S}$ 是闭集, $0 \notin \mathcal{S}$ 的情况. 考虑问题

$$(P(\bar{s})) \qquad \begin{array}{ll} \min\limits_{x \in X} \max\limits_{y \in \mathbb{R}^m} & f(x, y) = p(x) + \langle G(x), y \rangle - q(y) \\ \text{s.t.} & g(x, y) = A(x) + By - \bar{s} \in K, \end{array} \qquad (5.37)$$

其中 $\bar{s}$ 是原点 $0 \in \mathcal{Y}$ 到 $\mathcal{S}$ 上的投影, 即

$$\bar{s} \in \text{Arg} \min\left\{ \frac{1}{2}\|s\|^2 : s \in \mathcal{S} \right\}. \qquad (5.38)$$

如果 $\mathcal{S}$ 是闭集, $0 \notin \mathcal{S}$, 那么 $\bar{s}$ 在 $\mathcal{S}$ 的相对边界上, 即 $\bar{s} \in \text{ribdry}\,\mathcal{S}$. 现在给出保证 $(P(\bar{s}))$ 与其共轭对偶问题 $(D(\bar{s}))$ 之间零对偶间隙的条件, 并给出解集 $\text{Sol}(D(\bar{s}))$ 的刻画.

命题 5.7 设 θ 是下半连续的凸函数. 设 $\bar{s} \neq 0$ 与 $\text{Val}(P(\bar{s})) \in \mathbb{R}$.

(i) 设函数 $-\nu$ 在 $\bar{s}$ 处是下半连续的. 则

$$\text{Val}(D(\bar{s})) = \text{Val}(P(\bar{s}));$$

(ii) 如果 $\partial[-\nu](\bar{s}) \neq \varnothing$, 那么

$$\mathrm{Val}\,(\mathrm{D}(\bar{s})) = \mathrm{Val}\,(\mathrm{P}(\bar{s})) \quad \text{与} \quad \mathrm{Sol}\,(\mathrm{D}(\bar{s})) = \partial[-\nu](\bar{s});$$

(iii) 如果 $\partial[-\nu](\bar{s}) \neq \varnothing$, 那么

$$\mathrm{Sol}\,(\mathrm{D}(\bar{s})) = \{\lambda \in \mathcal{Y} : \bar{s} \in \partial\theta(\lambda)\} = \partial\theta^*(\bar{s}) = [\partial\theta]^{-1}(\bar{s}).$$

下述结果表明, 如果最小违背平移 $\bar{s} \neq 0$, 那么对偶问题 $\mathrm{D}(\bar{s})$ 的解集是无界的.

命题 5.8 设 θ 是一下半连续的凸函数. 设 $\bar{s} \neq 0$, $\mathrm{Val}\,(\mathrm{P}(\bar{s})) \in \mathbb{R}$, $-\nu$ 在 $\bar{s}$ 处是下半连续的, 且 $\mathrm{Sol}\,(\mathrm{D}(\bar{s})) \neq \varnothing$, 那么 $\mathrm{Sol}\,(\mathrm{D}(\bar{s}))$ 是无界的, 且

$$-\bar{s} \in [\mathrm{Sol}\,(\mathrm{D}(\bar{s}))]^\infty. \tag{5.39}$$

证明 根据命题 5.7 (iii), 有

$$\mathrm{Sol}\,(\mathrm{D}(\bar{s})) = \{\lambda \in \mathcal{Y} : 0 \in \partial\theta_{\bar{s}}(\lambda)\} = \{\lambda \in \mathcal{Y} : \bar{s} \in \partial\theta(\lambda)\}.$$

那么, 对任何 $\bar{\lambda} \in \mathrm{Sol}\,(\mathrm{D}(\bar{s}))$, 有

$$[\mathrm{Sol}\,(\mathrm{D}(\bar{s}))]^\infty = \{\xi \in \mathcal{Y} : 0 \in \partial\theta_{\bar{s}}(\bar{\lambda} + t\xi), \forall t \geqslant 0\}$$

$$= \{\xi \in \mathcal{Y} : \bar{s} \in \partial\theta(\bar{\lambda} + t\xi), \forall t \geqslant 0\}.$$

因此仅需证明

$$\bar{s} \in \partial\theta(\bar{\lambda} - t\bar{s}), \quad \forall t \geqslant 0. \tag{5.40}$$

根据 $\bar{s}$ 的定义, 有

$$\bar{s} \in \mathrm{Arg}\,\min \left\{\frac{1}{2}\|s\|^2 : s \in \mathcal{S}\right\},$$

其中 $\mathcal{S}$ 是 $\mathcal{Y}$ 中的凸集, 由 (5.19) 定义. 于是

$$\langle \bar{s}, s - \bar{s}\rangle \geqslant 0, \quad \forall s \in \mathcal{S}$$

或者

$$\langle \bar{s}, s\rangle \geqslant \|\bar{s}\|^2, \quad \forall s \in \mathcal{S}. \tag{5.41}$$

故对任何 $\lambda \in \mathrm{dom}\,\theta$ 和任何 $t \geqslant 0$,

$$\theta(\lambda) - \theta(\bar{\lambda} - t\bar{s})$$

$$= \theta(\lambda) - \inf_{x \in X} \sup_{y \in \mathbb{R}^m, u \in K} \left[f(x, y) + \langle \bar{\lambda} - t\bar{s}, g(x, y) - u\rangle\right]$$

$$= \theta(\lambda) - \inf_{x \in X} \sup_{y \in \mathbb{R}^m, u \in K} \left[f(x,y) + \langle \bar{\lambda}, g(x,y) - u \rangle + \langle -t\bar{s}, g(x,y) - u \rangle \right]$$

$$\geqslant \theta(\lambda) - \inf_{x \in X} \left\{ \sup_{y \in \mathbb{R}^m, u \in K} \left[f(x,y) + \langle \bar{\lambda}, g(x,y) - u \rangle \right] \right.$$

$$\left. + \sup_{y \in \mathbb{R}^m, u \in K} \left[\langle -t\bar{s}, g(x,y) - u \rangle \right] \right\}$$

$$= \theta(\lambda) - \theta(\bar{\lambda}) + \inf_{s \in \mathcal{S}} \left[t \langle \bar{s}, s \rangle \right]$$

$$= \theta(\lambda) - \theta(\bar{\lambda}) + t \inf_{s \in \mathcal{S}} \langle \bar{s}, s \rangle$$

$$\geqslant \langle \bar{s}, \lambda - \bar{\lambda} \rangle + t \langle \bar{s}, \bar{s} \rangle \qquad (\text{由 } (5.41) \text{ 与 } \bar{s} \in \partial\theta(\bar{\lambda}))$$

$$= \langle \bar{s}, \lambda - (\bar{\lambda} - t\bar{s}) \rangle.$$

这说明 (5.40) 成立. ∎

5.5　增广 Lagrange 方法

本节讨论求解最小违背平移 $\bar{s}$ 与问题 $P(\bar{s})$ 的近似解的增广 Lagrange 方法. 增广 Lagrange 方法的分析基于凸函数的 Moreau-Yosida 正则化和邻近映射. 根据 Moreau 包络与邻近映射的定义 1.22, θ 的 Moreau-Yosida 正则化 $\theta_r : \mathcal{Y} \to \overline{\mathbb{R}}$ 为

$$\theta_r(\lambda) = \inf_{\lambda' \in \mathcal{Y}} \left\{ \theta(\lambda') + \frac{1}{2r} \|\lambda' - \lambda\|^2 \right\}. \tag{5.42}$$

函数 θ 的邻近映射 $P_{r\theta} : \mathcal{Y} \to \mathcal{Y}$ 为

$$P_{r\theta}(\lambda) = \text{Arg min} \left\{ \theta(\lambda') + \frac{1}{2r} \|\lambda' - \lambda\|^2 : \lambda' \in \mathcal{Y} \right\}. \tag{5.43}$$

下面的引理给出 $\theta_r(\lambda)$ 的另一形式, 它在增广 Lagrange 方法的分析中起着关键作用.

引理 5.3　如果函数 $[-\nu]$ 是正常的下半连续的, 那么

$$e_{r\theta^{**}}(\lambda) = \inf_{x \in X} \sup_{y \in \mathbb{R}^m, u \in K} l_r(x, y, u, \lambda). \tag{5.44}$$

如果对偶函数 θ 还是正常的下半连续凸函数, $r > 0$, 那么

$$\theta_r(\lambda) = \inf_{x \in X} \sup_{y \in \mathbb{R}^m, u \in K} l_r(x, y, u, \lambda), \tag{5.45}$$

其中 l_r 是增广 Lagrange 函数. 定义

$$(x(\lambda, r), y(\lambda, r), u(\lambda, r)) = \text{Arg} \min_{x} \max_{y,u} \left\{ l_r(x, y, u, \lambda) : x \in X, y \in \mathbb{R}^m, u \in K \right\}.$$

那么

$$P_{r\theta}(\lambda) = \lambda - r[g(x(\lambda, r), y(\lambda, r)) - u(\lambda, r)]$$

与

$$g(x(\lambda, r), y(\lambda, r)) - u(\lambda, r) \in \partial\theta(P_{r\theta}(\lambda)). \tag{5.46}$$

证明 注意

$$\inf_{x \in X} \sup_{y \in \mathbb{R}^m, u \in K} l_r(x, y, u, \lambda) = \inf_{x \in X} \sup_{y \in \mathbb{R}^m, u \in K} \left\{ l(x, y, u, \lambda) - \frac{r}{2}\|g(x, y) - u\|^2 \right\}$$

$$= \inf_{x \in X} \sup_{s \in \mathcal{Y}} \sup_{g(x,y) - u = s, u \in K} \left\{ f(x, y) + \langle \lambda, s \rangle - \frac{r}{2}\|s\|^2 \right\}$$

$$= \inf_{x \in X} \left[\sup_{s \in \mathcal{Y}} \left(\langle \lambda, s \rangle - \frac{r}{2}\|s\|^2 \right) + \sup_{g(x,y) - s \in K} f(x, y) \right]$$

$$= \sup_{s \in \mathcal{Y}} \left\{ \langle \lambda, s \rangle - \frac{r}{2}\|s\|^2 + \inf_{x \in X} \sup_{g(x,y) - s \in K} f(x, y) \right\}$$

$$= \sup_{s \in \mathcal{Y}} \left\{ \langle \lambda, s \rangle - \frac{r}{2}\|s\|^2 + \nu(s) \right\}$$

$$= -\inf_{s \in \mathcal{Y}} \left\{ -\langle \lambda, s \rangle + \frac{r}{2}\|s\|^2 + [-\nu](s) \right\}$$

$$= -\inf_{s \in \mathcal{Y}} \left\{ [-\nu](s) + \frac{r}{2}\|s - \lambda/r\|^2 - \frac{1}{2r}\|\lambda\|^2 \right\}$$

$$= \frac{1}{2r}\|\lambda\|^2 - e_{r^{-1}[-\nu]}(r^{-1}\lambda) \quad ([2] \text{ 的第 169 页})$$

$$= e_{r[-\nu]^*}(\lambda) = e_{r\theta^{**}}(\lambda),$$

故 (5.44) 成立. 如果 θ 还是正常的下半连续凸函数, 那么有 $\theta^{**} = \theta$, 从而得到 (5.45).

定义

$$\widehat{l}_r(x, y, \lambda) = \sup_{u \in K} \left\{ l(x, y, u, \lambda) - \frac{r}{2}\|g(x, y) - u\|^2 \right\}$$

$$= f(x, y) - \min_{u \in K} \left\{ \frac{r}{2} \left[\|u - g(x, y) + r^{-1}\lambda\|^2 - \|\lambda\|^2/r^2 \right] \right\}$$

与

$$u^*(x, y, \lambda) = \Pi_K(g(x, y) - r^{-1}\lambda) = \frac{1}{r}\Pi_K(-\lambda + rg(x, y)).$$

那么可得

$$\widehat{l}_r(x, y, \lambda) = f(x, y) + \frac{1}{2r}\|\lambda\|^2 - \frac{1}{2r}\|\Pi_{K^\circ}(-\lambda + rg(x, y))\|^2,$$

且点 $(x(\lambda, r), y(\lambda, r))$ 是下述问题的解

$$\min_{x \in X} \max_{y \in \mathbb{R}^m} \widehat{l}_r(x, y, \lambda).$$

定义

$$u(\lambda, r) = u^*(x(\lambda, r), y(\lambda, r), \lambda) = \frac{1}{r}\Pi_K(-\lambda + rg(x(\lambda, r), y(\lambda, r))).$$

注意到

$$\theta_r(x(\lambda, r), y(\lambda, r), \lambda),$$

可得

$$\nabla\theta_r(\lambda) = \frac{1}{r}[\lambda + \Pi_{K^\circ}(-\lambda + rg(x(\lambda, r), y(\lambda, r)))].$$

由

$$ru(\lambda, r) = \Pi_K(-\lambda + rg(x(\lambda, r), y(\lambda, r))),$$

有定义

$$r\nabla\theta_r(\lambda) = \lambda + \Pi_{K^\circ}(-\lambda + rg(x(\lambda, r), y(\lambda, r)))$$

$$= \lambda + [-\lambda + rg(x(\lambda, r), y(\lambda, r)) - ru(\lambda, r)]$$

$$= r[g(x(\lambda, r), y(\lambda, r)) - u(\lambda, r)].$$

根据定理 1.4 即得定义

$$P_{r\theta}(\lambda) = \lambda - r\nabla e_{r\theta}(\lambda)$$

$$= \lambda - r\nabla\theta_r(\lambda)$$

$$= \lambda - r[g(x(\lambda, r), y(\lambda, r)) - u(\lambda, r)].$$

再由

$$0 \in \partial\theta(P_{r\theta}(\lambda)) + \frac{1}{r}[P_{r\theta}(\lambda) - \lambda],$$

得到

$$g(x(\lambda, r), y(\lambda, r)) - u(\lambda, r) \in \partial\theta(P_{r\theta}(\lambda)). \qquad \blacksquare$$

根据 (5.45) 中 $\theta_r(\lambda)$ 的表达式, (5.45) 之右端下确界可以在某点处达到, 这一结论将在下一命题中给出.

命题 5.9 设 θ 是一正常的下半连续凸函数. 令 $\lambda \in Y$ 与 $r > 0$. 如果 $\lambda \in \mathrm{dom}\,\theta$, 那么增广 Lagrange 子问题

$$\min_{x \in X} \max_{y \in \mathbb{R}^m, u \in K} l_r(x, y, u, \lambda) \qquad (5.47)$$

一定存在解.

证明 因 θ 是正常的下半连续凸函数, $\lambda \in \mathrm{dom}\,\theta$, 可知 (5.42) 右端问题的最优值 $\theta_r(\lambda)$ 是有限的. 根据引理 5.3 知, 问题 (5.47) 存在解. $\blacksquare$

下述命题给出了最小违背平移 $\bar{s}$ 的重要性质, 这些性质在增广 Lagrange 方法的分析中起着重要作用.

命题 5.10 设 θ 是一正常的下半连续凸函数. 设 $\bar{s} \neq 0$, $\mathrm{Val}(\mathrm{P}(\bar{s})) \in \mathbb{R}$, $-\nu$ 在 $\bar{s}$ 处是下半连续的, 且 $\mathrm{Sol}(\mathrm{D}(\bar{s})) \neq \varnothing$. 设 $\lambda \in \mathcal{Y}$. 则下述性质成立:

(i) $\mathrm{dist}(\lambda - \alpha\bar{s}, \mathrm{Sol}(\mathrm{D}(\bar{s}))) \leqslant \mathrm{dist}(\lambda, \mathrm{Sol}(\mathrm{D}(\bar{s})))$, $\forall \alpha \geqslant 0$;

(ii) $P_{r\theta}(\lambda) = P_{r\theta_{\bar{s}}}(\lambda - r\bar{s})$;

(iii) $\mathrm{dist}(P_{r\theta}(\lambda), \mathrm{Sol}(\mathrm{D}(\bar{s}))) \leqslant \mathrm{dist}(\lambda, \mathrm{Sol}(\mathrm{D}(\bar{s})))$.

证明 (i) 令

$$\tilde{\lambda} = \Pi_{\mathrm{Sol}(\mathrm{D}(\bar{s}))}(\lambda).$$

它是有定义的, 因为 $\mathrm{Sol}(\mathrm{D}(\bar{s}))$ 是非空闭凸集. 由命题 5.8 知, $\tilde{\lambda} - \alpha\bar{s} \in \mathrm{Sol}(\mathrm{D}(\bar{s}))$ 对任何 $\alpha \geqslant 0$ 成立. 故有

$$\mathrm{dist}(\lambda - \alpha\bar{s}, \mathrm{Sol}(\mathrm{D}(\bar{s}))) \leqslant \|\lambda - \alpha\bar{s} - [\tilde{\lambda} - \alpha\bar{s}]\| = \|\lambda - \tilde{\lambda}\| = \mathrm{dist}(\lambda, \mathrm{Sol}(\mathrm{D}(\bar{s}))).$$

(ii) 令 $u = P_{r\theta_{\bar{s}}}(\lambda - r\bar{s})$, 则

$$0 \in \partial\theta_{\bar{s}}(u) + \frac{1}{r}[u - (\lambda - r\bar{s})].$$

由此, 存在某一 $\tilde{s} \in \partial\theta_{\bar{s}}(u)$ 满足

$$0 = \tilde{s} + \frac{1}{r}[u - (\lambda - r\bar{s})]$$

或等价地

$$u = \lambda - r(\tilde{s} + \bar{s}). \tag{5.48}$$

由表达式 $\partial \theta_{\bar{s}}(\lambda) = \partial \theta(\lambda) - \bar{s}$, 可得

$$\tilde{s} + \bar{s} \in \partial \theta_{\bar{s}}(u).$$

从而由 (5.48) 得到

$$0 \in \partial \theta(u) + \frac{1}{r}[u - \lambda].$$

因此得到 $u = P_{r\theta}(\lambda)$. 这证得 (ii).

(iii) 根据 (ii), 有

$$\text{dist}\,(P_{r\theta}(\lambda), \text{Sol}\,(D(\bar{s}))) = \text{dist}\,(P_{r\theta_{\bar{s}}}(\lambda - \alpha\bar{s}), \text{Sol}\,(D(\bar{s}))). \tag{5.49}$$

因为 $\text{Sol}\,(D(\bar{s})) = \text{Arg}\min\theta_{\bar{s}}$ 与

$$\text{Arg}\min\theta_{\bar{s}} = \{u \in \mathcal{Y} : u = P_{r\theta_{\bar{s}}}(u)\},$$

并注意到 $P_{r\theta_{\bar{s}}}$ 是非扩张的事实知, 对任何 $u \in \text{Sol}\,(D(\bar{s}))$, 有

$$\|P_{r\theta_{\bar{s}}}(\lambda - \alpha\bar{s}) - u\| = \|P_{r\theta_{\bar{s}}}(\lambda - \alpha\bar{s}) - P_{r\theta_{\bar{s}}}(u)\| \leqslant \|(\lambda - \alpha\bar{s}) - u\|.$$

这意味着

$$\text{dist}\,(P_{r\theta_{\bar{s}}}(\lambda - \alpha\bar{s}), \text{Sol}\,(D(\bar{s}))) \leqslant \text{dist}\,(\lambda - \alpha\bar{s}, \text{Sol}\,(D(\bar{s}))). \tag{5.50}$$

结合 (5.49), (5.50) 与 (i), 即得到 (iii) 中的不等式. ■

下述引理刻画了最小违背平移 $\bar{s}$.

引理 5.4　设 $\bar{s} \neq 0$. 设 $A : \mathbb{R}^n \to \mathcal{Y}$ 是光滑映射, G_K 是图-凸的映射. 则 $(\bar{x}, \bar{y}, \bar{u}) \in \mathbb{R}^n \times \mathbb{R}^m \times \mathcal{Y}$ 满足 $g(\bar{x}, \bar{y}) - \bar{u} = \bar{s}$ 与 $\bar{u} \in K$, 并使得下述性质等价:

(i) $Dg(\bar{x}, \bar{y})^*(\bar{u} - g(\bar{x}, \bar{y})) = 0$ 与 $\Pi_K(g(\bar{x}, \bar{y})) = \bar{u}$;

(ii) $(\bar{x}, \bar{y}, \bar{u})$ 是下述问题的解

$$\min_{x \in \mathbb{R}^n, y \in \mathbb{R}^m, u \in K} \frac{1}{2}\|g(x, y) - u\|^2. \tag{5.51}$$

证明　引入

$$s = g(x, y) - u, \tag{5.52}$$

问题 (5.51) 等价于

$$\min_{x\in\mathbb{R}^n, s\in\mathcal{Y}} \quad \frac{1}{2}\|s\|^2$$

$$\text{s.t.} \quad g(x,y) - s \in K. \tag{5.53}$$

因为 G_K 是图-凸的映射, 可得问题 (5.53) 是凸优化问题. 设 $(\bar{x}, \bar{s})$ 是问题 (5.53) 的一个解. 因为问题 (5.53) 的广义 Slater 约束规范成立, 可得点 $(\bar{x}, \bar{y}, \bar{s})$ 是问题 (5.53) 的最优解的充分必要条件是下述 KKT 条件在 $(\bar{x}, \bar{y}, \bar{s})$ 处成立, 即存在 Lagrange 乘子 $\bar{\lambda} \in \mathcal{Y}$ 满足

$$\begin{aligned} &\mathrm{D}g(\bar{x}, \bar{y})^* \bar{\lambda} = 0, \\ &\bar{s} - \bar{\lambda} = 0, \\ &\bar{\lambda} \in N_K(g(\bar{x}, \bar{y}) - \bar{s}). \end{aligned} \tag{5.54}$$

令 $\bar{u} = g(\bar{x}, \bar{y}) - \bar{s}$, 上述关系等价地表示为

$$\begin{aligned} &\mathrm{D}g(\bar{x}, \bar{y})^* (g(\bar{x}, \bar{y}) - \bar{u}) = 0, \\ &g(\bar{x}, \bar{y}) - \bar{u} \in N_K(\bar{u}). \end{aligned} \tag{5.55}$$

由于 $g(\bar{x}, \bar{y}) - \bar{u} \in N_K(\bar{u})$ 等价于 $\bar{u} = \Pi_K(g(\bar{x}, \bar{y}))$, 可得 (5.55) 等价于 (i). ∎

现在给出用增广 Lagrange 函数刻画的最小约束违背极小极大问题 $\mathrm{P}(\bar{s})$ 的一组最优性条件.

定理 5.1 设 θ 是正常的下半连续的凸函数. 设 $-\nu$ 是正常的下半连续函数, 满足 $\nu(\bar{s}) \in \mathbb{R}$ 且

$$\bar{s} \in \mathrm{dom}\, \partial[-\nu]. \tag{5.56}$$

设 $r > 0$, l_r 是由 (5.30) 定义的增广 Lagrange 函数. 设 A 是从 $\mathbb{R}^n$ 到 $\mathcal{Y}$ 的光滑映射. 那么 $(\bar{x}, \bar{y}, \bar{u})$ 是下述问题的解

$$\begin{aligned} \min_{x\in X} \max_{y, u} \quad & f(x, y) \\ \text{s.t.} \quad & g(x, y) - \bar{s} = u, \\ & u \in K \end{aligned} \tag{5.57}$$

当且仅当存在某 $\bar{\lambda} \in \mathcal{Y}$ 满足

$$\begin{aligned} &(\bar{x}, \bar{y}, \bar{u}) \in \mathrm{Arg}\min_{x\in X} \max_{y\in\mathbb{R}^{mn}, u\in K} l_r(x, y, u, \bar{\lambda}), \\ &\mathrm{D}g(\bar{x}, \bar{y})^* (\bar{u} - g(\bar{x}, \bar{y})) = 0, \\ &\Pi_K(g(\bar{x}, \bar{y})) = \bar{u}. \end{aligned} \tag{5.58}$$

证明　必要性. 设 $(\bar{x}, \bar{y}, \bar{u})$ 是问题 (5.57) 的一个解. 那么 $g(\bar{x}, \bar{y}) - \bar{u} = \bar{s}$, $\bar{u} \in K$, 其中

$$\bar{s} \in \text{Arg min} \left\{ \frac{1}{2} \|s\|^2 : s \in \mathcal{S} \right\}.$$

那么由引理 5.4 中的推出关系 (i)$\Longrightarrow$ (ii), 可得

$$\mathrm{D}g(\bar{x}, \bar{y})^*(\bar{u} - g(\bar{x}, \bar{y})) = 0; \quad \Pi_K(g(\bar{x}, \bar{y})) = \bar{u},$$

即 (5.58) 中的第二个和第三个关系式成立.

根据命题 5.5 (v) 的 (i) 与 (ii) 的等价性知, $\bar{s} \in \text{dom}\,\partial\nu$ 意味着存在某 $\bar{\lambda}$ 满足 $\bar{s} \in \partial\theta(\bar{\lambda})$. 由命题 5.5 的推出关系 (i)$\Longrightarrow$ (v) 知, $(\bar{x}, \bar{y}, \bar{u})$ 是 Lagrange 函数 $l(\cdot, \cdot, \cdot, \bar{\lambda})$ 在 $\mathbb{R}^n \times \mathbb{R}^m \times K$ 上的极小极大点. 根据这一极小极大优化问题的最优性条件, 可得

$$0 \in \nabla_x l(\bar{x}, \bar{y}, \bar{u}, \bar{\lambda}) + N_X(\bar{x}),$$
$$0 = \nabla_y l(\bar{x}, \bar{y}, \bar{u}, \bar{\lambda}),$$
$$0 \in \bar{\lambda} + N_K(\bar{u}),$$

或等价地,

$$0 \in \nabla_x f(\bar{x}, \bar{y}) + \mathrm{D}_x g(\bar{x}, \bar{y})^*\bar{\lambda} + N_X(\bar{x}),$$
$$0 = \nabla_y f(\bar{x}, \bar{y}) + \mathrm{D}_y g(\bar{x}, \bar{y})^*\bar{\lambda}, \tag{5.59}$$
$$-\bar{\lambda} \in N_K(\bar{u}).$$

注意, 由 $\mathrm{D}g(\bar{x}, \bar{y})^*(\bar{u} - g(\bar{x}, \bar{y})) = 0$ 知, 对 $\bar{s} = g(\bar{x}, \bar{y}) - \bar{u}$, 有

$$\mathrm{D}_x g(\bar{x}, \bar{y})^* \bar{s} = 0. \tag{5.60}$$

由 (5.59) 的第一个包含关系知, 对 $r > 0$,

$$0 \in \nabla_x f(\bar{x}, \bar{y}) + \mathrm{D}_x g(\bar{x}, \bar{y})^*[\bar{\lambda} - r\bar{s}] + N_X(\bar{x}).$$

由此推出

$$\bar{x} \in \text{Arg}\min_{x \in X} \left\{ f(x, \bar{y}) + \langle \bar{\lambda}, g(x, \bar{y}) - \bar{u} \rangle + \frac{r}{2} \|g(x, \bar{y}) - \bar{u}\|^2 \right\} = \text{Arg}\min_{x \in X} l_r(x, \bar{y}, \bar{u}, \bar{\lambda}). \tag{5.61}$$

从而得到

$$\min_{x \in X} \max_{y \in \mathbb{R}^m, u \in K} l_r(x, y, u, \bar{\lambda}) \geqslant \min_{x \in X} l_r(x, \bar{y}, \bar{u}, \bar{\lambda}) = l_r(\bar{x}, \bar{y}, \bar{u}, \bar{\lambda}). \tag{5.62}$$

注意, 由 $\bar{u} = \Pi_K(g(\bar{x}, \bar{y}))$ 可得

$$-\bar{u} + g(\bar{x}, \bar{y}) \in N_K(\bar{u}),$$

故推出 $\bar{s} \in N_K(\bar{u})$.

根据 (5.59) 中的第二个和第三个包含关系, 得到

$$0 = \nabla_y f(\bar{x}, \bar{y}) + D_y g(\bar{x}, \bar{y})^*(\bar{\lambda} - r\bar{s}),$$
$$-(\bar{\lambda} - r\bar{s}) \in N_K(\bar{u}).$$

由此推出

$$(\bar{y}, \bar{u}) \in \text{Arg} \max_{y \in \mathbb{R}^m, u \in K} l_r(\bar{x}, y, u, \bar{\lambda}). \tag{5.63}$$

结合 (5.62) 与 (5.63), 可得

$$l_r(x, y, u, \bar{\lambda}) \geqslant l_r(\bar{x}, \bar{y}, \bar{u}, \bar{\lambda}) \geqslant l_r(\bar{x}, y, u, \bar{\lambda}), \quad \forall (x, y, u) \in X \times \mathbb{R}^m \times K.$$

这证得必要性.

充分性. 由引理 5.4 的推出关系 (ii) $\Longrightarrow$ (i), $Dg(\bar{x}, \bar{y})^*(\bar{u} - g(\bar{x}, \bar{y})) = 0$ 与 $\Pi_K(g(\bar{x}, \bar{y})) = \bar{u}$ 推出 $(\bar{x}, \bar{y}, \bar{u})$ 满足问题 (5.57) 的约束. 由下述问题的最优性条件

$$(\bar{x}, \bar{y}, \bar{u}) \in \text{Arg} \min_{x \in X} \max_{y \in \mathbb{R}^m, u \in K} l_r(x, y, u, \bar{\lambda}),$$

可得对 $\bar{s} = g(\bar{x}, \bar{y}) - \bar{u}$,

$$0 \in \nabla_x f(\bar{x}, \bar{y}) + D_x g(\bar{x}, \bar{y})^*(\bar{\lambda} - r\bar{s}) + N_X(\bar{x}),$$
$$0 = \nabla_y f(\bar{x}, \bar{y}) + D_y g(\bar{x}, \bar{y})^*(\bar{\lambda} - r\bar{s}),$$
$$-(\bar{\lambda} - r\bar{s}) \in N_K(\bar{u}),$$

这恰好是问题 (5.57) 在 $(\bar{x}, \bar{y}, \bar{u}, \bar{\lambda} - r\bar{s})$ 处的最优性条件, 而 $(\bar{x}, \bar{y}, \bar{u})$ 是问题 (5.57) 的一个最优解. ■

现在给出求解问题 (5.16) 的增广 Lagrange 方法, 记为算法 3.

定义

$$s^k = g(x^k, y^k) - u^k. \tag{5.64}$$

则根据引理 5.3 知

$$s^{k+1} \in \partial \theta(\lambda^{k+1}) \quad \text{与} \quad \lambda^{k+1} = P_{r_k \theta}(\lambda^k). \tag{5.65}$$

算法 3 增广 Lagrange 方法

选取 $\lambda^0 \in K^*$ 与 $r_0 > 0$. 置 $k := 0$.

while 终止准则不成立 **do**

　　1. 求解问题

$$\min_{x \in X} \max_{y \in \mathbb{R}^m, u \in K} l_{r_k}(x, y, u, \lambda^k),$$

　　得到的解记为 $(x^{k+1}, y^{k+1}, u^{k+1})$.

　　2. 更新乘子

$$\lambda^{k+1} = \lambda^k - r_k(g(x^{k+1}, y^{k+1}) - u^{k+1}).$$

　　3. 选择新的惩罚参数 $r_{k+1} \geqslant r_k$.

　　置 $k := k + 1$.

现在给出最小约束违背极小极大优化问题的增广 Lagrange 方法收敛性的主要结果之一. 该结果表明, 增广 Lagrange 方法生成的平移序列收敛到最小违背平移.

定理 5.2　设 θ 是正常的下半连续凸函数. 设 $\bar{s} \neq 0$, $\mathrm{Val}\,(\mathrm{P}(\bar{s})) \in \mathbb{R}$, $-\nu$ 在 $\bar{s}$ 处是下半连续的, $\mathrm{Sol}\,(\mathrm{D}(\bar{s})) \neq \varnothing$. 设 $\{(x^k, y^k, u^k, \lambda^k)\}$ 是由增广 Lagrange 方法生成的序列. 那么

　　(i) 序列 $\{\|s^k\|\}$ 是非增的;

　　(ii) 序列 $\{\mathrm{dist}\,(\lambda^k, \mathrm{Sol}\,(\mathrm{D}(\bar{s})))\}$ 是非增的;

　　(iii) 如果 $r_k \geqslant \underline{r}$, 其中 $\underline{r} > 0$ 是一常数, 那么 $s^k \to \bar{s}$.

证明　(i) 注意 $s^k \in \partial\theta(\lambda^k)$, $s^{k+1} \in \partial\theta(\lambda^{k+1})$ 与

$$s^{k+1} = g(x^{k+1}, y^{k+1}) - u^{k+1} = \frac{1}{r_k}[\lambda^k - \lambda^{k+1}],$$

可得

$$
\begin{aligned}
\|s^k\|^2 &= \|(s^k - s^{k+1}) + s^{k+1}\|^2 \\
&= \|s^k - s^{k+1}\|^2 + 2\langle s^k - s^{k+1}, s^{k+1} \rangle + \|s^{k+1}\|^2 \\
&= \|s^k - s^{k+1}\|^2 + \frac{2}{r_k}\langle s^k - s^{k+1}, \lambda^k - \lambda^{k+1} \rangle + \|s^{k+1}\|^2 \\
&\geqslant \|s^{k+1}\|^2.
\end{aligned}
$$

这里用到了由 $\partial\theta$ 的单调性得到下述不等式

$$\frac{2}{r_k}\langle s^k - s^{k+1}, \lambda^k - \lambda^{k+1} \rangle \geqslant 0.$$

于是得到 (i).

(ii) 根据引理 5.3, 得到 $\lambda^{k+1} = P_{r_k\theta}(\lambda^k)$. 应用命题 5.10 (iii), 即得 (ii).

(iii) 由命题 5.8, 如果 $\mathrm{Sol}\,(\mathrm{D}(\bar{s})) \neq \varnothing$, 那么 $-\bar{s} \in \mathrm{Sol}\,(\mathrm{D}(\bar{s}))^\infty$. 定义集合 $\mathrm{Sol}\,(\mathrm{D}(\bar{s}))$ 中的序列:

$$u^0 \in \mathrm{Sol}\,(\mathrm{D}(\bar{s})) \quad \text{与} \quad u^{k+1} = u^k - r_k\bar{s} \quad (\forall k \geqslant 0).$$

那么有 $\{u^k\} \subset \mathrm{Sol}\,(\mathrm{D}(\bar{s}))$. 因为 $\lambda^{k+1} = \lambda^k - r_k s^{k+1}$ (由增广 Lagrange 方法), 可得

$$\lambda^k - u^k = \lambda^{k+1} - u^{k+1} + r_k(s^{k+1} - \bar{s}). \tag{5.66}$$

由命题 5.7 (ii), $s^{k+1} \in \partial\theta(\lambda^{k+1})$ 与 $\bar{s} \in \partial\theta(u^{k+1})$, 从而由 $\partial\theta$ 的单调性知,

$$\langle s^{k+1} - \bar{s}, \lambda^{k+1} - u^{k+1} \rangle \geqslant 0.$$

因此, 在 (5.66) 的两边取范数平方并忽略右端的一项 $\langle s^{k+1} - \bar{s}, \lambda^{k+1} - u^{k+1} \rangle$, 可推出

$$\|\lambda^k - u^k\|^2 \geqslant \|\lambda^{k+1} - u^{k+1}\|^2 + r_k^2\|s^{k+1} - \bar{s}\|^2. \tag{5.67}$$

这表明非负序列 $\{\|\lambda^k - u^k\|\}$ 是不增的, 因此是收敛的. 故由 (5.67) 知, $r_k^2\|s^{k+1} - \bar{s}\|^2$ 收敛到零. 因为 $r_k \geqslant \underline{r}$, 其中 $\underline{r} > 0$ 是某一常数, 得到 $s^k \to \bar{s}$. ∎

上述定理表明, 增广 Lagrange 方法的一个重要特征是它生成的平移序列收敛到 l_2-范数最小违背的平移. 进一步地, 它生成的乘子序列到问题 $(\mathrm{D}(\bar{s}))$ 的解集的距离是递减的.

下述结果表明, 如果最小违背平移 $\bar{s}$ 非零, 那么增广 Lagrange 方法生成的乘子序列是发散的.

推论 5.2 设 θ 是正常的下半连续凸函数. 设 $\bar{s} \neq 0$, $\mathrm{Val}\,(\mathrm{P}(\bar{s})) \in \mathbb{R}$, $-\nu$ 在 $\bar{s}$ 处是下半连续的, $\mathrm{Sol}\,(\mathrm{D}(\bar{s})) \neq \varnothing$. 设 $\{(x^k, y^k, u^k, \lambda^k)\}$ 由增广 Lagrange 方法生成, 其中 $r_k \geqslant \underline{r}$, $\underline{r} > 0$ 是某一常数, 则 $\{\lambda^k\}$ 是发散的.

证明 注意

$$\|\lambda^{k+1} - \lambda^k\| = \|-r_k s^{k+1}\| \geqslant \underline{r}\|s^{k+1}\| \to \underline{r}\|\bar{s}\| > 0,$$

故 $\{\lambda^k\}$ 是发散的. ∎

下面利用集合列的外极限 (见定义 1.9) 来定义序列 $\{(x^k, y^k, u^k)\}$ 的聚点集:

$$\omega = \limsup_{k\to\infty}\{(x^k, y^k, u^k)\}.$$

命题 5.11　设 θ 是一正常的下半连续的凸函数. 设 $\bar{s} \neq 0$, $\mathrm{Val}\,(\mathrm{P}(\bar{s})) \in \mathbb{R}$, $-\nu$ 在 $\bar{s}$ 处是下半连续的, 且 $\mathrm{Sol}\,(\mathrm{D}(\bar{s})) \neq \varnothing$. 设 $\omega \neq \varnothing$. 那么对任何 $(\bar{x}, \bar{y}, \bar{u}) \in \omega$,

$$\mathrm{D}g(\bar{x}, \bar{y})^*(g(x^k, y^k) - u^k) \to 0 \quad \text{与} \quad \Pi_K(g(x^k, y^k)) - u^k \to 0. \tag{5.68}$$

证明　对任意的 $(\bar{x}, \bar{y}, \bar{u}) \in \omega$, 存在子序列 $N \subset \mathbf{N}$ 满足 $(x^k, y^k, u^k) \xrightarrow{N} (\bar{x}, \bar{y}, \bar{u})$. 因为 $r_k \geqslant \underline{r}$, 根据定理 5.2, $s^k = g(x^k, y^k) - u^k \to \bar{s}$, 可得 $g(\bar{x}, \bar{y}) - \bar{u} = \bar{s}$, $\bar{u} \in K$ 与

$$\bar{s} \in \mathrm{Arg}\,\min\left\{\frac{1}{2}\|s\|^2 : s \in \mathcal{S}\right\}.$$

由引理 5.4 中 (i) 与 (ii) 的等价性,

$$\mathrm{D}g(\bar{x}, \bar{y})^*\bar{s} = 0, \quad \Pi_K(g(\bar{x}, \bar{y})) - \bar{u} = 0. \tag{5.69}$$

根据 (5.69), 易得 $\mathrm{D}g(\bar{x}, \bar{y})^*(g(x^k, y^k) - u^k) \to 0$, 即 (5.68) 的第一性质成立.

定义

$$\tilde{u}^k = \Pi_K(g(x^k, y^k)).$$

由投影的性质, 得

$$\langle \tilde{u}^k - g(x^k, y^k), u - \tilde{u}^k \rangle \geqslant 0, \quad \forall u \in K.$$

在上述不等式中取 $u = u^k \in K$, 可得

$$\langle \tilde{u}^k - g(x^k, y^k), u^k - \tilde{u}^k \rangle \geqslant 0. \tag{5.70}$$

注意 $\bar{s} \in \Pi_{\mathcal{S}}(0)$ 被刻画为

$$\langle \bar{s}, s - \bar{s} \rangle \geqslant 0, \quad \forall s \in \mathcal{S}.$$

取 $s = -\tilde{u}^k + u^k + s^k = g(x^k, y^k) - \tilde{u}^k \in \mathcal{S}$, 得到

$$\langle \bar{s}, -\tilde{u}^k + u^k + s^k - \bar{s} \rangle \geqslant 0. \tag{5.71}$$

将 (5.70) 与 (5.71) 相加, 即得到

$$\langle \bar{s} + \tilde{u}^k - g(x^k, y^k), u^k - \tilde{u}^k \rangle + \langle \bar{s}, s^k - \bar{s} \rangle \geqslant 0.$$

利用 $s^k = g(x^k, y^k) - u^k$ 与 Cauchy-Schwarz 不等式,

$$\|\tilde{u}^k - u^k\|^2 \leqslant \|\tilde{u}^k - u^k\|^2 + \langle \bar{s} + \tilde{u}^k - u^k - s^k, u^k - \tilde{u}^k \rangle + \langle \bar{s}, s^k - \bar{s} \rangle$$

$$= \langle \bar{s} - s^k, u^k - \tilde{u}^k \rangle + \langle \bar{s}, s^k - \bar{s} \rangle$$

$$\leqslant \|\bar{s} - s^k\| \|u^k - \tilde{u}^k\| + \|\bar{s}\| \|s^k - \bar{s}\|.$$

因为 $s^k \to \bar{s}$, 上述不等式推出存在一常数 $\beta > 0$, 对充分大的 k 满足

$$\|\tilde{u}^k - u^k\| \leqslant \beta \|s^k - \bar{s}\|^{1/2}.$$

由此推出性质 $\Pi_K(g(x^k, y^k)) - u^k \to 0$. ■

下面叙述本章另一个主要结果. 它表明, 增广 Lagrange 方法生成的序列满足最小约束违背极小极大优化问题的近似的最优条件.

定理 5.3　考虑问题 (5.16) 的增广 Lagrange 方法. 设 θ 是正常的下半连续凸函数. 设 $\bar{s} \neq 0$, $\mathrm{Val}\,(\mathrm{P}(\bar{s})) \in \mathbb{R}$, $-\nu$ 在 $\bar{s}$ 处是下半连续的, 且 $\mathrm{Sol}\,(\mathrm{D}(\bar{s})) \neq \varnothing$. 设 $\omega \neq \varnothing$. 则对任意的 $\varepsilon > 0$, 存在子序列 $N \subset \mathbf{N}$ 满足

$$(x^k, y^k, u^k) \in \mathrm{Arg}\min l_{r_{k-1}}(x, y, u, \lambda^{k-1}), \tag{5.72}$$

且对任意 $k \in N$,

$$\|\mathrm{D}g(x^k, y^k)^*(g(x^k, y^k) - u^k)\| \leqslant \varepsilon \quad 与 \quad \|\Pi_K(g(x^k, y^k)) - u^k\| \leqslant \varepsilon. \tag{5.73}$$

证明　由在增广 Lagrange 方法中序列 (x^k, y^k, u^k) 的定义可得性质 (5.72). 性质 (5.73) 由命题 5.11 得到. ■

(5.73) 中的不等式表明, 序列 $\{(x^k, y^k, u^k)\}$ 近似满足 (5.58) 中的最后两个等式. 基于这一观察, 可知增广 Lagrange 方法近似求解最小约束违背的极小极大优化问题. 下面讨论增广 Lagrange 方法的线性收敛率. 为此, 需要下述的误差界假设.

假设 5.1　考虑问题 (5.18). 对任意 $s \in \mathcal{S}$, 该问题有解存在, 且对任意 $\varepsilon > 0$, 存在 $L_\varepsilon > 0$, 满足

$$\forall \lambda \in \mathrm{Sol}\,(D(\bar{s})) + \varepsilon \mathbf{B}, \ \forall \tilde{s} \in \partial \theta_{\bar{s}}(\lambda) : \mathrm{dist}\,(\lambda, \mathrm{Sol}\,(D(\bar{s}))) \leqslant L_\varepsilon \|\tilde{s}\|. \tag{5.74}$$

假设 5.1 恰好是 Luque[39] 中的误差界条件, 这一条件在邻近点方法的收敛速度证明中起着关键性作用.

现在给出当参数 r_k 充分大时的收敛速度结果. 该结果依赖于误差界假设 5.1.

引理 5.5　设假设条件 5.1 成立. 则对任何 $\delta > 0$, 存在 $L > 0$, 满足条件 $\mathrm{dist}\,(\lambda^0, \mathrm{Sol}\,(D(\bar{s}))) < \delta$ 意味着

$$\forall k > 1 : \mathrm{dist}\,(\lambda^k, \mathrm{Sol}\,(D(\bar{s}))) \leqslant L \|s^k - \bar{s}\|. \tag{5.75}$$

尤其, 当 r_k 大于某个固定的正数时有 $\mathrm{dist}\,(\lambda^k, \mathrm{Sol}\,(D(\bar{s}))) \to 0$.

证明 根据假设 5.1, 对任意的 $\varepsilon > 0$, 存在 $L_\varepsilon > 0$, 满足

$$\forall \lambda \in \mathrm{Sol}\,(D(\bar s)) + \varepsilon \mathbf{B}, \forall \tilde s \in \partial \theta_{\bar s}(\lambda) : \mathrm{dist}\,(\lambda, \mathrm{Sol}\,(D(\bar s))) \leqslant L_\varepsilon \|\tilde s\|. \tag{5.76}$$

设 $\delta > 0$, $L = L_\delta$ 是由 (5.76) 给出的常数. 现设 $\mathrm{dist}\,(\lambda^0, \mathrm{Sol}\,(D(\bar s))) \leqslant \delta$. 则由命题 5.2(ii) 知, $\mathrm{dist}\,(\lambda^k, \mathrm{Sol}\,(D(\bar s))) \leqslant \delta$ 对所有的 $k > 0$ 成立. 这可写成 $\lambda^k \in \mathrm{Sol}\,(D(\bar s)) + \delta \mathbf{B}$. 设 $k \geqslant 1$. 注意 $\partial \theta_{\bar s}(\lambda) = \partial \theta(\lambda) - \bar s$, 其中 $s^k \in \partial \theta(\lambda^k)$, 则有 $s^k - \bar s \in \partial \theta_{\bar s}(\lambda^k)$. 故在 (5.76) 中取 $\lambda = \lambda^k$ 与 $\tilde s = s^k - \bar s$, 便得到 (5.75). 利用命题 5.2(iii) 和 (5.75), 可得 $\mathrm{dist}\,(\lambda^k, \mathrm{Sol}\,(D(\bar s))) \to 0$. ■

下述定理给出求解最小约束违背的极小极大优化问题的增广 Lagrange 方法的线性收敛率.

定理 5.4 (线性收敛率) 设假设条件 5.1 成立. 则对任意的 $\delta > 0$, 存在 $L > 0$, 满足

$$\|s^{k+1} - \bar s\| \leqslant \frac{L}{r_k} \|s^k - \bar s\|, \quad \forall k \geqslant 1 \tag{5.77}$$

与

$$\mathrm{dist}\,(\lambda^{k+1}, \mathrm{Sol}\,(D(\bar s))) \leqslant \min\left(\frac{L}{r_k}, 1\right) \mathrm{dist}\,(\lambda^k, \mathrm{Sol}\,(D(\bar s))), \quad \forall k \geqslant 0. \tag{5.78}$$

证明 设 $k \geqslant 0$, 考虑任意的 $\tilde \lambda \in \mathrm{Sol}\,(D(\bar s))$. 那么 $0 \in \partial \theta_{\bar s}(\tilde \lambda)$. 由 $\lambda^{k+1} \in \partial \theta(s^{k+1})$, 可得 $s^{k+1} - \bar s \in \partial \theta(\lambda^{k+1}) - \bar s = \partial \theta_{\bar s}(\lambda^{k+1})$. 由集值映射 $\partial \theta_{\bar s}$ 的单调性可推出

$$\langle s^{k+1} - \bar s, \lambda^{k+1} - \tilde \lambda \rangle \geqslant 0. \tag{5.79}$$

另一方面, 从下述恒等式

$$\lambda^{k+1} = \lambda^k - r_k(g(x^{k+1}, y^{k+1}) - u^{k+1}) = \lambda^k - r_k s^{k+1}$$

的两边减掉 $\tilde \lambda + r_k \bar s$, 同时引入 $\tilde \lambda^k := \lambda^k - r_k \bar s$, 可得

$$\lambda^{k+1} - \tilde \lambda + r_k(s^{k+1} - \bar s) = \tilde \lambda^k - \tilde \lambda.$$

在这一恒等式两边取范数的平方, 用 (5.79) 和 $r_k > 0$, 并忽略掉项 $\|\lambda^{k+1} - \tilde \lambda\|^2$, 可得到

$$\|s^{k+1} - \bar s\| \leqslant \frac{1}{r_k} \|\tilde \lambda^k - \tilde \lambda\|.$$

因为 $\tilde \lambda$ 是 $\mathrm{Sol}\,(D(\bar s))$ 中的任意元素, 有

$$\|s^{k+1} - \bar s\| \leqslant \frac{1}{r_k} \mathrm{dist}\,(\tilde \lambda^k, \mathrm{Sol}\,(D(\bar s))).$$

由表达式 $\tilde{\lambda}^k = \lambda^k - r_k\bar{s}$ 与命题 5.10 (i) 可得

$$\|s^{k+1} - \bar{s}\| \leqslant \frac{1}{r_k}\operatorname{dist}(\lambda^k, \operatorname{Sol}(D(\bar{s}))), \quad \forall k \geqslant 0. \tag{5.80}$$

设 $k \geqslant 1$ 并用 (5.80) 中的 (5.75), 可得 (5.77). 另一方面, 始于 (5.75), 用 (5.80), 得到

$$\operatorname{dist}(\lambda^{k+1}, \operatorname{Sol}(D(\bar{s}))) \leqslant L\|s^{k+1} - \bar{s}\| \leqslant \frac{L}{r_k}(\lambda^k, \operatorname{Sol}(D(\bar{s}))),$$

结合定理 5.2 (ii), 推出 (5.78). ∎

第 6 章 最小约束违背非凸约束规划

本章研究基于不可行性度量的最小约束违背数学规划问题 (即约束表示为等式和不等式的优化问题), 侧重从互补约束优化模型的角度进行分析. 主要结果总结如下.

• 对约束不相容的非线性规划问题建立了最小约束违背优化模型. 如果约束是相容的, 那么模型简化为原始问题. 当凸的非线性规划问题中的约束不相容时, 该模型可被重新表述为 MPCC 问题. 当非线性规划问题中的非凸约束不相容时, 松弛模型也被表述为 MPCC 问题.

• 对于凸约束优化问题, 证明了最小约束违背的优化模型的等价 MPCC 模型的 M-稳定性. 重要的是, 依据 Lipschitz 连续优化的最优性理论, 提出了所谓的 L-稳定点的概念. 对于不相容的非凸约束的非线性规划问题, 为松弛后的等价的 MPCC 问题建立了 M-稳定条件和 L-稳定性质.

• 将经典的惩罚方法从可行的非凸约束规划拓广到了不可行的非凸约束规划.

• 构造了光滑的 Fischer-Burmeister 函数方法用于求解凸的最小约束违背的非线性规划问题的等价的 MPCC 问题, 以及非凸的最小约束违背的非线性规划问题的松弛 MPCC 问题, 对这两个 MPCC 问题, 证明了由光滑函数方法生成的序列的任何聚点都是 L-稳定点.

6.1 基于不可行性度量的数学规划模型

考虑如下形式的非线性规划问题

$$
\begin{aligned}
\min \quad & f(x) \\
\text{s.t.} \quad & h(x) = 0, \\
& g(x) \geqslant 0,
\end{aligned}
\tag{6.1}
$$

其中 $f : \mathbb{R}^n \to \mathbb{R}$, $h : \mathbb{R}^n \to \mathbb{R}^q$, $g : \mathbb{R}^n \to \mathbb{R}^p$. 用集合 Φ 记问题 (6.1) 的可行域:

$$
\Phi = \{ x \in \mathbb{R}^n : h(x) = 0, g(x) \geqslant 0 \}.
$$

定义 6.1 函数 $\theta : \mathbb{R}^n \to \mathbb{R}$ 称为约束 $(h(x), g(x)) \in \{0_q\} \times \mathbb{R}_+^p$ 的不可行度量, 如果存在递增连续函数 $\varrho : \mathbb{R}_+ \to \mathbb{R}_+$ 满足 $\varrho(0) = 0$, 使得

$$
\theta(x) = \varrho \left(\text{dist} \left((h(x), g(x)), \{0_q\} \times \mathbb{R}_+^p \right) \right),
$$

其中

$$\operatorname{dist}\left((h(x),g(x)),\{0_q\}\times\mathbb{R}_+^p\right)=\inf\left\{\|(h(x),y-g(x))\|:y\in\mathbb{R}_+^p\right\}$$

是由 $(h(x),g(x))$ 到 $\{0_q\}\times\mathbb{R}_+^p$ 在 $\mathbb{R}^q\times\mathbb{R}^p$ 的范数 $\|\cdot\|$ 下的距离.

显然, $\theta(x)$ 依赖于函数 $\varrho(\cdot)$ 和范数 $\|\cdot\|$. 本章我们采用 $\varrho(t)=t^2/2$, 范数 $\|\cdot\|$ 采用标准的欧氏范数, 即 l_2-范数.

在上述不可行性度量下, 引入在具有最小约束违背点集上极小化目标函数 $f(x)$ 的数学模型.

定义 6.2 对于约束 $(h(x),g(x))\in\{0_q\}\times\mathbb{R}_+^p$ 的一不可行性度量 $\theta(x)$, 与 θ 相联系的最小约束违背的极小化目标函数 $f(x)$ 的数学模型定义为

$$\begin{cases}\min & f(x)\\ \text{s.t.} & x\in\operatorname*{Arg\,min}_z\theta(z).\end{cases}\tag{6.2}$$

显然, 如果可行域 Φ 非空, 那么 $\min_z\theta(z)=0$, $\operatorname*{Arg\,min}_z\theta(z)=\Phi$, 问题 (6.2) 恰好就是原始问题 (6.1). 因此, 问题 (6.2) 可以被视为原始问题 (6.1) 的拓广.

在定义 6.2 中, 没有阐述 $\operatorname*{Arg\,min}_z\theta(z)$ 的含义, 要看具体情况如何约定. 如果 $\theta(z)$ 是凸函数, 显然这一集合就是全局极小点的集合. 然而, 如果 $\theta(z)$ 是非凸的 (比如问题是可行的, 当 Φ 是非凸时就是这一情形), $\operatorname*{Arg\,min}_z\theta(z)$ 可以理解为局部极小点集, 甚至是稳定点集. 在非凸优化的情形, 不可行性的检测是非常难的问题.

事实上, 对于非凸问题, 不可行检测具有全局优化中固有的许多困难, 因为即使算法识别了在局部最小化意义下的最小约束违背的可行点, 决策变量在其他区域也可能存在可行点.

现在给出一个简单的例子用于解释上述概念. 考虑下述简单的二次规划问题

$$\begin{aligned}\min\quad & x_1^2+x_2^2\\ \text{s.t.}\quad & x_1+x_2-1\leqslant 0,\\ & -x_1-x_2+2\leqslant 0.\end{aligned}$$

容易验证, 上述问题的可行域是空集. 考虑在最小约束违背点集上的极小化问题. 可以视约束的最小违背为下述问题的最优值

$$\begin{aligned}\min\quad & \frac{1}{2}(y_1^2+y_2^2)\\ \text{s.t.}\quad & x_1+x_2-1+y_1\leqslant 0,\\ & -x_1-x_2+2+y_2\leqslant 0.\end{aligned}\tag{6.3}$$

那么具有最小约束违背的点集由下式给出

$$S = \{x : (x, y) \text{ 求解问题 (6.3)}\}.$$

不难得到

$$S = \left\{ (x_1, x_2) : x_1 + x_2 - \frac{3}{2} = 0 \right\}.$$

因此目标函数在最小约束违背点集上的极小点是 $(3/4, 3/4)$. 不难验证 $\varrho(t) = \frac{1}{2} t^2$, $t \geqslant 0$ 且

$$\theta(x) = \frac{1}{2} \left\{ [x_1 + x_2 - 1]_+^2 + [-x_1 - x_2 + 2]_+^2 \right\}$$

是定义 6.1 中的不可行性度量, 同时

$$\underset{x}{\text{Arg min}}\, \theta(x) = S.$$

一个容易想到的求解最小约束违背极小化问题的方法是惩罚方法. 定义罚函数如下

$$P_c(x) = x_1^2 + x_2^2 + c \left\{ [x_1 + x_2 - 1]_+^2 + [-x_1 - x_2 + 2]_+^2 \right\},$$

其中 $[t]_+ = \max\{0, t\}$, $t \in \mathbb{R}$. 显然 P_c 是光滑凸函数,

$$\nabla P_c(x_1, x_2) = \left[\begin{array}{c} 2x_1 + 2c \left\{ [x_1 + x_2 - 1]_+ - [-x_1 - x_2 + 2]_+ \right\} \\ 2x_2 + 2c \left\{ [x_1 + x_2 - 1]_+ - [-x_1 - x_2 + 2]_+ \right\} \end{array} \right].$$

通过求解 $\nabla P_c(x) = 0$, 得到 $P_c(x)$ 的极小点是

$$x^*(c) = \left(\frac{3c}{1 + 4c}, \frac{3c}{1 + 4c} \right)^{\mathrm{T}}.$$

因此得到

$$\lim_{c \to \infty} x^*(c) = \left(\frac{3}{4}, \frac{3}{4} \right)^{\mathrm{T}},$$

即 P_c 的极小点收敛到最优解. 这个例子给出了惩罚方法的一个直觉, 本章将讨论求解问题 (6.2) 一近似解的罚函数方法. 另一方面, 从上面的例子看出, 对于有限

$c > 0$, 问题 P_c 的最小值点从不与最优解相同. 因此, 寻找一种不同于惩罚方法的方法来解决具有最小违反约束的点集上的最小化优化问题具有重要意义. 本章将提出一个寻找问题 (6.2) 的稳定点的光滑函数方法.

本章其余部分组织如下. 在 6.2 节中, 对于 $\varrho(t) = t^2/2$ 和 $\|\cdot\|$ 作为标准欧氏范数, 重新表述了一般非线性规划问题的最小约束违背最小化问题. 对于具有可能不相容约束的非线性规划, 证明了与最小约束违背集上的最小化问题相关联的 MPCC 问题的局部极小点的 M-稳定性. 尤其, 从 Lipschitz 连续优化的经典最优性理论出发, 建立了一个简洁的必要最优性条件, 称为 L-稳定条件. 6.3 节将解释惩罚方法可以找到问题 (6.2) 的近似解, 并给出求解惩罚问题的邻近点方法. 6.4 节提出了光滑 Fischer-Burmeister 函数方法, 用于求解与最小约束违背集上的优化问题相关的 MPCC 问题, 证明了当正的光滑参数趋于 0 时, KKT 点映射的外极限中的任何点都是 MPCC 问题的 L-稳定点.

6.2 必要性最优性条件

6.2.1 数学模型

对 $\varrho(t) = \dfrac{1}{2}t^2$, $t \geqslant 0$, 约束的最小违背定义为下述问题的最优值

$$
\begin{aligned}
\min \quad & \frac{1}{2}\|(h(x), y)\|^2 \\
\text{s.t.} \quad & g(x) + y \geqslant 0_p.
\end{aligned} \tag{6.4}
$$

最小约束违背的点集定义为

$$
S = \big\{ x : (x, y) \text{ 求解问题 } (6.4) \big\}.
$$

在 S 上极小化 f 的问题是

$$
\begin{aligned}
\min \quad & f(x) \\
\text{s.t.} \quad & (x, y) \text{ 求解} \\
& \begin{cases}
\min\limits_{w,z} \quad \frac{1}{2}[\|h(w)\|^2 + \|z\|^2] \\
\text{s.t.} \quad g(w) + z \geqslant 0.
\end{cases}
\end{aligned} \tag{6.5}
$$

用 $(\mathrm{P_L})$ 记问题 (6.5) 的下层问题, 即

$$
(\mathrm{P_L}) \qquad\qquad
\begin{aligned}
\min\limits_{w,z} \quad & \frac{1}{2}[\|h(w)\|^2 + \|z\|^2] \\
\text{s.t.} \quad & g(w) + z \geqslant 0.
\end{aligned}
$$

利用与 $\varrho(t)$ 的联系, 有

$$\theta(w) = \frac{1}{2}\|h(w)\|^2 + \min_z\left\{\frac{1}{2}\|z\|^2 : g(w) + z \geqslant 0\right\} = \frac{1}{2}\left[\|h(w)\|^2 + \|[g(w)]_-\|^2\right],$$

其中 $[z]_- = ([z_1]_-, \cdots, [z_p]_-)^{\mathrm{T}}$, $z \in \mathbb{R}^p$, 其中 $[t]_- = \min\{0, t\}$, $t \in \mathbb{R}$. 容易验证, $\theta(w)$ 是问题 (6.1) 的一不可行性度量. 问题 $(\mathrm{P_L})$ 的最优解可表示为

$$\mathrm{Arg\,min}\,(\mathrm{P_L}) = \mathrm{Arg}\min_x \theta(x) = \mathrm{Arg}\min_x \frac{1}{2}\left[\|h(x)\|^2 + \|[g(x)]_-\|^2\right].$$

所以, 问题 (6.5) 可等价地表示为

$$\begin{aligned} \min \quad & f(x) \\ \mathrm{s.\,t.} \quad & x \in \mathrm{Arg}\min_w \frac{1}{2}\left[\|h(w)\|^2 + \|[g(w)]_-\|^2\right]. \end{aligned} \tag{6.6}$$

容易验证, 如果 h 和 g 是可微的, $\theta(x)$ 是可微的, 且满足

$$\nabla\theta(x) = \mathcal{J}h(x)^{\mathrm{T}}h(x) + \mathcal{J}g(x)^{\mathrm{T}}[g(x)]_-. \tag{6.7}$$

注记 6.1　尽管问题 (6.5) 是一个双层优化问题, 但下层问题 $\mathrm{P_L}$ 有显式解, 故可将双层优化问题简化为带有一个 Lipschitz 连续的等式约束的单层优化问题.

以下两个小节分别讨论最小约束违背的非线性凸规划问题和最小约束违背的非线性非凸规划问题. 这两个问题的讨论均从模型 (6.6) 出发, 并利用公式 (6.7).

6.2.2　最小约束违背非线性凸规划

本小节考虑下述凸的非线性规划问题

$$\begin{aligned} \min \quad & f(x) \\ \mathrm{s.\,t.} \quad & Ax - b = 0, \\ & g(x) \geqslant 0, \end{aligned} \tag{6.8}$$

其中 f 是一光滑的凸函数, $A \in \mathbb{R}^{q \times n}$, $b \in \mathbb{R}^q$, 且每一 g_i $(i = 1, \cdots, p)$ 都是凹的光滑函数. 此种情形下, 函数 $\theta(x)$ 是凸函数, 从而问题 (6.6) 是凸优化问题, 可被简化为

$$\begin{aligned} \min \quad & f(x) \\ \mathrm{s.\,t.} \quad & A^{\mathrm{T}}(Ax - b) + \mathcal{J}g(x)^{\mathrm{T}}[g(x)]_- = 0. \end{aligned} \tag{6.9}$$

尽管问题 (6.9) 是一个凸优化问题, 其约束处理并不容易, 因为这些约束是非光滑的等式, 需要将约束转化为光滑约束, 构造数值算法. 通过引入辅助向量 $y \in \mathbb{R}^p$, 可将 (6.9) 中的约束表示为

$$A^{\mathrm{T}}(Ax - b) - \mathcal{J}g(x)^{\mathrm{T}}y = 0,$$
$$0 \leqslant y \perp g(x) + y \geqslant 0.$$

定义 $z = g(x) + y$, 上述系统可以表示为

$$F(x, y, z) = 0, \quad (y, z) \in \Omega,$$

其中

$$F(x, y, z) = \begin{bmatrix} A^{\mathrm{T}}(Ax - b) - \mathcal{J}g(x)^{\mathrm{T}}y \\ g(x) + y - z \end{bmatrix} \quad \text{与}$$

$$\Omega = \{(y, z) \in \mathbb{R}^p \times \mathbb{R}^p : 0 \leqslant y \perp z \geqslant 0\}. \tag{6.10}$$

因此, 问题 (6.6) 等价地表示为

$$\begin{aligned} \min \quad & f(x) \\ \text{s.t.} \quad & F(x, y, z) = 0, \\ & (y, z) \in \Omega. \end{aligned} \tag{6.11}$$

映射 F 在 (x, y, z) 的 Jacobian 具有形式

$$\mathcal{J}F(x, y, z) = \begin{bmatrix} A^{\mathrm{T}}A - \sum_{j=1}^{p} y_j \nabla^2 g_j(x) & -\mathcal{J}g(x)^{\mathrm{T}} & 0 \\ \mathcal{J}g(x) & I_p & -I_p \end{bmatrix}. \tag{6.12}$$

用 Φ 记问题 (6.11) 的可行域, 即

$$\Phi = \{(x, y, z) \in \mathbb{R}^n \times \Omega : F(x, y, z) = 0\}.$$

那么问题 (6.11) 可被简化为如下的 MPCC 问题

$$\min f(x) \quad \text{s.t.} (x, y, z) \in \Phi. \tag{6.13}$$

下面给出可行域 Φ 在 $(x, y, z) \in \Phi$ 处的切锥、正则法锥和法锥, 它们在推导问题 (6.13) 的 S-稳定条件和 M-稳定条件时起到重要的作用.

我们分别记 $T_\Phi(x,y,z)$, $\widehat{N}_\Phi(x,y,z)$ 和 $N_\Phi(x,y,z)$ 为集合 Φ 在 (x,y,z) 处的切锥、正则法锥和法锥. 根据 (1.63) 知,

$$T_\Phi(x,y,z) = \left\{ (d_x,d_y,d_z) : \begin{array}{l} \exists t_k \searrow 0, \exists (d_x^k, d_y^k, d_z^k) \to (d_x, d_y, d_z) \\ \text{满足} (x,y,z) + t_k(d_x^k, d_y^k, d_z^k) \in \Phi \end{array} \right\};$$

$$\widehat{N}_\Phi(x,y,z) = \left\{ (v_x,v_y,v_z) : \begin{array}{l} \langle (v_x, v_y, v_z), (x',y',z') - (x,y,z) \rangle \\ \leqslant o(\|(x',y',z') - (x,y,z)\|), (x',y',z') \in \Phi \end{array} \right\};$$

$$N_\Phi(x,y,z) = \left\{ (v_x,v_y,v_z) : \begin{array}{l} \exists (x^k,y^k,z^k) \xrightarrow{\Phi} (x,y,z), \exists (v_x^k, v_y^k, v_z^k) \to (v_x, v_y, v_z) \\ \text{满足} (v_x^k, v_y^k, v_z^k) \in \widehat{N}_\Phi(x^k, y^k, z^k) \end{array} \right\}.$$

定义 $\omega = \{ (\zeta_1, \zeta_2) \in \mathbb{R}_+^2 : \zeta_1\zeta_2 = 0 \}$. 对互补约束的集合 Ω, 有关于集合 Ω 在点 $(\bar{a}, \bar{b}) \in \Omega$ 处变分几何的下述引理.

引理 6.1 [68]　设 $(\bar{a}, \bar{b}) \in \Omega$, 集合 Ω 在 $(\bar{a}, \bar{b})$ 处的切锥、正则法锥和法锥可以分别表示为

$$T_\Omega(\bar{a}, \bar{b}) = \bigotimes_{i=1}^p T_\omega(\bar{a}_i, \bar{b}_i),$$

$$\widehat{N}_\Omega(\bar{a}, \bar{b}) = \bigotimes_{i=1}^p \widehat{N}_\omega(\bar{a}_i, \bar{b}_i) \quad \text{与} \quad N_\Omega(\bar{a}, \bar{b}) = \bigotimes_{i=1}^p N_\omega(\bar{a}_i, \bar{b}_i),$$

其中

$$\bigotimes_{i=1}^p T_\omega(\bar{a}_i, \bar{b}_i) = \left\{ (u,v) \mid (u_i, v_i) \in T_\omega(\bar{a}_i, \bar{b}_i), \ i = 1, \cdots, p \right\},$$

$$\bigotimes_{i=1}^p \widehat{N}_\omega(\bar{a}_i, \bar{b}_i) = \left\{ (u,v) \mid (u_i, v_i) \in \widehat{N}_\omega(\bar{a}_i, \bar{b}_i), \ i = 1, \cdots, p \right\},$$

$$\bigotimes_{i=1}^p N_\omega(\bar{a}_i, \bar{b}_i) = \left\{ (u,v) \mid (u_i, v_i) \in N_\omega(\bar{a}_i, \bar{b}_i), \ i = 1, \cdots, p \right\},$$

$$T_\omega(\bar{a}_i, \bar{b}_i) = \begin{cases} \mathbb{R} \times \{0\}, & a_i > 0, \ b_i = 0, \\ \{0\} \times \mathbb{R}, & a_i = 0, \ b_i > 0, \\ \omega, & a_i = 0, \ b_i = 0, \end{cases}$$

$$\widehat{N}_\omega(\bar{a}_i, \bar{b}_i) = \begin{cases} \{0\} \times \mathbb{R}, & a_i > 0, \ b_i = 0, \\ \mathbb{R} \times \{0\}, & a_i = 0, \ b_i > 0, \\ \mathbb{R}_- \times \mathbb{R}_-, & a_i = 0, \ b_i = 0, \end{cases}$$

$$
N_\omega(\bar{a}_i, \bar{b}_i) = \begin{cases} \{0\} \times \mathbb{R}, & a_i > 0,\ b_i = 0, \\ \mathbb{R} \times \{0\}, & a_i = 0,\ b_i > 0, \\ (\mathbb{R} \times \{0\}) \cup (\{0\} \times \mathbb{R}) \cup (\mathbb{R}_- \times \mathbb{R}_-), & a_i = 0,\ b_i = 0. \end{cases}
$$

为了推导 Φ 在 $(x, y, z) \in \Phi$ 处的切锥、正则法锥和法锥, 需要下述矩阵的非奇异性:

$$
H(x, y) = A^{\mathrm{T}} A - \sum_{j=1}^{p} y_j \nabla^2 g_j(x). \tag{6.14}
$$

矩阵 $H(x, y)$ 的非奇异性等价于由 (6.12) 定义的 Jacobian $\mathcal{J}F(x, y, z)$ 是行满秩的.

对 $(y, z) \in \Omega$, 定义

$$
\alpha = \{i : y_i > 0,\ z_i = 0\}, \quad \beta = \{i : y_i = z_i = 0\}, \quad \gamma = \{i : y_i = 0,\ z_i > 0\}. \tag{6.15}
$$

命题 6.1 设 $(x, y, z) \in \Phi$ 是一个给定的点.

(i) 以下关系式成立

$$
\widehat{N}_\Phi(x, y, z) \supseteq \left\{ \begin{pmatrix} H(x, y)\eta_1 + \mathcal{J}g(x)^{\mathrm{T}}\eta_2 \\ -\mathcal{J}g(x)\eta_1 + \eta_2 + \xi_a \\ -\eta_2 + \xi_b \end{pmatrix} : \begin{array}{l} (\eta_1, \eta_2) \in \mathbb{R}^{n+p} \\ (\xi_a, \xi_b) \in \widehat{N}_\Omega(y, z) \end{array} \right\}. \tag{6.16}
$$

(ii) 如果矩阵 $H(x, y)$ 是非奇异的, 那么

$$
T_\Phi(x, y, z) = \left\{ d \in \mathbb{R}^n \times \mathbb{R}^p \times \mathbb{R}^p : \begin{array}{c} H(x, y)d_x - \mathcal{J}g(x)^{\mathrm{T}}d_y = 0 \\ \mathcal{J}g(x)d_x + d_y - d_z = 0 \\ (d_y, d_z) \in T_\Omega(y, z) \end{array} \right\}. \tag{6.17}
$$

(iii) 如果 $H(x, y) + \mathcal{J}g_\alpha^{\mathrm{T}} \mathcal{J}g_\alpha$ 是正定的, 那么

$$
N_\Phi(x, y, z) \subseteq \left\{ \begin{pmatrix} H(x, y)\eta_1 + \mathcal{J}g(x)^{\mathrm{T}}\eta_2 \\ -\mathcal{J}g(x)\eta_1 + \eta_2 + \xi_a \\ -\eta_2 + \xi_b \end{pmatrix} : \begin{array}{l} (\eta_1, \eta_2) \in \mathbb{R}^{n+p} \\ (\xi_a, \xi_b) \in N_\Omega(y, z) \end{array} \right\}. \tag{6.18}
$$

证明 根据 [58, Theorem 6.14] 可得

$$
\widehat{N}_\Phi(x, y, z) \supseteq \mathcal{J}F(x, y, z)^* (\mathbb{R}^n \times \mathbb{R}^p \times \mathbb{R}^p) + \widehat{N}_{\mathbb{R}^n \times \Omega}(x, y, z),
$$

其中

$$\widehat{N}_{\mathbb{R}^n \times \Omega}(x, y, z) = \{0_n\} \times \widehat{N}_\Omega(y, z).$$

于是得到包含关系 (6.16).

现在证明当 $H(x, y)$ 非奇异时, 公式 (6.17) 成立. 因为由 (6.12) 给出的 Jacobian $\mathcal{J}F(x, y, z)$ 是行满秩的, 现在证明下述等式 (见 [58, 6.7 Exercise], 有类似的结果):

$$T_\Phi(x, y, z) = \{d : (d_y, d_z) \in T_\Omega(y, z) : \mathcal{J}F(x, y, z)d = 0\}. \tag{6.19}$$

容易验证, 左端的集合被包含在右端的集合中, 因此仅需要证明相反的包含关系. 对满足 $(d_y, d_z) \in T_\Omega(y, z)$, $\mathcal{J}F(x, y, z)d = 0$ 的任何 $d = (d_x, d_y, d_z)$, 存在 $d^k = (d_x^k, d_y^k, d_z^k) \to d$ 与 $t_k \searrow 0$ 满足

$$(x, (y, z)) + t_k(d_x^k, (d_y^k, d_z^k)) \in \mathbb{R}^n \times \Omega.$$

根据引理 6.1 知, $[d_y]_i[d_z]_i = 0$, $i = 1, \cdots, p$. 对由 (6.15) 定义的 α, β 与 γ, 定义

$$\beta_a = \{i \in \beta : [d_y]_i > 0, [d_z]_i = 0\},$$
$$\beta_b = \{i \in \beta : [d_y]_i = [d_z]_i = 0\},$$
$$\beta_c = \{i \in \beta : [d_y]_i = 0, [d_z]_i > 0\}$$

与

$$\Gamma_d = \left\{ (y, z) \in \mathbb{R}^p \times \mathbb{R}^p : \begin{array}{l} (y_{\alpha \cup \beta_a}, z_{\alpha \cup \beta_a}) \in \mathbb{R}_+^{|\alpha| + |\beta_a|} \times \{0_{|\alpha| + |\beta_a|}\} \\ (y_{\beta_c \cup \gamma}, z_{\beta_c \cup \gamma}) \in \{0_{|\beta_c| + |\gamma|}\} \times \mathbb{R}_+^{|\beta_c| + |\gamma|} \\ (y_{\beta_b}, z_{\beta_b}) = (0_{|\beta_b|}, 0_{|\beta_b|}) \end{array} \right\}.$$

那么 Γ_d 是一凸集且 $\Gamma_d \subset \Omega$.

因为由 (6.12) 给出的 Jacobian $\mathcal{J}F(x, y, z)$ 是行满秩的, 由 [6, Theorem 2.87] 可得, 存在 (x, y, z) 的一邻域 $\mathcal{V}$ 与一正的常数 κ 满足

$$\text{dist}\left((x', y', z'), [\mathbb{R}^n \times \Gamma_d] \cap F^{-1}(0)\right)$$
$$\leqslant \kappa \left[\|F(x', y', z')\| + \|\Pi_{\mathbb{R}^n \times \Gamma_d}(x', y', z')\|\right], \quad (x', y', z') \in \mathcal{V}.$$

注意对 $(x^k, y^k, z^k) = (x, y, z) + t_k d^k$, 与

$$([y]_{\alpha \cup \beta_a}^k, [z]_{\alpha \cup \beta_a}^k) \in \mathbb{R}_+^{|\alpha| + |\beta_a|} \times \{0_{|\alpha| + |\beta_a|}\},$$
$$([y]_{\beta_c \cup \gamma}^k, [z]_{\beta_c \cup \gamma}^k) \in \{0_{|\beta_c| + |\gamma|}\} \times \mathbb{R}_+^{|\beta_c| + |\gamma|},$$

$$\left([y]_{\beta_b}^k,\ [z]_{\beta_b}^k\right) = \left(t_k[d_y^k]_{\beta_b},\ t_k[d_z^k]_{\beta_b}\right) = o(t_k),$$

可得

$$\text{dist}\left((x,y,z)+t_k d^k,\ \Phi\right)$$
$$= \text{dist}\left((x,y,z)+t_k d^k,\ [\mathbb{R}^n \times \Omega]\cap F^{-1}(0)\right)$$
$$= \text{dist}\left((x,y,z)+t_k d^k,\ [\mathbb{R}^n \times \Gamma_d]\cap F^{-1}(0)\right)$$
$$\leqslant \kappa\left[\left\|(t_k[d_y^k]_{\beta_b},\ t_k[d_z^k]_{\beta_b})\right\| + \left\|F(x^k,y^k,z^k)\right\|\right]$$
$$= \kappa\Bigg\|F(x,y,z) + t_k \mathcal{J}F(x,y,z)d^k$$
$$\qquad + t_k \int_0^1 [\mathcal{J}F((x,y,z)+st_k d^k) - \mathcal{J}F(x,y,z)]\mathrm{d}s d^k\Bigg\|$$
$$\qquad + \kappa\left\|(t_k[d_y^k]_{\beta_b},\ t_k[d_z^k]_{\beta_b})\right\|$$
$$= o(t_k),$$

这意味着 $d \in T_\Phi(x,y,z)$. 故可得到等式 (6.19).

现在证明当 $H(x,y)$ 是正定矩阵时, 公式 (6.18) 成立. 考虑下述条件

$$\begin{pmatrix} H(x,y)\eta_1 + \mathcal{J}g(x)^{\mathrm{T}}\eta_2 \\ -\mathcal{J}g(x)\eta_1 + \eta_2 + \xi_a \\ -\eta_2 + \xi_b \end{pmatrix} = 0, \quad (\xi_a,\xi_b) \in N_\Omega(y,z). \tag{6.20}$$

上述条件意味着

$$\begin{pmatrix} H(x,y)\eta_1 + \mathcal{J}g(x)^{\mathrm{T}}\xi_b \\ -\mathcal{J}g(x)\eta_1 + \xi_a + \xi_b \end{pmatrix} = 0, \quad (\xi_a,\xi_b) \in N_\Omega(y,z).$$

用 η_i^{T} 乘上述关系式第一行的两边, 再利用上述关系式的第二行, 可得

$$\eta_1^{\mathrm{T}} H(x,y)\eta_1 + [\xi_a + \xi_b]^{\mathrm{T}}\xi_b = 0.$$

由此, 依 $H(x,y)$ 的正定性与 $[\xi_a]_i[\xi_b]_i \geqslant 0$, $\forall i = 1,\cdots,p$ 推出 $\eta_1 = 0$ 与 $\xi_b = 0$. 所以, 由 (6.20) 可得 $\eta_1 = 0$, $\eta_2 = 0$ 与 $(\xi_a,\xi_b) = (0,0)$. 因此有 [58, Theorem 6.14] 中的基本约束规范成立, 可得

$$N_\Phi(x,y,z) \subseteq \mathcal{J}F(x,y,z)^{\mathrm{T}}(\mathbb{R}^n \times \mathbb{R}^p \times \mathbb{R}^p) + N_{\mathbb{R}^n \times \Omega}(x,y,z),$$

其中

$$N_{\mathbb{R}^n \times \Omega}(x, y, z) = \{0_n\} \times N_\Omega(y, z).$$

于是得到公式 (6.18). ■

利用上述引理, 容易建立问题 (6.11) 的局部极小点的必要性最优条件. 为此, 定义

$$\alpha^* = \{i : y_i^* > 0 = z_i^*\}, \quad \beta^* = \{i : y_i^* = 0 = z_i^*\}, \quad \gamma^* = \{i : y_i^* = 0 < z_i^*\}.$$

定理 6.1 (*M*-稳定点)　设 (x^*, y^*, z^*) 是问题 (6.11) 的一局部极小点. 设 $H(x^*, y^*)$ 是正定矩阵. 那么存在 $\lambda^* \in \mathbb{R}^n$, $[\xi_a]_{\beta^*}^* \in \mathbb{R}^{|\beta^*|}$ 与 $[\xi_b]_{\beta^*}^* \in \mathbb{R}^{|\beta^*|}$ 满足

$$\left\{[\xi_a]_i^* [\xi_b]_i^* = 0\right\} \quad \text{或} \quad \left\{[\xi_a]_i^* \leqslant 0 \ \text{与} \ [\xi_b]_i^* \leqslant 0\right\}, \quad \forall i \in \beta^*, \tag{6.21}$$

使得

$$\nabla f(x^*) + \left[H(x^*, y^*) + \mathcal{J}g_{\alpha^*}(x^*)^{\mathrm{T}} \mathcal{J}g_{\alpha^*}(x^*)\right] \lambda^* + \mathcal{J}g_{\beta^*}(x^*)^{\mathrm{T}} [\xi_b]_{\beta^*}^* = 0,$$

$$-\mathcal{J}g_{\beta^*}(x^*)\lambda^* + [\xi_a]_{\beta^*}^* + [\xi_b]_{\beta^*}^* = 0. \tag{6.22}$$

证明　根据 [58, Theorem 6.12], 可得

$$0 \in \nabla_{x,y,z} f(x^*) + N_\Phi(x^*, y^*, z^*).$$

由命题 6.1(iii) 可得存在 $(\eta_1^*, \eta_2^*) \in \mathbb{R}^{n+p}$ 与 $(\xi_a^*, \xi_b^*) \in N_\Omega(y^*, z^*)$ 满足

$$\begin{pmatrix} \nabla f(x^*) \\ 0 \\ 0 \end{pmatrix} + \begin{pmatrix} H(x^*, y^*)\eta_1^* + \mathcal{J}g(x^*)^{\mathrm{T}}\eta_2^* \\ -\mathcal{J}g(x^*)\eta_1^* + \eta_2^* + \xi_a^* \\ -\eta_2^* + \xi_b^* \end{pmatrix} = \begin{pmatrix} 0 \\ 0 \\ 0 \end{pmatrix}.$$

这表明

$$\begin{pmatrix} \nabla f(x^*) \\ 0 \end{pmatrix} + \begin{pmatrix} H(x^*, y^*)\eta_1^* + \mathcal{J}g(x^*)^{\mathrm{T}}\xi_b^* \\ -\mathcal{J}g(x^*)\eta_1^* + \xi_a^* + \xi_b^* \end{pmatrix} = \begin{pmatrix} 0 \\ 0 \end{pmatrix}.$$

因为 $[\xi_b^*]_{\gamma^*} = 0$ 与 $[\xi_b^*]_{\alpha^*} = 0$, 由上述等式的第二行可得 $[\xi_b^*]_{\alpha^*} = \mathcal{J}g_{\alpha^*}(x^*)\eta_1^*$. 再利用上述等式的第一行, 可得

$$\nabla f(x^*) + H(x^*, y^*)\eta_1^* + \mathcal{J}g_{\alpha^*}(x^*)^{\mathrm{T}} \mathcal{J}g_{\alpha^*}(x^*)\eta_1^* + \mathcal{J}g_{\beta^*}(x^*)^{\mathrm{T}}[\xi_b^*]_{\beta^*} = 0.$$

记 $\eta_1^* = \lambda^*$, 便得 (6.22), 其中 $[\xi_a]_{\beta^*}^* \in \mathbb{R}^{|\beta^*|}$ 与 $[\xi_b]_{\beta^*}^* \in \mathbb{R}^{|\beta^*|}$ 满足 (6.21). ∎

定义

$$G(x,y,z) = \begin{bmatrix} A^{\mathrm{T}}(Ax-b) - \mathcal{J}g(x)^{\mathrm{T}}y \\ g(x) + y - z \\ \min\{y,z\} \end{bmatrix}. \tag{6.23}$$

那么问题 (6.11) 可表示为

$$\begin{aligned} \min_{x,y,z} \quad & f(x) \\ \text{s.t.} \quad & G(x,y,z) = 0. \end{aligned} \tag{6.24}$$

注意 G 是一个 Lipschitz 连续的映射, 问题 (6.24) 是一个 Lipschitz 连续的优化问题. 因此, 可用 Clarke[12] 关于 Lipschitz 连续优化的最优性条件. 这导致所谓的 C-稳定点. 称点 (x^*,y^*,z^*) 是一个 C-稳定点, 如果存在 $\lambda^* \in \mathbb{R}^n$, $[\xi_a]_{\beta^*}^* \in \mathbb{R}^{|\beta^*|}$ 与 $[\xi_b]_{\beta^*}^* \in \mathbb{R}^{|\beta^*|}$ 满足

$$[\xi_a]_i^* [\xi_b]_i^* \geqslant 0, \quad \forall i \in \beta^*, \tag{6.25}$$

使得

$$\nabla f(x^*) + \left[H(x^*,y^*) + \mathcal{J}g_{\alpha^*}(x^*)^{\mathrm{T}}\mathcal{J}g_{\alpha^*}(x^*)\right]\lambda^* + \mathcal{J}g_{\beta^*}(x^*)^{\mathrm{T}}[\xi_b]_{\beta^*}^* = 0,$$

$$-\mathcal{J}g_{\beta^*}(x^*)\lambda^* + [\xi_a]_{\beta^*}^* + [\xi_b]_{\beta^*}^* = 0. \tag{6.26}$$

对问题 (6.24), 下面利用 [59] 中关于 Lipschitz 连续优化的最优性条件, 可以得到比 (6.26) 中的条件更好的结果.

命题 6.2 (Fritz-John 稳定点) *设点 (x^*,y^*,z^*) 是问题 (6.24) 的一个局部极小点, 则存在 $\lambda_0^* \in \mathbb{R}_+$, $\lambda^* \in \mathbb{R}^n$ 与 $[v_b]_{\beta^*} \in \mathbb{R}^{|\beta^*|}$ 满足*

$$[v_b]_i \in [0,1], \quad i \in \beta^*, \tag{6.27}$$

使得

$$\lambda_0^* \nabla f(x^*) + \big[H(x^*,y^*) + \mathcal{J}g_{\alpha^*}(x^*)^{\mathrm{T}}\mathcal{J}g_{\alpha^*}(x^*)$$

$$+ \mathcal{J}g_{\beta^*}(x^*)^{\mathrm{T}}\mathrm{Diag}([v_b]_{\beta^*})\mathcal{J}g_{\beta^*}(x^*)\big]\lambda^* = 0, \tag{6.28}$$

其中 $\mathrm{Diag}(v) = \mathrm{Diag}(v_1, \cdots, v_m)$, $v \in \mathbb{R}^m$.

证明 问题 (6.24) 的广义 Lagrange 函数是

$$L^g(x,y,z,\eta_0,\eta_1,\eta_2,\xi)$$

$$= \eta_0 f(x) + \langle \eta_1, A^{\mathrm{T}}(Ax - b) - \mathcal{J}g(x)^{\mathrm{T}}y \rangle + \langle \eta_2, g(x) + y - z \rangle + \langle \xi, \min\{y, z\} \rangle.$$

根据 [59] 中的 Lipschitz 连续优化的必要性最优条件, 存在非零的向量 $(\eta_0^*, \eta_1^*, \eta_2^*, \eta_3^*, \xi^*)$, $\eta_0^* \geqslant 0$ 满足

$$0 \in \partial_c L\left(x^*, y^*, z^*, \eta_0^*, \eta_1^*, \eta_2^*, \xi^*\right),$$

其中 ∂_c 记 Clarke 的广义 Jacobian. 注意

$$\partial_c \min\left\{[y]^*, [z]^*\right\} = [\mathrm{Diag}(v_a) \quad \mathrm{Diag}(v_b)], \tag{6.29}$$

其中 $v_a \in \mathbb{R}^p$ 与 $v_b \in \mathbb{R}^p$ 满足

$$\begin{aligned}
&[v_a]_i = 0, \quad [v_b]_i = 1, \qquad i \in \alpha^*; \\
&[v_a]_i = 1, \quad [v_b]_i = 0, \qquad i \in \gamma^*; \\
&[v_a]_i = t, \quad [v_b]_i = 1 - t, \quad \text{对某一 } t \in [0,1] \text{ 如果 } i \in \beta^*.
\end{aligned} \tag{6.30}$$

因此, 根据 $0 \in \partial_c L\left(x^*, y^*, z^*, \eta_0^*, \eta_1^*, \eta_2^*, \xi^*\right)$, 存在 $v_a \in \mathbb{R}^p$ 与 $v_b \in \mathbb{R}^p$ 满足 (6.30) 使得

$$\begin{pmatrix} \eta_0^* \nabla f(x^*) + H(x^*, y^*)\eta_1^* + \mathcal{J}g(x^*)^{\mathrm{T}}\eta_2^* \\ -\mathcal{J}g(x^*)\eta_1^* + \eta_2^* + \mathrm{Diag}(v_a)\xi^* \\ -\eta_2^* + \mathrm{Diag}(v_b)\xi^* \end{pmatrix} = 0.$$

这一组等式可以简化为

$$\begin{pmatrix} \eta_0^* \nabla f(x^*) + H(x^*, y^*)\eta_1^* + \mathcal{J}g(x^*)^{\mathrm{T}}\mathrm{Diag}(v_b)\xi^* \\ -\mathcal{J}g(x^*)\eta_1^* + \mathrm{Diag}(v_b)\xi^* + \mathrm{Diag}(v_a)\xi^* \end{pmatrix} = 0. \tag{6.31}$$

根据 (6.30), 可得

$$\mathrm{Diag}(v_b) + \mathrm{Diag}(v_a) = I_p.$$

因此由 (6.31) 知, $\xi^* = \mathcal{J}g(x^*)\eta_1^*$. 将这一表达式代回 (6.31) 中的第一个方程中, 可得

$$\eta_0^* \nabla f(x^*) + H(x^*, y^*)\eta_1^* + \mathcal{J}g(x^*)^{\mathrm{T}}\mathrm{Diag}(v_b)\mathcal{J}g(x^*)\eta_1^* = 0.$$

置 $\eta_0^* = \lambda_0^*$ 与 $\eta_1^* = \lambda^*$, 再次用 (6.30), 可得 (6.28), 其中 $[v_b]_{\beta^*}$ 满足 (6.27).　　■

　　根据命题 6.2, 可以得到如下的一组简洁的必要性最优条件.

定理 6.2 设 (x^*, y^*, z^*) 是问题 (6.24) 的一个局部极小点. 设矩阵

$$\left[H(x^*, y^*) + \mathcal{J}g_{\alpha^*}(x^*)^{\mathrm{T}}\mathcal{J}g_{\alpha^*}(x^*)\right] \tag{6.32}$$

是正定的. 那么存在 $\lambda^* \in \mathbb{R}^n$ 与 $[v_b]_{\beta^*} \in \mathbb{R}^{|\beta^*|}$ 满足

$$[v_b]_i \in [0, 1], \quad i \in \beta^*, \tag{6.33}$$

使得

$$\nabla f(x^*) + \left[H(x^*, y^*) + \mathcal{J}g_{\alpha^*}(x^*)^{\mathrm{T}}\mathcal{J}g_{\alpha^*}(x^*)\right.$$
$$\left. + \mathcal{J}g_{\beta^*}(x^*)^{\mathrm{T}}\mathrm{Diag}([v_b]_{\beta^*})\mathcal{J}g_{\beta^*}(x^*)\right]\lambda^* = 0. \tag{6.34}$$

定义 6.3 如果存在 λ^* 使得 (6.34) 成立, 称点 (x^*, y^*) 是问题 (6.24) 的 L-稳定点, 此时称条件 (6.34) 为 L-稳定条件.

引入下述记号

$$\mathcal{S}^* = \left\{ (x^*, y^*, \lambda^*): \begin{array}{c} \exists [v_b]_{\beta^*} \in \mathbb{R}^{|\beta^*|}: [v_b]_i \in [0, 1],\ i \in \beta^* \text{ 满足} \\ \nabla f(x^*) + \left[H(x^*, y^*) + \mathcal{J}g_{\alpha^*}(x^*)^{\mathrm{T}}\mathcal{J}g_{\alpha^*}(x^*)\right. \\ \left. + \mathcal{J}g_{\beta^*}(x^*)^{\mathrm{T}}\mathrm{Diag}([v_b]_{\beta^*})\mathcal{J}g_{\beta^*}(x^*)\right]\lambda^* = 0 \end{array} \right\}. \tag{6.35}$$

后面将给出光滑函数方法, 并证明它所生成的序列 $\{(x^k, y^k, \lambda^k)\}$, 其任何聚点都是 $\mathcal{S}^*$ 的一元素.

注记 6.2 矩阵 (6.32) 是正定的条件并不是很苛刻, 例如 $A^{\mathrm{T}}A$ 正定或对某一 $y_i^* > 0$, 有 $\nabla^2 c_i(x^*)$ 是正定的 (因为 $y^* \geqslant 0$, 存在某一指标 i, $y_i^* > 0$), 在这两种情况下矩阵 (6.32) 都是正定的.

6.2.3 最小约束违背非凸非线性规划

考虑非凸非线性规划问题 (6.1), 即下述形式的优化问题

$$\begin{aligned} \min \quad & f(x) \\ \mathrm{s.\,t.} \quad & h(x) = 0, \\ & g(x) \geqslant 0, \end{aligned}$$

其中 $f: \mathbb{R}^n \to \mathbb{R}$, $h: \mathbb{R}^n \to \mathbb{R}^q$ 与 $g: \mathbb{R}^n \to \mathbb{R}^p$. 非线性规划问题 (6.1) 的最小约束违背非线性规划问题是优化问题 (6.6). 因为求解问题 (6.6) 是非常困难的, 一

个很自然的处理方法是在问题 (6.6) 中用 $[\nabla\theta]^{-1}(0)$ 替代 $\mathop{\mathrm{Arg\,min}}\limits_{w}\theta(w)$, 即下述形式的问题

$$
\begin{aligned}
&\min\quad f(x) \\
&\mathrm{s.t.}\quad \mathcal{J}h(x)^{\mathrm{T}}h(x) + \mathcal{J}g(x)^{\mathrm{T}}[g(x)]_{-} = 0.
\end{aligned}
\tag{6.36}
$$

问题 (6.36) 是问题 (6.6) 的一松弛问题, 因为

$$
\mathop{\mathrm{Arg\,min}}\limits_{x}\theta(x) \subseteq [\nabla\theta]^{-1}(0)
$$

$$
= \{x : \nabla\theta(x) = 0\} = \left\{x : \mathcal{J}h(x)^{\mathrm{T}}h(x) + \mathcal{J}g(x)^{\mathrm{T}}[g(x)]_{-} = 0\right\}.
$$

通过引入辅助向量 $y \in \mathbb{R}^p$, 问题 (6.36) 中的约束可表示为

$$
\mathcal{J}h(x)^{\mathrm{T}}h(x) - \mathcal{J}g(x)^{\mathrm{T}}y = 0,
$$

$$
0 \leqslant y \perp g(x) + y \geqslant 0.
$$

定义 $z = g(x) + y$, 上述系统可以表示为

$$
\mathcal{F}(x,y,z) = 0, \quad (y,z) \in \Omega,
\tag{6.37}
$$

其中

$$
\mathcal{F}(x,y,z) = \left[\begin{array}{c}
\mathcal{J}h(x)^{\mathrm{T}}h(x) - \mathcal{J}g(x)^{\mathrm{T}}y \\
g(x) + y - z
\end{array}\right]
$$

与

$$
\Omega = \{(y,z) \in \mathbb{R}^p \times \mathbb{R}^p : 0 \leqslant y \perp z \geqslant 0\}.
\tag{6.38}
$$

所以, 问题 (6.36) 可以等价地表示为

$$
\begin{aligned}
&\min\quad f(x) \\
&\mathrm{s.t.}\quad \mathcal{F}(x,y,z) = 0, \\
&\qquad\quad (y,z) \in \Omega.
\end{aligned}
\tag{6.39}
$$

如果 h 与 g 是二次连续可微的, 那么 F 在 (x,y,z) 处的 Jacobian 具有下述形式

$$
\mathcal{J}\mathcal{F}(x,y,z)
$$

$$
= \left[\begin{array}{ccc}
\sum\limits_{j=1}^{q} h_j(x)\nabla^2 h_j(x) + \mathcal{J}h(x)^{\mathrm{T}}\mathcal{J}h(x) - \sum\limits_{j=1}^{p} y_j\nabla^2 g_j(x) & -\mathcal{J}g(x)^{\mathrm{T}} & 0 \\
\mathcal{J}g(x) & I_p & -I_p
\end{array}\right].
\tag{6.40}
$$

问题 (6.39) 可以被简化成为 MPCC 问题

$$\min f(x)$$

$$\text{s.t.} (x, y, z) \in \Phi, \tag{6.41}$$

其中 Φ 的表示式为

$$\Phi = \{(x, y, z) \in \mathbb{R}^n \times \Omega : \mathcal{F}(x, y, z) = 0\}.$$

定义

$$\mathcal{H}(x, y) = \sum_{j=1}^{q} h_j(x) \nabla^2 h_j(x) + \mathcal{J}h(x)^{\mathrm{T}} \mathcal{J}h(x) - \sum_{j=1}^{p} y_j \nabla^2 g_j(x). \tag{6.42}$$

矩阵 $\mathcal{H}(x, y)$ 的非奇异性等价于由 (6.40) 定义的 Jacobian $\mathcal{J}\mathcal{F}(x, y, z)$ 是行满秩的.

不同于命题 6.1 对于凸的非线性规划问题的结论, 我们有下述关于 Φ 的变分几何.

命题 6.3 设 $(x, y, z) \in \Phi$ 是一个给定的点.

(i) 下述关系式成立

$$\widehat{N}_\Phi(x, y, z) \supseteq \left\{ \begin{pmatrix} \mathcal{H}(x,y)\eta_1 + \mathcal{J}g(x)^{\mathrm{T}}\eta_2 \\ -\mathcal{J}g(x)\eta_1 + \eta_2 + \xi_a \\ -\eta_2 + \xi_b \end{pmatrix} : \begin{array}{l} (\eta_1, \eta_2) \in \mathbb{R}^{n+p} \\ (\xi_a, \xi_b) \in \widehat{N}_\Omega(y, z) \end{array} \right\}. \tag{6.43}$$

(ii) 如果

$$\begin{aligned}
[\mathcal{H}(x,y) + \mathcal{J}g_\alpha(x)^{\mathrm{T}}\mathcal{J}g_\alpha(x)]\eta + \mathcal{J}g_\beta(x)^{\mathrm{T}}[\xi_b]_\beta &= 0 \\
-\mathcal{J}g_\beta(x)\eta + [\xi_a]_\beta + [\xi_b]_\beta &= 0 \\
i \in \beta : \left\{ [\xi_a]_i[\xi_b]_i = 0 \right\} \text{ 或} \left\{ [\xi_a]_i \leqslant 0 \text{ 与 } [\xi_b]_i \leqslant 0 \right\} \\
\Longrightarrow \eta = 0, [\xi_a]_\beta = [\xi_b]_\beta = 0,
\end{aligned} \tag{6.44}$$

则有

$$N_\Phi(x, y, z) \subseteq \left\{ \begin{pmatrix} \mathcal{H}(x,y)\eta_1 + \mathcal{J}g(x)^{\mathrm{T}}\eta_2 \\ -\mathcal{J}g(x)\eta_1 + \eta_2 + \xi_a \\ -\eta_2 + \xi_b \end{pmatrix} : \begin{array}{l} (\eta_1, \eta_2) \in \mathbb{R}^{n+p} \\ (\xi_a, \xi_b) \in N_\Omega(y, z) \end{array} \right\}. \tag{6.45}$$

(iii) 如果矩阵 $\mathcal{H}(x, y) + \mathcal{J}g_\alpha(x)^{\mathrm{T}}\mathcal{J}g_\alpha(x)$ 是正定的, 那么包含关系式 (6.45) 成立.

证明　包含关系式 (6.43) 来自 [58, Theorem 6.14]. 现证, 当条件 (6.44) 成立时, 公式 (6.45) 成立. 考虑下述条件

$$\begin{pmatrix} \mathcal{H}(x,y)\eta_1 + \mathcal{J}g(x)^{\mathrm{T}}\eta_2 \\ -\mathcal{J}g(x)\eta_1 + \eta_2 + \xi_a \\ -\eta_2 + \xi_b \end{pmatrix} = 0, \quad (\xi_a, \xi_b) \in N_\Omega(y,z). \tag{6.46}$$

上述条件推出

$$\begin{pmatrix} \mathcal{H}(x,y)\eta_1 + \mathcal{J}g(x)^{\mathrm{T}}\xi_b \\ -\mathcal{J}g(x)\eta_1 + \xi_a + \xi_b \end{pmatrix} = 0, \quad (\xi_a, \xi_b) \in N_\Omega(y,z).$$

因为 $[\xi_a]_\alpha = 0$, $[\xi_b]_\gamma = 0$, 对 $i \in \beta$:

$$\left\{ [\xi_a]_i [\xi_b]_i = 0 \right\} 或 \left\{ [\xi_a]_i \leqslant 0 \text{ 与 } [\xi_b]_i \leqslant 0 \right\},$$

故有

$$[\mathcal{H}(x,y) + \mathcal{J}g_\alpha(x)^{\mathrm{T}}\mathcal{J}g_\alpha(x)]\eta + \mathcal{J}g_\beta(x)^{\mathrm{T}}[\xi_b]_\beta = 0,$$
$$-\mathcal{J}g_\beta(x)\eta + [\xi_a]_\beta + [\xi_b]_\beta = 0.$$

所以, 由 (6.44) 可得 $\eta = 0$ 与 $(\xi_a, \xi_b) = (0,0)$. 故可知 [58, Theorem 6.14] 中的基本约束规范成立, 从而得到

$$N_\Phi(x,y,z) \subseteq \mathcal{J}\mathcal{F}(x,y,z)^*(\mathbb{R}^n \times \mathbb{R}^p \times \mathbb{R}^p) + N_{\mathbb{R}^n \times \Omega}(x,y,z),$$

其中

$$N_{\mathbb{R}^n \times \Omega}(x,y,z) = \{0_n\} \times N_\Omega(y,z).$$

于是得到公式 (6.45).

如果矩阵 $\mathcal{H}(x,y) + \mathcal{J}g_\alpha(x)^{\mathrm{T}}\mathcal{J}g_\alpha(x)$ 是正定的, 容易验证 [58, Theorem 6.14] 中的基本约束规范成立, 从而得到公式 (6.45), 这证得 (iii). ■

根据上述引理, 容易构建问题 (6.39) 的一局部极小点的必要性最优条件. 为此目的, 定义

$$\alpha^* = \{i : y_i^* > 0 = z_i^*\}, \quad \beta^* = \{i : y_i^* = 0 = z_i^*\}, \quad \gamma^* = \{i : y_i^* = 0 < z_i^*\}.$$

类似定理 6.1 的证明, 可以证明下述结果.

定理 6.3 (*M*-稳定点) 设 (x^*, y^*, z^*) 是问题 (6.11) 的局部极小点. 设 (6.44) 在点 (x^*, y^*) 处成立, 或者 $\mathcal{H}(x^*, y^*) + \mathcal{J}g_{\alpha^*}(x^*)^{\mathrm{T}}\mathcal{J}g_{\alpha^*}(x^*)$ 是正定的. 则存在 $\lambda^* \in \mathbb{R}^n$, $[\xi_a]^*_{\beta^*} \in \mathbb{R}^{|\beta^*|}$ 与 $[\xi_b]^*_{\beta^*} \in \mathbb{R}^{|\beta^*|}$ 满足

$$\left\{ [\xi_a]^*_i [\xi_b]^*_i = 0 \right\} \quad \text{或} \quad \left\{ [\xi_a]^*_i \leqslant 0 \text{ 与 } [\xi_b]^*_i \leqslant 0 \right\}, \quad \forall i \in \beta^*, \tag{6.47}$$

使得

$$\nabla f(x^*) + \left[\mathcal{H}(x^*, y^*) + \mathcal{J}g_{\alpha^*}(x^*)^{\mathrm{T}}\mathcal{J}g_{\alpha^*}(x^*) \right] \lambda^* + \mathcal{J}g_{\beta^*}(x^*)^{\mathrm{T}}[\xi_b]^*_{\beta^*} = 0,$$

$$-\mathcal{J}g_{\beta^*}(x^*)\lambda^* + [\xi_a]^*_{\beta^*} + [\xi_b]^*_{\beta^*} = 0. \tag{6.48}$$

定义

$$\mathcal{G}(x, y, z) = \begin{bmatrix} \mathcal{J}h(x)^{\mathrm{T}}h(x) - \mathcal{J}g(x)^{\mathrm{T}}y \\ g(x) + y - z \\ \min\{y, z\} \end{bmatrix}, \tag{6.49}$$

那么问题 (6.39) 可以表示为

$$\begin{aligned} \min_{x,y,z} \quad & f(x) \\ \text{s.t.} \quad & \mathcal{G}(x, y, z) = 0. \end{aligned} \tag{6.50}$$

类似命题 6.2, 可以得到下述的 Fritz-John 最优性条件.

命题 6.4 (Fritz-John 稳定性条件) 设 (x^*, y^*, z^*) 是问题 (6.50) 的一局部极小点. 那么存在 $\lambda^*_0 \in \mathbb{R}_+$, $\lambda^* \in \mathbb{R}^n$ 与 $[v_b]_{\beta^*} \in \mathbb{R}^{|\beta^*|}$ 满足

$$[v_b]_i \in [0, 1], \quad i \in \beta^* \tag{6.51}$$

使得

$$\lambda^*_0 \nabla f(x^*) + \left[\mathcal{H}(x^*, y^*) + \mathcal{J}g_{\alpha^*}(x^*)^{\mathrm{T}}\mathcal{J}g_{\alpha^*}(x^*) \right.$$

$$\left. + \mathcal{J}g_{\beta^*}(x^*)^{\mathrm{T}}\mathrm{Diag}([v_b]_{\beta^*})\mathcal{J}g_{\beta^*}(x^*) \right] \lambda^* = 0, \tag{6.52}$$

其中 $\mathrm{Diag}(v) = \mathrm{Diag}(v_1, \cdots, v_m)$ 对 $v \in \mathbb{R}^m$.

根据命题 6.4, 可以得到一组简洁的必要性最优条件.

定理 6.4 设 (x^*, y^*, z^*) 为问题 (6.50) 的一局部极小点. 设矩阵

$$\mathcal{H}(x^*, y^*) + \mathcal{J}g_{\alpha^*}(x^*)^{\mathrm{T}}\mathcal{J}g_{\alpha^*}(x^*) \tag{6.53}$$

是正定矩阵. 则存在 $\lambda^* \in \mathbb{R}^n$ 与 $[v_b]_{\beta^*} \in \mathbb{R}^{|\beta^*|}$ 满足

$$[v_b]_i \in [0,1], \quad i \in \beta^* \tag{6.54}$$

使得

$$\nabla f(x^*) + \left[\mathcal{H}(x^*, y^*) + \mathcal{J}g_{\alpha^*}(x^*)^\mathrm{T} \mathcal{J}g_{\alpha^*}(x^*) \right.$$
$$\left. + \mathcal{J}g_{\beta^*}(x^*)^\mathrm{T} \mathrm{Diag}([v_b]_{\beta^*}) \mathcal{J}g_{\beta^*}(x^*) \right] \lambda^* = 0. \tag{6.55}$$

定义 6.4　如果存在 λ^* 满足 (6.55), 那么称 (x^*, y^*) 是问题 (6.50) 的 L-稳定点, 即条件 (6.55) 为 L-稳定条件.

在 6.4 节将证明, 由光滑 Fischer-Burmeister 函数方法生成的点列的任何聚点, 在某些条件下, 满足定义 6.4 中的 L-稳定条件.

6.3　罚函数方法

问题 (6.2) 的一个很自然的罚函数问题是

$$\min f(x) + \lambda \theta(x), \tag{6.56}$$

其中 $\lambda > 0$ 是惩罚参数.

设 S^* 是问题 (6.2) 的解集:

$$S^* = \mathrm{Arg\,min}\left\{ f(x) : x \in \mathrm{Arg\,min}\,\theta \right\}.$$

假设 6.1　设对任何 $\alpha \in \mathbb{R}$, 水平集

$$\mathrm{lev}_\alpha f = \{ x \in \mathbb{R}^n : f(x) \leqslant \alpha \}$$

是非空的有界集.

如果 f 是正常的下半连续函数, 那么由假设 6.1 可得

$$f_* := \inf_x f(x) > -\infty, \tag{6.57}$$

且问题 (6.2) 的解集是非空的, 即 $S^* \neq \varnothing$.

命题 6.5　考虑问题 (6.6). 设 f, h 与 g 是 $\mathbb{R}^n$ 上的连续函数, 并假设 6.1 成立. 那么

(i) 问题 (6.56) 的解集是非空紧致的;

(ii) 对问题 (6.56) 的任何解 x_λ, $\lambda \to f(x_\lambda)$ 关于 $\lambda > 0$ 是递增的, $\lambda \to \theta(x_\lambda)$ 关于 $\lambda > 0$ 是递减的;

(iii) 对任何 $x^* \in S^*$, $\lim\limits_{\lambda \to \infty} f(x_\lambda) = f(x^*)$ 与 $\lim\limits_{\lambda \to \infty} \theta(x_\lambda) = \theta(x^*)$;

(iv) 设问题 (6.56) 的解集是 $S(\lambda)$, 那么 $S(\lambda)$ 的外极限满足

$$\limsup_{\lambda \to \infty} S(\lambda) \subset S^*. \tag{6.58}$$

证明 结论 (i) 是显然的. 设 $\lambda_i > 0, i = 1,2$ 满足 $\lambda_2 > \lambda_1$, 有

$$f(x_{\lambda_1}) + \lambda_2 \theta(x_{\lambda_1}) \geqslant f(x_{\lambda_2}) + \lambda_2 \theta(x_{\lambda_2})$$

与

$$f(x_{\lambda_2}) + \lambda_1 \theta(x_{\lambda_2}) \geqslant f(x_{\lambda_1}) + \lambda_1 \theta(x_{\lambda_1}).$$

将上面两个不等式相加, 可得 $\theta(x_{\lambda_2}) \leqslant \theta(x_{\lambda_1})$. 由第二个不等式知,

$$f(x_{\lambda_2}) - f(x_{\lambda_1}) \geqslant \lambda_1[\theta(x_{\lambda_1}) - \theta(x_{\lambda_2})] \geqslant 0.$$

这证得 (ii).

现在证明 (iii). 对任何 $x^* \in S^*$, 对任意的 $\lambda > 0$,

$$f(x^*) + \lambda \theta(x^*) \geqslant f(x_\lambda) + \lambda \theta(x_\lambda). \tag{6.59}$$

由 (6.59) 可得

$$\theta(x_\lambda) - \theta(x^*) \leqslant \frac{1}{\lambda}[f(x^*) - f(x_\lambda)] \leqslant \frac{1}{\lambda}[f(x^*) - f_*],$$

这意味着, 当 $\lambda \to \infty$ 时, $\theta(x_\lambda) \to \theta(x^*)$. 由于 $\theta(x_\lambda)$ 当 $\lambda > 0$ 时是递减的, 可得 $\theta(x_\lambda) \geqslant \theta(x^*)$. 因此, 由 (6.59) 可得

$$f(x^*) \geqslant f(x_\lambda). \tag{6.60}$$

因为 $\{x_\lambda : \lambda > 0\}$ 是有界的, 它有一聚点存在. 设 $\overline{x}$ 是一聚点, 则存在 $\lambda_k \to \infty$ 满足 $x_{\lambda_k} \to \overline{x}$. 由 $f(x_\lambda)$ 的递增性质, 可得 $f(x_{\lambda_k}) \to f(\overline{x})$. 根据 $\theta(x_{\lambda_k}) \to \theta(\overline{x})$ 与 $\theta(x_{\lambda_k}) \to \theta(x^*)$ 可得 $\overline{x} \in \text{Arg min} \, \theta$. 所以有 $f(\overline{x}) \geqslant f(x^*)$. 由 (6.60), $f(x^*) \geqslant f(x_{\lambda_k})$, 这意味着 $f(x^*) \geqslant f(\overline{x})$. 所以可得到 $\overline{x} \in S^*$ 且当 $\lambda \to \infty$ 时, $f(x_\lambda) \to \theta(x^*)$.

对任何点 $\overline{x} \in \limsup\limits_{\lambda \to \infty} S(\lambda)$. 存在一序列 $\lambda_k \to \infty$ 与 $x^k \in S(\lambda_k)$ 满足 $x^k \to \overline{x}$. 如 (iii) 证明的那样, 易证 $\overline{x} \in S^*$. ∎

根据命题 6.5, 可知当 $\lambda > 0$ 充分大时, 对 $x^* \in S^*$, $f(x_\lambda)$ 与 $\theta(x_\lambda)$ 分别与 $f(x^*)$ 和 $\theta(x^*)$ 充分接近. 现在构造当 $\lambda > 0$ 非常大时, 问题 (6.56) 的数值算法.

在下述讨论中, 设 g 在一包含 $\mathrm{lev}_{\alpha_0} f$ 的有界开凸集 $\mathcal{O}$ 上是二次连续可微的, 其中 $\alpha_0 = f(x^0)$, f 在这一开集上是下半连续的. 在这一条件下, 可以验证 g 与 $\mathcal{J}g$ 在 $\mathcal{O}$ 上是 Lipschitz 连续的, 这意味着 $\nabla\theta(x) = \mathcal{J}g(x)^{\mathrm{T}}[g(x)]_-$ 在 $\mathcal{O}$ 上是 Lipschitz 连续的, 把 $\nabla\theta$ 的 Lipschitz 常数记为 L_θ. 现在给出求解问题 (6.56) 的如下的邻近梯度方法.

邻近梯度方法

步 0: 给定 $x^0 \in \mathbb{R}^n$, $\delta > 0$, $c_0 > 0$. 置 $k = 0$.

步 1: 计算 $\nabla\theta(x^k) = \mathcal{J}g(x^k)^{\mathrm{T}}[g(x^k)]_-$ 与

$$x^{k+1} \in \mathrm{Arg}\min\left\{f(x) + \lambda\nabla\theta(x^k)^{\mathrm{T}}(x - x^k) + \frac{c_k}{2}\|x - x^k\|^2\right\}. \tag{6.61}$$

步 2: 校正 c_k: $c_{k+1} = c_k$ 或 $c_{k+1} = c_k + \delta$.

步 3: 置 $k := k + 1$, 转到步 1.

现在分凸和非凸两种情况讨论邻近梯度方法的收敛性质.

情况 A　当 f 是一下半连续的凸函数时, $h(x) = Ax - b$ 且每一 g_i 是二次连续可微凸函数.

根据 $P_{c_k^{-1}f}$ 的定义, 可将由 (6.61) 定义的 x^{k+1} 表示为

$$x^{k+1} = P_{c_k^{-1}f}\left(x^k - c_k^{-1}\lambda\nabla\theta(x^k)\right). \tag{6.62}$$

根据 [2, Theorem 20.21] 可得, 如果 c_k 满足

$$c_k \equiv L_\theta,$$

那么, 对任何 $x^* \in S^*$, 由邻近梯度方法生成的序列 $\{x^k\}$ 满足

$$f(x^k) + \lambda\theta(x^k) - [f(x^*) + \lambda\theta(x^*)] \leqslant \frac{L_\theta\|x^0 - x^*\|^2}{2k}. \tag{6.63}$$

情况 B　当 f 是下半连续函数时, $h(x)$ 与每一 g_i 均是二次连续可微的函数.

根据 $P_{c_k^{-1}f}$ 的定义, 可将由 (6.61) 定义的 x^{k+1} 写成

$$x^{k+1} \in P_{c_k^{-1}f}\left(x^k - c_k^{-1}\lambda\nabla\theta(x^k)\right). \tag{6.64}$$

根据 [5, Lemma 2], 对 $x \in \mathcal{O}$ 与

$$x^+ \in P_{c^{-1}f}(x - c^{-1}\nabla\theta(x)),$$

有

$$f(x^+) + \lambda\theta(x^+) \leqslant f(x) + \lambda\theta(x) - \frac{1}{2}(c - L_\theta)\|x^+ - x\|^2. \tag{6.65}$$

命题 6.6 设 $c_k \equiv 2L_\theta$. 序列 $\{x^k\}$ 由邻近梯度方法生成. 设假设 6.1 成立. 那么

(i) 序列 $\{x^k\}$ 是有界的, 序列 $\{f(x^k) + \lambda\theta(x^k)\}$ 单调递减;

(ii) 下述级数收敛

$$\sum_{k=0}^{\infty} \|x^{k+1} - x^k\|^2 < +\infty;$$

(iii) 序列 $\{x^k\}$ 的任何聚点 $\overline{x}$ 都是问题 (6.56) 的稳定点, 即

$$0 \in \partial f(\overline{x}) + \lambda\nabla\theta(\overline{x}). \tag{6.66}$$

证明 记 $\psi_\lambda = f + \lambda\theta$ 与 $\alpha_0 = \psi_\lambda(x^0)$, 则有

$$\{x^k\} \subset \operatorname{lev}_{\alpha_0}\psi_\lambda.$$

对任何 $x \in \operatorname{lev}_{\alpha_0}\psi_\lambda$,

$$\psi_\lambda(x) \leqslant \alpha_0.$$

由 $\theta(x) \geqslant 0$, 可得 $f(x) \leqslant \alpha_0$, 因此根据假设 6.1,

$$\operatorname{lev}_{\alpha_0}\psi_\lambda \subseteq \operatorname{lev}_{\alpha_0}f,$$

它是有界的. 所以序列 $\{x^k\}$ 有界. 根据 (6.65), 可得

$$\psi_\lambda(x^k) - \psi_\lambda(x^{k+1}) \geqslant \frac{L_\theta}{2}\|x^{k+1} - x^k\|^2, \tag{6.67}$$

由此推出序列 $\{f(x^k) + \lambda\theta(x^k)\}$ 是递减的.

因为 $\{x^k\}$ 是有界的, 可得

$$\gamma_0 := \inf_k\{\psi_\lambda(x^k)\} > -\infty.$$

将不等式 (6.67) 求和, 则有

$$\psi_\lambda(x^0) - \gamma_0 \geqslant \frac{L_\theta}{2}\sum_{k=1}^{\infty}\|x^{k+1} - x^k\|^2,$$

即结论 (ii) 成立.

根据 x^{k+1} 的定义, 由问题 (6.61) 的最优性条件可得

$$0 \in \partial f(x^{k+1}) + \lambda \nabla \theta(x^k) + L_\theta(x^{k+1} - x^k). \tag{6.68}$$

设 $\overline{x}$ 是序列 $\{x^k\}$ 的一聚点. 则存在一指标序列 $\{k_i\}$ 满足 $x^{k_i} \to \overline{x}$. 由 (ii) 可知, $\|x^{k+1} - x^k\| \to 0$, 从而 $x^{k_i+1} \to \overline{x}$. 对于 $k = k_i$, 由 (6.68) 可得

$$0 \in \partial f(x^{k_i+1}) + \lambda \nabla \theta(x^{k_i}) + L_\theta(x^{k_i+1} - x^{k_i}).$$

根据次微分 ∂f 的外半连续性, 取 $i \to \infty$ 时的极限, 知包含关系式 (6.66), 即 (iii) 成立. ∎

6.4　光滑 Fischer-Burmeister 函数方法

6.4.1　最小约束违背非线性凸规划

本小节考虑凸规划问题 (6.8). 设问题 (6.8) 中的约束是不相容的. 如果 h 是仿射映射, g_i 是光滑凹函数, $i = 1, \cdots, p$, 那么最小约束违背优化问题等价于问题 (6.13). 现在给出一求解 MPCC 问题 (6.11) 的光滑函数方法, 此 MPCC 问题具有下述形式

$$\begin{aligned} \min_{x,y,z} \quad & f(x) \\ \text{s.t.} \quad & F(x,y,z) = 0, \\ & (y,z) \in \Omega, \end{aligned}$$

其中 F 由公式 (6.38) 定义. 对这样一个问题, 按普通的非线性规划问题求解并不适合. 如文献 [40, Example 3.1.1 与 Example 3.1.2] 中所解释, 此时即使是基本约束规范 (即最优解处的切锥等于线性化锥), 也并不成立.

为了克服这一困难, 人们提出了各种各样的松弛方法, 用于处理互补约束. Facchinei 等[22] 和 Fukushima 与 Pang[27] 用 $\psi_\varepsilon(a,b) = 0$ 来近似互补关系: $0 \leqslant a$, $0 \leqslant b$, $ab = 0$, 其中 $\psi_\varepsilon(a,b)$ 是光滑 Fischer-Burmeister 函数

$$\psi_\varepsilon(a,b) = a + b - \sqrt{a^2 + b^2 + 2\varepsilon^2}. \tag{6.69}$$

还有其他互补关系的松弛. 如文献 Scholtes[61] 用到

$$a \geqslant 0, \quad b \geqslant 0, \quad ab \leqslant \varepsilon,$$

文献 Lin 与 Fukushima[38] 用到

$$(a + \varepsilon)(b + \varepsilon) \geqslant \varepsilon^2 \quad \text{与} \quad ab \leqslant \varepsilon^2.$$

本小节中, 我们用 $\psi_\varepsilon(a, b) = 0$ 来近似互补关系, 其中 $\psi_\varepsilon(a, b)$ 是光滑 Fischer-Burmeister 函数, 由 (6.69) 定义.

定义

$$\Psi_\varepsilon(y, z) = \begin{bmatrix} \psi_\varepsilon(y_1, z_1) \\ \vdots \\ \psi_\varepsilon(y_p, z_p) \end{bmatrix} \tag{6.70}$$

与

$$\Omega(\varepsilon) := \Big\{ (y, z) \in \mathbb{R}^p \times \mathbb{R}^p : \Psi_\varepsilon(y, z) = 0 \Big\}. \tag{6.71}$$

那么, 如果 $(y, z) \in \Omega(\varepsilon)$, 那么有

$$y > 0, \ z > 0 \ \text{与} \ y_i z_i = \varepsilon^2, \quad i = 1, \cdots, p.$$

显然, $\psi_0(a, b) = 0$ 当且仅当 $0 \leqslant a, 0 \leqslant b, ab = 0$. 因此有 $\Omega(0) = \Omega$.

对任何 $(y, z) \in \mathbb{R}^{2p}$, 可得

$$\mathcal{J}_{y,z} \Psi_\varepsilon(y, z) = [\mathcal{J}_y \Psi_\varepsilon(y, z) \quad \mathcal{J}_z \Psi_\varepsilon(y, z)],$$

其中

$$\mathcal{J}_y \Psi_\varepsilon(y, z) = \begin{bmatrix} 1 - \dfrac{[y]_1}{\sqrt{[y]_1^2 + [z]_1^2 + 2\varepsilon^2}} & & \\ & \ddots & \\ & & 1 - \dfrac{[y]_p}{\sqrt{[y]_p^2 + [z]_p^2 + 2\varepsilon^2}} \end{bmatrix}$$

与

$$\mathcal{J}_z \Psi_\varepsilon(y, z) = \begin{bmatrix} 1 - \dfrac{[z]_1}{\sqrt{[y]_1^2 + [z]_1^2 + 2\varepsilon^2}} & & \\ & \ddots & \\ & & 1 - \dfrac{[z]_p}{\sqrt{[y]_p^2 + [z]_p^2 + 2\varepsilon^2}} \end{bmatrix}.$$

设 $(y, z) \in \Omega_\varepsilon$. 那么对 $i = 1, \cdots, p$,

$$[y]_i + [z]_i - \sqrt{[y]_i^2 + [z]_i^2 + 2\varepsilon^2} = 0,$$

可得 $[y]_i > 0$, $[z]_i > 0$ 与 $[y]_i[z]_i = \varepsilon^2$. 因此

$$1 - \frac{[y]_i}{\sqrt{[y]_i^2 + [z]_i^2 + 2\varepsilon^2}} = 1 - \frac{[y]_i}{\sqrt{[y]_i^2 + [z]_i^2 + 2[y]_i[z]_i}}$$

$$= 1 - \frac{[y]_i}{[y]_i + [z]_i}$$

$$= \frac{[z]_i}{[y]_i + [z]_i}.$$

最终得到

$$1 - \frac{[y]_i}{\sqrt{[y]_i^2 + [z]_i^2 + 2\varepsilon^2}} = \frac{[z]_i}{[y]_i + [z]_i}, \quad 1 - \frac{[z]_i}{\sqrt{[y]_i^2 + [z]_i^2 + 2\varepsilon^2}} = \frac{[y]_i}{[y]_i + [z]_i}. \quad (6.72)$$

很清楚, 对任何 $\varepsilon > 0$, 矩阵 $\mathcal{J}_y\Psi_\varepsilon(y, z)$ 与 $\mathcal{J}_z\Psi_\varepsilon(y, z)$ 是非奇异的矩阵. 容易得到下述结论.

引理 6.2　设 $\varepsilon > 0$, 则对任何 $(y, z) \in \Omega(\varepsilon)$, 线性无关的约束规范 (LICQ) 成立, 且集合 $\Omega(\varepsilon)$ 在 (y, z) 处的切锥是

$$T_{\Omega(\varepsilon)}(y, z) = \left\{ (\Delta y, \Delta z) \in \mathbb{R}^{2m} : \mathcal{J}_{y,z}\Psi_\varepsilon(y, z)(\Delta y, \Delta z) = 0 \right\}, \quad (6.73)$$

集合 $\Omega(\varepsilon)$ 在 (y, z) 处的法锥是

$$N_{\Omega(\varepsilon)}(y, z) = \widehat{N}_{\Omega(\varepsilon)}(y, z) = \mathcal{J}_{y,z}\Psi_\varepsilon(y, z)^{\mathrm{T}}\mathbb{R}^p. \quad (6.74)$$

现用下述问题, 记为 P_ε, 近似问题 (6.11):

$$\begin{aligned}
\min_{x,y,z} \quad & f(x) \\
\mathrm{s.\,t.} \quad & F(x, y, z) = 0, \\
& (y, z) \in \Omega(\varepsilon),
\end{aligned} \quad (6.75)$$

其中 $\Omega(\varepsilon)$ 由 (6.71) 定义. 进一步地, 用 $\Phi(\varepsilon)$ 表示问题 (6.75) 的可行域, 即

$$\Phi(\varepsilon) = \left\{ (x, y, z) \in \mathbb{R}^n \times \Omega(\varepsilon) : F(x, y, z) = 0 \right\}. \quad (6.76)$$

定义

$$G_\varepsilon(x, y, z) = \begin{bmatrix} F(x, y, z) \\ \Psi_\varepsilon(y, z) \end{bmatrix}. \quad (6.77)$$

那么 $\Phi(\varepsilon)$ 可以表示为

$$\Phi(\varepsilon) = \left\{ (x, y, z) \in \mathbb{R}^n \times \mathbb{R}^p \times \mathbb{R}^p : G_\varepsilon(x, y, z) = 0 \right\}.$$

计算可得

$$\mathcal{J}G_\varepsilon(x, y, z) = \begin{bmatrix} H(x, y) & -\mathcal{J}g(x)^{\mathrm{T}} & 0 \\ \mathcal{J}g(x) & I & -I \\ 0 & \mathcal{J}_y\Psi_\varepsilon(y, z) & \mathcal{J}_z\Psi_\varepsilon(y, z). \end{bmatrix}. \tag{6.78}$$

类似命题 6.1 的证明, 可以建立下述结果.

命题 6.7 对 $(x, y, z) \in \Phi(\varepsilon)$, 如果

$$H(x, y) + \mathcal{J}g(x)^{\mathrm{T}}\mathcal{J}_z\Psi_\varepsilon(y, z)\mathcal{J}g(x) \tag{6.79}$$

是非奇异的, 则 $\mathcal{J}G_\varepsilon(x, y, z)$ 是行满秩的. 此时,

$$T_{\Phi(\varepsilon)}(x, y, z) = \{ d \in \mathbb{R}^n \times \mathbb{R}^p \times \mathbb{R}^p : \mathcal{J}G_\varepsilon(x, y, z)d = 0 \} \tag{6.80}$$

与

$$N_{\Phi(\varepsilon)}(x, y, z) = \widehat{N}_{\Phi(\varepsilon)}(x, y, z) = \mathcal{J}G_\varepsilon(x, y, z)^{\mathrm{T}}\mathbb{R}^{n+p+p}. \tag{6.81}$$

证明 我们验证 $\mathcal{J}F_\varepsilon(x, y, z)^{\mathrm{T}}$ 是列满秩的. 对 $\xi_1 \in \mathbb{R}^n$, $\xi_2 \in \mathbb{R}^p$ 与 $\xi_3 \in \mathbb{R}^p$, 考虑

$$\mathcal{J}G_\varepsilon(x, y, z)^{\mathrm{T}} \begin{pmatrix} \xi_1 \\ \xi_2 \\ \xi_3 \end{pmatrix} = 0.$$

这等价于

$$\begin{bmatrix} H(x, y)\xi_1 + \mathcal{J}g(x)^{\mathrm{T}}\xi_2 \\ -\mathcal{J}g(x)\xi_1 + \xi_2 + \mathcal{J}_y\Psi_\varepsilon(y, z)\xi_3 \\ -\xi_2 + \mathcal{J}_z\Psi_\varepsilon(y, z)\xi_3 \end{bmatrix} = 0. \tag{6.82}$$

注意

$$\mathcal{J}_y\Psi_\varepsilon(y, z) + \mathcal{J}_z\Psi_\varepsilon(y, z) = I_p,$$

根据 (6.82) 可得

$$\begin{aligned} \xi_2 &= \mathcal{J}_z\Psi_\varepsilon(y, z)\xi_3, \\ \xi_3 &= \mathcal{J}g(x)\xi_1 \end{aligned} \tag{6.83}$$

与

$$\left[H(x,y) + \mathcal{J}c(x)^{\mathrm{T}}\mathcal{J}_z\Psi_\varepsilon(y,z)\mathcal{J}c(x)\right]\xi_1 = 0. \tag{6.84}$$

由假设, 矩阵 (6.79) 是非奇异的. 由 (6.84) 可得 $\xi_1 = 0$, 从而由 (6.83) 可得 $\xi_3 = 0$ 与 $\xi_2 = 0$.

因此 $\mathcal{J}G_\varepsilon(x,y,z)$ 是行满秩的, 且 (6.80) 与 (6.81) 由 [58, Chapter 6] 得到. ∎

引理 6.3 对由 (6.71) 定义的 $\Omega(\varepsilon)$, 有

$$\lim_{\varepsilon \searrow 0}\Omega(\varepsilon) = \Omega(0). \tag{6.85}$$

证明 对任何 $(y,z) \in \limsup\limits_{\varepsilon \searrow 0}\Omega(\varepsilon)$, 存在 $\varepsilon_k \searrow 0$ 与 $([y]^k,[z]^k) \in \Omega(\varepsilon_k)$ 满足 $([y]^k,[z]^k) \to (y,z)$. 包含关系式 $([y]^k,[z]^k) \in \Omega(\varepsilon_k)$ 意味着

$$[y]^k + [z]^k - \sqrt{([y]^k)^2 + ([z]^k)^2 + 2\varepsilon_k^2} = 0.$$

因此, 令 $k \to \infty$, 可得

$$y + z - \sqrt{[y]^2 + [z]^2} = 0.$$

此即 $\psi_0(y,z) = 0$, 从而 $(y,z) \in \Omega(0)$. 所以可以得到

$$\limsup_{\varepsilon \searrow 0}\Omega(\varepsilon) \subseteq \Omega(0).$$

对任何 $(y,z) \in \Omega(0)$, 定义

$$I_+ = \{i : [y]_i > 0\}, \quad J_+ = \{i : [z]_i > 0\}, \quad I_0 = \{1,\cdots,m\} \setminus \left(I_+ \cup J_+\right).$$

对任意的 $\varepsilon > 0$, 用下式定义 $(y(\varepsilon), z(\varepsilon))$:

$$([y]_i(\varepsilon), [z]_i(\varepsilon)) = \begin{cases} ([y]_i, \varepsilon^2/[y]_i), & i \in I_+, \\ (\varepsilon^2/[z]_i, [z]_i), & i \in J_+, \\ (\varepsilon, \varepsilon), & i \in I_0, \end{cases} \tag{6.86}$$

则有 $\psi_\varepsilon([y]_i(\varepsilon), [z]_i(\varepsilon)) = 0, i = 1,\cdots,m$. 因此有 $\Psi_\varepsilon(y(\varepsilon), z(\varepsilon)) = 0$ 或等价地, $(y(\varepsilon), z(\varepsilon)) \in \Omega(\varepsilon)$. 显然有 $(y(\varepsilon), z(\varepsilon)) \to (y,z)$. 由此推出

$$\liminf_{\varepsilon \searrow 0}\Omega(\varepsilon) \supseteq \Omega(0).$$

所以当 $\varepsilon \searrow 0$ 时, $\Omega(\varepsilon) \to \Omega(0)$. ∎

推论 6.1 设 $\Phi(\varepsilon)$ 由 (6.76) 定义, 那么当 $\varepsilon \searrow 0$ 时,

$$\Phi(\varepsilon) \to \Phi.$$

证明 结论可以由 $\Phi(\varepsilon)$ 的如下表达式

$$\Phi(\varepsilon) = \{(x,y,z) \in \mathbb{R}^n \times \mathbb{R}^p \times \mathbb{R}^p : F(x,y,z) = 0\} \cap \mathbb{R}^n \times \Omega(\varepsilon)$$
$$= F^{-1}(0) \cap \mathbb{R}^n \times \Omega(\varepsilon)$$

以及 Φ 的如下表达式

$$\Phi = \{(x,y,z) \in \mathbb{R}^n \times \mathbb{R}^p \times \mathbb{R}^p : F(x,y,z) = 0\} \cap \mathbb{R}^n \times \Omega = F^{-1}(0) \cap \mathbb{R}^n \times \Omega,$$

得到. ∎

用 $\kappa(\varepsilon)$ 和 $S(\varepsilon)$ 分别表示问题 P_ε 的最优值和最优解集, 即

$$\kappa(\varepsilon) := \inf\{f(x) \,|\, (x,y,z) \in \Phi(\varepsilon)\},$$

$$S(\varepsilon) := \text{Arg min}\{f(x) \,|\, (x,y,z) \in \Phi(\varepsilon)\}.$$

定理 6.5 设 f 是水平有界的, 即 f 的水平集是有界的. 令 P_ε 由 (6.75) 定义, 设 $\kappa(\varepsilon)$ 与 $S(\varepsilon)$ 分别是它的最优值和最优解集. 那么函数 $\kappa(\varepsilon)$ 相对于 $\mathbb{R}_+$ 在 0 处是连续的, 集值映射 $S(\varepsilon)$ 相对于 $\mathbb{R}_+$ 在 0 处是外半连续的.

证明 由于 f 是水平有界的, 对任何 $\varepsilon \geqslant 0$, $\kappa(\varepsilon)$ 是有限的, $S(\varepsilon) \neq \varnothing$. 定义

$$\widehat{f}_\varepsilon(x,y,z) = f(x) + \delta_{\Phi(\varepsilon)}(x,y,z),$$

其中 $\delta_{\Phi(\varepsilon)}$ 是集合 $\Phi(\varepsilon)$ 的指示函数. 根据引理 6.3, 当 $\varepsilon \searrow 0$ 时, $\Phi(\varepsilon) \to \Omega(0)$, $\widehat{f}_\varepsilon$ 上图-收敛到 $\widehat{f}_0$. 对任何 $\varepsilon \geqslant 0$, 容易验证函数 $\widehat{f}_\varepsilon$ 的水平有界性. 故根据 [58, Theorem 7.41] 知, 函数 $\kappa(\varepsilon)$ 相对于 $\mathbb{R}_+$ 在 0 处是连续的, 集值映射 $S(\varepsilon)$ 相对于 $\mathbb{R}_+$ 在 0 处是外半连续的. ∎

如果 $(x,y,z) \in \Phi(\varepsilon)$ 是问题 P_ε 的一局部极小点, $\mathcal{J}G_\varepsilon(x,y,z)$ 是行满秩的, 那么存在向量 $\xi \in \mathbb{R}^{n+2p}$ 满足

$$\nabla_{x,y,z} f(x) + \mathcal{J}G_\varepsilon(x,y,z)^\mathrm{T}\xi = 0.$$

它可简化为

$$\nabla f(x) + \left[H(x,y) + \mathcal{J}g(x)^\mathrm{T}\mathcal{J}_z\Psi_\varepsilon(y,z)\mathcal{J}g(x)\right]\xi_1 = 0.$$

这导致下述定义.

定义 6.5 称 $(x, y, z) \in \Phi(\varepsilon)$ 是问题 P_ε 的稳定点, 如果存在向量 $\lambda \in \mathbb{R}^n$ 满足

$$\nabla f(x) + \left[H(x, y) + \mathcal{J}g(x)^{\mathrm{T}} \mathcal{J}_z \Psi_\varepsilon(y, z) \mathcal{J}g(x) \right] \lambda = 0. \tag{6.87}$$

下述定理是关于问题 P_ε 的稳定点的收敛性的, 它表明: 当 $\varepsilon \searrow 0$ 时, 问题 P_ε 的稳定点的聚点与条件 (6.34) 是相关的.

定理 6.6 设 $\varepsilon > 0$, $(x(\varepsilon), y(\varepsilon), z(\varepsilon)) \in \mathbb{R}^{n+2p}$ 是问题 P_ε 的一稳定点, 乘子是 $\lambda(\varepsilon) \in \mathbb{R}^n$. 则对任何

$$(x^*, y^*, z^*, \lambda^*) \in \limsup_{\varepsilon \searrow 0} \{(x(\varepsilon), y(\varepsilon), z(\varepsilon), \lambda(\varepsilon))\},$$

有 $(x^*, y^*, \lambda^*) \in \mathcal{S}^*$, 其中 $\mathcal{S}^*$ 由 (6.35) 定义.

证明 设 $(x^*, y^*, z^*, \lambda^*) \in \limsup_{\varepsilon \searrow 0} \{(x(\varepsilon), y(\varepsilon), z(\varepsilon), \lambda(\varepsilon))\}$. 则存在一序列 $\varepsilon_k \searrow 0$ 与 $(x^k, y^k, z^k, \lambda^k) = (x(\varepsilon_k), y(\varepsilon_k), z(\varepsilon_k), \lambda(\varepsilon_k))$ 满足 $(x^k, y^k, z^k, \lambda^k) \to (x^*, y^*, z^*, \lambda^*)$ 与

$$\nabla_x f(x^k) + \left[H(x^k, y^k) + \mathcal{J}g(x^k)^{\mathrm{T}} \mathcal{J}_z \Psi_\varepsilon(y^k, z^k) \mathcal{J}g(x^k) \right] \lambda^k = 0. \tag{6.88}$$

由引理 6.3 知, $(y^*, z^*) \in \Omega$. 定义

$$\alpha = \{i : y_i^* > 0 = z_i^*\}, \quad \beta = \{i : y_i^* = 0 = z_i^*\}, \quad \gamma = \{i : y_i^* = 0 < z_i^*\}.$$

注意

$$\mathcal{J}_z \Psi_\varepsilon(y^k, z^k) = \begin{bmatrix} \dfrac{y_1^k}{z_1^k + y_1^k} & & \\ & \ddots & \\ & & \dfrac{y_p^k}{z_p^k + y_p^k} \end{bmatrix},$$

则有

$$\frac{y_i^k}{z_i^k + y_i^k} \to \begin{cases} 1, & i \in \alpha, \\ 0, & i \in \gamma. \end{cases}$$

对 $i \in \beta$, 因为 $\dfrac{y_i^k}{z_i^k + y_i^k} \in (0, 1)$, 它有一聚点 $\eta_i \in [0, 1]$. 因此存在 $\{k_m : m \in \mathbf{N}\}$ 满足

$$\frac{y_i^{k_m}}{z_i^{k_m} + y_i^{k_m}} \to \begin{cases} 1, & i \in \alpha, \\ \eta_i, & i \in \beta, \\ 0, & i \in \gamma. \end{cases} \tag{6.89}$$

在 (6.88) 中, 取 $k = k_m$, 令 $m \to \infty$, 可得

$$\nabla f(x^*) + \left[H(x^*, y^*) + \mathcal{J} g_\alpha(x^*)^{\mathrm{T}} \mathcal{J} g_\alpha(x^*) + \mathcal{J} g_\beta(x^*)^{\mathrm{T}} \mathrm{Diag}(\eta_\beta) \mathcal{J} g_\beta(x^*) \right] \lambda^* = 0, \tag{6.90}$$

其中 $\eta_i \in [0, 1], \forall i \in \beta$. 因此 $(x^*, y^*, z^*, \lambda^*)$ 满足 (6.35), 从而 $(x^*, y^*, \lambda^*) \in \mathcal{S}^*$. ∎

定理 6.7 对 $\varepsilon > 0$, 设 $(x(\varepsilon), y(\varepsilon), z(\varepsilon)) \in \mathbb{R}^{n+2p}$ 是问题 P_ε 的一局部极小点. 令

$$(x^*, y^*, z^*) \in \limsup_{\varepsilon \searrow 0} \{ (x(\varepsilon), y(\varepsilon), z(\varepsilon)) \}.$$

如果矩阵

$$H(x^*, y^*) + \mathcal{J} g_\alpha(x^*)^{\mathrm{T}} \mathcal{J} g_\alpha(x^*) \tag{6.91}$$

是正定的, 那么存在一向量 $\lambda^* \in \mathbb{R}^n$ 满足 $(x^*, y^*, \lambda^*) \in \mathcal{S}^*$.

证明 对 $(x^*, y^*, z^*) \in \limsup_{\varepsilon \searrow 0} \{ (x(\varepsilon), y(\varepsilon), z(\varepsilon)) \}$, 存在一序列 $\varepsilon_k \searrow 0$ 和 $(x^k, y^k, z^k) = (x(\varepsilon_k), y(\varepsilon_k), z(\varepsilon_k))$ 满足 $(x^k, y^k, z^k) \to (x^*, y^*, z^*)$. 因为 (6.91) 中的矩阵是正定的, 矩阵

$$H(x^k, y^k) + \mathcal{J} g(x^k)^{\mathrm{T}} \mathcal{J}_z \Psi_\varepsilon(y^k, z^k) \mathcal{J} g(x^k) \tag{6.92}$$

对充分大的 k 是正定的. 因为 (x^k, y^k, z^k) 是问题 $\mathrm{P}_{\varepsilon_k}$ 的一局部极小点, 存在唯一向量 $\lambda^k \in \mathbb{R}^n$ 满足

$$\nabla f(x^k) + \left[H(x^k, y^k) + \mathcal{J} g(x^k)^{\mathrm{T}} \mathcal{J}_z \Psi_\varepsilon(y^k, z^k) \mathcal{J} g(x^k) \right] \lambda^k = 0.$$

于是

$$\lambda^k = - \left[H(x^k, y^k) + \mathcal{J} g(x^k)^{\mathrm{T}} \mathcal{J}_z \Psi_\varepsilon(y^k, z^k) \mathcal{J} g(x^k) \right]^{-1} \nabla f(x^k)$$

与 λ^k 有一聚点 λ^*, 存在 $[v_b]_\beta \in \mathbb{R}^{|\beta|}$ 满足

$$[v_b]_i \in [0, 1], \quad i \in \beta$$

与

$$\nabla f(x^*) + \left[H(x^*, y^*) + \mathcal{J} g_\alpha(x^*)^{\mathrm{T}} \mathcal{J} g_\alpha(x^*) \right.$$

$$\left. + \mathcal{J} g_\beta(x^*)^{\mathrm{T}} \mathrm{Diag}([v_b]_\beta) \mathcal{J} g_\beta(x^*) \right] \lambda^* = 0. \qquad ∎$$

根据上述定理, 光滑 Fischer-Burmeister 函数方法可用于求解不相容约束的非线性凸规划问题. 进一步地, 当正的光滑参数趋于零时, KKT-点映射的外极限中的任何一点均是等价 MPCC 问题的 L-稳定点.

6.4.2　最小约束违背非凸规划

与上一小节相同, 用下述问题, 记为 $\mathcal{P}_\varepsilon$, 来近似问题 (6.39):

$$\begin{aligned}
\min_{x,y,z} \quad & f(x) \\
\text{s.t.} \quad & \mathcal{F}(x,y,z) = 0, \\
& (y,z) \in \Omega(\varepsilon),
\end{aligned} \tag{6.93}$$

其中 $\Omega(\varepsilon)$ 由 (6.71) 定义. 进一步地, 用 $\Upsilon(\varepsilon)$ 记问题 (6.93) 的可行域, 即

$$\Upsilon(\varepsilon) = \{(x,y,z) \in \mathbb{R}^n \times \Omega(\varepsilon) : \mathcal{F}(x,y,z) = 0\}. \tag{6.94}$$

定义

$$\mathcal{G}_\varepsilon(x,y,z) = \begin{bmatrix} \mathcal{F}(x,y,z) \\ \Psi_\varepsilon(y,z) \end{bmatrix}, \tag{6.95}$$

那么 $\Upsilon(\varepsilon)$ 可表示为

$$\Upsilon(\varepsilon) = \{(x,y,z) \in \mathbb{R}^n \times \mathbb{R}^p \times \mathbb{R}^p : \mathcal{G}_\varepsilon(x,y,z) = 0\}.$$

计算可得

$$\mathcal{J}\mathcal{G}_\varepsilon(x,y,z) = \begin{bmatrix} \mathcal{H}(x,y) & -\mathcal{J}g(x)^{\mathrm{T}} & 0 \\ \mathcal{J}g(x) & I & -I \\ 0 & \mathcal{J}_y\Psi_\varepsilon(y,z) & \mathcal{J}_z\Psi_\varepsilon(y,z). \end{bmatrix}. \tag{6.96}$$

定义 6.6　称 $(x,y,z) \in \Upsilon(\varepsilon)$ 是问题 $\mathcal{P}_\varepsilon$ 的一稳定点, 如果存在一向量 $\lambda \in \mathbb{R}^n$ 满足

$$\nabla f(x) + \left[\mathcal{H}(x,y) + \mathcal{J}g(x)^{\mathrm{T}}\mathcal{J}_z\Psi_\varepsilon(y,z)\mathcal{J}g(x)\right]\lambda = 0. \tag{6.97}$$

下述定理是关于问题 $\mathcal{P}_\varepsilon$ 的稳定点的收敛性. 这一定理表明, 当 $\varepsilon \searrow 0$ 时, 问题 $\mathcal{P}_\varepsilon$ 的稳定点的聚点与条件 (6.55) 是相关的. 其证明与定理 6.6 的证明相同.

定理 6.8　设 $\varepsilon > 0$, 点 $(x(\varepsilon), y(\varepsilon), z(\varepsilon)) \in \mathbb{R}^{n+2p}$ 是问题 $\mathcal{P}_\varepsilon$ 的稳定点, 乘子为 $\lambda(\varepsilon) \in \mathbb{R}^n$. 则对任何

$$(x^*, y^*, z^*, \lambda^*) \in \limsup_{\varepsilon \searrow 0} \{(x(\varepsilon), y(\varepsilon), z(\varepsilon), \lambda(\varepsilon))\},$$

有点 $(x^*, y^*, z^*, \lambda^*)$ 满足条件 (6.55), 即点 (x^*, y^*) 是 L-稳定点.

如定理 6.7, 可以证明光滑函数方法的下述收敛性定理.

定理 6.9 设 $\varepsilon > 0$, $(x(\varepsilon), y(\varepsilon), z(\varepsilon)) \in \mathbb{R}^{n+2p}$ 是问题 $\mathcal{P}_\varepsilon$ 的局部极小点. 取

$$(x^*, y^*, z^*) \in \limsup_{\varepsilon \searrow 0} \{(x(\varepsilon), y(\varepsilon), z(\varepsilon))\}.$$

如果矩阵

$$\left[\mathcal{H}(x^*, y^*) + \mathcal{J}g_\alpha(x^*)^{\mathrm{T}} \mathcal{J}g_\alpha(x^*) \right] \tag{6.98}$$

是正定的, 那么存在向量 $\lambda^* \in \mathbb{R}^n$ 使得 $(x^*, y^*, z^*, \lambda^*)$ 满足条件 (6.55), 即 (x^*, y^*) 是 L-稳定点.

对于最小约束违背优化, 还有许多问题需要研究. 当不知道可行域是否为非空时, 具有最小约束违背的优化问题总是可行的, 这就是它的优点. 然而, 如果约束问题是可行的, 那么模型涉及不可行性度量 $\theta(x)$, 该度量通常是光滑的, 但不是二次可微的. 即使原始问题的函数都是二次可微分的, 这也会带来计算困难.

本章提出了最小约束违背优化问题的罚函数方法, 分析了惩罚优化问题的邻近梯度法的收敛性. 光滑的 Fischer-Burmeister 函数法只处理凸非线性规划中约束不相容的情况, 该方法在可行的情况下与原问题无关. 尚不清楚能否提出一种统一的算法, 无论原始问题是不可行还是可行, 它都能以最小的约束违背来解决优化问题.

第 7 章 一般度量下的最小约束违背凸优化

本章研究在一般度量 σ 意义下的最小约束违背凸优化. 首先研究一般度量 σ 意义下的最小约束违背凸优化的问题的性质和增广 Lagrange 方法, 然后基于 G-共轭函数理论, 研究 G-范数下的最小约束违背凸优化的性质和增广 Lagrange 方法. 主要结果总结如下.

- 基于度量 σ 的最小约束平移, 证明了对于一般凸优化问题, 原始问题可行性等价于对偶问题的有界性, 还等价于基于 σ 增广 Lagrange 函数的 (负) 对偶函数 θ_r 的对偶问题的有界性.

- 给出了 σ 增广对偶函数次微分 $\partial\theta_r$ 的刻画, 证明了 $s \in \partial\theta_r(\lambda)$ 等价于平移问题 $P_r(s)$ 的最优解就是 λ 处的 σ-增广 Lagrange 函数 $l_r(\cdot, \cdot, \lambda)$ 的极小化问题的最优解.

- 建立了基于约束平移与度量函数的最优值函数 ν_r 与基于 σ 的对偶函数 θ_r 之间的关系, 包括它们函数值之间的关系以及次微分之间的关系.

- 证明了如果最小 σ-平移的集合非空, 那么最小 σ 约束违背凸优化问题的对偶问题具有无界的解集, 且 $-\nabla\sigma(\bar{s})$ 是该对偶问题解集的回收方向. 同样的结论对 σ 增广对偶问题亦成立.

- 建立了基于 σ 增广 Lagrange 函数表述的最小 σ 度量约束违背凸优化问题的最优性充分与必要条件.

- 证明了 σ 增广 Lagrange 方法求解 σ 最小约束违背凸优化问题的收敛性质, 即方法生成的点列满足近似的最优性条件, 点列的 σ 值是单调递减的, 生成的乘子序列是发散的, 在某一假设下平移序列收敛到 σ-最小平移.

- 对于 G-范数最小约束违背凸优化问题, 为了保证平移序列收敛到 σ-最小平移, 采用 G-共轭函数、修正 σ 增广 Lagrange 函数, 得到的 G-增广 Lagrange 方法, 该方法和求解 l_2-范数最小约束违背优化问题的标准的增广 Lagrange 方法具有相同的收敛性质.

7.1 预 备 知 识

考虑如下约束优化问题

$$(P) \quad \begin{array}{ll} \min & f(x) \\ \text{s.t.} & g(x) \in K, \end{array} \tag{7.1}$$

其中 $f: \mathbb{R}^n \to \mathbb{R}$, $g: \mathbb{R}^n \to \mathcal{Y}$, $K \subset \mathcal{Y}$ 是一非空闭凸集, $\mathcal{Y}$ 是一有限维的 Hilbert 空间. 问题模型 (7.1) 涵盖了大量的约束优化问题, 例如 (2.3) 给出几个常用的凸锥, 这些凸锥包括大家熟知的多面体锥、半正定矩阵锥和二阶锥, 因此优化模型 (7.1) 包含非线性规划、(可能是非凸的) 半定规划和 (可能是非凸的) 二阶锥规划.

本章仅考虑凸优化问题. 同于之前, 称问题 (7.1) 是凸问题, 如果目标函数 f 是凸函数, 且集值映射

$$G_K(x) := -g(x) + K \tag{7.2}$$

是图-凸的, 即该集值映射的图

$$\mathrm{gph}\, G_K = \{(x, y) \in \mathbb{R}^n \times \mathcal{Y} : y \in K - g(x)\}$$

是空间 $\mathbb{R}^n \times \mathcal{Y}$ 中的凸集. 本章不仅假设问题 (7.1) 是凸的, 还假设 f 和 g 都是连续可微的.

通过引入辅助向量 $y \in \mathcal{Y}$, 问题 (7.1) 可以等价地表示为

$$\begin{aligned} \min \quad & f(x) \\ \mathrm{s.t.} \quad & g(x) = y, \\ & y \in K. \end{aligned} \tag{7.3}$$

在 7.3 节, 我们将给出基于增广函数 σ 的问题 (7.3) 的增广 Lagrange 方法, 其中 σ 是某个度量函数.

对给定的 $s \in \mathcal{Y}$, 定义平移问题

$$(\mathrm{P}(s)) \qquad \begin{aligned} \min \quad & f(x) \\ \mathrm{s.t.} \quad & g(x) + s \in K. \end{aligned} \tag{7.4}$$

引入一辅助向量 $y \in \mathcal{Y}$, 问题 (7.4) 可等价地表示为

$$\begin{aligned} \min \quad & f(x) \\ \mathrm{s.t.} \quad & g(x) + s = y, \\ & y \in K. \end{aligned} \tag{7.5}$$

这里的向量 s 被称为一平移. 可行平移的集合, 记为 $\mathcal{S}$, 定义为

$$\mathcal{S} := \{s \in \mathcal{Y} : \text{存在某一 } x \in \mathbb{R}^n \text{ 满足 } g(x) + s \in K\}. \tag{7.6}$$

定义

$$\Phi(s) = \{x \in \mathbb{R}^n : g(x) + s \in K\}$$

为问题 (P(s)) 的可行域. 用 $\nu(u)$ 和 $X(u)$ 分别表示问题 (P(u)) 的最优值和最优解集, 即

$$\nu(u) = \inf_x \{f(x) : x \in \Phi(u)\} \quad \text{与} \quad X(u) = \operatorname{Arg\,min}\{f(x) : x \in \Phi(u)\}. \quad (7.7)$$

显然, 如果 $u \notin \mathcal{S}$, 那么 $\Phi(u) = \varnothing$, $X(u) = \varnothing$ 与 $\nu(u) = +\infty$. 如果 f 是 $\mathbb{R}^n$ 上的正常的下半连续函数, 那么

$$\operatorname{dom} \nu = \mathcal{S}. \quad (7.8)$$

注意

$$\operatorname{gph} G_K = \{(x, u) \in \mathbb{R}^n \times \mathcal{Y} : u \in G_K(x)\} = \{(x, u) \in \mathbb{R}^n \times \mathcal{Y} : g(x) + u \in K\},$$

则有

$$\mathcal{S} = \Pi_{\mathcal{Y}}(\operatorname{gph} G_K), \quad (7.9)$$

其中 $\Pi_{\mathcal{Y}} : \mathbb{R}^n \times \mathcal{Y} \to \mathcal{Y}$ 是下述的投影映射

$$\Pi_{\mathcal{Y}}(x, u) = u, \quad \forall (x, u) \in \mathbb{R}^n \times \mathcal{Y}.$$

下述结果给出保证 $\mathcal{S}$ 为闭集的一个充分条件, 见引理 4.1.

引理 7.1　设 f 是连续的凸函数, g 是连续映射, 满足 G_K 是图-凸的集值映射. 如果

$$0 \in G_K^\infty(h_x) \Longrightarrow h_x = 0, \quad (7.10)$$

那么 $\mathcal{S}$ 是空间 $\mathcal{Y}$ 中的闭子集.

下述命题给出 $\phi(x, s)$ 的局部一致水平有界的一充分条件, 这一结论同于命题 4.2.

命题 7.1　设 f 是一连续的凸函数, g 是一连续映射, 满足 G_K 是一图-凸的集值映射. 则 $\phi(x, s)$ 是定义 1.8, 即 [58, Definition 1.16] 意义下的变量 x 的关于 s 水平一致的, 当且仅当

$$\left.\begin{array}{r} f^\infty(h_x) \leqslant 0 \\ 0 \in G_K^\infty(h_x) \end{array}\right\} \Longrightarrow h_x = 0. \quad (7.11)$$

利用条件 (7.11), 容易得到下述关于最优值 $\nu(\cdot)$ 与解映射 $X(\cdot)$ 的连续性质, 见命题 4.3.

命题 7.2 设 f 是连续的凸函数, g 是连续的映射, 满足映射 G_K 是图-凸的集值映射. 设条件 (7.11) 成立, 那么

(a) 函数 ν 在 $\mathcal{Y}$ 上是正常的下半连续凸函数, 对任意 $s \in \text{dom}\,\nu$, 集合 $X(s)$ 是非空紧致的凸集, 并当 $s \notin \text{dom}\,\nu$ 时, $X(s) = \varnothing$;

(b) 映射 X 是紧致的, 满足 $\text{dom}\,X = \text{dom}\,\nu$, 关于 ν-可达收敛 $\overset{\nu}{\to}$ 是外半连续的;

(c) 集值映射 X 在 $\text{int}(\text{dom}\,X) = \text{int}(\text{dom}\,\nu)$ 上是局部有界且外半连续的.

例 7.1 考虑下述凸的半定约束二次规划问题

$$
\begin{aligned}
\min \quad & f(x) := c^{\mathrm{T}}x + \frac{1}{2}x^{\mathrm{T}}Gx \\
\text{s.t.} \quad & Ex \leqslant d, \\
& \mathcal{A}x \preceq B,
\end{aligned}
\tag{7.12}
$$

其中 $c \in \mathbb{R}^n$, $G \in \mathbb{S}^n$ 是对称半正定矩阵, $E \in \mathbb{R}^{q \times n}$, $d \in \mathbb{R}^q$, $\mathcal{A} \in \mathbb{L}(\mathbb{R}^n, \mathbb{S}^p)$ 与 $B \in \mathbb{S}^p$. 记 $s = (s_e, s_a) \in \mathbb{R}^q \times \mathbb{S}^p$, 其中 $s_e \in \mathbb{R}^q$, $s_a \in \mathbb{S}^p$. 对给定 $s \in \mathbb{R}^q \times \mathbb{S}^p$, 考虑下述平移问题

$$
(\text{QP}(s)) \quad
\begin{aligned}
\min \quad & f(x) := c^{\mathrm{T}}x + \frac{1}{2}x^{\mathrm{T}}Gx \\
\text{s.t.} \quad & Ex + s_e \leqslant d, \\
& \mathcal{A}x + s_a \preceq B.
\end{aligned}
\tag{7.13}
$$

可行平移集为

$$
\mathcal{S} := \{s \in \mathbb{R}^q \times \mathbb{S}^p : \text{存在某一 } x \in \mathbb{R}^n \text{ 满足 } Ex + s_e \leqslant d, \mathcal{A}x + s_a \preceq B\}. \tag{7.14}
$$

集值映射 $G_K : \mathbb{R}^n \rightrightarrows \mathbb{R}^q \times \mathbb{S}^p$ 定义为

$$
G_K(x) = \begin{bmatrix} -Ex + d \\ -\mathcal{A}x + B \end{bmatrix} + \mathbb{R}^q_- \times \mathbb{S}^p_-.
$$

则可得到

$$
\text{gph}\,G_K = \{(x, s) \in \mathbb{R}^n \times \mathbb{R}^q \times \mathbb{S}^p : Ex + s_e \leqslant d, \mathcal{A}x + s_a \preceq B\}
$$

与

$$
(\text{gph}\,G_K)^\infty = \{(h_x, h_s) \in \mathbb{R}^n \times \mathbb{R}^q \times \mathbb{S}^p : Eh_x + h_{s_e} \leqslant 0, \mathcal{A}h_x + h_{s_a} \preceq 0\}.
$$

因此

$$G_K^\infty(h_x) = \{h_s \in \mathbb{R}^q \times \mathbb{S}^p : Eh_x + h_{s_e} \leqslant 0, \, \mathcal{A}h_x + h_{s_a} \preceq 0\}. \tag{7.15}$$

所以可得到下述结果.

(a) 根据引理 7.1 知, 如果

$$\left. \begin{aligned} Eh_x &\leqslant 0 \\ \mathcal{A}h_x &\preceq 0 \end{aligned} \right\} \Longrightarrow h_x = 0, \tag{7.16}$$

那么 $\mathcal{S}$ 是闭集.

(b) 根据 [58] 中的例 1.29 知,

$$f^\infty(h_x) = c^{\mathrm{T}} h_x + \delta(h_x \,|\, Gh_x = 0).$$

该情况下, 条件 (7.11) 是

$$\left. \begin{aligned} c^{\mathrm{T}} h_x &\leqslant 0, \; Gh_x = 0 \\ Eh_x &\leqslant 0 \\ \mathcal{A}h_x &\preceq 0 \end{aligned} \right\} \Longrightarrow h_x = 0. \tag{7.17}$$

如果条件 (7.17) 成立, 那么

(b1) 函数 ν 是 $\mathbb{R}^q \times \mathbb{S}^p$ 上的正常的下半连续凸函数, 且对每一 $s \in \mathcal{S}$, 集合 $X(s)$ 是非空的紧致的凸集;

(b2) 映射 X 是紧致的, 满足 $\mathrm{dom}\, X = \mathcal{S}$, 关于 ν-可达收敛 $\overset{\nu}{\to}$ 是外半连续的.

(c) 类似 [11, Lemma 2.2], 对 $s \in \mathcal{S}$, 问题 $(\mathrm{P}(s))$ 是无界的当且仅当存在 $h_x \in \mathbb{R}^n$ 满足

$$\begin{aligned} c^{\mathrm{T}} h_x &< 0, \quad Gh_x = 0, \\ Eh_x &\leqslant 0, \quad \mathcal{A}h_x \preceq 0. \end{aligned} \tag{7.18}$$

7.2　基于度量函数的对偶

首先给出度量函数的定义, 它用于度量优化问题的约束违背.

定义 7.1　函数 $\sigma : \mathcal{Y} \to \mathbb{R}$ 被称为度量函数, 如果它是连续的凸函数, 满足

$$\sigma(s) \geqslant 0, \quad \forall s \in \mathcal{Y},$$

且 $\sigma(s) = 0$ 当且仅当 $s = 0$.

显然, 如果 $0 \in \mathcal{S}$, 问题 (7.1) 是可行的. 否则, 定义关于度量 $\sigma : \mathcal{Y} \to \mathbb{R}$ 的最小违背平移, 记为 $\bar{s}$,

$$\bar{s} \in \text{Arg min} \{\sigma(s) : s \in \mathcal{S}\}. \tag{7.19}$$

如果 $\mathcal{S}$ 是闭集, 那么 $\bar{s}$ 可以被取到的, 即 $\bar{s} \in \mathcal{S}$. 此时, 最小约束违背优化问题可以表述为下述形式

$$(\text{P}(\bar{s})) \quad \begin{aligned} & \min \quad f(x) \\ & \text{s. t.} \quad g(x) + \bar{s} \in K. \end{aligned} \tag{7.20}$$

注记 7.1 定义 7.1 中的度量函数就是 [58, Definition 11.55] 中的增广函数, 可以用度量函数 σ 生成增广 Lagrange 函数.

问题 (7.3) 的 Lagrange 函数, 记为 $l : \mathbb{R}^n \times \mathcal{Y} \times \mathcal{Y} \to \mathbb{R}$, 定义为

$$l(x, y, \lambda) = f(x) + \langle \lambda, g(x) - y \rangle. \tag{7.21}$$

与增广函数 σ 相联系的问题 (7.3) 的增广 Lagrange 函数, 记为 $l_r : \mathbb{R}^n \times \mathcal{Y} \times \mathcal{Y} \to \mathbb{R}$, 定义为

$$l_r(x, y, \lambda) = f(x) + \langle \lambda, g(x) - y \rangle + r \cdot \sigma(y - g(x)). \tag{7.22}$$

与问题 (7.3) 相联系的标准的 (负的) 对偶函数 $\theta : \mathcal{Y} \to \overline{\mathbb{R}}$ 是

$$\theta(\lambda) := - \inf_{x \in \mathbb{R}^n, y \in K} l(x, y, \lambda). \tag{7.23}$$

容易验证

$$\theta(\lambda) := - \inf_{x \in \mathbb{R}^n} \{f(x) + \langle \lambda, g(x) \rangle - \delta^*(\lambda \mid K)\}, \tag{7.24}$$

其中 $\delta^*(\lambda \mid K)$ 是 K 在 λ 处的支撑函数:

$$\delta^*(\lambda \mid K) = \sup_{y \in K} \langle y, \lambda \rangle.$$

函数 θ 是下半连续的凸函数, 但是不取 $-\infty$. 因此有

$$\theta \text{ 是正常的下半连续凸函数} \iff \text{dom} \, \theta \neq \varnothing. \tag{7.25}$$

基于增广 Lagrange 函数 l_r 的对偶函数是

$$\theta_r(\lambda) := - \inf_{x \in \mathbb{R}^n, y \in K} l_r(x, y, \lambda). \tag{7.26}$$

注记 7.2　定义问题 (7.3) 的带参数 u 的标准的扰动函数

$$\varphi(x, y, u) = f(x) + \delta_K(y) + \delta_0(g(x) + u - y).$$

则与 φ 相联系的 Lagrange 函数为

$$
\begin{aligned}
l_\varphi(x, y, \lambda) &= \inf_u \{\varphi(x, y, u) - \langle \lambda, u \rangle\} \\
&= \inf_u \{f(x) + \delta_K(y) + \delta_0(g(x) + u - y) - \langle \lambda, u \rangle\} \\
&= f(x) + \delta_K(y) - \langle \lambda, y - g(x) \rangle \\
&= l(x, y, \lambda) + \delta_K(y).
\end{aligned}
$$

问题 (7.3) 与 σ 相联系的带参数 u 的扰动函数被定义为

$$\varphi_r(x, y, u) = f(x) + \delta_K(y) + \delta_0(g(x) + u - y) + r\sigma(u).$$

与 φ_r 相联系的 Lagrange 函数是

$$
\begin{aligned}
l_{\varphi_r}(x, y, \lambda) &= \inf_u \{\varphi_r(x, y, u) - \langle \lambda, u \rangle\} \\
&= \inf_u \{f(x) + \delta_K(y) + \delta_0(g(x) + u - y) + r\sigma(u) - \langle \lambda, u \rangle\} \\
&= f(x) + \delta_K(y) - \langle \lambda, y - g(x) \rangle + r\sigma(y - g(x)) \\
&= l_r(x, y, \lambda) + \delta_K(y).
\end{aligned}
$$

因此, 可得

$$\theta(\lambda) = -\inf_{x \in \mathbb{R}^n, y \in \mathcal{Y}} l_\varphi(x, y, \lambda)$$

与

$$\theta_r(\lambda) = -\inf_{x \in \mathbb{R}^n, y \in \mathcal{Y}} l_{\varphi_r}(x, y, \lambda).$$

命题 7.3　设 $\operatorname{dom} \theta \neq \varnothing$ 与 $\mathcal{S}$ 是一闭集, 如果 σ 是一光滑的度量函数, 那么下述两个性质是等价的:

(i) 问题 (7.1) 是可行的;

(ii) (负的) 对偶函数 θ 是下方有界的.

证明　(i)$\Longrightarrow$(ii). 设问题 (7.1) 是可行的, 则存在某 x_0 满足 $y_0 = g(x_0) \in K$. 根据 θ 的定义, 对任何 $\lambda \in \mathcal{Y}$,

$$\theta(\lambda) = -\inf_{x \in \mathbb{R}^n, y \in K} l(x, y, \lambda) \geqslant -l(x_0, y_0, \lambda) = -f(x_0),$$

这意味着 θ 是以 $-f(x_0) \in \mathbb{R}$ 为下界的.

(ii)$\Longrightarrow$(i). 因为 $\mathrm{dom}\,\theta \neq \varnothing$, 存在 $\lambda \in \mathcal{Y}$ 满足 $\theta(\lambda) \in \mathbb{R}$. 一方面, 因为

$$\bar{s} \in \mathrm{Arg\,min}\,\{\sigma(s) : s \in \mathcal{S}\}$$

与 $\mathcal{S}$ 是非空闭凸集, 有

$$\mathrm{D}\sigma(\bar{s})(s - \bar{s}) \geqslant 0, \quad \forall s \in \mathcal{S},$$

或

$$\langle \nabla\sigma(\bar{s}), s \rangle \geqslant \langle \nabla\sigma(\bar{s}), \bar{s} \rangle, \quad \forall s \in \mathcal{S}.$$

因此, 对所有的 $(x, y) \in \mathbb{R}^n \times K$,

$$\langle \nabla\sigma(\bar{s}), y - g(x) \rangle \geqslant \langle \nabla\sigma(\bar{s}), \bar{s} \rangle.$$

所以对任意的 $t \geqslant 0$,

$$\theta(\lambda - t\nabla\sigma(\bar{s})) = -\inf_{x \in \mathbb{R}^n, y \in K} [f(x) + \langle \lambda - t\nabla\sigma(\bar{s}), g(x) - y \rangle]$$

$$= -\inf_{x \in \mathbb{R}^n, y \in K} [f(x) + \langle \lambda, g(x) - y \rangle - t\langle \nabla\sigma(\bar{s}), g(x) - y \rangle]$$

$$\leqslant -\inf_{x \in \mathbb{R}^n, y \in K} [f(x) + \langle \lambda, g(x) - y \rangle - t\langle \nabla\sigma(\bar{s}), \bar{s} \rangle]$$

$$= \theta(\lambda) - t\langle \nabla\sigma(\bar{s}), \bar{s} \rangle. \tag{7.27}$$

因为 σ 是凸函数, 有

$$0 = \sigma(0) \geqslant \sigma(\bar{s}) + \langle \nabla\sigma(\bar{s}), 0 - \bar{s} \rangle.$$

这意味着

$$\langle \nabla\sigma(\bar{s}), \bar{s} \rangle \geqslant \sigma(\bar{s}). \tag{7.28}$$

结合 (7.29) 与 (7.28), 得到

$$\theta(\lambda - t\nabla\sigma(\bar{s})) \leqslant \theta(\lambda) - t\sigma(\bar{s}).$$

因为 θ 是下有界的, 由定义 7.1, 必有 $\bar{s} = 0$. 从而由 $\bar{s}$ 的定义知, 问题 (7.1) 是可行的. ∎

有趣的是, 代替 θ, 命题 7.4 中类似的结果对这里的 θ_r 亦成立.

命题 7.4　设 $\mathrm{dom}\,\theta \neq \varnothing$, 集合 $\mathcal{S}$ 是闭的, 度量函数 σ 是光滑的. 则对 $r > 0$, 下述两个性质是等价的:

(i) 问题 (7.1) 是可行的;

(ii) (负的) 对偶函数 θ_r 是下有界的.

证明　(i)$\Longrightarrow$(ii). 设问题 (7.1) 是可行的. 则存在某 x_0 满足 $y_0 = g(x_0) \in K$. 由 θ_r 的定义, 对任意的 $\lambda \in \mathcal{Y}$,

$$\theta_r(\lambda) = -\inf_{x \in \mathbb{R}^n, y \in K}\{l(x, y, \lambda) + r\sigma(y - g(x))\} \geqslant -l(x_0, y_0, \lambda) - r\sigma(0) = -f(x_0),$$

这意味着 θ_r 以 $-f(x_0) \in \mathbb{R}$ 为下界.

(ii)$\Longrightarrow$(i). 因为 $\mathrm{dom}\,\theta \neq \varnothing$, 存在 $\lambda \in \mathcal{Y}$ 满足 $\theta(\lambda) \in \mathbb{R}$. 注意 $\theta_r > -\infty$ 与 $\theta_r \leqslant \theta$, 有 $\theta_r(\lambda) \in \mathbb{R}$. 则对任意的 $t \geqslant 0$,

$$\begin{aligned}
\theta_r(\lambda - t\nabla\sigma(\bar{s})) &= -\inf_{x \in \mathbb{R}^n, y \in K}[f(x) + \langle \lambda - t\nabla\sigma(\bar{s}), g(x) - y\rangle + r\sigma(y - g(x))]\\
&= -\inf_{x \in \mathbb{R}^n, y \in K}[f(x) + \langle \lambda, g(x) - y\rangle\\
&\quad\quad - t\langle \nabla\sigma(\bar{s}), g(x) - y\rangle + r\sigma(y - g(x))]\\
&\leqslant -\inf_{x \in \mathbb{R}^n, y \in K}[f(x) + \langle \lambda, g(x) - y\rangle + r\sigma(y - g(x)) + t\langle \nabla\sigma(\bar{s}), \bar{s}\rangle]\\
&= \theta_r(\lambda) - t\langle \nabla\sigma(\bar{s}), \bar{s}\rangle\\
&\leqslant \theta_r(\lambda) - t\sigma(\bar{s}), \quad\quad\quad\quad\quad\quad\quad\quad\quad\quad\quad\quad\quad\quad (7.29)
\end{aligned}$$

其中最后的不等式由 (7.28) 得到.

因为 θ_r 是下方有界的, 由定义 7.1, 必有 $\bar{s} = 0$. 故根据 $\bar{s}$ 的定义知, 问题 (7.1) 是可行的.　∎

根据共轭对偶理论, 对问题 (7.4) 的标准扰动

$$f(x) + \delta_K(g(x) + u),$$

对应的最优值函数是 $\nu(u)$.

与度量函数 σ 相关联的扰动问题为

$$(\mathrm{P}_r(u)) \quad \begin{aligned} &\min\quad f(x) + r\sigma(u)\\ &\mathrm{s.\,t.}\quad g(x) + u \in K. \end{aligned} \quad\quad\quad\quad (7.30)$$

同 σ 相关联的增广 Lagrange 函数对应下述扰动函数为

$$f(x) + \delta_K(g(x) + u) + r\sigma(u).$$

记其相对应的最优值函数为 $\nu_r(u)$, 即 $\nu_r(u) = \text{Val}(\text{P}_r(u))$, 则有

$$\nu_r(u) = \inf_x f(x) + \delta_K(g(x) + u) + r\sigma(u). \tag{7.31}$$

通过引入辅助向量 $y \in \mathcal{Y}$, 问题 (7.30) 可以等价地表示为

$$\begin{aligned} \min \quad & f(x) + r\sigma(s) \\ \text{s.t.} \quad & g(x) + s = y, \\ & y \in K. \end{aligned} \tag{7.32}$$

分别用 (D) 和 (D(s)) 表示问题 (P) 与 (P(s)) 的共轭对偶问题, 则问题 (D) 与问题 (D(s)) 可被表示为

$$(\text{D}) \quad \max_\lambda [-\theta(\lambda)]; \qquad (\text{D}(s)) \quad \max_\lambda [\langle s, \lambda \rangle - \theta(\lambda)]. \tag{7.33}$$

下述关于 ν 与 θ 关系的结论即命题 4.5 中的结论.

命题 7.5 对于由 (7.7) 定义的 ν 与由 (7.23) 定义的 θ, 下述性质成立:

(a) $\theta(\lambda) = \nu^*(\lambda)$ 与 $\nu^{**}(s) = \theta^*(s)$;

(b) 如果 ν 是正常函数 (即对任何 $\forall s \in \mathcal{S}$, 有 $\nu(s) > -\infty$, 且存在一向量 $\hat{s} \in \mathcal{S}$ 满足 $\nu(\hat{s}) < +\infty$), 那么 θ 与 ν^{**} 是正常的下半连续凸函数 (推出 $\text{dom}\,\theta \neq \varnothing$ 与 $\text{dom}\,\nu^{**} \neq \varnothing$);

(c) 如果 ν 是正常的下半连续函数, 那么对任何 $s \in \mathcal{Y}$,

$$\nu(s) = \nu^{**}(s) = \theta^*(s).$$

对于次微分 $\partial\theta$, 和命题 4.6一样, 有下述命题进行刻画.

命题 7.6 令 $s \in \mathcal{Y}$ 与 $\lambda \in \mathcal{Y}$. 设函数 ν 是正常的下半连续函数, 满足 $\nu(s) \in \mathbb{R}$. 则下述性质等价:

(i) $s \in \partial\theta(\lambda)$;

(ii) $\lambda \in \partial\nu^{**}(s)$ (实际上有 $\lambda \in \partial\nu(s)$);

(iii) $s \in \mathcal{S}$, 问题 (7.5) 的任何解都是 $l(\cdot, \cdot, \lambda)$ 在 $\mathbb{R}^n \times \mathcal{Y}$ 上的极小点;

(iv) 存在问题 (7.5) 的可行解, 它是 $l(\cdot, \cdot, \lambda)$ 在 $\mathbb{R}^n \times \mathcal{Y}$ 上的极小点.

同样给出下述注记和两个命题.

注记 7.3 如果 ν 是一正常的凸函数, 根据定理 1.11 与 $\nu^* = \theta$, 可得 θ 是一正常的下半连续凸函数. 此种情形, $\text{dom}\,\theta \neq \varnothing$, 由引理 1.2, 即 [52, Corollary 23.5.1] 得到

$$\text{Range}\,\partial\theta = \text{dom}\,\partial\theta^*.$$

进一步地, 如果 ν 是正常的下半连续函数, 那么根据命题 4.5 知, $\nu = \theta^*$. 从而得到

$$\text{Range}\,\partial\theta = \text{dom}\,\partial\theta^* = \text{dom}\,\partial\nu.$$

由定理 1.13 知,

$$\text{rint}\,\text{dom}\,\nu \subset \text{dom}\,\partial\nu \subset \text{dom}\,\nu.$$

从而由 $\text{dom}\,\nu = \mathcal{S}$ 得到

$$\text{rint}\,\mathcal{S} \subset \text{Range}\,\partial\theta \subset \mathcal{S}. \tag{7.34}$$

命题 7.7　设函数 ν 是正常的下半连续凸函数与

$$\text{dom}\,\partial\nu = \text{dom}\,\nu, \tag{7.35}$$

则 $\text{Range}\,\partial\theta = \mathcal{S}$.

命题 7.8　下述结论成立:

(i) $\text{Val}\,(\text{P}) = \nu(0),\ \text{Val}\,(\text{D}) = \nu^{**}(0),\ \text{Val}\,(\text{D}) = \theta^*(0),\ \text{Sol}\,(\text{D}) = \partial\nu^{**}(0)$;

(ii) 如果 ν 在 $0 \in \mathcal{Y}$ 处是下半连续的, $\nu(0)$ 是有限的 (此种情形下, 问题 (P) 是可行的), 那么 $\text{Val}\,(\text{P}) = \nu(0) = \nu^{**}(0) = \text{Val}\,(\text{D}),\ \text{Sol}\,(\text{D}) = \partial\nu(0)$;

(iii) 对 $s \in \mathcal{S}$, $\text{Val}\,(\text{P}(s)) = \nu(s),\ \text{Val}\,(\text{D}(s)) = \nu^{**}(s),\ \text{Val}\,(\text{D}(s)) = \theta^*(s)$, $\text{Sol}\,(\text{D}(s)) = \partial\nu^{**}(s)$;

(iv) 对 $s \in \mathcal{S}$, 如果 ν 在 s 处是下半连续的, $\nu(s)$ 是有限的 (此种情形下, 问题 (P(s)) 是可行的), 那么 $\text{Val}\,(\text{P}(s)) = \nu(s) = \nu^{**}(s) = \text{Val}\,(\text{D}(s)),\ \text{Sol}\,(\text{D}(s)) = \partial\nu(s)$;

(v) 如果 $s \in \text{rint}\,\mathcal{S}$, $\nu(s)$ 是有限的, 那么 $\text{Val}\,(\text{P}(s)) = \nu(s) = \nu^{**}(s) = \text{Val}\,(\text{D}(s))$, $\text{Sol}\,(\text{D}(s)) = \partial\nu(s) \neq \varnothing$;

(vi) 如果 $s \in \text{int}\,\mathcal{S}$, 那么值 $\text{Val}\,(\text{P}(s))$ 是有限的, 且 $\text{Val}\,(\text{P}(s)) = \nu(s) = \nu^{**}(s) = \text{Val}\,(\text{D}(s))$, $\text{Sol}\,(\text{D}(s)) = \partial\nu(s)$ 是非空的紧致集.

现在讨论 ν_r 与 θ_r 的关系.

引理 7.2　对由 (7.80) 定义的函数 ν_r 和由 (7.26) 定义的函数 θ_r 以及度量函数 σ, 有

(i) 对 $u \in \mathcal{Y}$, $\nu_r(u) = \nu(u) + r\sigma(u)$;

(ii) 对 $\lambda \in \mathcal{Y}$, $\theta_r(\lambda) = \nu_r^*(\lambda)$;

(iii) $\theta_r(\lambda) = (\theta\square(r\sigma)^*)(\lambda)$.

证明　由 ν_r 和 ν 的定义, 可得

$$\nu_r(u) = \inf_x\{f(x) + \delta_K(g(x) + u) + r\sigma(u)\}$$

$$= \inf_x \{f(x) + \delta_K(g(x) + u)\} + r\sigma(u) = \nu(u) + r\sigma(u).$$

由 θ_r 的定义, 对于 $\lambda \in \mathcal{Y}$,

$$\begin{aligned}
\theta_r(\lambda) &= - \inf_{x \in \mathbb{R}^n, y \in K} l_r(x, y, \lambda) \\
&= - \inf_{x \in \mathbb{R}^n, y \in K} [f(x) + \langle \lambda, g(x) - y \rangle + r\sigma(y - g(x))] \\
&= - \inf_{x \in \mathbb{R}^n, u \in \mathcal{Y}} [f(x) + \delta_K(g(x) + u) - \langle \lambda, u \rangle + r\sigma(u)] \\
&= - \inf_{u \in \mathcal{Y}} [\theta(u) - \langle \lambda, u \rangle + r\sigma(u)] \\
&= \sup_{u \in \mathcal{Y}} [\langle \lambda, u \rangle - \nu_r(u)] \\
&= \nu_r^*(\lambda),
\end{aligned} \tag{7.36}$$

由此推出 $\nu_r^*(\lambda) = \theta_r(\lambda)$.

根据定理 1.17, 由 $\nu^* = \theta$, 可得

$$\theta_r(\lambda) = \nu_r^*(\lambda) = [\nu + r \cdot \sigma]^*(\lambda) = [\nu^* \square (r \cdot \sigma)^*](\lambda) = [\theta \square (r \cdot \sigma)^*](\lambda),$$

这证得 (iii). ∎

像命题 7.5 那样, 可得到 θ_r 与 ν_r 的类似的结果.

命题 7.9 对由 (7.80) 定义的函数 ν_r 与由 (7.26) 定义的 θ_r. 下述性质成立:

(a) $\theta_r(\lambda) = \nu_r^*(\lambda)$ 与 $\nu_r^{**}(s) = \theta_r^*(s)$;

(b) 如果 ν_r 是一正常函数 (即 $\nu_r(s) > -\infty, \forall s \in \mathcal{S}$ 且存在某一向量 $\hat{s} \in \mathcal{S}$ 满足 $\nu_r(\hat{s}) < +\infty$), 那么 θ_r 与 ν_r^{**} 是正常的下半连续凸函数 (意味着 $\mathrm{dom}\, \theta_r \neq \varnothing$ 与 $\mathrm{dom}\, \nu_r^{**} \neq \varnothing$);

(c) 如果 ν_r 是正常的下半连续函数, 那么对任何 $s \in \mathcal{Y}$,

$$\nu_r(s) = \nu_r^{**}(s) = \theta_r^*(s).$$

平行于命题 7.6, 有下述结果.

命题 7.10 令 $s \in \mathcal{Y}$ 与 $\lambda \in \mathcal{Y}$. 设 σ 是一度量函数. 设函数 ν_r 是正常的下半连续函数, 满足 $\nu_r(s) \in \mathbb{R}$. 那么下述性质是等价的:

(i) $s \in \partial \theta_r(\lambda)$;

(ii) $\lambda \in \partial \nu_r^{**}(s)$ (实际上 $\lambda \in \partial \nu_r(s)$);

(iii) $s \in \mathcal{S}$ 且问题 (7.81) 的任何解都是 $l_r(\cdot, \cdot, \lambda)$ 在 $\mathbb{R}^n \times \mathcal{Y}$ 上的极小点;

(iv) 存在问题 (7.81) 的一可行点, 它是 $l_r(\cdot, \cdot, \lambda)$ 在 $\mathbb{R}^n \times \mathcal{Y}$ 上的极小点.

证明　因为 ν_r 是正常的下半连续凸函数, 根据引理 7.2, 有 $\theta_r = \nu_r^*$, 可得 θ_r 是正常的下半连续凸函数. 因此, 根据定理 1.14 知,

$$s \in \partial\theta_r(\lambda) \Longleftrightarrow \theta_r(\lambda) + \theta_r^*(s) = \langle \lambda, s \rangle. \tag{7.37}$$

(i)$\Longleftrightarrow$(ii). 由引理 1.2, 即 [52, Corollary 23.5.1] 得到

$$s \in \partial\theta_r(\lambda) \Longleftrightarrow \lambda \in \partial\theta_r^*(s).$$

根据命题 7.9,
$$s \in \partial\theta_r(\lambda) \Longleftrightarrow s \in \partial\nu_r^*(\lambda) \Longleftrightarrow \lambda \in \partial\nu_r^{**}(s).$$

因为 ν_r 在 s 处是下半连续的, 满足 $\nu_r(s) \in \mathbb{R}$, 可得 $\partial\nu_r(s) = \partial\nu_r^{**}(s)$. 于是我们得到 $s \in \partial\theta_r(\lambda)$ 当且仅当 $\lambda \in \partial\nu_r(s)$.

(i), (ii)$\Longrightarrow$(iii). 设 $s \in \partial\theta_r(\lambda)$. 由 (ii), $s \in \mathrm{dom}\,\nu_r^{**} = \mathrm{dom}\,\nu_r = \mathcal{S}$. 设 (x_s, y_s) 是问题 (7.81) 的任意一解. 那么

$$\begin{aligned}
l_r(x_s, y_s, \lambda) &= f(x_s) - \langle \lambda, s \rangle + r\sigma(s) \quad (g(x_s) + s = y_s)\\
&= \nu_r(s) - \langle \lambda, s \rangle \quad (\nu_r \text{ 的定义})\\
&= \theta_r^*(s) - \langle \lambda, s \rangle \quad (\text{命题 7.9})\\
&= -\theta_r(\lambda) \quad ((7.37) \text{ 与 } s \in \partial\theta_r(\lambda))\\
&= \inf_{x \in \mathbb{R}^n, y \in K} l_r(x, y, \lambda) \quad (\theta_r \text{ 的定义}).
\end{aligned}$$

这表明 (x_s, y_s) 是 $l_r(\cdot, \cdot, \lambda)$ 在 $\mathbb{R}^n \times K$ 上的极小点.

(iii)$\Longrightarrow$(iv). 由于当 $s \in \mathcal{S}$ 与 $\mathrm{dom}\,\theta_r \neq \varnothing$ 时 (这由 θ_r 是正常的下半连续凸函数这一事实得到), 问题 (7.81) 存在一解, 从而得到这一推出关系.

(iv)$\Longrightarrow$(i). 设 (x_s, y_s) 是问题 (7.81) 的一可行点, 它在 $\mathbb{R}^n \times K$ 上极小化函数 $l_r(\cdot, \cdot, \lambda)$. 对任何 $\lambda' \in \mathcal{Y}$,

$$\begin{aligned}
&\langle s, \lambda' \rangle - \theta_r(\lambda')\\
&\leqslant \langle s, \lambda' \rangle + f(x_s) + \langle \lambda', g(x_s) - y_s \rangle + r\sigma(y_s - g(x_s)) \quad (\text{由 } \theta_r \text{ 的定义})\\
&= f(x_s) + \langle \lambda', g(x_s) - y_s + s \rangle + r\sigma(s)\\
&= f(x_s) + \langle \lambda, g(x_s) - y_s + s \rangle + r\sigma(s) \quad ((x_s, y_s) \text{ 的可行性推出 } g(x_s) + s = y_s)\\
&= \langle s, \lambda \rangle + \inf_{x \in \mathbb{R}^n, y \in K} [f(x) + \langle \lambda, g(x) - y \rangle + r\sigma(y - g(x))]
\end{aligned}$$

$$= \langle s, \lambda \rangle - \theta_r(\lambda),$$

于是得到

$$\theta_r(\lambda') \geqslant \theta_r(\lambda) + \langle s, \lambda' - \lambda \rangle.$$

因此有 $s \in \partial \theta_r(\lambda)$. ∎

当问题 (7.1) 是可行的, Sol(P)$\neq \varnothing$ 与 Sol(D)$\neq \varnothing$, 所以存在 $x \in$ Sol(P) 与 $\lambda \in$ Sol(D) 满足

$$\nabla f(x) + \mathrm{D}g(x)^* \lambda = 0, \quad \lambda \in N_K(g(x)). \tag{7.38}$$

我们用 S_{KKT}^* 记满足 (7.38) 的所有 (x, λ) 的集合.

7.3 增广 Lagrange 方法

本节主要考虑不可行的凸优化问题. 设 $\mathcal{S}$ 是闭集, $0 \notin \mathcal{S}$, 我们探讨最小约束违背的优化问题 (P($\bar{s}$)) 的增广 Lagrange 方法, 其中 $\bar{s}$ 是由 (7.19) 定义的 σ 度量的最小违背平移. 问题 (P($\bar{s}$)) 的共轭对偶问题, 记为 (D($\bar{s}$)), 可表示为

$$(\mathrm{D}(\bar{s})) \quad \max_\lambda \langle \bar{s}, \lambda \rangle - \nu^*(\lambda).$$

如果 $\mathcal{S}$ 是闭集, $0 \notin \mathcal{S}$, 那么 $\bar{s}$ 在 $\mathcal{S}$ 的相对边界上, 即 $\bar{s} \in \mathrm{ribdry}\,\mathcal{S}$. 现在给出确保问题 (P($\bar{s}$)) 与其共轭对偶问题 (D($\bar{s}$)) 间零对偶间隙的条件以及解集 Sol (D($\bar{s}$)) 的刻画. 下述命题完全同于命题 4.9.

命题 7.11 设 $\bar{s} \neq 0$ 满足 Val (P($\bar{s}$)) $\in \mathbb{R}$.

(i) 设函数 ν 在 $\bar{s}$ 处是下半连续的. 则

$$\mathrm{Val}\,(\mathrm{D}(\bar{s})) = \mathrm{Val}\,(\mathrm{P}(\bar{s})).$$

(ii) 如果 $\partial \nu(\bar{s}) \neq \varnothing$, 那么

$$\mathrm{Val}\,(\mathrm{D}(\bar{s})) = \mathrm{Val}\,(\mathrm{P}(\bar{s})) \quad \text{与} \quad \mathrm{Sol}\,(\mathrm{D}(\bar{s})) = \partial \nu(\bar{s})$$

或

$$\mathrm{Sol}\,(\mathrm{D}(\bar{s})) = \{\lambda \in \mathcal{Y} : \bar{s} \in \partial \theta(\lambda)\} = [\partial \theta]^{-1}(\bar{s}).$$

下述命题推出, 当 $\bar{s} \neq 0$ 时, 如果 (D($\bar{s}$)) 非空, 那么它是无界的, 且 $-\nabla \sigma(\bar{s})$ 是 (D($\bar{s}$)) 的一个回收方向.

命题 7.12　设 σ 是一光滑的度量函数. 设 $\bar{s} \neq 0$ 满足 $\mathrm{Val}(\mathrm{P}(\bar{s})) \in \mathbb{R}$, ν 在 $\bar{s}$ 处是下半连续的且 $\mathrm{Sol}(\mathrm{D}(\bar{s})) \neq \varnothing$. 那么 $\mathrm{Sol}(\mathrm{D}(\bar{s}))$ 是无界的, 且

$$-\nabla\sigma(\bar{s}) \in [\mathrm{Sol}(\mathrm{D}(\bar{s}))]^{\infty}. \tag{7.39}$$

证明　根据命题 7.11, 有

$$\mathrm{Sol}(\mathrm{D}(\bar{s})) = \{\lambda \in \mathcal{Y} : 0 \in \partial\theta_{\bar{s}}(\lambda)\} = \{\lambda \in \mathcal{Y} : \bar{s} \in \partial\theta(\lambda)\}.$$

则对任何 $\bar{\lambda} \in \mathrm{Sol}(\mathrm{D}(\bar{s}))$, 可得

$$[\mathrm{Sol}(\mathrm{D}(\bar{s}))]^{\infty} = \{\xi \in \mathcal{Y} : 0 \in \partial\theta_{\bar{s}}(\bar{\lambda} + t\xi), \ \forall t \geqslant 0\}$$
$$= \{\xi \in \mathcal{Y} : \bar{s} \in \partial\theta(\bar{\lambda} + t\xi), \ \forall t \geqslant 0\}.$$

因此, 只需证明

$$\bar{s} \in \partial\theta(\bar{\lambda} - t\nabla\sigma(\bar{s})), \quad \forall t \geqslant 0. \tag{7.40}$$

由 $\bar{s}$ 的定义, 有

$$\bar{s} \in \mathrm{Arg\,min}\,\{\sigma(s) : s \in \mathcal{S}\},$$

其中 $\mathcal{S}$ 是空间 $\mathcal{Y}$ 中的凸集, 由 (7.14) 定义. 于是有

$$\langle \nabla\sigma(\bar{s}), s - \bar{s} \rangle \geqslant 0, \quad \forall s \in \mathcal{S}$$

或

$$\langle \nabla\sigma(\bar{s}), s \rangle \geqslant \langle \nabla\sigma(\bar{s}), \bar{s} \rangle, \quad \forall s \in \mathcal{S}. \tag{7.41}$$

对任何 $\lambda \in \mathrm{dom}\,\theta$ 和任意的 $t \geqslant 0$,

$$\theta(\lambda) - \theta(\bar{\lambda} - t\nabla\sigma(\bar{s}))$$
$$= \theta(\lambda) + \inf_{x \in \mathbb{R}^n, y \in K} \left[f(x) + \langle \bar{\lambda} - t\nabla\sigma(\bar{s}), g(x) - y \rangle \right]$$
$$\geqslant \theta(\lambda) + \inf_{x \in \mathbb{R}^n, y \in K} \left[f(x) + \langle \bar{\lambda}, g(x) - y \rangle \right] + \inf_{x \in \mathbb{R}^n, y \in K} \left[\langle -t\nabla\sigma(\bar{s}), g(x) - y \rangle \right]$$
$$= \theta(\lambda) - \theta(\bar{\lambda}) + \inf_{s \in \mathcal{S}} \left[t\langle \nabla\sigma(\bar{s}), s \rangle \right]$$
$$\geqslant \langle \bar{s}, \lambda - \bar{\lambda} \rangle + t\langle \nabla\sigma(\bar{s}), \bar{s} \rangle \quad (\text{由}(7.41) \text{ 与 } \bar{s} \in \partial\theta(\bar{\lambda}))$$
$$= \langle \bar{s}, \lambda - (\bar{\lambda} - t\nabla\sigma(\bar{s})) \rangle.$$

这推出 (7.40). ∎

对于 $0 \notin \mathcal{S}$, $\mathcal{S}$ 是闭集的情况, 用 $(\mathrm{P}_r(\bar{s}))$ 表示下述问题

$$(\mathrm{P}_r(\bar{s})) \qquad \begin{array}{ll} \min & f(x) + r\sigma(\bar{s}) \\ \mathrm{s.\,t.} & g(x) + \bar{s} \in K, \end{array} \tag{7.42}$$

其中 $\bar{s}$ 是关于度量函数的最小约束违背. 问题 $(\mathrm{P}_r(\bar{s}))$ 的共轭对偶问题, 记为 $(\mathrm{D}_r(\bar{s}))$, 可表示为

$$(\mathrm{D}_r(\bar{s})) \quad \max_\lambda \langle \bar{s}, \lambda \rangle - \nu_r^*(\lambda) = \max_\lambda \langle \bar{s}, \lambda \rangle - \theta_r(\lambda). \tag{7.43}$$

完全类似命题 7.11, 可以得到下述结果.

命题 7.13 设 σ 是度量函数. 设 $\bar{s} \neq 0$ 满足 $\mathrm{Val}\,(\mathrm{P}_r(\bar{s})) \in \mathbb{R}$.

(i) 设函数 ν_r 在 $\bar{s}$ 处是下半连续的. 那么

$$\mathrm{Val}\,(\mathrm{D}_r(\bar{s})) = \mathrm{Val}\,(\mathrm{P}_r(\bar{s}));$$

(ii) 如果 $\partial\nu_r(\bar{s}) \neq \varnothing$, 那么

$$\mathrm{Val}\,(\mathrm{D}_r(\bar{s})) = \mathrm{Val}\,(\mathrm{P}_r(\bar{s})) \quad \text{与} \quad \mathrm{Sol}\,(\mathrm{D}_r(\bar{s})) = \partial\nu_r(\bar{s})$$

或者

$$\mathrm{Sol}\,(\mathrm{D}_r(\bar{s})) = \{\lambda \in \mathcal{Y} : \bar{s} \in \partial\theta_r(\lambda)\} = [\partial\theta_r]^{-1}(\bar{s}).$$

命题 7.14 设 σ 是一光滑的度量函数, $\bar{s} \neq 0$, $\mathrm{Val}\,(\mathrm{P}_r(\bar{s})) \in \mathbb{R}$, ν_r 在 $\bar{s}$ 处是下半连续的, $\mathrm{Sol}\,(\mathrm{D}_r(\bar{s})) \neq \varnothing$. 那么 $\mathrm{Sol}\,(\mathrm{D}_r(\bar{s}))$ 是无界的, 且

$$-\nabla\sigma(\bar{s}) \in [\mathrm{Sol}\,(\mathrm{D}_r(\bar{s}))]^\infty. \tag{7.44}$$

证明 因为函数 σ 是光滑的凸的度量函数, θ_r 是光滑函数. 根据命题 7.13, 可得

$$\mathrm{Sol}\,(\mathrm{D}_r(\bar{s})) = \{\lambda \in \mathcal{Y} : \bar{s} = \nabla\theta_r(\lambda)\}.$$

于是, 对任何 $\bar{\lambda} \in \mathrm{Sol}\,(\mathrm{D}_r(\bar{s}))$,

$$[\mathrm{Sol}\,(\mathrm{D}_r(\bar{s}))]^\infty = \{\xi \in \mathcal{Y} : \bar{s} = \nabla\theta_r(\bar{\lambda} + t\xi), \forall t \geqslant 0\}.$$

所以, 只需证明

$$\bar{s} = \nabla\theta_r(\bar{\lambda} - t\nabla\sigma(\bar{s})), \quad \forall t \geqslant 0. \tag{7.45}$$

由 $\bar{s}$ 的定义,

$$\bar{s} = \mathrm{Arg\,min}\,\{\sigma(s) : s \in \mathcal{S}\},$$

其中 $\mathcal{S}$ 是由 (7.14) 定义的空间 $\mathcal{Y}$ 中的凸集. 那么有

$$\langle \nabla \sigma(\bar{s}), s - \bar{s} \rangle \geqslant 0, \quad \forall s \in \mathcal{S}$$

或

$$\langle \nabla \sigma(\bar{s}), s \rangle \geqslant \langle \nabla \sigma(\bar{s}), \bar{s} \rangle, \quad \forall s \in \mathcal{S}. \tag{7.46}$$

对任何 $\lambda \in \operatorname{dom} \theta_r$ 和任意的 $t \geqslant 0$,

$$\begin{aligned}
&\theta_r(\lambda) - \theta_r(\bar{\lambda} - t\nabla\sigma(\bar{s})) \\
&= \theta_r(\lambda) + \inf_{x \in \mathbb{R}^n, y \in K} \left[f(x) + \langle \bar{\lambda} - t\nabla\sigma(\bar{s}), g(x) - y \rangle + r\sigma(y - g(x)) \right] \\
&\geqslant \theta_r(\lambda) + \inf_{x \in \mathbb{R}^n, y \in K} \left[f(x) + \langle \bar{\lambda}, g(x) - y \rangle + r\sigma(y - g(x)) \right] \\
&\quad + \inf_{x \in \mathbb{R}^n, y \in K} \left[\langle -t\nabla\sigma(\bar{s}), g(x) - y \rangle \right] \\
&= \theta_r(\lambda) - \theta_r(\bar{\lambda}) + \inf_{s \in \mathcal{S}} \left[t\langle \nabla\sigma(\bar{s}), s \rangle \right] \\
&\geqslant \langle \bar{s}, \lambda - \bar{\lambda} \rangle + t\langle \nabla\sigma(\bar{s}), \bar{s} \rangle \qquad (\text{根据}(7.46) \text{ 与 } \bar{s} \in \partial\theta_r(\bar{\lambda})) \\
&= \langle \bar{s}, \lambda - (\bar{\lambda} - t\nabla\sigma(\bar{s})) \rangle,
\end{aligned}$$

推出 (7.45). ∎

    增广 Lagrange 方法的分析基于凸函数的下卷积. 根据引理 7.2 可知, $\theta_r : \mathcal{Y} \to \overline{\mathbb{R}}$ 是 θ 与 $(r\sigma)^*$ 的内卷积:

$$\theta_r(\lambda) = \inf_{\lambda' \in \mathcal{Y}} \left\{ \theta(\lambda') + (r \cdot \sigma)^*(\lambda - \lambda') \right\}. \tag{7.47}$$

解映射 (这里用术语 "邻近映射") $P_r : \mathcal{Y} \to \mathcal{Y}$ 定义为

$$P_r(\lambda) = \operatorname{Arg\,min} \left\{ \theta(\lambda') + (r \cdot \sigma)^*(\lambda - \lambda') : \lambda' \in \mathcal{Y} \right\}. \tag{7.48}$$

    下述结果由引理 1.4 得到, 它对于分析增广 Lagrange 对偶函数 θ_r 的性质非常重要.

    命题 7.15　设 $\theta : \mathcal{Y} \to \mathbb{R}$ 是正常的闭凸函数, σ 是 μ-强凸的度量函数. 那么

(i) θ_r 是 $\dfrac{1}{r\mu}$-光滑的;

(ii) 对 $\lambda \in \mathcal{Y}$, 如果 $P_r(\lambda)$ 由 (7.48) 定义, 那么

$$\nabla\theta_r(\lambda) = \nabla(r \cdot \sigma)^*(\lambda - P_r(\lambda)).$$

证明 根据引理 1.4 可知, 如果 σ 是 μ-强凸的光滑函数, 那么 $r \cdot \sigma$ 是 $r\mu$-强凸函数, $(r \cdot \sigma)^*$ 是 $1/r\mu$-光滑的. 注意

$$\theta_r(\lambda) = [\theta \square (r \cdot \sigma)^*](\lambda),$$

由引理 1.3 可得 (i) 与 (ii). ∎

下述定理提供了分析增广 Lagrange 方法的一些关键结果.

定理 7.1 设 $\theta : \mathcal{Y} \to \mathbb{R}$ 是一正常的闭凸函数, σ 是 μ-强凸函数, 则

$$\theta_r(\lambda) = -\inf_{x \in \mathbb{R}^n, y \in K} l_r(x, y, \lambda), \tag{7.49}$$

是 $\dfrac{1}{r\mu}$-光滑的, 其中 l_r 是增广 Lagrange 函数. 定义

$$(x(\lambda, r), y(\lambda, r)) \in \text{Arg min} \{l_r(x, y, \lambda) : x \in \mathbb{R}^n, y \in K\}.$$

则

$$s(\lambda, r) = \nabla \theta_r(\lambda), \quad P_r(\lambda) = \lambda - r\nabla\sigma(s(\lambda, r)) \quad \text{与} \quad s(\lambda, r) \in \partial\theta(P_r(\lambda)),$$

其中

$$s(\lambda, r) = y(\lambda, r) - g(x(\lambda, r)).$$

证明 设 $(x(\lambda, r), y(\lambda, r))$ 是问题 (7.81) 的可行点, 它是 $l_r(\cdot, \cdot, \lambda)$ 在 $\mathbb{R}^n \times K$ 上的极小点. 记 $s = y(\lambda, r) - g(x(\lambda, r))$. 对任何 $\lambda' \in \mathcal{Y}$,

$$\langle s, \lambda' \rangle - \theta_r(\lambda')$$
$$\leqslant \langle s, \lambda' \rangle + f(x(\lambda, r)) + \langle \lambda', g(x(\lambda, r)) - y(\lambda, r) \rangle$$
$$\quad + r\sigma(y(\lambda, r) - g(x(\lambda, r))) \quad (\theta_r \text{ 的定义})$$
$$= f(x(\lambda, r)) + \langle \lambda', g(x(\lambda, r)) - y(\lambda, r) + s \rangle + r\sigma(s)$$
$$= f(x(\lambda, r)) + \langle \lambda, g(x(\lambda, r)) - y(\lambda, r) + s \rangle + r\sigma(s)$$
$$= \langle s, \lambda \rangle + \inf_{x \in \mathbb{R}^n, y \in K} [f(x) + \langle \lambda, g(x) - y \rangle + r\sigma(y - g(x))]$$
$$= \langle s, \lambda \rangle - \theta_r(\lambda),$$

其中第二个等式用到 $(x(\lambda, r), y(\lambda, r))$ 的可行性, 即 $g(x(\lambda, r)) + s = y(\lambda, r)$. 于是有

$$\theta_r(\lambda') \geqslant \theta_r(\lambda) + \langle s, \lambda' - \lambda \rangle,$$

或等价地, $s \in \partial\theta_r(\lambda)$. 注意 θ_r 是 $\frac{1}{r\mu}$-光滑的, 且 $\partial\theta_r(\lambda) = \{\nabla\theta_r(\lambda)\}$, 得到 $\nabla\theta_r(\lambda) = s(\lambda, r)$.

另一方面, 根据命题 7.15,

$$s(\lambda, r) = \nabla(c \cdot \sigma)^*(\lambda - P_r(\lambda)),$$

由此推出

$$\lambda - P_r(\lambda) = \nabla(r \cdot \sigma)(s(\lambda, r)) = r\nabla\sigma(s(\lambda, r)).$$

所以得到 $P_r(\lambda) = \lambda - r\nabla\sigma(s(\lambda, r))$.

记 $\lambda^+ = P_r(\lambda)$. 由 $P_r(\lambda)$ 的定义, 得到

$$0 \in \partial\theta(\lambda^+) - \nabla(r \cdot \sigma)^*(\lambda - \lambda^+).$$

利用刚才所证明, $\lambda^+ = \lambda - \nabla(r \cdot \sigma)(s(\lambda, r))$ 或等价地, $\lambda - \lambda^+ = \nabla(r \cdot \sigma)(s(\lambda, r))$, 可得

$$0 \in \partial\theta(\lambda^+) - s(\lambda, r). \qquad \blacksquare$$

命题 7.16 设 σ 是一 μ-强凸函数, $\lambda \in Y$ 与 $r > 0$. 如果 $\lambda \in \mathrm{dom}\,\theta$, 那么增广 Lagrange 子问题

$$\min_{x \in \mathbb{R}^n, y \in K} l_r(x, y, \lambda) \tag{7.50}$$

有唯一的解存在.

证明 因为 $\lambda \in \mathrm{dom}\,\theta$, $\mathrm{dom}\,\theta \neq \varnothing$, 由 (7.25), 可得 θ 是一正常的下半连续凸函数, (7.47) 的右端问题的最优值 $\theta_r(\lambda)$ 是有限的. 因为 σ 是 μ-强凸的, 可知问题 (7.50) 有唯一的解. $\qquad \blacksquare$

命题 7.17 设 $\bar{s} \neq 0$, $\mathrm{Val}\,(P_r(\bar{s})) \in \mathbb{R}$, ν 在 $\bar{s}$ 处是下半连续的, 且 $\mathrm{Sol}\,(D_r(\bar{s})) \neq \varnothing$. 设 σ 是一光滑的 μ-强凸的度量函数, 并取 $\lambda \in \mathcal{Y}$. 那么下述性质成立:

(i) $\mathrm{dist}\,(\lambda - \alpha\nabla\sigma(\bar{s}), \mathrm{Sol}\,(D(\bar{s}))) \leqslant \mathrm{dist}\,(\lambda, \mathrm{Sol}\,(D(\bar{s})))$, $\forall\alpha \geqslant 0$;

(ii) $\mathrm{dist}\,(\lambda - \alpha\nabla\sigma(\bar{s}), \mathrm{Sol}\,(D_r(\bar{s}))) \leqslant \mathrm{dist}\,(\lambda, \mathrm{Sol}\,(D_r(\bar{s})))$, $\forall\alpha \geqslant 0$.

证明 (i) 定义

$$\tilde{\lambda} = \Pi_{\mathrm{Sol}\,(D(\bar{s}))}(\lambda).$$

它是有定义的, 因为 $\mathrm{Sol}\,(D(\bar{s}))$ 是非空闭凸集. 根据命题 7.12 知, 对任何 $\alpha \geqslant 0$, $\tilde{\lambda} - \alpha\nabla\sigma(\bar{s}) \in \mathrm{Sol}\,(D(\bar{s}))$. 因此

$$\mathrm{dist}\,(\lambda - \alpha\nabla\sigma(\bar{s}), \mathrm{Sol}\,(D(\bar{s}))) \leqslant \|\lambda - \alpha\nabla\sigma(\bar{s}) - [\tilde{\lambda} - \alpha\nabla\sigma(\bar{s})]\|$$

$$= \|\lambda - \tilde{\lambda}\| = \mathrm{dist}\,(\lambda, \mathrm{Sol}\,(D(\bar{s}))).$$

(ii) 类似上面证明, 定义

$$\tilde{\lambda} = \Pi_{\mathrm{Sol}\,(\mathrm{D}_r(\bar{s}))}(\lambda).$$

它是有定义的, 因为 $\mathrm{Sol}\,(\mathrm{D}_r(\bar{s}))$ 是一非空的闭凸集. 根据命题 7.14, 对任何 $\alpha \geqslant 0$, $\tilde{\lambda} - \alpha\nabla\sigma(\bar{s}) \in \mathrm{Sol}\,(\mathrm{D}_r(\bar{s}))$. 所以

$$\mathrm{dist}\,(\lambda - \alpha\nabla\sigma(\bar{s}), \mathrm{Sol}\,(\mathrm{D}_r(\bar{s}))) \leqslant \|\lambda - \alpha\nabla\sigma(\bar{s}) - [\tilde{\lambda} - \alpha\nabla\sigma(\bar{s})]\|$$

$$= \|\lambda - \tilde{\lambda}\| = \mathrm{dist}\,(\lambda, \mathrm{Sol}\,(\mathrm{D}_r(\bar{s}))). \qquad \blacksquare$$

引理 7.3 设 $\bar{s} \neq 0$. 设 $g : \mathbb{R}^n \to \mathcal{Y}$ 是光滑映射, 满足 G_K 是图-凸的, σ 是光滑的度量函数. 那么 $(\bar{x}, \bar{y}) \in \mathbb{R}^n \times \mathcal{Y}$ 满足 $\bar{y} - g(\bar{x}) = \bar{s}$ 与 $\bar{y} \in K$, 满足下述性质是等价的:

(i) $\mathrm{D}g(\bar{x})^*\nabla\sigma(\bar{y} - g(\bar{x})) = 0$ 与 $\bar{y} = \Pi_K(\bar{y} - \nabla\sigma(\bar{y} - g(\bar{x})))$;

(ii) $(\bar{x}, \bar{y})$ 是下述问题的解

$$\min_{x \in \mathbb{R}^n, y \in K} \sigma(y - g(x)). \qquad (7.51)$$

证明 引入

$$s = -g(x) + y, \qquad (7.52)$$

则问题 (7.51) 等价于

$$\min_{x \in \mathbb{R}^n, s \in \mathcal{Y}} \sigma(s)$$
$$\text{s.t.} \quad g(x) + s \in K. \qquad (7.53)$$

由于 G_K 是图-凸的集值映射, 问题 (7.53) 是凸优化问题. 设 $(\bar{x}, \bar{s})$ 是问题 (7.53) 的一个解. 注意到问题 (7.53) 的广义 Slater 条件成立, $(\bar{x}, \bar{s})$ 是问题 (7.53) 的解当且仅当下述 Karush-Kuhn-Tucker 条件在 $(\bar{x}, \bar{s})$ 处成立, 即存在 Lagrange 乘子 $\bar{\lambda} \in \mathcal{Y}$ 满足

$$\mathrm{D}g(\bar{x})^*\bar{\lambda} = 0,$$
$$\nabla\sigma(\bar{s}) + \bar{\lambda} = 0, \qquad (7.54)$$
$$\bar{\lambda} \in N_K(g(\bar{x}) + \bar{s}).$$

令 $\bar{y} = g(\bar{x}) + \bar{s}$, 上述关系可以等价地表示为

$$\mathrm{D}g(\bar{x})^*\nabla\sigma(g(\bar{x}) - \bar{y}) = 0,$$
$$-\nabla\sigma(\bar{y} - g(\bar{x})) \in N_K(\bar{y}). \qquad (7.55)$$

由于包含关系式 $-\nabla\sigma(\bar{y} - g(\bar{x})) \in N_K(\bar{y})$ 等价于 $\bar{y} = \Pi_K(\bar{y} - \nabla\sigma(\bar{y} - g(\bar{x})))$, 可得 (7.55) 与 (i) 等价. ∎

现在给出基于增广 Lagrange 函数刻画最小约束违背优化问题 P($\bar{s}$) 最优解的最优性条件.

定理 7.2　设函数 ν 是正常的下半连续函数, 满足 $\nu(\bar{s}) \in \mathbb{R}$ 与

$$\bar{s} \in \operatorname{dom}\partial\nu. \tag{7.56}$$

取 $r > 0$, 设 l_r 是由 (7.22) 定义的增广 Lagrange 函数. 设 σ 是光滑的 μ-强凸的度量函数. 设 g 是从 $\mathbb{R}^n$ 到 $\mathcal{Y}$ 的光滑映射, 满足 G_K 是图-凸的. 那么 $(\bar{x}, \bar{y})$ 是下述问题

$$\begin{aligned} \min\quad & f(x) + r\sigma(\bar{s}) \\ \mathrm{s.t.}\quad & g(x) + \bar{s} = y, \\ & y \in K \end{aligned} \tag{7.57}$$

的最优解的充分必要条件是, 存在某一 $\bar{\lambda} \in \mathcal{Y}$ 满足

$$\begin{aligned} & (\bar{x}, \bar{y}) \in \operatorname*{Arg\,min}_{x \in \mathbb{R}^n, y \in K} l_r(x, y, \bar{\lambda}), \\ & \mathrm{D}g(\bar{x})^* \nabla\sigma(\bar{y} - g(\bar{x})) = 0, \\ & \bar{y} = \Pi_K(\bar{y} - \nabla\sigma(\bar{y} - g(\bar{x}))). \end{aligned} \tag{7.58}$$

证明　必要性. 设 $(\bar{x}, \bar{y})$ 是问题 (7.57) 的解. 那么 $\bar{y} - g(\bar{x}) = \bar{s}$, $\bar{y} \in K$, 其中 $\bar{s}$ 满足

$$\{\bar{s}\} = \operatorname{Arg\,min}\{\sigma(s) : s \in \mathcal{S}\}.$$

那么根据引理 7.3 中的推出关系 (i)$\Longrightarrow$(ii), 我们得到

$$\mathrm{D}g(\bar{x})^* \nabla\sigma(g(\bar{x}) - \bar{y}) = 0 \quad \text{与} \quad \bar{y} = \Pi_K(\bar{y} - \nabla\sigma(\bar{y} - g(\bar{x}))),$$

即 (7.58) 中的第二个和第三个关系式成立.

由命题 7.6 中 (i) 与 (ii) 的等价性知, $\bar{s} \in \operatorname{dom}\partial\nu$ 推出存在某个 $\bar{\lambda}$, 满足 $\bar{s} \in \partial\theta(\bar{\lambda})$. 根据命题 7.6 中的推出关系 (i)$\Longrightarrow$(iii), $(\bar{x}, \bar{y})$ 是 $l(\cdot, \cdot, \bar{\lambda})$ 在 $\mathbb{R}^n \times K$ 上的极小点:

$$f(\bar{x}) + \langle\bar{\lambda}, g(\bar{x}) - \bar{y}\rangle \leqslant f(x) + \langle\bar{\lambda}, g(x) - y\rangle, \quad \forall(x, y) \in \mathbb{R}^n \times K. \tag{7.59}$$

对任何 $(x, y) \in \mathbb{R}^n \times K$, $y - g(x) \in \mathcal{S}$, 由 $\bar{s}$ 的定义可得

$$\sigma(\bar{y} - g(\bar{x})) = \sigma(\bar{s}) \leqslant \sigma(g(x) - y).$$

利用 (7.59) 知, 对任意的 $(x, y) \in \mathbb{R}^n \times K$,

$$f(\bar{x}) + \langle \bar{\lambda}, g(\bar{x}) - \bar{y} \rangle + r \cdot \sigma(\bar{y} - g(\bar{x})) \leqslant f(x) + \langle \bar{\lambda}, g(x) - y \rangle + r \cdot \sigma(y - g(x)).$$

这证得 (7.58) 中的

$$(\bar{x}, \bar{y}) \in \text{Arg} \min_{x \in \mathbb{R}^n, y \in K} l_r(x, y, \bar{\lambda}).$$

充分性. 根据引理 7.3 中的推出关系 (ii) $\Longrightarrow$ (i), 有 $\mathrm{D}g(\bar{x})^* \nabla \sigma(\bar{y} - g(\bar{x})) = 0$ 与 $\bar{y} = \Pi_K(\bar{y} - \nabla \sigma(\bar{y} - g(\bar{x})))$ 推出 $(\bar{x}, \bar{y})$ 满足问题 (7.57) 的约束. 设 (x, y) 满足 $g(x) = y, y + \bar{s} \in K$. 那么

$$(\bar{x}, \bar{y}) \in \text{Arg} \min_{x \in \mathbb{R}^n, y \in K} l_r(x, y, \bar{\lambda}).$$

从上式与 $g(\bar{x}) - \bar{y} = g(x) - y = -\bar{s}$ 可推出

$$f(\bar{x}) - \langle \bar{\lambda}, \bar{s} \rangle + r \cdot \sigma(\bar{s}) \leqslant f(x) - \langle \bar{\lambda}, \bar{s} \rangle + r \cdot \sigma(\bar{s}).$$

故对任何满足 $g(x) = y, y + \bar{s} \in K$ 的 (x, y), 均有 $f(\bar{x}) \leqslant f(x)$. 这表明 $(\bar{x}, \bar{y})$ 是问题 (7.57) 的一个解. ∎

现在给出求解问题 (7.3) 的基于增广函数 σ 的增广 Lagrange 方法.

算法 4 基于增广函数 σ 的增广 Lagrange 方法

选取初始的乘子 $\lambda^0 \in \mathcal{Y}$ 与 $r_0 > 0$. 置 $k := 0$.

while 终止准则不满足 **do**

    1. 求解问题

$$\min_{x \in \mathbb{R}^n, y \in K} l_{r_k}(x, y, \lambda^k),$$

    得到最优解 (x^{k+1}, y^{k+1}).

    2. 更新乘子

$$\lambda^{k+1} = \lambda^k - r_k \nabla \sigma[y^{k+1} - (g(x^{k+1}))].$$

    3. 选择新的惩罚参数 $r_{k+1} \geqslant r_k$.

    置 $k := k + 1$.

定义

$$s^k = y^k - g(x^k). \tag{7.60}$$

则根据引理 7.1 有

$$s^{k+1} \in \partial \theta(\lambda^{k+1}) \quad \text{与} \quad \lambda^{k+1} = P_{r_k}(\lambda^k). \tag{7.61}$$

定理 7.3　设 $\bar{s}$ 满足 $\mathrm{Val}(\mathrm{P}(\bar{s})) \in \mathbb{R}$, ν 在 $\bar{s}$ 处是下半连续的且 $\mathrm{Sol}(\mathrm{D}(\bar{s})) \neq \varnothing$. 设 σ 是光滑的 μ-强凸的度量函数, 设 $\{(x^k, y^k, \lambda^k)\}$ 是由增广 Lagrange 方法算法 4 生成的序列, 那么

(i) 序列 $\{\sigma(s^k)\}$ 是单调不增的. 更具体地,

$$\sigma(s^k) \geqslant \sigma(s^{k+1}) + \frac{\mu}{2}\|s^{k+1} - s^k\|^2; \tag{7.62}$$

(ii) 如果 θ 是下有界的, 那么 $\{\sigma(s^k)\}$ 收敛到 0, 并且 $s^k \to 0$;

(iii) 如果存在某一 $\epsilon > 0$ 满足 $\sigma(s^k) \to \epsilon$, 那么 $\theta(\lambda^k) \to -\infty$.

证明　(i) 注意 $s^k \in \partial\theta(\lambda^k)$, $s^{k+1} \in \partial\theta(\lambda^{k+1})$,

$$s^{k+1} = y^{k+1} - g(x^{k+1}) = \nabla(r_k \cdot \sigma)^*[\lambda^k - \lambda^{k+1}],$$

$$\lambda^{k+1} = \lambda^k - r_k \cdot \nabla\sigma(s^{k+1}).$$

由 σ 的 μ-强凸性质, 可得

$$\begin{aligned}
\sigma(s^k) &= \sigma(s^{k+1} + (s^k - s^{k+1})) \\
&\geqslant \sigma(s^{k+1}) + 2\langle\nabla\sigma(s^{k+1}), s^k - s^{k+1}\rangle + \frac{\mu}{2}\|s^{k+1} - s^k\|^2 \\
&= \sigma(s^{k+1}) + \frac{2}{r_k}\langle s^k - s^{k+1}, \lambda^k - \lambda^{k+1}\rangle + \frac{\mu}{2}\|s^{k+1} - s^k\|^2 \\
&\geqslant \sigma(s^{k+1}) + \frac{\mu}{2}\|s^{k+1} - s^k\|^2,
\end{aligned}$$

这里用到了

$$\frac{2}{r_k}\langle s^k - s^{k+1}, \lambda^k - \lambda^{k+1}\rangle \geqslant 0.$$

可见 (i) 成立.

现在证 (ii). 因为 $\sigma(0) = 0$ 且 σ 是凸函数, 我们得到

$$0 = r \cdot \sigma(0) \geqslant (r \cdot \sigma)(s^{k+1}) + \langle\nabla(r \cdot \sigma)(s^{k+1}), 0 - s^{k+1}\rangle.$$

由此推出

$$\langle\nabla(r \cdot \sigma)(s^{k+1}), s^{k+1}\rangle \geqslant (r \cdot \sigma)(s^{k+1}). \tag{7.63}$$

注意到 $s^{k+1} \in \partial\theta(\lambda^{k+1})$, 可得

$$\begin{aligned}
\theta(\lambda^k) - \theta(\lambda^{k+1}) &\geqslant \langle s^{k+1}, \lambda^k - \lambda^{k+1}\rangle \\
&\geqslant \langle s^{k+1}, \nabla(r \cdot \sigma)(s^{k+1})\rangle \\
&\geqslant (r \cdot \sigma)(s^{k+1}).
\end{aligned} \tag{7.64}$$

如果 θ 是下方有界的, 那么

$$\theta(\lambda^1) - \inf \theta \geqslant \sum_{k=1}^{\infty} (r \cdot \sigma)(s^{k+1}),$$

从而得到 $\sigma(s^{k+1}) \to 0$. 由度量函数 σ 的定义和它的 μ-强凸性,

$$\sigma(s^{k+1}) \geqslant \frac{\mu}{2}\|s^{k+1}\|^2,$$

由此推出 $s^{k+1} \to 0$.

现在证明 (iii). 如果存在某一 $\epsilon > 0$ 满足 $\sigma(s^k) \to \epsilon$, 那么由 $\sigma(s^k)$ 的不增性质, 有 $\sigma(s^k) \geqslant \epsilon$. 因此, 由 (7.64) 可得

$$\theta(\lambda^k) - \theta(\lambda^{k+1}) \geqslant \epsilon > 0,$$

由此推出 $\theta(\lambda^k) \to -\infty$. ■

推论 7.1 设 $\bar{s} \neq 0$, $\mathrm{Val}(\mathrm{P}(\bar{s})) \in \mathbb{R}$, ν 在 $\bar{s}$ 处是下半连续的且 $\mathrm{Sol}(\mathrm{D}(\bar{s})) \neq \varnothing$. 设 $\{(x^k, y^k, \lambda^k)\}$ 是由增广 Lagrange 方法算法 4 生成的点列, 其中 $r_k \geqslant \underline{r}$, $\underline{r} > 0$ 是某一常数. 则存在一常数 $\zeta > 0$ 满足 $\|\lambda^{k+1} - \lambda^k\| \geqslant \zeta$.

证明 首先用反证法证明存在一个正的常数 $\delta_0 > 0$ 满足 $\|\nabla\sigma(s^{k+1})\| \geqslant \delta_0$. 假设不存在这样的正数 δ, 则存在一指标序列 $\{k_i\}$ 满足 $\nabla\sigma(s^{k_i}) \to 0$. 因为 σ 是 μ-强凸的, σ 是水平有界的, 得到 $\|s^{k_i}\|$ 是有界的. 令 $\gamma_0 > 0$ 使得 $\|s^{k_i}\| \leqslant \gamma_0$ 成立. 由 σ 的凸性得到

$$0 = \sigma(0) \geqslant \sigma(s^{k+1}) + \langle \nabla\sigma(s^{k+1}), 0 - s^{k+1} \rangle$$

或等价地,

$$\sigma(s^{k+1}) \geqslant \langle \nabla\sigma(s^{k+1}), s^{k+1} \rangle.$$

进一步知

$$\sigma(s^{k_i}) \leqslant \langle \nabla\sigma(s^{k_i}), s^{k_i} \rangle \leqslant \|\nabla\sigma(s^{k_i})\|\|s^{k_i}\|.$$

这表明

$$\|\nabla\sigma(s^{k_i})\| \geqslant \epsilon/\gamma_0.$$

这与 $\nabla\sigma(s^{k_i}) \to 0$ 矛盾. 于是存在某一 $\delta_0 > 0$ 满足 $\|\nabla\sigma(s^{k+1})\| \geqslant \delta_0$. 从而得到

$$\|\lambda^{k+1} - \lambda^k\| = \| - r_k \nabla\sigma(s^{k+1})\| \geqslant \underline{r}\delta_0 := \zeta,$$

这就证得结论. ■

定义 $\{(x^k, \lambda^k)\}$ 的聚点集:

$$\omega = \limsup_{k\to\infty}\{(x^k, \lambda^k)\},$$

则有下述结论成立.

命题 7.18　设问题 (7.1) 是可行的, $\mathrm{Sol}(P) \neq \varnothing$ 与 $\mathrm{Sol}(D) \neq \varnothing$. 设 σ 是光滑的度量函数. 设序列 $\{(x^k, y^k, \lambda^k)\}$ 由增广 Lagrange 方法算法 4 生成, 其中 $r_k \equiv r > 0$. 如果 $\omega \neq \varnothing$, 那么 $\omega \subset S^*_{\mathrm{KKT}}$.

证明　因为问题 (7.1) 是可行的, $\mathrm{Sol}(P) \neq \varnothing$ 与 $\mathrm{Sol}(D) \neq \varnothing$, 故 $S^*_{\mathrm{KKT}} \neq \varnothing$. 取 $(\hat{x}, \hat{\lambda}) \in \omega$, 则存在指标集 $\{i_k\}$ 满足 $(x^{i_k}, \lambda^{i_k}) \to (\hat{x}, \hat{\lambda})$. 由 (x^{k+1}, y^{k+1}) 的定义, 可得

$$\nabla f(x^{k+1}) + \mathrm{D}g(x^{k+1})^*\lambda^{k+1} = 0,$$
$$\lambda^{k+1} = \lambda^k - r\nabla\sigma(s^{k+1}),$$
$$\lambda^{k+1} \in N_K(g(x^{k+1} + s^{k+1})),$$

从而推出

$$\nabla f(x^{i_k}) + \mathrm{D}g(x^{i_k})^*\lambda^{i_k} = 0, \quad \lambda^{i_k} \in N_K(g(x^{i_k} + s^{i_k})). \tag{7.65}$$

根据定理 7.3 (ii) 知, $s^{i_k} \to 0$. 在 (7.65) 中取 $i_k \to \infty$, 由 N_K 的外半连续性得到

$$\nabla f(\hat{x}) + \mathrm{D}g(\hat{x})^*\hat{\lambda} = 0, \quad \hat{\lambda} \in N_K(g(\hat{x})).$$

由此得到 $(\hat{x}, \hat{\lambda}) \in S^*_{\mathrm{KKT}}$.　∎

为了建立由增广 Lagrange 方法算法 4 生成的 $\{s^k\}$ 的性质, 我们需要下述的假设, 这一假设当 $\sigma(u) = \|u\|^2/2$ 时自然成立.

假设 7.1　设 σ 是光滑的度量函数, 则最优值函数 θ 满足下述单调性质:

$$\langle\lambda - \lambda', \nabla\sigma(s) - \nabla\sigma(s')\rangle \geqslant 0, \quad \forall(\lambda, s), (\lambda', s') \in \mathrm{gph}\,\partial\theta.$$

定理 7.4　设 $\bar{s} \neq 0$, $\mathrm{Val}(\mathrm{P}(\bar{s})) \in \mathbb{R}$, ν 在 $\bar{s}$ 处是下半连续的, $\mathrm{Sol}(\mathrm{D}(\bar{s})) \neq \varnothing$. 设假设 7.1 成立. 设 $\{(x^k, y^k, \lambda^k)\}$ 是由增广 Lagrange 方法算法 4 生成的, 其中 $r_k \geqslant \underline{r}$, $\underline{r} > 0$ 是某一常数. 那么 $s^k \to \bar{s}$.

证明　根据命题 7.29 知, 如果 $\mathrm{Sol}(\mathrm{D}(\bar{s})) \neq \varnothing$, 那么 $-\nabla\sigma(\bar{s}) \in \mathrm{Sol}(\mathrm{D}(\bar{s}))^\infty$. 在 $\mathrm{Sol}(\mathrm{D}(\bar{s}))$ 中定义序列:

$$u^0 \in \mathrm{Sol}(\mathrm{D}(\bar{s})) \quad \text{与} \quad u^{k+1} = u^k - r_k\nabla\sigma(\bar{s}) \quad (\forall k \geqslant 0),$$

则有 $\{u^k\} \subset \mathrm{Sol}\,(\mathrm{D}(\bar{s}))$. 因为 $\lambda^{k+1} = \lambda^k - r_k \nabla\sigma(s^{k+1})$, 可得

$$\lambda^k - u^k = \lambda^{k+1} - u^{k+1} + r_k(\nabla\sigma(s^{k+1}) - \nabla\sigma(\bar{s})). \tag{7.66}$$

由定理 7.1, $s^{k+1} \in \partial\theta(\lambda^{k+1})$ 与 $\bar{s} \in \partial\theta(u^{k+1})$. 利用假设 7.1 关于 $\partial\theta$ 的单调性, 可得

$$\langle \nabla\sigma(s^{k+1}) - \nabla\sigma(\bar{s}), \lambda^{k+1} - u^{k+1} \rangle \geqslant 0.$$

在 (7.66) 的两边取范数平方, 并忽略右端的项 $\langle \nabla\sigma(s^{k+1}) - \nabla\sigma(\bar{s}), \lambda^{k+1} - u^{k+1} \rangle$, 便得

$$\|\lambda^k - u^k\|^2 \geqslant \|\lambda^{k+1} - u^{k+1}\|^2 + r_k^2\|s^{k+1} - \bar{s}\|^2. \tag{7.67}$$

由此推出非负序列 $\{\|\lambda^k - u^k\|\}$ 是非增的, 因此是收敛的. 故由 (7.67) 知, $r_k^2\|s^{k+1} - \bar{s}\|^2$ 收敛. 因为 $r_k \geqslant \underline{r}$, 其中 $\underline{r} > 0$ 是常数, 所以得到 $s^k \to \bar{s}$. ■

7.4　*G*-范数平方度量函数的对偶

一个自然也是最重要的度量函数当然是 *G*-范数. 取

$$\sigma(s) = \frac{1}{2}\langle Gs, s \rangle, \tag{7.68}$$

其中 $G : \mathcal{Y} \to \mathcal{Y}$ 是自伴随的正定线性算子. 该函数是连续可微凸函数, 满足

$$\sigma(s) \geqslant 0, \quad \forall s \in \mathcal{Y},$$

且 $\sigma(s) = 0$ 当且仅当 $s = 0$.

如果 $\mathcal{Y} \ni 0 \notin \mathcal{S}$, 问题 (7.1) 是不可行的, 关于度量 $\sigma : \mathcal{Y} \to \mathbb{R}$ 的最小违背平移, 记为 $\bar{s}$, 定义为

$$\bar{s} \in \mathrm{Arg}\,\min\left\{\frac{1}{2}\langle Gs, s \rangle : s \in \mathcal{S}\right\}. \tag{7.69}$$

如果 $\mathcal{S}$ 是一闭集, 那么 $\bar{s}$ 可以被取到, 即 $\bar{s} \in \mathcal{S}$. 此时, 最小约束违背的优化问题可以表述为下述的形式

$$(\mathrm{P}(\bar{s})) \quad \begin{cases} \min & f(x) \\ \mathrm{s.t.} & g(x) + \bar{s} \in K. \end{cases} \tag{7.70}$$

问题 (7.3) 的基于 *G*-内积的 Lagrange 函数, 记为 $l^G : \mathbb{R}^n \times \mathcal{Y} \times \mathcal{Y} \to \mathbb{R}$, 定义为

$$l^G(x, y, \lambda) = f(x) + \langle \lambda, G(g(x) - y) \rangle. \tag{7.71}$$

与增广函数由 (7.68) 定义的 σ 相联系的问题 (7.3) 的增广 Lagrange 函数, 记为 $l_r^G : \mathbb{R}^n \times \mathcal{Y} \times \mathcal{Y} \to \mathbb{R}$, 定义为

$$l_r^G(x, y, \lambda) = f(x) + \langle \lambda, G(g(x) - y) \rangle + \frac{r}{2} \cdot \langle y - g(x), G(y - g(x)) \rangle. \tag{7.72}$$

同 (7.71) 相联系的对偶函数 $\theta^G : \mathcal{Y} \to \overline{\mathbb{R}}$ 是

$$\theta^G(\lambda) := - \inf_{x \in \mathbb{R}^n, y \in K} l^G(x, y, \lambda). \tag{7.73}$$

容易验证

$$\theta^G(\lambda) = - \inf_{x \in \mathbb{R}^n} \left\{ f(x) + \langle \lambda, Gg(x) \rangle - \delta^*(G\lambda \,|\, K) \right\}. \tag{7.74}$$

函数 θ^G 是下半连续的凸函数, 但是不取 $-\infty$. 因此有

$$\theta^G \text{ 是正常的下半连续凸函数} \iff \operatorname{dom} \theta^G \neq \varnothing. \tag{7.75}$$

基于增广 Lagrange 函数 l_r^G 的对偶函数是

$$\theta_r^G(\lambda) := - \inf_{x \in \mathbb{R}^n, y \in K} l_r^G(x, y, \lambda). \tag{7.76}$$

注记 7.4　*定义问题 (7.3) 的带参数 u 的如下扰动函数*

$$\varphi(x, y, u) = f(x) + \delta_K(y) + \delta_0(g(x) + u - y).$$

则与 φ^G 相联系的基于 G-内积的 Lagrange 函数为

$$\begin{aligned}
l_\varphi^G(x, y, \lambda) &= \inf_u \{ \varphi(x, y, u) - \langle \lambda, Gu \rangle \} \\
&= \inf_u \{ f(x) + \delta_K(y) + \delta_0(g(x) + u - y) - \langle \lambda, Gu \rangle \} \\
&= f(x) + \delta_K(y) - \langle \lambda, G(y - g(x)) \rangle \\
&= l^G(x, y, \lambda) + \delta_K(y).
\end{aligned}$$

问题 (7.3) 与 σ 相联系的带参数 u 的扰动函数定义为

$$\varphi_r^G(x, y, u) = f(x) + \delta_K(y) + \delta_0(g(x) + u - y) + \frac{r}{2} \langle u, Gu \rangle.$$

与 φ_r^G 相联系的 G-内积的 Lagrange 函数是

$$l_{\varphi_r}^G(x, y, \lambda) = \inf_u \{ \varphi_r(x, y, u) - \langle \lambda, Gu \rangle \}$$

$$= \inf_u \left\{ f(x) + \delta_K(y) + \delta_0(g(x) + u - y) + \frac{r}{2}\langle u, Gu \rangle - \langle \lambda, Gu \rangle \right\}$$

$$= f(x) + \delta_K(y) - \langle \lambda, G(y - g(x)) \rangle + \frac{r}{2}\langle y - g(x), G(y - g(x)) \rangle$$

$$= l_r^G(x, y, \lambda) + \delta_K(y).$$

因此, 可得

$$\theta^G(\lambda) = -\inf_{x \in \mathbb{R}^n, y \in \mathcal{Y}} l_\varphi^G(x, y, \lambda) \tag{7.77}$$

与

$$\theta_r^G(\lambda) = -\inf_{x \in \mathbb{R}^n, y \in \mathcal{Y}} l_{\varphi_r}^G(x, y, \lambda).$$

命题 7.19   设 $\operatorname{dom} \theta^G \neq \varnothing$ 与 $\mathcal{S}$ 是闭集. 那么下述两个性质是等价的:

(i) 问题 (7.1) 是可行的;

(ii) 对偶函数 θ^G 是下方有界的.

证明   (i)$\Longrightarrow$(ii). 设问题 (7.1) 是可行的, 即存在某一 x_0 满足 $y_0 = g(x_0) \in K$. 根据 θ^G 的定义, 对任何 $\lambda \in \mathcal{Y}$,

$$\theta^G(\lambda) = -\inf_{x \in \mathbb{R}^n, y \in K} l^G(x, y, \lambda) \geqslant -l(x_0, y_0, \lambda) = -f(x_0),$$

这表明 θ^G 是以 $-f(x_0) \in \mathbb{R}$ 为下界的.

(ii)$\Longrightarrow$(i). 因为 $\operatorname{dom} \theta^G \neq \varnothing$, 存在 $\lambda \in \mathcal{Y}$ 满足 $\theta^G(\lambda) \in \mathbb{R}$. 一方面, 因为

$$\bar{s} \in \operatorname{Arg\,min}\{\sigma(s) : s \in \mathcal{S}\}$$

与 $\mathcal{S}$ 是非空闭凸集, 我们有

$$\langle G\bar{s}, s - \bar{s} \rangle \geqslant 0, \quad \forall s \in \mathcal{S},$$

或等价地

$$\langle G\bar{s}, s \rangle \geqslant \langle G\bar{s}, \bar{s} \rangle, \quad \forall s \in \mathcal{S}.$$

故对所有的 $(x, y) \in \mathbb{R}^n \times K$,

$$\langle G\bar{s}, y - g(x) \rangle \geqslant \langle G\bar{s}, \bar{s} \rangle.$$

从而对任意的 $t \geqslant 0$,

$$
\begin{aligned}
\theta^G(\lambda - t\bar{s}) &= - \inf_{x \in \mathbb{R}^n, y \in K} [f(x) + \langle \lambda - t\bar{s}, G(g(x) - y) \rangle] \\
&= - \inf_{x \in \mathbb{R}^n, y \in K} [f(x) + \langle \lambda, G(g(x) - y) \rangle - t\langle G\bar{s}, g(x) - y \rangle] \\
&\leqslant - \inf_{x \in \mathbb{R}^n, y \in K} [f(x) + \langle \lambda, G(g(x) - y) \rangle - t\langle G\bar{s}, \bar{s} \rangle] \\
&= \theta^G(\lambda) - t\langle G\bar{s}, \bar{s} \rangle.
\end{aligned}
\tag{7.78}
$$

因为 θ^G 是下有界的, 由 G 的正定性, 必有 $\bar{s} = 0$. 由 $\bar{s}$ 的定义, 可得问题 (7.1) 是可行的. ∎

下面证明, 代替 θ^G, 命题 7.19 中类似的结果对这里的 θ_r^G 亦成立.

命题 7.20　设 $\operatorname{dom} \theta^G \neq \varnothing$, 集合 $\mathcal{S}$ 是闭集. 则对 $r > 0$, 下述两个性质是等价的:

(i) 问题 (7.1) 是可行的;

(ii) 对偶函数 θ_r^G 是下有界的.

证明　(i)$\Longrightarrow$(ii). 设问题 (7.1) 是可行的. 则存在某一 x_0 满足 $y_0 = g(x_0) \in K$. 由 θ_r^G 的定义, 对任意的 $\lambda \in \mathcal{Y}$,

$$
\begin{aligned}
\theta_r^G(\lambda) &= - \inf_{x \in \mathbb{R}^n, y \in K} \left\{ l^G(x, y, \lambda) + \frac{r}{2} \langle y - g(x), G(y - g(x)) \rangle \right\} \\
&\geqslant -l^G(x_0, y_0, \lambda) = -f(x_0),
\end{aligned}
$$

这意味着 θ_r^G 以 $-f(x_0) \in \mathbb{R}$ 为下界.

(ii)$\Longrightarrow$(i). 因为 $\operatorname{dom} \theta^G \neq \varnothing$, 存在 $\lambda \in \mathcal{Y}$ 满足 $\theta^G(\lambda) \in \mathbb{R}$. 注意 $\theta_r^G > -\infty$ 与 $\theta_r^G \leqslant \theta^G$, 有 $\theta_r^G(\lambda) \in \mathbb{R}$. 则对任意的 $t \geqslant 0$,

$$
\begin{aligned}
\theta_r^G(\lambda - t\bar{s}) &= - \inf_{x \in \mathbb{R}^n, y \in K} [f(x) + \langle \lambda - t\bar{s}, G(g(x) - y) \rangle + r\sigma(y - g(x))] \\
&= - \inf_{x \in \mathbb{R}^n, y \in K} [f(x) + \langle \lambda, G(g(x) - y) \rangle \\
&\qquad\qquad - t\langle \bar{s}, G(g(x) - y) \rangle + r\sigma(y - g(x))] \\
&\leqslant - \inf_{x \in \mathbb{R}^n, y \in K} \left[f(x) + \langle \lambda, G(g(x) - y) \rangle \right. \\
&\qquad\qquad \left. + \frac{r}{2} \langle y - g(x), G(y - g(x)) \rangle + t\langle G\bar{s}, \bar{s} \rangle \right] \\
&= \theta_r^G(\lambda) - t\langle G\bar{s}, \bar{s} \rangle \text{ (由 } \langle G\bar{s}, y - g(x) \rangle \geqslant \langle G\bar{s}, \bar{s} \rangle \text{ 得到)}.
\end{aligned}
\tag{7.79}
$$

因为 θ_r^G 是下方有界的, 必有 $\bar{s} = 0$, 故根据 $\bar{s}$ 的定义知, 问题 (7.1) 是可行的.   ∎

对问题 (7.1) 的标准扰动为

$$f(x) + \delta_K(g(x) + u),$$

对应的最优值函数是 $\nu(u)$, 与度量函数 σ 相关联的扰动问题是 (7.30), 即

$$(\mathrm{P}_r(u)) \quad \begin{cases} \min & f(x) + r\sigma(u) \\ \text{s.t.} & g(x) + u \in K. \end{cases}$$

与 σ 相关联的增广 Lagrange 函数对应下述扰动函数

$$f(x) + \delta_K(g(x) + u) + r\sigma(u).$$

记其相对应的最优值函数为 $\nu_r(u)$, 即 $\nu_r(u) = \mathrm{Val}(\mathrm{P}_r(u))$, 则有

$$\nu_r(u) = \inf_x \{f(x) + \delta_K(g(x) + u) + r\sigma(u)\}. \tag{7.80}$$

通过引入辅助向量 $y \in \mathcal{Y}$, 问题 (7.30) 可以等价地表示为

$$\begin{cases} \min & f(x) + r\sigma(s) \\ \text{s.t.} & g(x) + s = y, \\ & y \in K. \end{cases} \tag{7.81}$$

分别用 (D^G) 和 $(\mathrm{D}^G(s))$ 表示问题 (P) 与 (P(s)) 的所谓的 G-共轭对偶问题, 其中问题 (D^G) 与问题 $(\mathrm{D}^G(s))$ 表示为

$$(\mathrm{D}^G) \quad \max_\lambda [-\theta^G(\lambda)], \tag{7.82}$$

那么

$$(\mathrm{D}^G(s)) \quad \max_\lambda [\langle Gs, \lambda \rangle - \theta^G(\lambda)]. \tag{7.83}$$

为了讨论 ν 和 θ^G 的关系, 需要下述的 G-共轭函数的定义. 对于函数 $f : \mathcal{X} \to \overline{\mathbb{R}}$, f 的 G-共轭函数定义为

$$f^{G*}(x^*) = \sup_x \{\langle x^*, Gx \rangle - f(x)\}, \quad x^* \in \mathcal{X}^*.$$

函数 f 的双重 G-共轭函数定义为

$$f^{G**}(x) = \sup_{x^*} \{\langle x, Gx^* \rangle - f^*(x^*)\}, \quad x \in \mathcal{X}.$$

对于 G-共轭函数, 可以得到类似定理 1.15—定理 1.17 一样的结果. 为此, 同样考虑优化问题:

$$(\text{P})\quad \min_{x\in\mathcal{X}}\{f(x)+g(x)\}.$$

由于 G 是正定的, 优化问题 (P) 等价于

$$\min_{x,z\in\mathcal{X}}\{f(x)+g(z):G(z-x)=0\}.$$

这一优化问题的 Lagrange 函数是

$$L(x,z;\mu)=f(x)+g(z)+\langle\mu,G(z-x)\rangle=-(\langle\mu,Gx\rangle-f(x))-(\langle-\mu,Gz\rangle-g(z)).$$

将 Lagrange 函数对变量 x, z 进行最小化, 便得到对偶函数

$$q(\mu)=\min_{x,z}L(x,z;\mu)=-f^{G*}(\mu)-g^{G*}(-\mu).$$

于是得到了如下的对偶问题:

$$(\text{D}^G)\quad \max_{\mu\in\mathcal{X}^*}\{-f^{G*}(\mu)-g^{G*}(-\mu)\}.$$

基于上述分析, 可以得到 Fenchel 对偶定理 (定理 1.15) 的延拓, 同样也可得到定理 1.16 与定理 1.17, 详细的证明这里略去.

定理 7.5　设 $f,g:\mathcal{X}\to(-\infty,+\infty]$ 是正常凸函数. 如果 $\text{rint}(\text{dom}(f)\cap\text{rint}(\text{dom}(g)))\neq\varnothing$, 那么

$$\min_{x\in\mathcal{X}}\{f(x)+g(x)\}=\max_{y\in\mathcal{X}^*}\{-f^{G*}(y)-g^{G*}(-y)\},$$

且右端的最大值在其有限的情况下可取到.

定理 7.6 (下卷积的共轭函数)　设 $h_1,h_2:\mathcal{X}\to(-\infty,+\infty]$ 是正常函数, 则

$$(h_1\Box h_2)^{G*}=h_1^{G*}+h_2^{G*}.$$

证明　对于任意的 $y\in\mathcal{X}^*$, 均有

$$(h_1\Box h_2)^{G*}(y)=\max_{x\in\mathcal{X}}\{\langle y,Gx\rangle-(h_1\Box h_2)(x)\}$$

$$=\max_{x\in\mathcal{X}}\{\langle y,Gx\rangle-\min_{u\in\mathcal{X}}\{h_1(u)+h_2(x-u)\}\}$$

$$=\max_{x\in\mathcal{X}}\max_{u\in\mathcal{X}}\{\langle y,Gx\rangle-h_1(u)-h_2(x-u)\}$$

$$= \max_{x \in \mathcal{X}} \max_{u \in \mathcal{X}} \{\langle y, G(x-u) \rangle + \langle y, Gu \rangle - h_1(u) - h_2(x-u)\}$$

$$= \max_{u \in \mathcal{X}} \max_{x \in \mathcal{X}} \{\langle y, G(x-u) \rangle - h_2(x-u) + \langle y, Gu \rangle - h_1(u)\}$$

$$= \max_{u \in \mathcal{X}} \{h_2^{G*}(y) + \langle y, Gu \rangle - h_1(u)\}$$

$$= h_2^{G*}(y) + h_1^{G*}(y). \qquad \blacksquare$$

定理 7.7 (和函数的共轭函数) 设 $h_1 : \mathcal{X} \to (-\infty, +\infty]$ 是正常凸函数, $h_2 : \mathcal{X} \to \mathbb{R}$ 是实值凸函数, 则

$$(h_1 + h_2)^{G*} = h_1^{G*} \square h_2^{G*}.$$

证明 对于任意的 $y \in \mathcal{X}^*$,

$$(h_1 + h_2)^{G*}(y) = \max_{x \in \mathcal{X}} \{\langle y, Gx \rangle - h_1(x) - h_2(x)\}$$

$$= -\min_{x \in \mathcal{X}} \{h_1(x) + h_2(x) - \langle y, Gx \rangle\}$$

$$= -\min_{x \in \mathcal{X}} \{h_1(x) + g(x)\}.$$

此处 $g(x) = h_2(x) - \langle y, Gx \rangle$. 因为 h_1 是正常凸函数, 所以有

$$\mathrm{rint}(\mathrm{dom}(h_1)) \cap \mathrm{rint}(\mathrm{dom}(g)) = \mathrm{rint}(\mathrm{dom}(h_1)) \cap \mathcal{X} \neq \varnothing.$$

那么根据定理 7.5, 得到

$$\min_{x \in \mathcal{X}} \{h_1(z) + g(z)\} = \max_{z \in \mathcal{X}^*} \{-h_1^{G*}(z) - g^{G*}(-z)\}$$

$$= \max_{z \in \mathcal{X}^*} \{-h_1^{G*}(z) - \max_{x \in \mathcal{X}} \{\langle -z, Gx \rangle - h_2(x) + \langle y, Gx \rangle\}\}$$

$$= \max_{z \in \mathcal{X}^*} \{-h_1^{G*}(z) - h_2^{G*}(y-z)\}$$

$$= -\min_{z \in \mathcal{X}^*} \{h_1^{G*}(z) + h_2^{G*}(y-z)\}.$$

结合 $(h_1 + h_2)^{G*}(y) = -\min_{x \in \mathcal{X}} \{h_1(x) + g(x)\}$, 最终得到

$$(h_1 + h_2)^{G*}(y) = \min_{z \in \mathcal{X}^*} \{h_1^{G*}(z) + h_2^{G*}(y-z)\} = (h_1^{G*} \square h_2^{G*})(y). \qquad \blacksquare$$

下述关于 ν 与 θ^G 关系的结论类似命题 4.5 中的结论.

命题 7.21　对由 (7.7) 定义的 ν 与由 (7.77) 定义的 θ^G, 下述性质成立:

(a) $\theta^G(\lambda) = \nu^{G*}(\lambda)$ 与 $\nu^{G**}(s) = [\theta^G]^{G*}(s)$;

(b) 如果 ν 是正常函数 (即对任何 $\forall s \in \mathcal{S}$, $\nu(s) > -\infty$, 且存在向量 $\hat{s} \in \mathcal{S}$ 满足 $\nu(\hat{s}) < +\infty$), 那么 θ^G 与 ν^{G**} 是正常的下半连续凸函数 (推出 $\mathrm{dom}\,\theta^G \neq \varnothing$ 与 $\mathrm{dom}\,\nu^{G**} \neq \varnothing$);

(c) 如果 ν 是正常的下半连续函数, 那么对任何 $s \in \mathcal{Y}$,

$$\nu(s) = \nu^{G**}(s) = [\theta^G]^{G*}(s).$$

证明　定义

$$\mathcal{L}^G(x, \lambda) = f(x) + \langle \lambda, Gg(x)\rangle,$$

则

$$
\begin{aligned}
\nu^{G*}(\lambda) &= \sup_{s \in \mathcal{Y}} \left\{ \langle \lambda, Gs\rangle - \nu(s) \right\}\\
&= \sup_{s \in \mathcal{Y}} \left\{ \langle \lambda, Gs\rangle - \inf_x [f(x) + \delta_K(g(x) + s)] \right\}\\
&= \sup_{u \in \mathcal{Y}} \left\{ \langle \lambda, G(u - g(x))\rangle - \inf_x [f(x) + \delta_K(u)] \right\}\\
&= \sup_{x \in \mathbb{R}^n, u \in \mathcal{Y}} \left\{ -f(x) - \langle \lambda, Gg(x)\rangle + \langle \lambda, Gu\rangle - \delta_K(u) \right\}\\
&= \delta_K^*(G\lambda) - \inf_{x \in \mathbb{R}^n} \mathcal{L}^G(x, \lambda). \quad (7.84)
\end{aligned}
$$

由 $\theta^G(\lambda)$ 的定义, 可得

$$
\begin{aligned}
\theta^G(\lambda) &= - \inf_{x \in \mathbb{R}^n, y \in K} l^G(x, y, \lambda)\\
&= - \inf_{x \in \mathbb{R}^n, y \in K} [f(x) + \langle \lambda, G(g(x) - y)\rangle]\\
&= \sup_{x \in \mathbb{R}^n, y \in K} [-f(x) - \langle \lambda, Gg(x)\rangle + \langle \lambda, Gy\rangle]\\
&= \sup_{x \in \mathbb{R}^n} \left[-\mathcal{L}^G(x, \lambda) + \sup_{y \in K} \langle \lambda, Gy\rangle \right]\\
&= - \inf_{x \in \mathbb{R}^n} \mathcal{L}^G(x, \lambda) + \delta_K^*(G\lambda). \quad (7.85)
\end{aligned}
$$

结合 (7.84) 与 (7.85), 可得 $\nu^{G*}(\lambda) = \theta^G(\lambda)$. 据此, 容易得到等式 $\nu^{G**}(s) = [\theta^G]^{G*}(s)$. 这证得性质 (a).

性质 (b) 中的结论由定理 1.11, 即 [58, Theorem 11.1] 得到.

现在证明性质 (c). 设 ν 是一正常的下半连续函数. 对 $s \in \mathrm{dom}\,\nu$, $\nu(s) \in \mathbb{R}$, 类似定理 1.11 可得 $\nu^{G**}(s) = \nu(s)$, 再由刚才证明的 $\nu^{G**}(s) = [\theta^G]^{G*}(s)$, 便得 $\nu(s) = [\theta^G]^{G*}(s)$. 当 $s \notin \mathrm{dom}\,\nu$ 或 $\nu(s) = +\infty$ 时, 由 $s \notin \mathcal{S}$. 令

$$\hat{s} = \mathrm{Arg\,min}\left\{\langle u - s, G(u-s)\rangle : u \in \mathcal{S}\right\}.$$

则有 $\hat{u} = \hat{s} - s \neq 0$ 与

$$\forall (x,y) \in \mathbb{R}^n \times K, \quad \langle G(y - g(x)), \hat{u}\rangle \geqslant \langle G\hat{s}, \hat{u}\rangle.$$

因此对任何 $\lambda \in \mathrm{dom}\,\theta^G$ 与 $t \geqslant 0$,

$$\theta^G(\lambda - t\hat{u}) = -\inf_{x \in \mathbb{R}^n, y \in K}[f(x) + \langle \lambda - t\,\hat{u}, G(g(x) - y)\rangle]$$

$$\leqslant \theta^G(\lambda) - t\langle G\hat{s}, \hat{u}\rangle.$$

那么

$$[\theta^G]^{G*}(s) = \sup_{\lambda' \in \mathcal{Y}}\left\{\langle \lambda', Gs\rangle - \theta^G(\lambda')\right\}$$

$$\geqslant \langle Gs, \lambda - t\hat{u}\rangle - \theta^G(\lambda - t\hat{u})$$

$$\geqslant \langle \lambda, Gs\rangle - \theta^G(\lambda) + t\langle \hat{u}, G\hat{u}\rangle.$$

因为 $t \geqslant 0$ 是任意的, $\hat{u} \neq 0$, $[\theta^G]^{G*}(s) = +\infty$. 结合上述两种情况, 证得 $\nu(s) = [\theta^G]^{G*}(s)$. ∎

相应地, 下面的分析用到 G-次微分的概念. 对于函数 $f : \mathcal{X} \to \overline{\mathbb{R}}$, f 在 $x \in \mathrm{dom}\,f$ 处的 G-次微分定义为

$$\partial^G f(x) = \{x^* \in \mathcal{X}^* : f(x') \geqslant f(x) + \langle x^*, G(x' - x)\rangle, \forall x' \in \mathcal{X}\}. \tag{7.86}$$

对于次微分 $\partial^G \theta$, 类似命题 4.6 一样, 有下述命题刻画它.

命题 7.22 令 $s \in \mathcal{Y}$ 与 $\lambda \in \mathcal{Y}$. 设函数 ν 是正常的下半连续的, 满足 $\nu(s) \in \mathbb{R}$. 则下述性质是等价的:

(i) $s \in \partial^G \theta^G(\lambda)$;

(ii) $\lambda \in \partial^G \nu^{G**}(s)$ (实际上有 $\lambda \in \partial^G \nu(s)$);

(iii) $s \in \mathcal{S}$, 问题 (7.4) 的任何解都是 $l^G(\cdot, \cdot, \lambda)$ 在 $\mathbb{R}^n \times \mathcal{Y}$ 上的极小点;

(iv) 存在问题 (7.4) 的可行解, 它是 $l^G(\cdot, \cdot, \lambda)$ 在 $\mathbb{R}^n \times \mathcal{Y}$ 上的极小点.

证明 因为函数 ν 是正常的下半连续凸函数, 根据定理 1.11 与 $\nu^{G*} = \theta^G$ 知, 函数 θ^G 是一正常的下半连续凸函数. 因此, 类似定理 1.14, 即 [52, Theorem 23.5], 容易验证

$$s \in \partial^G \theta^G(\lambda) \Longleftrightarrow \theta^G(\lambda) + [\theta^G]^{G*}(s) = \langle \lambda, Gs\rangle. \tag{7.87}$$

(i)$\Longleftrightarrow$(ii). 根据引理 1.2, 即 [52, Corollary 23.5.1], 可得

$$s \in \partial^G \theta^G(\lambda) \Longleftrightarrow \lambda \in \partial^G \theta^{G*}(s).$$

根据命题 7.21,

$$s \in \partial^G \theta^G(\lambda) \Longleftrightarrow s \in \partial^G \nu^{G*}(\lambda) \Longleftrightarrow \lambda \in \partial^G \nu^{G**}(s).$$

因为 ν 在 s 处是下半连续的, 满足 $\nu(s) \in \mathbb{R}$, 可得 $\partial^G \nu(s) = \partial^G \nu^{G**}(s)$. 因此可得, $s \in \partial^G \theta^G(\lambda)$ 当且仅当 $\lambda \in \partial^G \nu(s)$.

(i), (ii)$\Longrightarrow$(iii). 令 $s \in \partial^G \theta^G(\lambda)$. 根据 (ii), $s \in \mathrm{dom}\, \nu^{G**} = \mathrm{dom}\, \nu = \mathcal{S}$. 设 (x_s, y_s) 是问题 (7.4) 的任意解. 于是

$$\begin{aligned}
l^G(x_s, y_s, \lambda) &= f(x_s) - \langle \lambda, Gs \rangle \quad (g(x_s) + s = y_s) \\
&= \nu(s) - \langle \lambda, Gs \rangle \quad (\nu \text{ 的定义}) \\
&= [\theta^G]^{G*}(s) - \langle \lambda, Gs \rangle \quad (\text{命题 7.21}) \\
&= -\theta^G(\lambda) \quad ((7.87) \text{ 与 } s \in \partial^G \theta^G(\lambda)) \\
&= \inf_{x \in \mathbb{R}^n, y \in K} l^G(x, y, \lambda) \quad (\theta^G \text{ 的定义}).
\end{aligned}$$

由此推出 (x_s, y_s) 是 $l^G(\cdot, \cdot, \lambda)$ 在 $\mathbb{R}^n \times K$ 上的一极小点.

(iii)$\Longrightarrow$(iv). 当 $s \in \mathcal{S}$ 与 $\mathrm{dom}\, \theta^G \neq \varnothing$ 时 (这由 θ^G 是正常的下半连续凸函数), 这一推出关系由问题 (7.4) 有一解这一事实得到.

(iv)$\Longrightarrow$(i). 设 (x_s, y_s) 是问题 (7.4) 的可行点, 它是 $l^G(\cdot, \cdot, \lambda)$ 在 $\mathbb{R}^n \times K$ 上的一极小点. 对任何 $u \in \mathcal{Y}$, 我们有

$$\begin{aligned}
\langle s, Gu \rangle - \theta^G(u) &\leqslant \langle s, Gu \rangle + f(x_s) + \langle u, G(g(x_s) - y_s) \rangle \quad (\theta^G \text{ 的定义}) \\
&= f(x_s) + \langle u, G(g(x_s) - y_s + s) \rangle \\
&= f(x_s) + \langle \lambda, G(g(x_s) - y_s + s) \rangle \\
&\quad ((x_s, y_s) \text{ 的可行性推出 } g(x_s) + s = y_s) \\
&= \langle s, G\lambda \rangle + \inf_{x \in \mathbb{R}^n, y \in K} [f(x) + \langle \lambda, G(g(x) - y) \rangle] \\
&= \langle s, G\lambda \rangle - \theta^G(\lambda).
\end{aligned}$$

由此推出

$$\theta^G(u) \geqslant \theta^G(\lambda) + \langle s, G(u - \lambda) \rangle.$$

因此得到 $s \in \partial^G \theta^G(\lambda)$. ∎

类似于命题 7.8, 易证下述的结论.

命题 7.23 下述结论成立:

(i) $\mathrm{Val}(\mathrm{P}) = \nu(0)$, $\mathrm{Val}(\mathrm{D}^G) = \nu^{G**}(0)$, $\mathrm{Val}(\mathrm{D}^G) = \theta^{G*}(0)$, $\mathrm{Sol}(\mathrm{D}^G) = \partial^G \nu^{G**}(0)$;

(ii) 如果 ν 在 $0 \in \mathcal{Y}$ 处是下半连续的, $\nu(0)$ 是有限的 (此种情形下, 问题 (P) 是可行的), 那么 $\mathrm{Val}(\mathrm{P}) = \nu(0) = \nu^{G**}(0) = \mathrm{Val}(\mathrm{D}^G)$, $\mathrm{Sol}(\mathrm{D}^G) = \partial^G \nu(0)$;

(iii) 对 $s \in \mathcal{S}$, $\mathrm{Val}(\mathrm{P}(s)) = \nu(s)$, $\mathrm{Val}(\mathrm{D}^G(s)) = \nu^{G**}(s)$, $\mathrm{Val}(\mathrm{D}^G(s)) = [\theta^G]^{G*}(s)$, $\mathrm{Sol}(\mathrm{D}^G(s)) = \partial^G \nu^{G**}(s)$;

(iv) 对 $s \in \mathcal{S}$, 如果 ν 在 s 处是下半连续的, $\nu(s)$ 是有限的 (此种情形下, 问题 (P(s)) 是可行的), 那么 $\mathrm{Val}(\mathrm{P}(s)) = \nu(s) = \nu^{G**}(s) = \mathrm{Val}(\mathrm{D}^G(s))$, $\mathrm{Sol}(\mathrm{D}^G(s)) = \partial \nu(s)$;

(v) 如果 $s \in \mathrm{rint}\,\mathcal{S}$, $\nu(s)$ 是有限的, 那么 $\mathrm{Val}(\mathrm{P}(s)) = \nu(s) = \nu^{G**}(s) = \mathrm{Val}(\mathrm{D}^G(s))$, $\mathrm{Sol}(\mathrm{D}^G(s)) = \partial^G \nu(s) \neq \varnothing$;

(vi) 如果 $s \in \mathrm{int}\,\mathcal{S}$, 那么值 $\mathrm{Val}(\mathrm{P}(s))$ 是有限的, 且 $\mathrm{Val}(\mathrm{P}(s)) = \nu(s) = \nu^{G**}(s) = \mathrm{Val}(\mathrm{D}^G(s))$, $\mathrm{Sol}(\mathrm{D}^G(s)) = \partial^G \nu(s)$ 是非空的紧致集.

现在讨论 ν_r 与 θ_r 的关系.

引理 7.4 对由 (7.80) 定义的函数 ν_r 和由 (7.76) 定义的函数 θ_r^G, 有

(i) 对 $u \in \mathcal{Y}$, $\nu_r(u) = \nu(u) + r\sigma(u)$;

(ii) 对 $\lambda \in \mathcal{Y}$, $\theta_r^G(\lambda) = \nu_r^{G*}(\lambda)$;

(iii) $\theta_r^G(\lambda)$ 可以表示为

$$\theta_r^G(\lambda) = \inf_{\lambda' \in \mathcal{Y}} \left\{ \theta^G(\lambda') + \frac{1}{2r} \langle \lambda' - \lambda, G(\lambda' - \lambda) \rangle \right\}. \tag{7.88}$$

证明 由 ν_r 和 ν 的定义, 可得

$$\nu_r(u) = \inf_x \{ f(x) + \delta_K(g(x) + u) + r\sigma(u) \}$$

$$= \inf_x \{ f(x) + \delta_K(g(x) + u) \} + r\sigma(u) = \nu(u) + r\sigma(u).$$

由于这里 σ 具有形式 $\sigma(y) = \frac{1}{2} \langle y, Gy \rangle$, 由 θ_r 的定义, 对于 $\lambda \in \mathcal{Y}$,

$$\theta_r^G(\lambda) = - \inf_{x \in \mathbb{R}^n, y \in K} l_r^G(x, y, \lambda)$$

$$= - \inf_{x \in \mathbb{R}^n, y \in K} [f(x) + \langle \lambda, G(g(x) - y) \rangle + r\sigma(y - g(x))]$$

$$= - \inf_{x\in\mathbb{R}^n, u\in\mathcal{Y}}[f(x) + \delta_K(g(x)+u) - \langle \lambda, Gu\rangle + r\sigma(u)]$$

$$= - \inf_{u\in\mathcal{Y}}[\nu(u) - \langle \lambda, Gu\rangle + r\sigma(u)]$$

$$= \sup_{u\in\mathcal{Y}}[\langle \lambda, Gu\rangle - \nu_r(u)]$$

$$= \nu_r^{G*}(\lambda). \tag{7.89}$$

由 $\nu^{G*} = \theta^G$, 根据定理 7.7 可得

$$\theta_r^G(\lambda) = \nu_r^{G*}(\lambda) = [\nu + r\cdot\sigma]^{G*}(\lambda) = [\nu^{G*}\square(r\cdot\sigma)^{G*}](\lambda) = [\theta^G\square(r\cdot\sigma)^{G*}](\lambda),$$

注意

$$(r\cdot\sigma)^{G*}(\lambda) = \frac{1}{2r}\langle \lambda, G\lambda\rangle,$$

由此得到 (iii). ■

像命题 7.5 那样, 可得到 θ_r 与 ν_r 的类似的结果.

命题 7.24　对由 (7.80) 定义的函数 ν_r 与由 (7.76) 定义的 θ_r^G. 下述性质成立:

(a) $\theta_r^G(\lambda) = \nu_r^{G*}(\lambda)$ 与 $\nu_r^{G**}(s) = [\theta_r^G]^{G*}(s)$;

(b) 如果 ν_r 是一正常函数 (即 $\nu_r(s) > -\infty, \forall s\in\mathcal{S}$ 且存在某一向量 $\hat{s}\in\mathcal{S}$ 满足 $\nu_r(\hat{s}) < +\infty$), 那么 θ_r^G 与 ν_r^{G**} 是正常的下半连续凸函数 (这意味着 $\mathrm{dom}\,\theta_r^G \neq \varnothing$ 与 $\mathrm{dom}\,\nu_r^{G**} \neq \varnothing$);

(c) 如果 ν_r 是正常的下半连续函数, 那么对任何 $s\in\mathcal{Y}$,

$$\nu_r(s) = \nu_r^{G**}(s) = [\theta_r^G]^{G*}(s).$$

平行于命题 7.6, 有下述结果.

命题 7.25　令 $s\in\mathcal{Y}$ 与 $\lambda\in\mathcal{Y}$. 设函数 ν_r 是正常的下半连续函数, 满足 $\nu_r(s)\in\mathbb{R}$. 那么下述性质是等价的:

(i) $s\in\partial^G\theta_r^G(\lambda)$;

(ii) $\lambda\in\partial^G\nu_r^{G**}(s)$ (实际上 $\lambda\in\partial^G\nu_r(s)$);

(iii) $s\in\mathcal{S}$ 且问题 (7.81) 的任何解都是 $l_r^G(\cdot,\cdot,\lambda)$ 在 $\mathbb{R}^n\times\mathcal{Y}$ 上的极小点;

(iv) 存在问题 (7.81) 的可行点, 它是 $l_r^G(\cdot,\cdot,\lambda)$ 在 $\mathbb{R}^n\times\mathcal{Y}$ 上的极小点.

证明　因为 ν_r 是正常的下半连续凸函数, 根据引理 7.4, 有 $\theta_r^G = \nu_r^{G*}$, 可得 θ_r^G 是正常下半连续凸函数. 因此, 类似定理 1.14 可得

$$s\in\partial^G\theta_r^G(\lambda) \Longleftrightarrow \theta_r^G(\lambda) + [\theta_r^G]^{G*}(s) = \langle \lambda, Gs\rangle. \tag{7.90}$$

(i)$\Longleftrightarrow$(ii). 由引理 1.2, 即 [52, Corollary 23.5.1] 得到

$$s \in \partial^G \theta_r^G(\lambda) \Longleftrightarrow \lambda \in \partial^G [\theta_r^G]^{G*}(s).$$

根据命题 7.24,

$$s \in \partial^G \theta_r^G(\lambda) \Longleftrightarrow s \in \partial^G \nu_r^{G*}(\lambda) \Longleftrightarrow \lambda \in \partial^G \nu_r^{G**}(s).$$

因为 ν_r 在 s 处是下半连续的, 满足 $\nu_r(s) \in \mathbb{R}$, 可得 $\partial^G \nu_r(s) = \partial^G \nu_r^{G**}(s)$. 于是我们得到 $s \in \partial^G \theta_r^G(\lambda)$ 当且仅当 $\lambda \in \partial^G \nu_r(s)$.

(i), (ii)$\Longrightarrow$(iii). 设 $s \in \partial^G \theta_r^G(\lambda)$. 由 (ii), $s \in \mathrm{dom}\, \nu_r^{G**} = \mathrm{dom}\, \nu_r = \mathcal{S}$. 设 (x_s, y_s) 是问题 (7.81) 的任意一解. 那么

$$
\begin{aligned}
l_r^G(x_s, y_s, \lambda) &= f(x_s) - \langle \lambda, Gs \rangle + \frac{r}{2} \langle s, Gs \rangle \quad (g(x_s) + s = y_s) \\
&= \nu_r(s) - \langle \lambda, Gs \rangle \quad \left(\nu_r \text{ 的定义} : \nu_r(s) = \nu(s) + \frac{r}{2}\langle s, Gs \rangle \right) \\
&= [\theta_r^G]^{G*}(s) - \langle \lambda, Gs \rangle \quad \text{(命题 7.24)} \\
&= -\theta_r^G(\lambda) \quad ((7.90) \text{ 与 } s \in \partial^G \theta_r^G(\lambda)) \\
&= \inf_{x \in \mathbb{R}^n, y \in K} l_r^G(x, y, \lambda) \quad (\theta_r^G \text{ 的定义}).
\end{aligned}
$$

这表明 (x_s, y_s) 是 $l_r^G(\cdot, \cdot, \lambda)$ 在 $\mathbb{R}^n \times K$ 上的极小点.

(iii)$\Longrightarrow$(iv). 由于当 $s \in \mathcal{S}$ 与 $\mathrm{dom}\, \theta_r^G \neq \varnothing$ 时 (这由 θ_r^G 是正常的下半连续凸函数这一事实得到), 问题 (7.81) 存在一解, 从而得到这一推出关系.

(iv)$\Longrightarrow$(i). 设 (x_s, y_s) 是问题 (7.81) 的一可行点, 它在 $\mathbb{R}^n \times K$ 上极小化函数 $l_r^G(\cdot, \cdot, \lambda)$. 对任何 $\lambda' \in \mathcal{Y}$,

$$\langle \lambda', Gs \rangle - \theta_r^G(\lambda')$$

$$\leqslant \langle \lambda', Gs \rangle + f(x_s) + \langle \lambda', G(g(x_s) - y_s) \rangle$$

$$\quad + \frac{r}{2} \langle y_s - g(x_s), G(y_s - g(x_s)) \rangle \quad (\text{由 } \theta_r^G \text{ 的定义})$$

$$= f(x_s) + \langle \lambda', G(g(x_s) - y_s + s) \rangle + \frac{r}{2}\langle s, Gs \rangle$$

$$= f(x_s) + \langle \lambda, G(g(x_s) - y_s + s) \rangle$$

$$\quad + \frac{r}{2}\langle s, Gs \rangle \quad ((x_s, y_s) \text{ 的可行性推出 } g(x_s) + s = y_s)$$

$$= \langle s, \lambda \rangle + \inf_{x \in \mathbb{R}^n, y \in K} \left[f(x) + \langle \lambda, G(g(x) - y) \rangle + \frac{r}{2}\langle y - g(x), G(y - g(x)) \rangle \right]$$

$$= \langle s, G\lambda \rangle - \theta_r^G(\lambda),$$

于是得到

$$\theta_r^G(\lambda') \geqslant \theta_r^G(\lambda) + \langle s, G(\lambda' - \lambda) \rangle.$$

因此有 $s \in \partial^G \theta_r^G(\lambda)$. ∎

7.5　G-范数平方度量的增广 Lagrange 方法

本节主要考虑不可行凸优化问题. 设 $\mathcal{S}$ 是闭集, $0 \notin \mathcal{S}$, 我们探讨最小约束违背优化问题 $(\mathrm{P}(\bar{s}))$ 基于 7.4 节的关于 G-范数平方度量函数的对偶理论的增广 Lagrange 方法, 其中 $\bar{s}$ 是由 (7.69) 定义的最小违背平移. 问题 $(\mathrm{P}(\bar{s}))$ 的 G-共轭对偶问题, 记为 $(\mathrm{D}^G(\bar{s}))$, 可以表示为

$$(\mathrm{D}^G(\bar{s}))　\max_\lambda \langle \lambda, G\bar{s} \rangle - \nu^{G*}(\lambda).$$

现在给出确保问题 $(\mathrm{P}(\bar{s}))$ 与其 G-共轭对偶问题 $(\mathrm{D}^G(\bar{s}))$ 间零对偶间隙的条件以及解集 $\mathrm{Sol}\,(\mathrm{D}^G(\bar{s}))$ 的刻画. 下面命题同于命题 4.9.

命题 7.26　设 $\bar{s} \neq 0$ 满足 $\mathrm{Val}\,(\mathrm{P}(\bar{s})) \in \mathbb{R}$.

(i) 设函数 ν 在 $\bar{s}$ 处是下半连续的. 则

$$\mathrm{Val}\,(\mathrm{D}^G(\bar{s})) = \mathrm{Val}\,(\mathrm{P}(\bar{s}));$$

(ii) 如果 $\partial^G \nu(\bar{s}) \neq \varnothing$, 那么

$$\mathrm{Val}\,(\mathrm{D}^G(\bar{s})) = \mathrm{Val}\,(\mathrm{P}(\bar{s}))　\text{与}　\mathrm{Sol}\,(\mathrm{D}^G(\bar{s})) = \partial^G \nu(\bar{s}).$$

从而有

$$\mathrm{Sol}\,(\mathrm{D}^G(\bar{s})) = \{\lambda \in \mathcal{Y} : \bar{s} \in \partial^G \theta^G(\lambda)\} = [\partial^G \theta^G]^{-1}(\bar{s}).$$

下述命题表明, 当 $\bar{s} \neq 0$ 时, 如果 $(\mathrm{D}^G(\bar{s}))$ 非空, 那么它是无界的, 且 $-\bar{s}$ 是 $\mathrm{Sol}\,(\mathrm{D}^G(\bar{s}))$ 的回收方向.

命题 7.27　设 $\bar{s} \neq 0$ 满足 $\mathrm{Val}\,(\mathrm{P}(\bar{s})) \in \mathbb{R}$, ν 在 $\bar{s}$ 处是下半连续的且 $\mathrm{Sol}\,(\mathrm{D}^G(\bar{s})) \neq \varnothing$. 那么 $\mathrm{Sol}\,\mathrm{D}^G(\bar{s})$ 是无界的, 且

$$-\bar{s} \in [\mathrm{Sol}\,(\mathrm{D}^G(\bar{s}))]^\infty. \tag{7.91}$$

证明　根据命题 7.26, 有

$$\mathrm{Sol}\,(\mathrm{D}^G(\bar{s})) = \{\lambda \in \mathcal{Y} : \bar{s} \in \partial^G \theta^G(\lambda)\}.$$

则对任何 $\bar{\lambda} \in \mathrm{Sol}\,(\mathrm{D}^G(\bar{s}))$, 可得

$$[\mathrm{Sol}\,(\mathrm{D}^G(\bar{s}))]^\infty = \{\xi \in \mathcal{Y} : \bar{s} \in \partial^G \theta^G(\bar{\lambda} + t\xi), \forall t \geqslant 0\}.$$

故只需证明

$$\bar{s} \in \partial^G \theta^G(\bar{\lambda} - t\bar{s}), \ \forall t \geqslant 0. \tag{7.92}$$

由 $\bar{s}$ 的定义, 有

$$\bar{s} \in \mathrm{Arg\,min}\left\{\frac{1}{2}\langle s, Gs \rangle : s \in \mathcal{S}\right\},$$

其中 $\mathcal{S}$ 是空间 $\mathcal{Y}$ 中的凸集, 由 (7.14) 定义. 容易得到

$$\langle G\bar{s}, s - \bar{s} \rangle \geqslant 0, \quad \forall s \in \mathcal{S},$$

或等价地,

$$\langle G\bar{s}, s \rangle \geqslant \langle G\bar{s}, \bar{s} \rangle, \quad \forall s \in \mathcal{S}. \tag{7.93}$$

从而对任何 $\lambda \in \mathrm{dom}\,\theta^G$, 任意的 $t \geqslant 0$,

$$\theta^G(\lambda) - \theta^G(\bar{\lambda} - t\bar{s})$$

$$= \theta^G(\lambda) + \inf_{x \in \mathbb{R}^n, y \in K}\left[f(x) + \langle \bar{\lambda} - t\bar{s}, G(g(x) - y)\rangle\right]$$

$$\geqslant \theta^G(\lambda) + \inf_{x \in \mathbb{R}^n, y \in K}\left[f(x) + \langle \bar{\lambda}, G(g(x) - y)\rangle\right] + \inf_{x \in \mathbb{R}^n, y \in K}\left[\langle -t\bar{s}, G(g(x) - y)\rangle\right]$$

$$= \theta^G(\lambda) - \theta^G(\bar{\lambda}) + \inf_{s \in \mathcal{S}}\left[t\langle \bar{s}, Gs\rangle\right]$$

$$\geqslant \langle \bar{s}, G(\lambda - \bar{\lambda})\rangle + t\langle \bar{s}, G\bar{s}\rangle \qquad (\text{由 (7.93) 与 } \bar{s} \in \partial^G \theta^G(\bar{\lambda}))$$

$$= \langle \bar{s}, G(\lambda - (\bar{\lambda} - t\bar{s}))\rangle,$$

这推出 (7.92).　　　　　　　　　　　　　　　　　　　　　　　　■

对于 $0 \notin \mathcal{S}$, $\mathcal{S}$ 是闭集的情况, 记 $(\mathrm{P}_r(\bar{s}))$ 为下述问题

$$(\mathrm{P}_r(\bar{s})) \qquad \begin{aligned} &\min \quad f(x) + \frac{r}{2}\langle \bar{s}, G\bar{s}\rangle \\ &\mathrm{s.\,t.} \quad g(x) + \bar{s} \in K, \end{aligned} \tag{7.94}$$

其中 $\bar{s}$ 是关于度量函数的最小约束违背. 问题 $(\mathrm{P}_r(\bar{s}))$ 的 G-共轭对偶问题, 记为 $(\mathrm{D}_r^G(\bar{s}))$, 可表示为

$$(\mathrm{D}_r^G(\bar{s})) \qquad \max_{\lambda}\langle \lambda, G\bar{s}\rangle - \nu_r^{G*}(\lambda) = \max_{\lambda}\langle \lambda, G\bar{s}\rangle - \theta_r^G(\lambda). \tag{7.95}$$

完全类似命题 7.11, 可以得到下述结果.

命题 7.28 设 $\bar{s} \neq 0$ 满足 $\mathrm{Val}\,(\mathrm{P}_r(\bar{s})) \in \mathbb{R}$.

(i) 设函数 ν_r 在 $\bar{s}$ 处是下半连续的. 那么

$$\mathrm{Val}\,(\mathrm{D}_r^G(\bar{s})) = \mathrm{Val}\,(\mathrm{P}_r(\bar{s})).$$

(ii) 如果 $\partial^G \nu_r(\bar{s}) \neq \varnothing$, 那么

$$\mathrm{Val}\,(\mathrm{D}_r^G(\bar{s})) = \mathrm{Val}\,(\mathrm{P}_r(\bar{s})) \quad 与 \quad \mathrm{Sol}\,(\mathrm{D}_r^G(\bar{s})) = \partial^G \nu_r(\bar{s}).$$

从而有

$$\mathrm{Sol}\,(\mathrm{D}_r^G(\bar{s})) = \{\lambda \in \mathcal{Y} : \bar{s} \in \partial^G \theta_r^G(\lambda)\} = [\partial^G \theta_r^G]^{-1}(\bar{s}).$$

命题 7.29 设 $\bar{s} \neq 0$, $\mathrm{Val}\,(\mathrm{P}_r(\bar{s})) \in \mathbb{R}$, ν_r 在 $\bar{s}$ 处是下半连续的, $\mathrm{Sol}\,(\mathrm{D}_r^G(\bar{s})) \neq \varnothing$. 那么 $\mathrm{Sol}\,\mathrm{D}_r^G(\bar{s})$ 是无界的, 且

$$-\bar{s} \in [\mathrm{Sol}\,(\mathrm{D}_r^G(\bar{s}))]^{\infty}. \tag{7.96}$$

证明 根据引理 7.4(iii), θ_r^G 是一光滑函数. 由 G-对偶问题 (7.95) 的形式知,

$$\mathrm{Sol}\,(\mathrm{D}_r^G(\bar{s})) = \{\lambda \in \mathcal{Y} : G\bar{s} = \nabla \theta_r^G(\lambda)\}.$$

于是对任何 $\bar{\lambda} \in \mathrm{Sol}\,(\mathrm{D}_r^G(\bar{s}))$,

$$[\mathrm{Sol}\,(\mathrm{D}_r^G(\bar{s}))]^{\infty} = \{\xi \in \mathcal{Y} : G\bar{s} = \nabla \theta_r^G(\bar{\lambda} + t\xi), \forall t \geqslant 0\}.$$

故只需证明

$$G\bar{s} = \nabla \theta_r^G(\bar{\lambda} - t\bar{s}), \quad \forall t \geqslant 0. \tag{7.97}$$

由 $\bar{s}$ 的定义,

$$\bar{s} \in \mathrm{Arg\,min} \left\{ \frac{1}{2}\langle s, Gs \rangle : s \in \mathcal{S} \right\},$$

如之前分析, 可以得到

$$\langle G\bar{s}, s \rangle \geqslant \langle G\bar{s}, \bar{s} \rangle, \quad \forall s \in \mathcal{S}. \tag{7.98}$$

对任何 $\lambda \in \mathrm{dom}\,\theta_r^G$ 和任意的 $t \geqslant 0$,

$$\theta_r^G(\lambda) - \theta_r^G(\bar{\lambda} - t\bar{s})$$

$$= \theta_r^G(\lambda) + \inf_{x \in \mathbb{R}^n, y \in K} \left[f(x) + \langle \bar{\lambda} - t\bar{s}, G(g(x) - y) \rangle + \frac{r}{2}\langle y - g(x), G(y - g(x)) \rangle \right]$$

$$\geqslant \theta_r^G(\lambda) + \inf_{x \in \mathbb{R}^n, y \in K} \left[f(x) + \langle \bar{\lambda}, G(g(x) - y) \rangle + \frac{r}{2}\langle y - g(x), G(y - g(x)) \rangle \right]$$

$$+ \inf_{x\in\mathbb{R}^n, y\in K} [\langle -t\bar{s}, G(g(x)-y)\rangle]$$

$$= \theta_r^G(\lambda) - \theta_r^G(\bar{\lambda}) + \inf_{s\in\mathcal{S}} [t\langle \bar{s}, Gs\rangle]$$

$$\geqslant \langle \bar{s}, G(\lambda - \bar{\lambda})\rangle + t\langle \bar{s}, G\bar{s}\rangle \qquad (\text{根据 } (7.98) \text{ 与 } \bar{s}\in\partial^G\theta_r^G(\bar{\lambda}))$$

$$= \langle \bar{s}, G(\lambda - (\bar{\lambda} - t\bar{s}))\rangle.$$

故 (7.97) 成立. ∎

基于 G-度量平方的增广 Lagrange 方法, 这里称为 G-增广 Lagrange 方法. 其分析基于凸函数的下卷积. 根据引理 7.4 知, $\theta_r^G : \mathcal{Y} \to \overline{\mathbb{R}}$ 是 θ^G 与 $(r\sigma)^{G*} = \frac{1}{2r}\|\cdot\|_G^2$ 的下卷积:

$$\theta_r^G(\lambda) = \inf_{\lambda'\in\mathcal{Y}} \left\{ \theta^G(\lambda') + \frac{1}{2r}\langle \lambda'-\lambda, G(\lambda'-\lambda)\rangle \right\}. \tag{7.99}$$

解映射 (这里用术语 "G-邻近映射") $P_r^G : \mathcal{Y} \to \mathcal{Y}$ 定义为

$$P_r^G(\lambda) = \text{Arg min} \left\{ \theta^G(\lambda') + \frac{1}{2r}\langle \lambda'-\lambda, G(\lambda'-\lambda)\rangle \right\}. \tag{7.100}$$

下述结果由引理 1.4 得到, 它对于分析 G-增广 Lagrange 对偶函数 θ_r^G 的性质是非常重要的.

命题 7.30 设 $\theta^G : \mathcal{Y} \to \overline{\mathbb{R}}$ 是正常的闭凸函数, $\mu = \lambda_{\min}(G)$ 是 G 的最小特征值. 那么

(i) θ_r^G 是 $\frac{1}{r\mu}$-光滑的;

(ii) 对 $\lambda \in \mathcal{Y}$, $P_r^G(\lambda)$ 由 (7.100) 定义. 那么

$$\nabla\theta_r^G(\lambda) = \frac{1}{r}G(\lambda - P_r^G(\lambda)).$$

证明 由 μ 的定义, 函数 $\sigma : y \to \frac{1}{2}\|y\|_G^2$ 是 μ-强凸的光滑函数, 那么 $r\cdot\sigma$ 是 $r\mu$-强凸函数, $(r\cdot\sigma)^*$ 是 $1/r\mu$-光滑的. 注意

$$\theta_r^G(\lambda) = [\theta^G\Box(r\cdot\sigma)^*](\lambda),$$

由引理 1.3 可得 (i) 与 (ii). ∎

下述定理提供了分析 G-增广 Lagrange 方法的一些关键性结果.

定理 7.8   设 $\theta^G : \mathcal{Y} \to \mathbb{R}$ 是一正常的闭凸函数, $\mu = \lambda_{\min}(G)$ 是 G 的最小特征值. 则

$$\theta_r^G(\lambda) = - \inf_{x \in \mathbb{R}^n, y \in K} l_r^G(x, y, \lambda), \tag{7.101}$$

是 $\dfrac{1}{r\mu}$-光滑的, 其中 l_r 是增广 Lagrange 函数. 定义

$$(x^G(\lambda, r), y^G(\lambda, r)) = \text{Arg min}\left\{ l_r^G(x, y, \lambda) : x \in \mathbb{R}^n, y \in K \right\}.$$

则

$$Gs^G(\lambda, r) = \nabla \theta_r^G(\lambda), \quad P_r^G(\lambda) = \lambda - rs^G(\lambda, r) \quad \text{与} \quad Gs^G(\lambda, r) \in \partial \theta^G(P_r^G(\lambda)),$$

其中

$$s^G(\lambda, r) = y^G(\lambda, r) - g(x^G(\lambda, r)).$$

证明   记函数 $\sigma(y) = \dfrac{1}{2}\|y\|_G^2$. 设 $(x^G(\lambda, r), y^G(\lambda, r))$ 是 $l_r^G(\cdot, \cdot, \lambda)$ 在 $\mathbb{R}^n \times K$ 上的极小点. 记 $s = y^G(\lambda, r) - g(x^G(\lambda, r))$. 对任何 $\lambda' \in \mathcal{Y}$,

$$
\begin{aligned}
\langle s, G\lambda' \rangle - \theta_r^G(\lambda') \leqslant\ & \langle s, G\lambda' \rangle + f(x^G(\lambda, r)) + \langle \lambda', G(g(x^G(\lambda, r)) - y^G(\lambda, r)) \rangle \\
& + r\sigma(y^G(\lambda, r) - g(x^G(\lambda, r))) \quad (\theta_r^G \text{的定义}) \\
=\ & f(x^G(\lambda, r)) + \langle \lambda', G(g(x^G(\lambda, r)) - y^G(\lambda, r)) + s \rangle + r\sigma(s) \\
=\ & f(x^G(\lambda, r)) + \langle \lambda, G(g(x^G(\lambda, r)) - y^G(\lambda, r)) + s \rangle + r\sigma(s) \\
=\ & \langle \lambda, Gs \rangle + \inf_{x \in \mathbb{R}^n, y \in K} [f(x) + \langle \lambda, G(g(x) - y) \rangle + r\sigma(y - g(x))] \\
=\ & \langle \lambda, Gs \rangle - \theta_r^G(\lambda),
\end{aligned}
$$

其中第二个等式用到 $(x^G(\lambda, r), y^G(\lambda, r))$ 的可行性, 因此 $g(x^G(\lambda, r)) + s = y^G(\lambda, r)$. 于是有

$$\theta_r^G(\lambda') \geqslant \theta_r^G(\lambda) + \langle s, G(\lambda' - \lambda) \rangle,$$

或等价地, $s \in \partial^G \theta_r^G(\lambda)$. 注意 θ_r^G 是 $\dfrac{1}{r\mu}$-光滑的, 故有 $\nabla \theta_r^G(\lambda) = Gs^G(\lambda, r)$.

另一方面, 根据命题 7.30(ii),

$$\nabla \theta_r^G(\lambda) = \frac{1}{r} G(\lambda - P_r^G(\lambda)).$$

由此推出

$$\lambda - P_r^G(\lambda) = rs^G(\lambda, r).$$

从而得到 $P_r^G(\lambda) = \lambda - rs^G(\lambda, r)$.

记 $\lambda^+ = P_r^G(\lambda)$. 由 $P_r^G(\lambda)$ 的定义, 得到

$$0 \in \partial\theta^G(\lambda^+) - \frac{1}{r}G(\lambda - \lambda^+).$$

如刚才所证, $\lambda^+ = \lambda - rs^G(\lambda, r)$ 或等价地, $\lambda - \lambda^+ = rs^G(\lambda, r)$, 故有

$$0 \in \partial\theta^G(\lambda^+) - Gs^G(\lambda, r). \qquad \blacksquare$$

命题 7.31 设 $\lambda \in Y$ 与 $r > 0$. 如果 $\lambda \in \mathrm{dom}\,\theta^G$, 那么 *G*-增广 Lagrange 子问题

$$\min_{x\in\mathbb{R}^n, y\in K} l_r^G(x, y, \lambda) \qquad (7.102)$$

有唯一的解存在.

证明 因为 $\lambda \in \mathrm{dom}\,\theta^G$, $\mathrm{dom}\,\theta^G \neq \varnothing$, 由 (7.75), 可得 θ^G 是正常的下半连续凸函数, (7.99) 之右端问题的最优值 $\theta_r^G(\lambda)$ 是有限的. 因为 G 是正定的, 可知问题 (7.102) 有唯一的解. $\blacksquare$

命题 7.32 设 $\bar{s} \neq 0$, $\mathrm{Val}\,(\mathrm{P}_r(\bar{s})) \in \mathbb{R}$, ν 在 $\bar{s}$ 处是下半连续的, 且 $\mathrm{Sol}\,(\mathrm{D}_r^G(\bar{s})) \neq \varnothing$. 取 $\lambda \in \mathcal{Y}$. 那么下述性质成立:

(i) $\mathrm{dist}\,(\lambda - \alpha\bar{s}, \mathrm{Sol}\,(\mathrm{D}^G(\bar{s}))) \leqslant \mathrm{dist}\,(\lambda, \mathrm{Sol}\,(\mathrm{D}^G(\bar{s}))),\ \forall\alpha \geqslant 0$;

(ii) $\mathrm{dist}\,(\lambda - \alpha\bar{s}, \mathrm{Sol}\,(\mathrm{D}_r^G(\bar{s}))) \leqslant \mathrm{dist}\,(\lambda, \mathrm{Sol}\,(\mathrm{D}_r^G(\bar{s}))),\ \forall\alpha \geqslant 0$.

证明 (i) 定义

$$\tilde{\lambda} = \Pi_{\mathrm{Sol}\,(\mathrm{D}(\bar{s}))}(\lambda).$$

它是有定义的, 因为 $\mathrm{Sol}\,(\mathrm{D}(\bar{s}))$ 是非空的闭凸集. 根据命题 7.27 有, 对任何 $\alpha \geqslant 0$, $\tilde{\lambda} - \alpha\bar{s} \in \mathrm{Sol}\,(\mathrm{D}^G(\bar{s}))$. 因此

$$\mathrm{dist}\,(\lambda - \alpha\bar{s}, \mathrm{Sol}\,(\mathrm{D}^G(\bar{s}))) \leqslant \|\lambda - \alpha\bar{s} - [\tilde{\lambda} - \alpha\bar{s}]\|$$

$$= \|\lambda - \tilde{\lambda}\| = \mathrm{dist}\,(\lambda, \mathrm{Sol}\,(\mathrm{D}^G(\bar{s}))).$$

(ii) 类似上面的证明, 定义

$$\tilde{\lambda} = \Pi_{\mathrm{Sol}\,(\mathrm{D}_r^G(\bar{s}))}(\lambda),$$

它是有定义的, 因为 $\mathrm{Sol}\,(\mathrm{D}_r^G(\bar{s}))$ 是非空的闭凸集. 根据命题 7.29, 对任何 $\alpha \geqslant 0$, $\tilde{\lambda} - \alpha\bar{s} \in \mathrm{Sol}\,(\mathrm{D}_r^G(\bar{s}))$. 所以

$$\mathrm{dist}\,(\lambda - \alpha\bar{s}, \mathrm{Sol}\,(\mathrm{D}_r^G(\bar{s}))) \leqslant \|\lambda - \alpha\bar{s} - [\tilde{\lambda} - \alpha\bar{s}]\|$$

$$= \|\lambda - \tilde{\lambda}\| = \mathrm{dist}\,(\lambda, \mathrm{Sol}\,(\mathrm{D}_r^G(\bar{s}))).\qquad\blacksquare$$

类似引理 7.3, 容易得到下述结论.

引理 7.5　设 $\bar{s} \neq 0$. 设 $g: \mathbb{R}^n \to \mathcal{Y}$ 是光滑映射, 满足 G_K 是图-凸的. 那么存在 $(\bar{x}, \bar{y}) \in \mathbb{R}^n \times \mathcal{Y}$ 满足 $\bar{y} - g(\bar{x}) = \bar{s}$ 与 $\bar{y} \in K$. 下述性质等价:

(i) $\mathrm{D}g(\bar{x})^* G(\bar{y} - g(\bar{x})) = 0$ 与 $\bar{y} = \Pi_K(\bar{y} - G(\bar{y} - g(\bar{x})))$;

(ii) $(\bar{x}, \bar{y})$ 是下述问题的解

$$\min_{x \in \mathbb{R}^n, y \in K} \frac{1}{2}\langle y - g(x), G(y - g(x))\rangle. \qquad (7.103)$$

证明　引入

$$s = -g(x) + y, \qquad (7.104)$$

则问题 (7.103) 等价于

$$\min_{x \in \mathbb{R}^n, s \in \mathcal{Y}} \quad \frac{1}{2}\langle s, Gs\rangle \\ \mathrm{s.\,t.} \quad g(x) + s \in K. \qquad (7.105)$$

由于 G_K 是图-凸的集值映射, 问题 (7.105) 是凸优化问题. 设 $(\bar{x}, \bar{s})$ 是问题 (7.105) 的一个解. 注意到问题 (7.105) 的广义 Slater 条件成立, $(\bar{x}, \bar{s})$ 是问题 (7.105) 的解, 当且仅当下述 Karush-Kuhn-Tucker 条件在 $(\bar{x}, \bar{s})$ 处成立, 即存在 Lagrange 乘子 $\bar{\lambda} \in \mathcal{Y}$ 满足

$$\mathrm{D}g(\bar{x})^* \bar{\lambda} = 0, \\ G\bar{s} + \bar{\lambda} = 0, \\ \bar{\lambda} \in N_K(g(\bar{x}) + \bar{s}). \qquad (7.106)$$

令 $\bar{y} = g(\bar{x}) + \bar{s}$, 上述关系可等价地表示为

$$\mathrm{D}g(\bar{x})^* G(g(\bar{x}) - \bar{y}) = 0, \\ -G(\bar{y} - g(\bar{x})) \in N_K(\bar{y}). \qquad (7.107)$$

由于包含关系式 $-G(\bar{y} - g(\bar{x})) \in N_K(\bar{y})$ 等价于 $\bar{y} = \Pi_K(\bar{y} - G(\bar{y} - g(\bar{x})))$, 故 (7.107) 与 (ii) 等价.　$\blacksquare$

现在给出基于增广 Lagrange 函数的刻画最小约束违背优化问题 P$(\bar{s})$ 最优解的最优性条件.

定理 7.9　设函数 ν 是正常的下半连续的函数, 满足 $\nu(\bar{s}) \in \mathbb{R}$ 与

$$\bar{s} \in \mathrm{dom}\,\partial\nu. \qquad (7.108)$$

取 $r > 0$, 设 l_r^G 是由 (7.72) 定义的 G-增广 Lagrange 函数. 设 g 是从 $\mathbb{R}^n$ 到 $\mathcal{Y}$ 的一光滑映射, 满足 G_K 是图-凸的. 那么 $(\bar{x}, \bar{y})$ 是下述问题

$$
\begin{cases}
\min & f(x) + \dfrac{r}{2}\langle \bar{s}, G\bar{s}\rangle \\
\text{s.t.} & g(x) + \bar{s} = y, \\
& y \in K
\end{cases}
\tag{7.109}
$$

的最优解的充分必要条件是, 存在某一 $\bar{\lambda} \in \mathcal{Y}$ 满足

$$
\begin{aligned}
& (\bar{x}, \bar{y}) \in \operatorname*{Arg\,min}_{x \in \mathbb{R}^n, y \in K} l_r^G(x, y, \bar{\lambda}), \\
& \mathrm{D}g(\bar{x})^* G(\bar{y} - g(\bar{x})) = 0, \\
& \bar{y} = \Pi_K(\bar{y} - G(\bar{y} - g(\bar{x}))).
\end{aligned}
\tag{7.110}
$$

证明 必要性. 设 $(\bar{x}, \bar{y})$ 是问题 (7.109) 的解, 那么 $\bar{y} - g(\bar{x}) = \bar{s}$, $\bar{y} \in K$, 其中

$$
\bar{s} \in \operatorname{Arg\,min}\left\{\frac{1}{2}\langle s, Gs\rangle : s \in \mathcal{S}\right\}.
$$

根据引理 7.5, 可得

$$
\mathrm{D}g(\bar{x})^* G(g(\bar{x}) - \bar{y}) = 0 \quad \text{与} \quad \bar{y} = \Pi_K(\bar{y} - G(\bar{y} - g(\bar{x}))),
$$

即 (7.110) 中的第二个和第三个关系式成立.

由命题 7.22 中 (i) 与 (ii) 的等价性知, $\bar{s} \in \operatorname{dom} \partial^G \nu$ 推出存在某个 $\bar{\lambda}$, 满足 $\bar{s} \in \partial^G \theta^G(\bar{\lambda})$. 根据命题 7.22 中的推出关系 (i)$\Longrightarrow$(iii), $(\bar{x}, \bar{y})$ 是 $l^G(\cdot, \cdot, \bar{\lambda})$ 在 $\mathbb{R}^n \times K$ 上的极小点:

$$
f(\bar{x}) + \langle \bar{\lambda}, G(g(\bar{x}) - \bar{y})\rangle \leqslant f(x) + \langle \bar{\lambda}, G(g(x) - y)\rangle, \quad \forall (x, y) \in \mathbb{R}^n \times K. \tag{7.111}
$$

对任何 $(x, y) \in \mathbb{R}^n \times K$, $y - g(x) \in \mathcal{S}$, 从而由 $\bar{s}$ 的定义可得

$$
\frac{1}{2}\langle \bar{y} - g(\bar{x}), G(\bar{y} - g(\bar{x}))\rangle \leqslant \frac{1}{2}\langle y - g(x), G(y - g(x))\rangle.
$$

由 (7.111) 知, 对任意的 $(x, y) \in \mathbb{R}^n \times K$,

$$
\begin{aligned}
& f(\bar{x}) + \langle \bar{\lambda}, G(g(\bar{x}) - \bar{y})\rangle + \frac{r}{2}\langle \bar{y} - g(\bar{x}), G(\bar{y} - g(\bar{x}))\rangle \\
& \leqslant f(x) + \langle \bar{\lambda}, G(g(x) - y)\rangle + \frac{r}{2}\langle y - g(x), G(y - g(x))\rangle,
\end{aligned}
$$

这证得 (7.110) 中的

$$(\bar{x}, \bar{y}) \in \mathrm{Arg} \min_{x \in \mathbb{R}^n, y \in K} l_r^G(x, y, \bar{\lambda}).$$

充分性. 根据引理 7.5 知, $\mathrm{D}g(\bar{x})^* G(\bar{y} - g(\bar{x})) = 0$, 且 $\bar{y} = \Pi_K(\bar{y} - G(\bar{y} - g(\bar{x})))$, 故 $(\bar{x}, \bar{y})$ 满足问题 (7.109) 的约束. 设 (x, y) 满足 $g(x) = y, y + \bar{s} \in K$, 那么从

$$(\bar{x}, \bar{y}) \in \mathrm{Arg} \min_{x \in \mathbb{R}^n, y \in K} l_r^G(x, y, \bar{\lambda})$$

与 $g(\bar{x}) - \bar{y} = g(x) - y = -\bar{s}$ 可推出

$$f(\bar{x}) - \langle \bar{\lambda}, G\bar{s} \rangle + \frac{r}{2} \langle \bar{s}, G\bar{s} \rangle \leqslant f(x) - \langle \bar{\lambda}, G\bar{s} \rangle + \frac{r}{2} \langle \bar{s}, G\bar{s} \rangle.$$

故对任何满足 $g(x) = y, y + \bar{s} \in K$ 的 (x, y), 均有 $f(\bar{x}) \leqslant f(x)$. 这表明 $(\bar{x}, \bar{y})$ 是问题 (7.109) 的解. ∎

现在给出求解问题 (7.3) 的基于增广函数 $y \to \frac{1}{2} \langle y, Gy \rangle$ 的 G-增广 Lagrange 方法.

算法 5 G-增广 Lagrange 方法

选取初始的乘子 $\lambda^0 \in \mathcal{Y}$ 与 $r_0 > 0$. 置 $k := 0$.

while 终止准则不满足 **do**

    1. 求解问题

$$\min_{x \in \mathbb{R}^n, y \in K} l_{r_k}^G(x, y, \lambda^k),$$

    得到最优解 (x^{k+1}, y^{k+1}).

    2. 更新乘子

$$\lambda^{k+1} = \lambda^k - r_k[y^{k+1} - g(x^{k+1})].$$

    3. 选择新的惩罚参数 $r_{k+1} \geqslant r_k$.

置 $k := k+1$.

定义

$$s^k = y^k - g(x^k). \tag{7.112}$$

则根据定理 7.8 有

$$Gs^{k+1} \in \partial \theta^G(\lambda^{k+1}) \quad \text{与} \quad \lambda^{k+1} = P_{r_k}^G(\lambda^k). \tag{7.113}$$

定理 7.10 设 $\bar{s}$ 满足 $\mathrm{Val}(\mathrm{P}(\bar{s})) \in \mathbb{R}$, ν 在 $\bar{s}$ 处是下半连续的且 $\mathrm{Sol}(\mathrm{D}^G(\bar{s})) \neq \varnothing$. 设 $\{(x^k, y^k, \lambda^k)\}$ 是由增广 Lagrange 方法算法 5 生成的序列. 那么

(i) 序列 $\{\|s^k\|_G\}$ 是单调不增的. 更具体地,

$$\|s^k\|_G^2 \geqslant \|s^{k+1}\|_G^2 + \|s^{k+1} - s^k\|_G^2; \tag{7.114}$$

(ii) 如果 θ^G 是下有界的, 那么 $s^k \to 0$;

(iii) 如果存在某一 $\epsilon > 0$ 满足 $\|s^k\|_G \to \epsilon$, 那么 $\theta^G(\lambda^k) \to -\infty$.

证明   (i) 由 (7.113) 知, $Gs^k \in \partial\theta^G(\lambda^k)$, $Gs^{k+1} \in \partial\theta^G(\lambda^{k+1})$. 故根据 $\partial\theta^G$ 的单调性,

$$\langle G(s^k - s^{k+1}), \lambda^k - \lambda^{k+1} \rangle \geqslant 0. \tag{7.115}$$

根据算法 5 中关于乘子的迭代公式

$$\lambda^{k+1} = \lambda^k - r_k s^{k+1},$$

可得

$$s^{k+1} = \frac{1}{r_k}(\lambda^k - \lambda^{k+1}).$$

于是可得

$$\begin{aligned}
\frac{1}{2}\|s^k\|_G^2 &= \frac{1}{2}\langle s^k, Gs^k \rangle \\
&= \frac{1}{2}\langle s^{k+1} + (s^k - s^{k+1}), G(s^{k+1} + (s^k - s^{k+1})) \rangle \\
&= \frac{1}{2}\langle s^{k+1}, Gs^{k+1} \rangle + 2\langle s^{k+1}, G(s^k - s^{k+1}) \rangle + \frac{1}{2}\langle s^k - s^{k+1}, G(s^k - s^{k+1}) \rangle \\
&= \frac{1}{2}\|s^{k+1}\|_G^2 + \frac{2}{r_k}\langle G(s^k - s^{k+1}), \lambda^k - \lambda^{k+1} \rangle + \frac{1}{2}\|s^{k+1} - s^k\|_G^2 \\
&\geqslant \frac{1}{2}\|s^{k+1}\|_G^2 + \frac{1}{2}\|s^{k+1} - s^k\|_G^2,
\end{aligned}$$

这里用到了 (7.115). 可见 (i) 成立.

现在证 (ii). 根据

$$s^{k+1} = \frac{1}{r_k}(\lambda^k - \lambda^{k+1}),$$

并注意到 $Gs^{k+1} \in \partial\theta^G(\lambda^{k+1})$, 可得

$$\theta^G(\lambda^k) - \theta^G(\lambda^{k+1}) \geqslant \langle Gs^{k+1}, \lambda^k - \lambda^{k+1} \rangle = \langle Gs^{k+1}, r_k s^{k+1} \rangle = r_k\|s^{k+1}\|_G^2. \tag{7.116}$$

如果 θ 是下方有界的, 那么

$$\theta(\lambda^1) - \inf\theta \geqslant \sum_{k=1}^{\infty} r_k\|s^{k+1}\|_G^2,$$

从而得到 $\|s^{k+1}\|_G^2 \to 0$. 由此即推出 $s^{k+1} \to 0$.

现在证明 (iii). 如果存在某一 $\epsilon > 0$ 满足 $\|s^k\|_G \to \epsilon$, 那么由 $\|s^k\|_G$ 的不增性质知, $\|s^k\|_G \geqslant \epsilon$. 故由 (7.116) 可得

$$\theta^G(\lambda^k) - \theta^G(\lambda^{k+1}) \geqslant \epsilon > 0.$$

由此推出 $\theta^G(\lambda^k) \to -\infty$. ■

推论 7.2　设 $\bar{s} \neq 0$, $\mathrm{Val}(\mathrm{P}(\bar{s})) \in \mathbb{R}$, ν 在 $\bar{s}$ 处是下半连续的且 $\mathrm{Sol}(\mathrm{D}^G(\bar{s})) \neq \varnothing$. 设 $\{(x^k, y^k, \lambda^k)\}$ 是由增广 Lagrange 方法算法 5 生成的点列, 其中 $r_k \geqslant \underline{r}$, $\underline{r} > 0$ 是某个常数. 则

$$\|\lambda^{k+1} - \lambda^k\|_G \geqslant \underline{r}\|\bar{s}\|_G.$$

证明　根据定理 7.10 (i) 和 $\bar{s}$ 的定义, 可得

$$\|s^{k+1}\|_G \geqslant \|\bar{s}\|_G > 0.$$

根据

$$s^{k+1} = \frac{1}{r_k}(\lambda^k - \lambda^{k+1}),$$

可得

$$\|\lambda^k - \lambda^{k+1}\|_G = r_k\|s^{k+1}\|_G \geqslant \underline{r}\|\bar{s}\|_G. \qquad ■$$

定义 $\{(x^k, G\lambda^k)\}$ 的聚点集:

$$\omega = \limsup_{k \to \infty}\{(x^k, G\lambda^k)\}.$$

则有下述结论成立.

命题 7.33　设问题 (7.1) 是可行的, $\mathrm{Sol}(\mathrm{P}) \neq \varnothing$ 与 $\mathrm{Sol}(\mathrm{D}^G) \neq \varnothing$. 设序列 $\{(x^k, y^k, \lambda^k)\}$ 由增广 Lagrange 方法算法 5 生成, 其中 $r_k \equiv r > 0$. 如果 $\omega \neq \varnothing$, 那么 $\omega \subset S_{\mathrm{KKT}}^*$.

证明　利用问题 (7.1) 是可行的, $\mathrm{Sol}(\mathrm{P}) \neq \varnothing$ 与 $\mathrm{Sol}(\mathrm{D}) \neq \varnothing$, 可知 $S_{\mathrm{KKT}}^* \neq \varnothing$. 取 $(\hat{x}, G\hat{\lambda}) \in \omega$, 则存在指标集 $\{i_k\}$ 满足 $(x^{i_k}, \lambda^{i_k}) \to (\hat{x}, G\hat{\lambda})$. 由 (x^{k+1}, y^{k+1}) 的定义, 可得

$$\nabla f(x^{k+1}) + \mathrm{D}g(x^{k+1})^* G\lambda^{k+1} = 0,$$
$$\lambda^{k+1} = \lambda^k - rs^{k+1},$$
$$G\lambda^{k+1} \in N_K(g(x^{k+1} + s^{k+1})).$$

从而推出

$$\nabla f(x^{i_k}) + \mathrm{D}g(x^{i_k})^* G\lambda^{i_k} = 0, \quad G\lambda^{i_k} \in N_K(g(x^{i_k} + s^{i_k})). \qquad (7.117)$$

根据定理 7.10 (ii), 有 $s^{i_k} \to 0$. 在 (7.117) 中取 $i_k \to \infty$, 并利用 N_K 的外半连续性得

$$\nabla f(\hat{x}) + \mathrm{D}g(\hat{x})^* G\hat{\lambda} = 0, \quad G\hat{\lambda} \in N_K(g(\hat{x})).$$

由此推出 $(\hat{x}, G\hat{\lambda}) \in S^*_{\mathrm{KKT}}$.   ■

定理 7.11   设 $\bar{s} \neq 0$, $\mathrm{Val}(\mathrm{P}(\bar{s})) \in \mathbb{R}$, ν 在 $\bar{s}$ 处是下半连续的, $\mathrm{Sol}(\mathrm{D}^G(\bar{s})) \neq \varnothing$. 设 $\{(x^k, y^k, \lambda^k)\}$ 是由增广 Lagrange 方法算法 5 生成的点列, 其中 $r_k \geqslant \underline{r}$, $\underline{r} > 0$ 是某一常数. 那么 $s^k \to \bar{s}$.

证明   根据命题 7.27 可得, 如果 $\mathrm{Sol}(\mathrm{D}^G(\bar{s})) \neq \varnothing$, 那么 $-\bar{s} \in \mathrm{Sol}(\mathrm{D}^G(\bar{s}))^\infty$. 在 $\mathrm{Sol}(\mathrm{D}^G(\bar{s}))$ 中定义序列:

$$u^0 \in \mathrm{Sol}(\mathrm{D}^G(\bar{s})) \quad \text{与} \quad u^{k+1} = u^k - r_k \bar{s} \quad (\forall k \geqslant 0),$$

则有 $\{u^k\} \subset \mathrm{Sol}(\mathrm{D}^G(\bar{s}))$. 因为 $\lambda^{k+1} = \lambda^k - r_k s^{k+1}$, 故有

$$\lambda^k - u^k = \lambda^{k+1} - u^{k+1} + r_k(s^{k+1} - \bar{s}). \tag{7.118}$$

由定理 7.8, $Gs^{k+1} \in \partial\theta^G(\lambda^{k+1})$ 与 $G\bar{s} \in \partial\theta^G(u^{k+1})$, 根据 $\partial\theta^G$ 的单调性, 可得

$$\langle G(s^{k+1} - \bar{s}), \lambda^{k+1} - u^{k+1} \rangle \geqslant 0.$$

在 (7.118) 的两边取 G-范数平方, 并忽略右端的项 $\langle G(s^{k+1} - \bar{s}), \lambda^{k+1} - u^{k+1} \rangle$, 可得

$$\|\lambda^k - u^k\|_G^2 \geqslant \|\lambda^{k+1} - u^{k+1}\|_G^2 + r_k^2 \|s^{k+1} - \bar{s}\|_G^2. \tag{7.119}$$

故非负序列 $\{\|\lambda^k - u^k\|_G\}$ 是非增的, 因而是收敛的. 从而由 (7.119) 可得到 $r_k^2\|s^{k+1} - \bar{s}\|_G^2$ 的收敛性. 因为 $r_k \geqslant \underline{r}$, 其中 $\underline{r} > 0$ 是一常数, 故必有 $s^k \to \bar{s}$.   ■

参 考 文 献

[1] Bach F, Mairal J, Ponce J. Convex Sparse Matrix Factorizations. arxiv:0812. 1869, 2008.

[2] Beck A. First-Order Methods in Optimization. Philadelphia: Society for Industrial and Applied Mathematics, 2017.

[3] Ben-Tal A, Ghaoui L E, Nemirovski A. Robust Optimization. Princeton: Princeton University Press, 2009.

[4] Bertsekas D P. Constrained Optimization and Lagrange Multiplier Methods. New York: Academic Press, 1982.

[5] Bolte J, Sabach S, Teboulle M. Proximal alternating linearized minimization for non-convex and nonsmooth problems. Mathematical Programming, 2014, 146(1/2): 459-494.

[6] Bonnans J F, Shapiro A. Perturbation Analysis of Optimization Problems. New York: Springer-Verlag, 2000.

[7] Burke J V, Curtis F E, Wang H. A sequential quadratic optimization algorithm with rapid infeasibility detection. SIAM Journal on Optimization, 2014, 24: 839-872.

[8] Byrd R H, Curtis F E, Nocedal J. Infeasibility detection and SQP methods for nonlinear optimization. SIAM Journal on Optimization, 2010, 20(5): 2281-2299.

[9] Carroll C W. The created response surface technique for optimizing nonlinear, re-strained systems. Operations Research, 1961, 9: 169-184.

[10] Chambolle A, Pock T. A first-order primal-dual algorithm for convex problems with applications to imaging. Journal of Mathematical Imaging and Vision, 2011, 40(1): 120-145.

[11] Chiche A, Gilbert J. Ch. How the algmented Lagrangian algorithm can deal with an infeasible convex quadratic optimization problem. Journal of Convex Analysis, 2016, 23 (2): 425-459.

[12] Clarke F H. Optimization and Nonsmooth Analysis. New York: John Wiley and Sons, 1983.

[13] Conn A R, Gould N I M, Toint P. A globally convergent augmented Lagrangian algo-rithm for optimization with general constraints and simple bounds. SIAM Journal on Numerical Analysis, 1991, 28: 545-572.

[14] Conn A R, Gould N I M, Toint P. Trust Region Methods. Philadelphia: SIAM, 2000.

[15] Contesse-Becker L. Extended convergence results for the method of multipliers for nonstrictly binding inequality constraints. Journal of Optimization Theory and Appli-cations, 1993, 79: 273-310.

[16] Courant R. Variational methods for the solution of problems of equilibrium and vibrations. Bulletin of the American Mathematical Society, 2012, 49: 1-23.

[17] Dai Y H, Liu X W, Sun J E, et al. A primal-dual interior-point method capable of rapidly detecting infeasibility for nonlinear programs. Journal of Industrial and Management Optimization, 2020, 16(2): 1009-1035.

[18] Dai Y H, Zhang L W. Optimization with least constraint violation. CSIAM Transactions on Applied Mathematics, 2021, 2(3): 551-584.

[19] Dai Y H, Zhang L W. The augmented Lagrangian method can approximately solve convex optimization with least constraint violation. Mathematical Programming, 2023, 200: 633-667.

[20] Danskin J M. The Theory of Max-Min and Its Application to Weapons Allocation Problems. New York: Springer, 1967.

[21] Du S S, Chen J, Li L, Xiao L, Zhou D. Stochastic variance reduction methods for policy evaluation. ICML, 2017: 1049-1058.

[22] Facchinei F, Jiang H Y, Qi L Q. A smoothing method for mathematical programs with equilibrium constraints. Mathematical Programming, 1999, 85: 107-134.

[23] Faraut J, Kornyi A. Analysis On Symmetric Cones. Oxford: Oxford University Press, 1994.

[24] Fiacco A V, Mccormick G P. Nonlinear Programming: Sequential Unconstrained Minimization Techniques. New York: J. Wiley and Sons, Inc., 1968.

[25] Fletcher R, Leyffer S, Toint P L. On the global convergence of a filter: SQP algorithm. SIAM Journal on Optimization, 2002, 13: 44-59.

[26] Frisch K R. The Logarithmic Potential Method of Convex Programming. Memo. Univ. Inst. of Economics, 1955.

[27] Fukushima M, Pang J S. Convergence of a smoothing continuation method for mathematical progams with complementarity constraints//Théra M, Tichatschke R. ed. Ill-posed Variational Problems and Regularization Techniques. Heidelberg: Springer, 1999: 105-116. delberg, 1999: 99-110.

[28] El Ghaoui L, Lebret H. Robust solutions to least-squares problems with uncertain data. SIAM Journal on Matrix Analysis and Applications, 1997, 18: 1035-1064.

[29] Goldfarb D, Idnani A. A numerically stable dual method for solving strictly convex quadratic programs. Mathematical Programming, 1983, 27: 1-33. Transformations, Mathematical programming, Ser. B, 2009, 117: 195-221.

[30] Gowda M S, Tao J Y. Z-transformations on proper and symmetric cones. Mathematical Programming, 2009, 117: 195-221.

[31] Han S P. Superlinearly convergent variable metric algorithms for general nonlinear programming problems. Mathematical Programming, 1976, 11: 263-282.

[32] Hast M, Åström K J, Bernhardsson B, Boyd S. PID design by convex-concave optimization. 2013 European Control Conference (ECC), IEEE, 2013: 4460-4465.

[33] He B S, Xu S J, Yuan X M. On convergence of the Arrow-Hurwicz method for saddle point problems. Journal of Mathematical Imaging and Vision, 2022, 64: 662-671.

[34] Hestenes M R. Multiplier and gradient methods. Journal of Optimization Theory and Applications, 1969, 4: 303-320.

[35] Ito K, Kunisch K. The augmented Lagrangian method for equality and inequality constraints in Hilbert spaces. Mathematical Programming, 1990, 46: 341-360.

[36] Jin C, Netrapalli P, Jordan M I. What is local optimality in nonconvex-nonconcave minimax optimization? 2019: arXiv: 1902.00618.

[37] Liu Y F, Dai Y H, Luo Z Q. Joint power and admission control via linear programming deflation. IEEE Transactions on Signal Processing, 2013, 61(6): 1327-1338.

[38] Lin G H, Fukushima M. A modified relaxation scheme for mathematical programs with complementarity constraints. Annals of Operations Research, 2005, 133: 63-84.

[39] Luque F J. Asymptotic convergence analysis of the proximal point algorithm. SIAM Journal on Control and Optimization, 1984, 22(2): 277-293.

[40] Luo Z Q, Pang J S, Ralph D. Mathematical Programs with Equilibrium Constraints. Cambridge, UK: Cambridge University Press, 1996.

[41] Wang K, He H J. A double extrapolation primal-dual algorithm for saddle point problems. Journal of Scientific Computing, 2020, 85: 1-30.

[42] Manne A S. Note on parametric linear programming. RRAND-corp. Rev., 1953: 468.

[43] Nocedal J, Wright S J. Numerical Optimization. New York: Springer Press, 1999.

[44] Facchinei F, Pang J S. Finite-Dimensional Variational Inequalities and Complementarity Problems, volume I and II. New York: Spring-Verlag, 2003.

[45] Powell M J D A. Method for Nonlinear Constraints in Minimization Problems//Fletcher R. ed. Optimization. New York: Academic Press, 1969: 283-298.

[46] Powell M J D. A fast algorithm for nonlinearly constrained optimization calculations. Numerical Analysis. Proceedings of the Biennial conference Held at Dundee, June 1977//Watson G A, ed. Lecture Notes in Mathematics, vol. 630, Berlin, Heidelberg, New York: Springer, 1978.

[47] Powell M J D, Yuan Y. A trust region algorithm for equality constrained optimization. Mathematical Programming, 1990, 49: 189-211.

[48] Robinson S M. Perturbed Kuhn-Tucker points and rates of convergence for a class of nonlinear-programming algorithms. Mathematical Programming, 1974, 7: 1-16.

[49] Robinson S M. Strongly regular generalized equations. Mathematics of Operations Research, 1980, 5: 43-62.

[50] Robinson S M. Some continuity properties of polyhedral multifunctions. Mathematical Programming Studies, 1981, 14: 206-214.

[51] Robinson S M. Generalized equations and their solutions, part II: Applications to nonlinear programming. Mathematical Programming Studies, 1982, 19: 200-221.

[52] Rockafellar R T. Convex Analysis. Princeton: Princeton University Press, 1970.

[53] Rockafellar R T. New applications of duality in convex programming. Proc. Confer. Prohab., 4th, Brasoc, Romania, 1971: 73-81.

[54] Rockafellar R T. A dual approach to solving nonlinear programming problems by unconstrained optimization. Mathematical Programming, 1973, 5: 354-373.

[55] Rockafellar R T. The multiplier method of Hestenes and Powell applied to convex programming. Journal of Optimization Theory and Applications, 1973, 12: 555-562.

[56] Rockafellar R T. Monotone operators and the proximal point algorithm. SIAM Journal on Control and Optimization, 1976, 14: 877-898.

[57] Rockafellar R T. Augmented Lagrangians and applications of the proximal point algorithm in convex programming. Mathematics of Operations Research, 1976, 1(2): 97-116.

[58] Rockafellar R T, Wets R J B. Variational Analysis. New York: Springer-Verlag, 1998.

[59] Schirotzek W. Nonsmooth Analysis. Berlin, Heidelberg: Springer-Verlag, 2007.

[60] Sun D F, Sun J, Zhang L W. The rate of convergence of the augmented Lagrangian method for nonlinear semideinite programming. Mathematical Programming, 2008, 114: 349-391.

[61] Scholtes S. Convergence properties of a regularization scheme for mathematical programs with complementarity constraints. SIAM Journal on Optimization, 2001, 11: 918-936.

[62] Wilson R B. A Simplicial Algorithm for concave programming. Boston, Ph. D. Dissertation: Graduate School of Business Administration, Harward University, 1963.

[63] Xie G Z, Han Y Z, Zhang Z H. DIPPA: An improved method for bilinear saddle point problems, 2021: arXiv: 2103.08270.

[64] Xu L, Neufeld J, Larson B, Schuurmans D. Maximum Margin Clustering. In NIps, 2005: 1537-1544.

[65] Ye Y Y. Interior-Point Algorithms: Theory and Analysis, Wiley-Interscience Series in Discrete Mathematics and Optimization. Monograph: John Wiley & Sons, 1997.

[66] 袁亚湘. 非线性规划数值方法. 上海: 上海科学技术出版社, 1993.

[67] 袁亚湘. 非线性优化计算方法. 北京: 科学出版社, 2008.

[68] 张立卫, 吴佳, 张艺. 变分分析与优化. 北京: 科学出版社, 2013.

[69] 张立卫, 王嘉妮. 非线性优化理论引论. 北京: 科学出版社, 2022.

[70] Zhang Y, Lin X. Stochastic primal-dual coordinate method for regularized empirical risk minimization. In ICML, 2015: 353-361.

[71] Zhu M, Chan T F. An emcient primal-dual hybrid gradient algorithm for total variation image restoration. CAM Report 08-34, UCLA, 2008.

附　　录

A.1　四元数与八元数简介

这里用 $\mathbb{R}, \mathbb{C}, \mathbb{H}$ 和 $\mathbb{O}$ 分别记实数集、复数集、四元数集以及八元数集. 现在简要介绍四元数和八元数.

$\mathbb{H}$ 是以 $\{1, i, j, k\}$ 为基的四维代数, 其中 i, j, k 满足

$$i^2 = 1, \quad j^2 = 1, \quad k^2 = 1,$$
$$ij = k, \quad jk = i, \quad ki = j,$$
$$ji = -k, \quad kj = -i, \quad ik = -j.$$

则 $\mathbb{H}$ 可以表示为

$$\mathbb{H} = \{\alpha_0 + \alpha_1 i + \alpha_2 j + \alpha_3 k : \alpha_l \in \mathbb{R}, \, l = 0, 1, 2, 3\}.$$

对四元数 $q = \alpha_0 + \alpha_1 i + \alpha_2 j + \alpha_3 k \in \mathbb{H}$, 它的共轭定义为

$$q^* = \alpha_0 - \alpha_1 i - \alpha_2 j - \alpha_3 k.$$

四元数 $q = \alpha_0 + \alpha_1 i + \alpha_2 j + \alpha_3 k \in \mathbb{H}$ 的模是 $(qq^*)^{1/2}$. 设 $A \in \mathbb{H}^{m \times n}$ 是元素为四元数的 $m \times n$ 的矩阵, A^* 表示 A 的共轭转置, 即如果 $A = (a_{ts})$, 那么 $A^* = (a_{st}^*)$. 如果 $A \in \mathbb{H}^{n \times n}$, $A^* = A$, 那么称四元数矩阵是 Hermitian 矩阵.

$\mathbb{O}$ 是以 $\{1, c_1, c_2, \cdots, c_7\}$ 为基的八维代数, 其中 $c_1, c_2, \cdots, c_7$ 满足

$c_i c_j$	c_1	c_2	c_3	c_4	c_5	c_6	c_7
c_1	-1	c_4	c_7	$-c_2$	c_6	$-c_5$	$-c_3$
c_2	$-c_4$	-1	c_5	c_1	$-c_3$	c_7	$-c_6$
c_3	$-c_7$	$-c_5$	-1	c_6	c_2	$-c_4$	c_1
c_4	c_2	$-c_1$	$-c_6$	-1	c_7	c_3	$-c_5$
c_5	$-c_6$	c_3	$-c_2$	$-c_7$	-1	c_1	c_4
c_6	c_5	$-c_7$	c_4	$-c_3$	$-c_1$	-1	c_2
c_7	c_3	c_6	$-c_1$	c_5	$-c_4$	$-c_2$	-1

则 $\mathbb{O}$ 可以表示为

$$\mathbb{O} = \left\{ \alpha_0 + \sum_{j=1}^{7} \alpha_j c_j : \alpha_l \in \mathbb{R}, l = 0, 1, \cdots, 7 \right\}.$$

对八元数 $q = \alpha_0 + \sum_{j=1}^{7} \alpha_j c_j \in \mathbb{O}$, 它的共轭定义为

$$q^* = \alpha_0 - \sum_{j=1}^{7} \alpha_j c_j.$$

八元数 $q = \alpha_0 + \sum_{j=1}^{7} \alpha_j c_j \in \mathbb{O}$ 的模是 $(qq^*)^{1/2}$. 设 $A \in \mathbb{O}^{m \times n}$ 是元素为八元数的 $m \times n$ 的矩阵, A^* 表示 A 的共轭转置, 即如果 $A = (a_{ts})$, 那么 $A^* = (a_{st}^*)$. 如果 $A \in \mathbb{O}^{n \times n}$, $A^* = A$, 那么称八元数矩阵是 Hermitian 矩阵.

A.2　对称锥简介

欧氏 Jordan 代数是一个三元组 $(V, \circ, \langle \cdot, \cdot \rangle)$, 其中 $(V, \langle \cdot, \cdot \rangle)$ 是 $\mathbb{R}$ 上的有限维的内积空间, $(x, y) \to x \circ y : V \times V \to V$ 是满足下述条件的双线性映射:

(i) 对任意的 $x, y \in V$, $x \circ y = y \circ x$;

(ii) 对任意的 $x, y \in V$, $x \circ (x^2 \circ y) = x^2 \circ (x \circ y)$, 其中 $x^2 = x \circ x$;

(iii) 对任意的 $x, y, z \in V$, $\langle x \circ y, z \rangle = \langle y, x \circ z \rangle$.

在空间 V 中, 下述集合称为对称锥,

$$K = \{x \circ x : x \in V\}.$$

见 [23, Page 46]. 这意味着 K 是一个自对偶锥, 对于任意元素 $x, y \in \operatorname{int} K$, 存在可逆的线性变换 $\Gamma : V \to V$ 满足 $\Gamma(K) = K$ 与 $\Gamma(x) = y$, 见 [30, Page 200].

欧氏 Jordan 代数称为是简单的, 如果它不能表示为两个欧氏 Jordan 代数的直接和. 根据 [23, Chapter V] 中的分类定理知, 每一个简单的欧氏 Jordan 代数同构于下述中的代数之一:

(1) $n \times n$ 实对称矩阵代数 $\mathbb{S}^n$, Jordan 积定义为

$$X \circ Y = \frac{1}{2}(XY + YX);$$

(2) 代数 $\mathcal{L}^n = (\mathbb{R}^n, \circ, \langle \cdot, \cdot \rangle)$, Jordan 积定义为

$$\begin{pmatrix} t \\ u \end{pmatrix} \circ \begin{pmatrix} s \\ v \end{pmatrix} = \begin{pmatrix} st + \langle u, v \rangle \\ tv + su \end{pmatrix}, \quad \forall \begin{pmatrix} t \\ u \end{pmatrix}, \begin{pmatrix} s \\ v \end{pmatrix} \in \mathbb{R}^n;$$

(3) $n \times n$ 复 Hermitian 矩阵代数 $\mathcal{H}^n$, Jordan 积定义为

$$X \circ Y = \frac{1}{2}(XY + YX);$$

(4) $n \times n$ 四元数 Hermitian 矩阵代数 $\mathcal{Q}^n$, Jordan 积定义为

$$X \circ Y = \frac{1}{2}(XY + YX);$$

(5) 3×3 八元数 Hermitian 矩阵代数 $\mathcal{O}^3$, Jordan 积定义为

$$X \circ Y = \frac{1}{2}(XY + YX).$$

根据上述欧氏 Jordan 代数的分类定理, 可以得到对称锥的表示定理.

定理 A.1　每一对称锥 K 均是有限个对称锥 $K_1, \cdots, K_m$ 的直积, 其中的每一 K_i 是下面五个对称锥之一:

- 二阶锥
$$\mathcal{L}_+^n = \{(t, z) \in \mathbb{R} \times \mathbb{R}^{n-1} : t \geqslant \|u\|_2\};$$

- 实对称半正定矩阵锥
$$\mathbb{S}_+^n = \{A = A^{\mathrm{T}} : x^{\mathrm{T}} A x \geqslant 0, \forall x \in \mathbb{R}^n\};$$

- 复的 Hermitian 正半定矩阵锥
$$\mathcal{H}_+^n = \{A = A^* : x^* A x \geqslant 0, \forall x \in \mathbb{C}^n\};$$

- 四元数 Hermitian 正半定矩阵锥
$$\mathcal{Q}_+^n = \{A = A^* : x^* A x \geqslant 0, \forall x \in \mathbb{H}^n\};$$

- 27 维的 Albert 锥, 记为 $\mathcal{O}_+^3$, 即八元数 Hermitian 半正定 3×3 矩阵.

索　引

《运筹与管理科学丛书》已出版书目

1. 非线性优化计算方法　袁亚湘　著　2008 年 2 月
2. 博弈论与非线性分析　俞建　著　2008 年 2 月
3. 蚁群优化算法　马良等　著　2008 年 2 月
4. 组合预测方法有效性理论及其应用　陈华友　著　2008 年 2 月
5. 非光滑优化　高岩　著　2008 年 4 月
6. 离散时间排队论　田乃硕　徐秀丽　马占友　著　2008 年 6 月
7. 动态合作博弈　高红伟　〔俄〕彼得罗相　著　2009 年 3 月
8. 锥约束优化——最优性理论与增广 Lagrange 方法　张立卫　著　2010 年 1 月
9. Kernel Function-based Interior-point Algorithms for Conic Optimization　Yanqin Bai　著　2010 年 7 月
10. 整数规划　孙小玲　李端　著　2010 年 11 月
11. 竞争与合作数学模型及供应链管理　葛泽慧　孟志青　胡奇英　著　2011 年 6 月
12. 线性规划计算(上)　潘平奇　著　2012 年 4 月
13. 线性规划计算(下)　潘平奇　著　2012 年 5 月
14. 设施选址问题的近似算法　徐大川　张家伟　著　2013 年 1 月
15. 模糊优化方法与应用　刘彦奎　陈艳菊　刘颖　秦蕊　著　2013 年 3 月
16. 变分分析与优化　张立卫　吴佳　张艺　著　2013 年 6 月
17. 线性锥优化　方述诚　邢文训　著　2013 年 8 月
18. 网络最优化　谢政　著　2014 年 6 月
19. 网上拍卖下的库存管理　刘树人　著　2014 年 8 月
20. 图与网络流理论(第二版)　田丰　张运清　著　2015 年 1 月
21. 组合矩阵的结构指数　柳柏濂　黄宇飞　著　2015 年 1 月
22. 马尔可夫决策过程理论与应用　刘克　曹平　编著　2015 年 2 月
23. 最优化方法　杨庆之　编著　2015 年 3 月
24. A First Course in Graph Theory　Xu Junming　著　2015 年 3 月
25. 广义凸性及其应用　杨新民　戎卫东　著　2016 年 1 月
26. 排队博弈论基础　王金亭　著　2016 年 6 月
27. 不良贷款的回收：数据背后的故事　杨晓光　陈暮紫　陈敏　著　2017 年 6 月